保健叢書 111

化粧品成分辭典

羅怡情 著

獻給
母親與父親

感恩與感謝

本書完稿之後，承蒙母校指導老師 Dr. J. K. Sugden 與 Dr. M Joan Taylor 以及老師陳繼明、許光陽、徐鳳麟等教授在繁忙中惠予賜序。離開學校多年，老師們的隆情厚意，讓我內心倍感溫暖與感激。

赴英求學能夠順利完成，受到許多人的幫助，可惜無法在此一一列出所有人的大名，但是我由衷感謝他們。一個人的大名我必須在此提到，因為當初若非張忠權夫婦伸出援手，解決我經濟難題，英國求學恐難成行，今日也不會有本書出版，對於張忠權夫婦的義助與厚誼，至今在我心中的感激又豈是筆墨所能形容。

這本書能夠順利完成，深覺自己幸運有這些朋友相伴：忘年之交王順之老師的肯定和鼓勵，摯友林薏心、歐弘蘊、黃慧敏與黃慧雯姊妹的打氣與支持。

最後還要感謝父母，尤其是我的母親，他們是我的勇氣來源，支持我追求自己的夢想。

重視消費者知的權利

　　《化粧品成分辭典》是一本立意絕佳的書。這本書不論對於消費者，或是對於尚未能應用藥理學和毒物學科技的製造業者雙方都是非常有用的書。我認爲，如同購買藥品有知的權利一樣，消費者在他們所欲購買的化粧品也應有充分被告知的權利。目前，在法規管理要求上，化粧品遠不如藥品，我希望這種情況將來會改變，如此，化粧品才會和藥品一樣重視安全性。

　　我預期這本書可提供有用的知識、協助消費者做重要的判斷，以及避免在某些情形下可引起過敏或傷害的物質。除此之外，這本書可讓製造業者更能製造符合消費者對更安全化粧品的需求。

J.K. Sugden 博士

B.Pharm.，Ph.D.，C.Chem.，C.Sci.，

F.R.S.C.，M.R. Pharm.S.

（獲頒之學術資格）

醫藥化學主講師（現已退休）

英國 De Montfort 大學

《 Cosmetics Ingredients Dictionary with Consumers Guide 》 is a splendid idea, it will be very useful to both consumers and those manufacturers which do not have access to state of the art technology in pharmacology and toxicology. In my view, consumers have a right to be as well informed about the cosmetic preparations which they purchase as they have with medicines. Currently, the regulatory processes are much less demanding for cosmetics than they are for medicines. Hopefully, this situation will be corrected and the safety of cosmetics will be the same as that of medicinal products.

I anticipate that this book will allow consumers to make value judgements and in some cases be able to avoid substances to which they may be allergic or which may be harmful in other ways. In addition manufacturers will be able to respond much more easily to consumer demand for safer cosmetics.

Dr. J.K. Sugden
B.Pharm.,Ph.D.,C.Chem.,C.Sci.,
F.R.S.C.,M.R. Pharm.S.
Formerly : Principal Lecturer in Medicine Chemistry
at De Montfort University, Leicester UK

安全不一定昂貴

　　這本書是指導想要聰明選購化粧品的消費者，與如何配製受歡迎化粧品的化粧品科學家的指南。書中諸多非常令人印象深刻的內容，其中之一便是揭示最講究的成分和製造過程會衍生出較高的成本，最終轉嫁到消費者身上，但不意謂有用和安全的產品就必須是價格昂貴。本書預警購買者遠離那些具有危險性的產品，希望能建立知識普及而使消費大眾了解他們所欲選購的產品，藉此催生更安全的化粧品。

　　在本書章節〈聰明選擇化粧品〉與〈買不得的化粧品〉中反駁全球流行的廣告迷思，例如大分子成分像膠原蛋白和彈性蛋白可滲透皮膚代謝皮膚組織，或是營養物成分像胺基酸可經皮膚吸收代替營養均衡飲食的一些觀念。本書解說清晰，且輔以條理分明有用的中文圖表及英文副標題。

　　本書闡釋過度使用某些常見成分像界面活性劑有皮膚老化的風險，使用固醇類如羊毛脂有致面皰性傷害風險，這些成分存在全世界廣用的清潔化粧品、柔膚品，但不是每一個使用的消費者都受到相同的威脅，留待消費者自我評估風險。這種情形在化學性剝離劑諸如維他命 A 酸和果酸亦是如此。書中隨同說明的資料，暗示這些帶來的傷害，易受騙的使用者一直在生理老化過程尋找答案，可能無法充分了解這種隱藏的傷害。許多人從本書訝異知悉某些染髮品含有一些染髮劑，這在某些地區一直和癌症脫離不了關係，然而這些致癌染髮劑仍在未被管制的地區販售給不知情的顧客。

消費者需要一本像本書的書籍，因為全世界的男性和女性一直在使用化粧品，將來也是如此。製造業者應覺察，當世界各地的消費者要求安全和有效的化粧品時，研發費用是否誠實地反映，以及售價是否公道，這些完全操之在業者。

M Joan Taylor 博士

主講師（製藥學）

藥學所

健康與生命科學學院

英國 De Montfort 大學

The book is a guide for consumers and formulators who want to know how to choose and produce cosmetic products wisely. One of its most impressive aims is to show that although the most refined components and processes may lead to higher costs that must be passed onto the user, it is not true that a useful and safe product must be expensive. However, its main role is to warn the customer away from products that carry risks of various magnitudes, The hope is that to create widespread understanding will result in safer products.

The chapters cover subjects such as "Select cosmetic products wisely", "Cosmetic products that should not be purchased". It debunks myths that result from misleading advertisements perpetuated globally, such as the idea that large molecules like collagen and elastin could possibly enter the skin as if to replace physiologically defective dermal tissue or that transdermal uptake of nutrients like amino acids can bypass a balanced diet. Explanations are clear and accompanied by useful tabulations in Chinese but with some English sub-headings.

The book explains the risk of skin aging or acne-like lesions attached to the overuse of common materials such as surfactants and sterols like lanolin. These appear in cleansers and emollients worldwide and while not every consumer may be threatened equally, it will certainly allow users to assess their risk. This is extended to chemical peel agents such as retinoic acid and AHA, which while often accompanied by explanatory literature, imply hazards that may not be fully appreciated by gullible users looking for answers to normal aging processes. It will also come as a surprise to many that some hair dyes contain agents that have been linked to cancers in some parts of the world and yet are sold unrestricted elsewhere to unsuspecting customers.

The consumer needs a book like this, because cosmetics always have and always will be used by men and women across the world. Manufacturers need to be aware that as consumers everywhere demand safe and effective cosmetics, it is up to them to spend on the research that delivers honestly and at a fair price.

Dr M Joan Taylor
Principal Lecturer (Pharmaceutics)
School of Pharmacy
Faculty of Health & Life Sciences
De Montfort University,
The Gateway, Leicester LE1 9BH

一本不可或缺的化粧品消費指南

　　化粧品以劑型而言，就是一種皮膚製劑，但為不含藥效成分之外用製劑，就是一種陽春型的皮膚護霜化粧品。唯現今護膚化粧品不再如老祖母時代的作用溫和且無傷害性，尤其是具有療效成分之含藥化粧品，故各國政府均有嚴格限量管理。

　　現在化粧品科技的研究和發展若忽視產品的安全性，不僅會衍生更多傷害糾紛，也會更加重傷害之後果，這不是預言，而是國內外已發生的問題，因此化粧品的安全性，在美、歐、日等工業先進國家已廣受政府重視，有些並於藥學教育體系中栽培化粧品科技人才，因為藥學培育內容涵蓋藥理、藥物化學、藥劑、調劑、生藥學、藥效動力學及微生物學等多元性生命科學之應用，這些應用科學之教學可確保人體用藥安全，奠定紮實基礎之訓練。現代對化粧品與藥品發展之界線愈來愈難分界清楚，唯具有堅強藥學之訓練才是培養一位優秀現代化粧品科學家最理想的訓練。

　　現今藥物療法是強調藥物之安全尤勝其療效，雖然化粧品並非藥品，但其所含之化學成分純度、微量雜質對長期每天使用之化粧品而言，其人體皮膚、毛髮或呼吸道之安全性亦不可忽視。我的學生羅怡情小姐畢業於本校藥學系並獲有藥師專業證照，今欣見她曾赴藥學先進國家英國研究所研修製藥與化粧品科學，並獲得製藥與化粧品理學碩士，學成歸國服務。並以其多年專業領域之工作與教學經驗,著作《化粧品成分辭典》一書,書中所述內容豐富、精采,本辭典部分內容含72,000多種化粧品之成分解說,以條列式編列易查,內容精簡易懂;指南部分將複雜的科技新知提綱挈領,不但解決讀者諸多疑問,也解決爾後使用化粧品之困擾,而全書科學爲據,立論精闢,避免艱深專業用語,使用文句深入淺出,人人都能看懂,爲化粧品成分辭典之上乘著作。現今化粧品廣告林立且常誇大宣傳誤導消費者,讀者可依產品成分查閱本書內容即可得正確的資料,故本書可協助消費大衆正確了解化粧品,避開化粧品的危害,亦爲化粧品科技同道切磋、參考及研習必備的良好讀物,謹作此序以共襄盛舉。

陳繼明　藥學博士

臺北醫學大學 藥學院教授

2005年1月

讓你變成聰明的消費者

　　如果你常使用化粧品，關心自己的健康，同時也關心地球生態，這就是一本好的參考書。

　　世界上男男女女都應有使用化粧品的經驗，多少也經歷過化粧品所引起之副作用，例如：過敏、皮膚發炎、眼睛刺激等不愉快之感受。

　　這本《化粧品成分辭典》將給予讀者了解化粧品成分的機會。了解我們每日所直接接觸的化粧品成分，了解這些成分的效能及可能影響，包括美容效果、副作用及長期使用必須考量的因素。

　　透過本書由淺入繁的介紹，能使讀者獲得充足的科學性知識，避開令人疑慮的化學成分，進而選擇安全且有效之好產品。另外本書也可協助讀者克服外文成分名詞的障礙，讓自己成為善於審視產品成分的聰明消費者，不但可省下大筆金錢，也可解決對化粧品負面影響之煩惱。

　　如果你想了解化粧品，關心自己的健康以及關心地球生態，這就是一本為你準備的參考書。

許光陽　藥學博士

臺北醫學大學教授　藥學院主任

正確了解天然化粧品

近年來，高科技的天然產物常被加入化粧品作爲美白及保護皮膚，例如果酸成分、生技化粧品、基因改造成分化粧品等，但「天然」一詞由於來源及製造程序之問題，已不再是絕對安全之保障，一般民衆更不易認定其成分是否眞正的渾然天成。

在歐洲根據法規，天然植物成分的標示必須以拉丁學名標示，此標示法可知道何種植物種原，但植物學名卻令人頭痛萬分。在美國植物成分以英文俗名標示，英文名稱雖易懂，但有品種、等級差異的植物，則無法分辨所含成分的種類及含量。

天然產品的安全性亦不容忽視。自然界植物、藥草之成分複雜，其藥性、活性成分和毒性，常依植物的種類和取用部位不同而影響，而不同植物或活性成分之混合使用亦會相互影響活性或是毒性。

應用生物技術製造之生技化粧品，其生物來源或菌種由原料到產品生成的過程中都非常重要，例如膠原蛋白化粧品不可使用來自疫區之牛、羊組織的原料製成。而基因工程改造之產物，對人類健康及生態環境的影響也令人憂心忡忡。

在這樣的科技化粧品時代，到底應該如何正確選擇天然化粧品？選用天然化粧品、生技保養品不可錯過的辭典：《化粧品成分辭典》可給予有力的資訊，查詢本辭典、細讀產品的成分說明，即可找到植物成分和它的拉丁學名與英文俗名的完整對照資料，透過本書之科學依據和嚴謹考據，亦可輕易地知道各種天然成分的正確新知，包括來自自然、實驗室、有機、基因改造天然物等之成分，並提供正確之抉擇以及使用優良產品之參考。

徐鳳麟　藥學博士
臺北醫學大學　藥學院教授
生藥學研究所所長、生物資源技術學系主任
台北醫學大學附設醫院前任藥劑部主任

運用化粧品的力量開展自我、扭轉人生

　　藥學系畢業之後，憑著一股對皮膚老化、化粧品科學的好奇與興趣，毅然遠赴此領域學術環境最好的國家——英國，專攻製藥與化粧這門科學。當時化粧品科學研究已蓬勃發展，但僅侷限英、法、美、日、澳洲等國，其他地區仍未萌芽，因此一般民眾將化粧品科學與美容、化粧混為一談便不足為奇了。

　　在英期間，從最基礎之製造、操作至數百篇研究報告研讀、研究實驗驗證等各方面學習這門有趣又浩瀚的科學，幸好自己有藥學的堅強基礎，尤其藥理學、藥劑學與藥物化學幫助我能充分學習、領悟與應用。回國以來的工作、講課以及演講，我發現消費大眾對化粧品也求知殷切，希望多了解化粧品成分，但市面為數眾多有關化粧品的讀物談的是美容、化粧與保養。而媒體報導相關事件時，亦窘於無適當諮詢參考物或對象，引用來源非美容、化粧品業者即皮膚科醫師，結果常見消費大眾在對產品（成分）還是缺乏正確認識下，完全聽信廣告的聲色誘惑，消費者因使用安全性有問題的成分或缺乏安全性意識下使用化粧品，導致身心受創的事件屢見不鮮。

　　現代化粧品科技在主成分研究上，能研製出藥品般治療、修補皮膚療效的成分與技術，以及有效預防紫外線傷害的成分。在處方發展上應用許多近代研發的化學物，這些化學物其中不少具有毒性的化學合成物製成眾多包括保養品之產品。在這種化粧品的作用、安全性改變的衝擊下，科技先進國家的有關管理也不斷有所因應調整，但全世界管理底限仍一致限制化粧品——即使有療效的含藥化粧品應用在人體時——仍不得產生藥品的作用。這樣的管理對每天使用的化粧品雖可降低含有療效成分之副作用，但對降低含有毒、劇化學物成分之傷害程度則非常有限。

消費市場對化粧品的誇大期待，讓擁有雄厚資本打廣告的商品或魚目混珠的不實商品有機可乘。本書著作期間，國內外發生的化粧品事件，更是使我愈加堅信現在化粧品消費者須有一本成分的參考書籍，而本書涵蓋全世界化粧品成分，是當今選、用化粧品最佳必備的書籍。六年的著作研寫，也讓我更加深刻體認化粧品危險成分（毒性化學物、致癌物及環境荷爾蒙化學物等）對人類健康、生育力造成的影響、對環境造成的污染以及對生態平衡造成的危害不容我們再繼續忽視下去。因此期待本書不僅為讀者遇到的各種化粧品疑慮與問題，提供解答或方向，也能喚起消費大眾對化粧品成分安全性的重視。

本書的中心主題是化粧品成分，全書談的是男、女、老、幼生活中使用的化粧品，以及使用這些產品會遭遇到的疑問與煩惱。這本書是為所有使用化粧品的人所寫的，只要讀者看到不懂的成分標示，依照查辭典的方式，就能認識化粧品成分，明白這些成分的功用，是否對健康、安全會有負面作用以及該注意的事項等。

健康為本、預防主張是我的化粧品理念。由這樣的理念出發，我認為以健康皮膚為本、運用預防觀念使用化粧品，並以正確知識引導，才是當今正確的化粧品使用之道。因為有健康的皮膚，化粧品（彩粧品）才能發揮其神奇魔力，增添使用者魅力；以預防觀念使用化粧品（保養品），才能獲得保持肌膚年輕的效益；而正確知識的引導，才能不冒皮膚傷害的風險追求到美麗。例如：油性皮膚的毛孔雖然較粗大，但也代表著皮膚老化速度較為緩慢，過度使用強效成分使角質剝離，會減弱皮膚自身防禦能力，損傷皮膚健康更易老化，反而破壞油性皮膚天生的優點，應查閱本書避免經常使用強效成分。

世界上無論男女都希望自己肌膚永保年輕美好，包括我自己。市面上琳瑯滿目的化粧品，為實現這樣的期待不斷地研發推出更有效的新成分，但是如前提到化粧品也會更加速皮膚的老化，使用產品前，若不確知化粧品成分安全性，甚且還有致癌的危險性，閱讀本書，讀者將會知道如何避開化粧品的傷害成分，及掌握訣竅長保年輕美好的傲人肌膚。

我祝福所有讀者，都能夠經由這本書，運用化粧品的力量，開展自我、扭轉現實，活出多采多姿的人生！

羅怡情

2004年10月於台北

目　次

二十一世紀化粧品之發展趨勢與對人類之影響——未來化粧品科技

現代，在各種有關科技迅速進步之下，也促使化粧品科學突破傳統的觀念與窠臼，進展至更寬廣的境界。現代化粧品科技的發展，使得化粧品成分不再侷限在皮膚表面，而是具有滲透力可滲入皮膚各層中；而隨著作用力更強，功能更形優越，滲透力更佳的新成分不斷被研發，以及在相關測量技術更精細下，現代化粧品不再限於「感覺性」的產品，而是實質具有明顯之生理學的功效。科學界為這類介於化粧品和藥品之間、具有藥品般療效的化粧品創造了兩個新名詞稱做 Cosmeceuticals（即合併化粧品 Cosmetics 與藥品 Pharmaceuticals 兩名詞）或 Dermo-cosmetics。

維生素 A 酸 Tretinoin（商品名 Retin-A）是最先出現的 Cosmeceuticals，最初是皮膚科醫生用來治療座瘡，卻發現維生素 A 酸具有去除皺紋及改善皮膚狀況的效果，其他 Cosmeceuticals 包括果酸、水楊酸、維生素 A 衍生物（例如 Retinyl palmitate）及皮膚抗氧化劑（例如 β-胡蘿蔔素、維生素 E、維生素 C 及超氧歧化酶 Superoxide dismutase）。然而化粧品是否有效不在於它的滲透力，而與其主成分有密切關係，例如主成分是否能全部濃度達到目標區，及在目標區可否停留足夠的時間以發揮功效達成想要的效果等因素。

在許多情況，產品滲透反而是不欲得到或反作用的結果，例如：防曬劑必須停留在皮膚表面才能達到最大防曬功效，一旦滲入表皮，防曬功效就會降低，也會帶來其他問題。抗老化成分則需有適當之滲透力，以達到皮膚表面下（表皮層或真皮層）才能發揮最大抗老化功效，但如滲透至真皮層則超出化粧品而屬藥品範疇。美白成分則可停留在皮膚表皮，以漂白數量增加的黑色素達到美白效果，也可滲至皮膚最底層之基底層，以抑制酪胺酸（Tyrosinase）活性達到美白效果（該酵素跟黑色素生成有關，酵素活性愈大，生成黑色素愈多），但如後者之美白機轉，發生成分或其代謝產物滲透至真皮層，則會衍生出全身吸收之副作用及跨入藥品範圍。

今日科學界已普遍認知產品在它所欲達到的目標點發揮的作用最大，科學家不但致力於發展各種技術及方法，將主成分送至目標點（利用載體、脂溶體、微海綿及其他技術等），確保主成分停留在目標點發揮功效，也致力避免伴隨產品滲透而來的副作用，因此新產品技術面臨更大的挑戰任務：能否將主成分之最小有效濃度，送至目標點產生最大的功效，且避免任何副作用諸如刺激性、真皮層吸收或其他不欲得到的結果。

我們可以預見，以 Cosmeceuticals 爲主流的現代化粧品之廣大發展空間，以及隨著科學界對皮膚如何運作愈細微的掌握，將使現代化粧品科技在本世紀更上層樓。然而化粧品的未來走向何處？未來的化粧品是什麼？科學界一直致力於延長人類生命以及增進生命品質，隨著基因的解碼與幹細胞的突破，解答已是指日可待，而皮膚是人體最快老化的器官，如何因應生命的延長而延緩其老化速度，應是未來化粧品科技必須解決的課題。

　　不論是利用更先進之高科技成分，或是使用回歸自然的天然成分，可確定的是未來護膚化粧品應根據個人膚質及體質量身打造，可幫助皮膚有效率地修復因外在環境或內在生理因素造成的皮膚細胞、組織損害。沒有健康的美麗，有如曇花一現是無法持久的，為了維持皮膚的美麗與健康，應裡外兼顧使用適當的保養品與從飲食補充肌膚所需要的營養，然而如何裡外兼顧得到真正美麗的皮膚，應該也是未來化粧品科技結合其他相關科技一項有趣及有益皮膚健美的發展。

前言：為何現代消費者需要本書

　　不久前，二十世紀大部分的年代，完整的皮膚尚被視為一層化學物質不能滲透的防護障壁，直到後期1960年代起，經歷農藥及經皮穿透藥品的演變，今日科學界才廣為接受所有化學物質皆具有某種程度的皮膚滲透度。

　　然而二十世紀後期，已有數百萬種龐大數量的化學物質被研製出來，應用在各種工業包括與民生相關的化粧品、家庭清潔用品、食品及製藥等，其中近千個具有毒性的化學物質，被用在化粧品工業（包括香水工業）。

　　但是許多人渾然未覺，現代生活中我們每天使用的日用品包括洗面品、沐浴品、洗髮精、潤絲精、爽身粉、止汗體香品、髮膠、噴霧品、染髮霜、防曬品、保養品、口紅、彩粧品、香水、指甲油、口腔護理品及其他產品等，都可能含有嚴重威脅健康的毒性成分。

　　而化粧品業者及大多數不知情的消費者最關心的問題，仍環繞在皮膚刺激與過敏，而刻不容緩極需關心與處理的毒性成分問題、全身吸收對健康的影響、長期累積造成的健康問題以及其對環境污染與破壞，雖因近年來罹癌人口眾多、身體荷爾蒙紊亂、嚴重環境污染等問題浮現而受到先進工業化國家注意，但即使世界首富首強的美國在面對數量龐大的爭議性毒性成分，以有限經費、人力的審核工作只能針對已引起重大傷害事件或有直接關聯可導致傷害的成分做安全性評估處理，第二章揭示的〈買不得的化粧品〉其毒性成分只是浮現之冰山一角。

1977年美國聯邦科學家即指出，80％-90％的癌症是由化學物質引起。今日，美國國家毒物諮詢委員會（National Toxicology Program Advisory Committee）更是定期公告會引起癌症之物質。

眾多癌症研究亦歸納出罹患癌症的原因，其中一項即是工業化學物質引起，包括存在商品、工作場所的工業化學物質，以及存在空氣、水、土壤、食用植物及動物的工業化學物質污染物。美國癌症學會2004年癌症統計，預估美國人在一生中罹患癌症之可能性，為每兩個男性及每三個女性中即有一人，這樣的發展情勢值得我們借鏡警覺、重視與預防。

綜觀世界各國化粧品管理情況，Cosmeceuticals 的發展使得各國原初訂立的化粧品定義與管理法令早已無法有力約束現代化粧品，而毒性成分對人體安全性的威脅則缺乏如藥品般實質法規約束，僅能事後亡羊補牢，而無法事前有效防範。

美國、歐盟與日本是目前世界三大定期對化粧品成分做安全性審核評估或毒性研究的地區。在美國，審核評估化粧品成分之重任落在 Cosmetic Ingredient Review（簡稱 CIR），CIR 為一非官方組織，由美國政府藥物食品管理局（The Food & Drug Administration，簡稱 FDA）與美國消費者聯盟（The Consumer Federation of America）以及化粧品、個人清潔品、香水協會（The Cosmetic, Toiletry & Fragrance Association，簡稱 CTFA）共同支持於1976年創立。

每年美國 CIR 由科學家與專科醫生組成之化粧品成分審查專家小組（CIR Expert Panel），定期審核評估該年度名單上之成分後，公開發佈其審核評估結論與建議，該份名單的爭議性成分乃彙集來自消費者使用報告事件、化學物質毒性管理單位處理案例、有關生物、產品滲透及毒性預測等科學研究以及特殊斟酌考量（特殊斟酌指來自歐盟、日本之禁用公告及嬰孩使用受害事件）。

近年來歐洲、美國、澳洲提倡的有機化粧品，以及日本有識人士呼籲及消費者抵制之行動，皆是化粧品安全性方面的覺醒。提倡與抵制皆需正確之科學知識作基礎，才能避免唱高調，務實地處理問題。唯有理性處理問題才能形成一股催生美麗、健康、環保產品的力量，敦促業者不使用對人體健美及環保威脅的有害成分，改用對皮膚有益及無害環境的成分。

本書是第一本化粧品成分全書，包括72000種以上化粧品成分，以及今日常見的化粧品相關問題，可為讀者解答各種化粧品成分的疑惑，讓你立即取得必備知識與實用資訊。

全書目的旨在協助讀者處理與切身有關之化粧品成分問題，例如：可查閱到目前市面上所有化粧品的成分、可認識化粧品成分與它們的本質、來源、作用及真正的用途、可清楚地知道哪些成分有益美容、保養，哪些成分會引發面皰、過敏等身體反常反應，以及哪些成分具有可能的毒性或傷害性。

這本書或許能作為你得力的查閱工具，滿足你工作上或生活上的需求，或許能讓你或你的家人避開不必要的傷害，也或許能讓你減少每季大筆的化粧品開銷，買到真正對自己有益的化粧品。

導言：了解化粧品

化粧品的使用歷史可上溯至古代，當時人類將泥土、植物混合塗抹在自己身上以保持體溫、預防烈日曝曬、蚊蟲叮咬；或是將一些油脂塗在身上保護皮膚免於陽光和氣候等自然環境侵襲；在祭壇上，燃燒香木、草、花、葉產生香氣（焚香）以敬神、淨身、避災、解厄；或是在臉、身體塗上顏料以祈福防災。

到了現代，上述天然化粧品的使用目的早已無法滿足現代人類的欲望，現代人們不但藉著化粧品保護身體免於自然環境的威脅，更藉由化粧品延緩外在老化、增加社交吸引力、豐富自己的心靈以及享受生活情趣。

實際上，現代化粧品已與我們日常生活關係密切，不同於醫藥品只用在生病時，以治療疾病為首要考量目的，有時無法顧及藥品副作用；化粧品則是每一個現代人每天使用的商品，因此不但使用上要無害性，更不能有副作用的產生。

雖然在歐、美、日皆有化粧品成分審查專家定期審查有爭議性的成分，但不斷發生的化粧品傷害事件，使得化粧品毒性成分開始受到消費者的重視。近年來，歐洲、美國、澳洲提倡的有機化粧品，及日本有識人士呼籲及消費者抵制之行動，皆是對化粧品安全性的覺醒。消費者如要確保經年累月塗抹在身上的化粧品對自己有益而無傷害性，就須清楚自己所用的化粧品所含的成分。

　　消費者如能善用本書，可快速地幫助自己清楚所用的化粧品以及所含的成分。

　　本書〈第一章　聰明選擇化粧品〉可培養消費者對產品的選購力。

　　〈第二章　買不得的化粧品〉可協助認識具有潛在傷害性的成分及爲何我們應該避免這些成分。

　　〈第三章　如何有效避免化粧品造成的傷害〉可協助安全使用化粧品避開可能的傷害及意外。

　　〈第四章　皮膚、頭髮、指甲問題反應〉可協助了解身體的問題反應、可能的原因及解決方法。

　　現代消費者受益於電子商務普及便利，在家中即可買到世界各國的化粧品。化粧品管理因地區、國家管理法規而有些許差異，茲將本書涵蓋之化粧品依其常見分類，連同其產品管理差異性列於表1.1。

表1.1　化粧品種類及涵蓋範圍總覽表

分類		使用目的	產品
皮膚	基礎化粧品	清潔	洗面皂、洗面乳、洗面慕斯、卸粧油、卸粧液等
		調理	化粧水、面膜、按摩霜、美白乳液等
		保養	乳液、面霜、眼霜、精華液、美容液、安瓶等
	彩粧品	粉底	粉底液、粉餅、蜜粉等
		潤飾	腮紅、眼影、眼線筆、口紅等
	身體用化粧品	清潔（浴用）	香皂、沐浴乳、沐浴油等
		防曬、引曬	防曬乳₁、防曬油₁、引曬霜₁、引曬油₁等
		止汗制臭	體香品、止汗制臭品等
		漂白、除毛	除毛膏₂、除毛蠟
		防蟲₃	防蟲乳液、防蟲噴霧等
	芳香化粧品	芳香	香水、古龍水等
頭髮	頭髮用化粧品	清潔	洗髮精、液體皂等
		調理	潤絲精、護髮霜等
		保養	生髮液、頭皮滋養液等
		整髮	慕斯、髮膠、髮雕、髮蠟等
		脫色及染髮	漂白劑、染髮劑（永久染、暫時染）
		燙髮	燙髮液
口腔	口腔用化粧品₃（口腔護理產品）	清潔	牙膏、牙粉
		口腔護理	漱口水
指甲	指甲化粧品	指甲美容	指甲油、去光水、護甲油

註：
1. 在美國不屬化粧品管理，歐洲、日本及我國為化粧品管理。
2. 在我國為藥品管理，歐、美、日本等國家則在限定濃度以下為化粧品管理。
3. 在我國不屬化粧品管理。

第一部
聰明消費指南

第一章
聰明選擇化粧品

化粧品有趣的特性之一，就是產品品質與價格之間並沒有絕對的關係，比較貴的化粧品未必就是比較好。當然昂貴的化粧品在選擇原料、調配處方及製造產品的過程中，會更講究、謹慎及成熟，這對皮膚保養與健康當然是有益的，但如果消費者以為昂貴化粧品是效果之保障，這樣的期待終究會落空。可是不容諱言，昂貴的化粧品讓使用者深信它的神奇功效，也能帶給使用者愉快自信的光采，這樣的心理美容效果也是不容抹煞。

消費者如果能夠善用本書，了解化粧品成分，明智地選擇化粧品與安全使用，化粧品應是可以保護我們減少陽光紫外線的傷害、延緩皮膚老化、增加自己外在美的魅力、鼓舞情緒以及享受人生的有趣商品。

一、認識昂貴化粧品之主成分及其功效

在目前化粧品定義、管理或生化因素限制下，一些昂貴化粧品以塗抹皮膚的方式，所達到聲稱的功效是非常些微或零。

表1.2

產品	主成分	高估的功效
膠原蛋白質之修護霜、精華液及美容液等保養品	膠原蛋白質（見Collagen）	無皮膚緊實效果：膠原蛋白質分子太大，無法滲透皮膚達到修補更新組織之功效。
彈力蛋白之修護霜、精華液及美容液等保養品	彈力蛋白（見Elastin）	無皮膚緊實、富彈性效果：彈力蛋白質分子太大，無法滲透皮膚達到修補更新組織之功效。
修護面膜、美白面膜	植物萃取液、胎盤素、膠原蛋白等	無修護、美白效果：植物萃取液、胎盤素與膠原蛋白分子太大，無法滲透皮膚，但有皮膚潤濕、暫時改善膚質的功效。
胺基酸安瓶	胺基酸群（見Amino acids）	無皮膚回春效果：胺基酸以塗抹方式無法達到以飲食攝取相同與相等之功效。
左旋維生素C之濃縮液、精華液及美容液等保養品	左旋維生素C（見L-Ascorbic acid）	左旋維生素C單純以皮膚塗抹，無法達到以飲食攝取維生素C相等功效：需克服穩定性差、遇空氣迅速失去效力、無法發揮抗氧化功效、酸性造成皮膚刺激等問題。
膠原蛋白質之修護眼霜、眼膠等眼部保養品	膠原蛋白質（見Collagen）	有保濕功效，但無法達到產品宣稱去除黑眼圈或修護效果。

二、避開對皮膚保養不利的化粧品成分

1.一些清潔力強的合成界面活性劑，去脂力強，長期使用會破壞保護皮膚的皮脂膜，使皮膚逐漸乾燥、變薄及呈現老態。

表1.3

清潔力強之合成界面活性劑	添加之產品
十四碳－十六碳烯磺酸鈉（見 Sodium C1 4-1 6 olefin sulfonate） 月桂（基）硫酸鈉（見 Sodium lauryl sulfate） 月桂（基）醚硫酸鈉（見 Sodium laureth sulfate） 丙二醇（見 Propylene glycol）	洗面乳、洗髮精、卸粧乳（面霜）、卸粧凝露、卸粧紙巾

2.**一些卸粧力強的合成酯類**，雖然容易把臉上彩粧及堆積在毛細孔的油污卸淨，但長期使用會使皮膚粗糙（見本章七、值得買的化粧品，反式脂肪酸 Tran-Fatty Acid 之考量）。這些合成酯類亦因可改善產品性質常添加在其他產品。

表1.4

卸粧力強之合成酯類	添加之產品
肉豆蔻酸異丙酯（見 Isopropyl myristate） 棕櫚酸異丙酯（見 Isopropyl palmitate） 硬脂酸辛酯（見 Octyl stearate） 棕櫚酸辛酯（見 Octyl palmitate）	卸粧油、卸粧乳、卸粧面霜、卸粧紙巾、彩粧粉、乳液、嬰兒護膚品

3.**二乙醇胺（Diethanolamine，DEA）和其相關成分** DEA，和其相關成分有形成亞硝基胺之威脅性（見 Nitrosamines）。此外，美國 FDA 對於研究顯示實驗動物皮膚之 DEA 殘留量可引發癌症之結果（見 Diethanolamine）非常重視，目前仍在評估 DEA 和某些 DEA 相關成分對人體健康是否會造成危險。DEA 雖然不常用在化粧品，但其相關成分則廣泛用在各種化粧品中，常見之 DEA 相關成分包括：Cocamide DEA、Cocamide MEA、DEA-cetyl phosphate、DEA oleth-3 phosphate、Lauramide DEA、Linoleamide MEA、Myristamide DEA、Oleamide DEA、Stearramide MEA、TEA-luryl sulfate、Triethanolamine。

4.**石化物質**，來自石油的石化物質，因其成本低廉被用在許多化粧品中。就定義而言，石化物質也是一種天然物質，純化的石化物質例如優質純化之礦物油對人體無毒性、無刺激性、引起過敏性少，和天然動植物油脂皆作為皮膚柔軟劑，但石化物質的皮膚柔軟功效並無滋潤的作用，而是其封合（封閉）效應減少皮膚水分蒸發而達到皮膚潤濕、柔軟（見 Mineral oil）。此外，太依賴、製造石化物質，會消耗地球的珍貴資源，也會破壞生態。

三、清楚致面皰性的化粧品成分

會使皮膚長痘痘的成分未必會刺激皮膚，有些甚至無皮膚刺激性。各類化粧品包括護膚品、防曬品、彩粧品都可能添加致面皰性成分，皮膚如屬易長面皰之膚質，應避用含致面皰性成分之化粧品，下列三類已發現是最易引發面皰的化粧品成分：

1.**羊毛脂類（Lanolins）**，包括天然成分羊毛脂（Lanolin）與其半合成羊毛脂（例如：乙氧基化羊毛脂與乙醯化羊毛脂）。

2.**肉豆蔻酸異丙酯（Isopropyl myristate）和其合成酯類近親**，肉豆蔻酸異丙酯被發現是最易引發面皰之成分，常添加於卸粧品及粉餅中，其合成酯類近親包括：Decyloleate、Isocetyl stearate、Isopropyl isothermal、Isopropyl isostearate、Isopropyl palmitate、Isostearyl neopentonate、Myristyl myristate、Octyl palmitate、Octyl stearate、Myristyl myristate，以及用作界面活性劑之 Laureth-4及 PPG myristyl propionate 也應避免。

3.**色素**，許多人發現塗用含色素尤其紅色色素的化粧品，易引發面皰，結果發現致面皰性色素常為煤焦油色素。

四、了解過敏皮膚與低過敏化粧品

過敏反應是身體產生的一種不良免疫反應，發生在身體重複地接觸（直接或間接）某些無害的物質，例如花粉、黴菌孢子、藥物、食物、化粧品等。

最常引起過敏反應的化粧品成分包括香料、防腐劑及色素，其他如界面活性劑、乳化劑及合成酯類亦可能爲過敏原。因此低過敏化粧品一般爲無香料或含較少易引起過敏的成分（但即使不含香料及較少致過敏原成分，並不保證此類產品就不會引起過敏反應）。消費者可利用本書過濾（低過敏化粧品不應含有具過敏性或接觸性過敏的成分）或是使用產品前，依產品指示做過敏測試。

香料（香精）：是最常見的致過敏原，可區分爲天然香料和合成香料。有些天然香料含高達百種的化學分子組成，因此低過敏化粧品一般是不添加香料之配方（見〈化粧品成分用途說明〉，香料）。

防腐劑：Quaternarium-15是化粧品防腐劑所引起之過敏性接觸皮膚炎中，排名首位之成分（見 Quaternarium-15）。Imidazolidinyl urea 是化粧品防腐劑所引起之過敏性接觸皮膚炎中，排名第二位之成分（見 Imidazolidinyl urea）。

煤焦油色素：是常見的皮膚紅腫過敏反應來源（見〈化粧品成分用途說明〉，色素）。

五、重點在「天然成分」而非「天然化粧品」

天然化粧品應是從主成分到副成分如防腐劑、乳化劑、溶劑、色素、香料及其他所有組成成分皆是天然物質製成，且不經化學方法改變其天然本質之製備法，才可稱做天然化粧品或純天然配方化

粧品（見下列天然成分），並非配方中有植物主成分就可稱做天然
化粧品。市場上常見標榜純天然配方或純植物配方，產品成分欄卻
見一大堆化學合成物質，其中不乏對皮膚有害之成分，例如昂貴的
葡萄子萃取物中竟發現有害成分"Benzethonium chloride"（見
Benzethonium chloride）。如要追求優質天然化粧品的高層級，應
善用本辭典眞正了解所使用的化粧品成分，否則還不如使用由安全
的合成物製成之平價級化粧品。

天然植物色素：婀娜多 Annatto、紅甜菜 Beet powder、焦糖
色素 Caramel、胡蘿蔔素 Beta-carotene、葉綠素 Chlorophyll、番紅
花 Saffron、薑黃 Turmeric、葡萄果皮萃取物 Grape skin extract。

天然動物色素：胭脂蟲萃取物 Cochineal extract（見 Carminic
acid）。

天然植物香料：取自植物花、果實、葉、種子、根莖、樹皮、
木材等萃取物（或稱提取物、抽取物），例如精油、香脂或固結物
等（見〈化粧品成分用途說明〉，香料）。

天然動物香料：麝香、靈貓香、龍涎香及海狸香，前三者爲歷
史悠久的香料，其中麝香與龍涎香在古代比黃金還珍貴，現今麝香
鹿與抹香鯨已被列爲保育的野生動物，故現在化粧品所含之麝香與
龍涎香實際上是成分特性相近的合成物質（見 Musk、Musk
ambrette）。

天然乳化劑：蛋黃、卵磷脂（見 Egg、Lecithin）。

天然抗氧化劑：維生素 E（見 Vitamin E）。

天然柔軟劑：植物油脂、動物油脂、卵磷脂。

六、慎用化學性剝離劑才能獲得最大的正面效益

　　下列三類成分在適當濃度與 pH 值、療程及個人皮膚情況等條件配合下，對皮膚有修補更新的療效，但使用時常會伴隨暫時性皮膚刺激的困擾，如刺痛、乾燥、脫皮、起紅疹等，對皮膚健康最大的潛在威脅則是後續的影響，因此使用時與使用後應確實遵守：不要過度濫用和做好的防曬保護。

1. 使用產品時

　　⑴維生素 A 酸（Retin-A）：合成化學物質，可有效改善嚴重面皰及光老化的皮膚，但需注意其光敏感性之副作用。在許多國家維他命 A 酸已屬藥品管理（見 Vitamin A acid）。

註：維生素 A 酸皮膚藥、二氧化碳與鉺：YAG 雷射等是目前美國 FDA 允許光老化、光受損皮膚之治療法。

　　⑵果酸（AHA）：天然物質，具皮膚剝離、去除皺紋及使皮膚平滑之功效，適合晦暗、脫屑、損害的皮膚，建議保養品添加濃度5％-12％，每日外出時確實做好有效防曬保護（見 Alpha-hydroxy acids）。

　　⑶β-氫氧酸（BHA）：一般為合成化學物質，具抗菌及使皮脂減少分泌的功效，適合油性皮膚及易生面皰皮膚，可改善皮膚出油及面皰產生，建議保養品添加濃度0.5％-2％，每日外出時確實做好有效防曬保護（見 Beta-hydroxy acid）。

2.使用中、高濃度治療時

　　使用中、高濃度果酸和 β-氫氧酸進行治療時，應在有經驗之皮膚專科醫師指導協助下，並做好療程後的防曬保護。果酸和 β-氫氧酸最初是醫療用數種化學性剝離劑之一，利用高濃度的剝離劑酸性使皮膚外層的細胞與較內層的細胞剝離，使用目的是為了幫助皮膚更快去除老廢細胞與生成新的皮膚。使用果酸和 β-氫氧酸化學性剝離劑改善皮膚問題，需顧全三個層面：

　　⑴酸性不夠的剝離劑不足以使很多外層老廢細胞脫離，因而效果不彰，但稍過強的酸性便足以灼傷內層正常健康細胞。

　　⑵儘管果酸和水楊酸帶來令人歡欣鼓舞的改善效果，但在臉上使用足以使皮膚細胞剝離之酸性，本質上已是一種具有危險性的美容方式，再加上果酸和水楊酸在皮膚上無障礙似滲透的特性，更應事前了解實際可解決與不可解決的皮膚問題，以及本身是否有不適合進行化學性剝離劑治療的情況。

　　化學性剝離劑，可期待的改善結果：

◇ 減少或減輕疤痕

◇ 去除或減少皺紋

◇ 可能改善局部膚色問題

◇ 除去過多或頑固性黑頭粉刺

◇ 暫時性改善過多油脂分泌

◇ 改善陽光紫外線造成之傷害，例如光老化皮膚

　　化學性剝離劑不可改善之皮膚問題：

◇ 無法改變毛細孔的大小，但可藉由除去毛孔阻塞的黑頭粉刺及

減少過多油脂，而使得粗大的毛細孔獲得改善

◇ 無法改善 Keloidal 型態之疤痕

◇ 無拉皮效果

◇ 如用以改善局部膚色問題，較適用改善白種人，深膚色人種較不適用。

◇ 無法除去臉部顯露的微血管

　　作用在表皮層部位的輕度溫和剝離與中度剝離，以及作用在眞皮層部位的深度剝離，改善的皮膚問題不同，雖然深度剝離可改善輕度與中度剝離所不能改善的皮膚問題，但對健康之傷害則隨作用部位加深而影響增大。科學界目前對果酸和水楊酸對皮膚的安全性和後續影響，尚未完全掌握，在更安全的相同療效成分取代前，事前衡量使用化學性剝離劑治療皮膚問題，才能獲得最大的正面效益。

　　(3)新生皮膚的防曬保護，果酸或其他化學性剝離劑強行加速生成的年輕新生皮膚，因具較弱的抵抗紫外線防護能力，較容易受到陽光紫外線傷害，如不採取有效防曬保護，反而比原來之皮膚更易老化、產生斑點及其他問題。因此新生皮膚的防曬保護是不可疏忽的後續工作。

七、值得買的化粧品

1.下列成分雖無果酸或水楊酸之顯著療效，但長期使用亦有其保護皮膚而延緩老化之效果。

⑴維生素A（Retinol）：具皮膚調理、抗老化功效，適合老化及受損皮膚，建議保養品濃度0.5％-2％（見 Vitamin A）。

⑵維生素C酯類/抗壞血酸棕櫚酸酯（Vitamin C ester/Ascorbyl palmitate）：維生素C之改良合成物，爲一種長效型維生素C，具抗氧化、促進膠原蛋白增生可能性（如能克服皮膚障壁效應，將維生素C酯類穿透皮膚送至目標區釋放出維生素C）之功效，適合老化、受損及局部膚色不均，建議保養品濃度（以維生素C計）爲2％-20％（見 Ascorbyl palmitate、Ascorbyl dipalmitate、Ascorbyl glucoside 及 Ascorbyl stearate）。

⑶α-硫辛酸（Alpha-lipoic acid）：具抗氧化及抗發炎功效，適合受損及因老化發炎之浮腫皮膚，建議保養品濃度1％（見 Alpha-lipoic acid）。

⑷多肽銅複合物（Copper peptide complex）：具皮膚調理功效（見 Copper peptide complex）。

⑸輔酶（Q10 Co-Enzyme Q10）：具抗氧化功效，適合老化皮膚，建議保養品濃度0.5％-2％（見 Co-enzyme Q10）。

⑹激動素（Kinetin）：天然或合成物質，具有抗氧化、皮膚調理功效，適合老化、受損及局部膚色不均之皮膚，建議保養品濃度0.1％（見 Kinetin）。

2.有機化粧品

　　有機化粧品是指化粧品成分為非合成化學物或非基因改造原料，且產品本身及其天然原料的製造過程及方法，須符合國際有機製造規定。使用有機化粧品最大的好處在於避免工業污染物藉由皮膚吸收，對人體產生影響，同時也不會使地球環境、生態遭受某些化粧品工業污染至無法修復的破壞。

註：在有機化粧品領域，石油產物不被視為天然物質。

3.小兵立大功之化粧品

　　預防醫學的興起印證前人智慧「預防勝於治療」在防止生病或養生之重要性，而防曬、抗氧化、保濕及防止面皰是維護皮膚健康美麗與延緩老化的預防觀念與方法。下列化粧品不需來自昂貴品牌，不需添加最新高科技成分，只要選用適合個人膚質（例如：油性、乾性、正常、易生面皰型）並配合氣候、環境情況使用，對維持皮膚健康，延緩肌膚老化與皺紋有長期之效益。

　　(1)具有全波段防曬功效（見〈化粧品成分用途說明〉，防曬劑）且防曬指數（SPF）15或以上之防曬品。

　　(2)含水溶性及油溶性抗氧化成分配方之護膚品。

　　(3)含有抗發炎（註）、抗氧化成分且不含刺激性成分之眼霜與眼膠。

　　(4)保濕品或含保濕功效之護膚品。

　　(5)皮膚深層清潔油：本類配方應含有優質天然植物油及適量溫和界面活性劑，利用界面活性劑之濕潤、溶解化力、乳化等界面活性，增加植物油溶解表皮、毛孔中的皮脂、油污，以及賦予植物油遇水乳化而更易被水洗淨的特性。能有效清除毛孔積聚之皮脂油污，可防止毛孔阻塞造成的粉刺問題，也是真正可縮小毛孔的方法。

(6)傳統配方的清潔面膜：定期使用可有效幫助去除外層老廢角質細胞，防止因皮膚角質增厚造成的面皰與皮膚暗沉問題。尤其對於油性皮膚、皮脂漏及易長面皰膚質能有效改善。

註：眼睛周圍比臉上其他部位更早出現鬆弛性浮腫，國外醫學美容發現鬆弛性浮腫亦是皮膚發炎的一種。

4. 反式脂肪酸（Tran-Fatty Acid）之考量：冷壓法製成之植物油 vs. 油脂化學物

近年來已發現，食用油脂中含反式脂肪酸與自由基生成、動脈血管硬化阻塞有關。反式脂肪酸是脂肪酸之反式異構物，非自然之反式脂肪酸可在氫化植物油（部分氫化或完全氫化）與許多油脂化學物中發現。前者肇因於油脂經過化學加工處理（例如氫化、氧化、異構化或某些酵素反應）會形成反式異構物之油脂，其反式脂肪酸之含量依所用加工處理法而異（非化學加工處理的冷壓法製成之植物油則保留其原有之天然抗氧化成分，無非自然反式脂肪酸形成），後者油脂化學物是用天然植物油（例如椰脂、向日葵子油）經過加工處理成較小片段之小分子，這些小分子依所用加工法而含或多或少之反式脂肪酸。

化粧品原料如脂肪酸、脂肪醇、合成蠟、合成酯及椰脂衍生物都是油脂化學物（註），具有清爽、不油膩、不易酸敗、成本低的特點，而廣泛用在各種化粧品製造或化粧品原料製造（例如合成界面活性劑），但是油脂化學物不利皮膚保養，其不利因素包括油脂化學物雖衍生自天然植物油，但已無天然植物油之本質，含有反式脂肪酸（反式脂肪酸會形成自由基與干擾皮膚正常代謝之可能性）以及許多油脂化學物，具有相當之皮膚滲透力與皮膚吸收（見 Isopropyl myristate），因此高級皮膚保養品應使用冷壓法製備之植物油代替氫化植物油或油脂化學物作為油性主原料，以避開油脂化學物與反式脂肪酸。

註：常見油脂化學物之化粧品成分

　　脂肪酸：Lauric acid、Stearic acid

　　脂肪醇：Cetearyl alcohol、Cetyl alcohol

　　合成蠟：Emulsifying wax、Vegetable emulsifying wax

　　合成酯：Glycerides、Glycerol stearate、Jojoba butter

　　椰脂衍生物：Coconut-derived surfactants

八、培養產品辨識力

增加對產品成分的了解可慢慢培養產品的辨識力，下列為一些例子：

1.可捨去之安慰劑訴求，化粧品的某些額外訴求，對皮膚健康或美容上並無實質正面意義，有些反而存在潛在負面作用，認識下列訴求可培養讀者對產品之辨識力，避免浪費金錢在「安慰劑訴求」上。

(1)清潔產品添加這些成分，並不是有效的訴求，因為果酸或β-

氫氧酸必須被吸收至皮膚中才能發生效用,在皮膚吸收前,清潔產品所有成分都已被沖洗掉。

◇ 果酸

◇ β-氫氧酸

　(2)清潔產品添加下列成分,並不能發揮其宣稱訴求,因這些成分必須留在皮膚表面或滲透入皮膚才能發揮效果。

◇ 美白成分

◇ 活膚成分

◇ 保濕成分

　(3)防曬產品因添加美白或淡斑成分而宣稱的美白、淡斑訴求,實質上並無太大意義。在日間活動中做好防曬,是防止皮膚曬黑與斑點色素變深的有效方法,添加美白或淡斑成分並無研究顯示對防曬有加分的效能。

　2.對皮膚不利之額外添加

　(1)防曬產品添加果酸或 β-氫氧酸,不僅在用法上無法互利互補,還可能會對皮膚造成潛在傷害,因果酸和 β-氫氧酸會增加皮膚之光敏感,使皮膚更容易受到太陽紫外線之傷害,此外防曬劑在果酸或 β-氫氧酸可發揮功效的 pH 值下不安定。

　(2)添加果酸或 β-氫氧酸於粉底等彩粧可能會對皮膚造成潛在傷害,因果酸和 β-氫氧酸會增加皮膚滲透性,而彩粧產品多半含有煤焦油色素或不利皮膚之成分,果酸和 β-氫氧酸會使有毒性的成分更容易滲透入皮膚。

九、掀起昂貴化粧品原料精油之幕後面紗

精油是少數非常昂貴的化粧品原料之一與商品，如能了解精油背後問題，當購買精油或精油香料的產品時，就更能聰明地選購此類商品。

1.摻混問題

儘管消費商品市場上一些精油的售價非常昂貴，但摻混的問題也相當普遍。雖然有些摻混是爲獲取厚利，但也有些是因精油製造者無法從市場價格獲得合理利潤爲求生存之故。

國際上精油的摻混方式被歸爲下列十大類，其中有些或許可從廠商標示察覺，但多數需靠有經驗的聞香師敏銳的嗅覺、精密儀器分析、化驗分析等才能明察秋毫。尤其近來基因改造精油，更使得辨別眞正精油 " Authentic essential oil " 受到挑戰，因辨別摻混精油屬技術層面知識，故十大類謹列舉一些或可從產品標示辨別與較常遇到的摻混精油。喜好使用精油的消費者應向商譽良好的商家購買精油，不買來源不明低於該類市價之精油以及充實一些精油知識，才能避免買到摻混的精油。

⑴摻混單一原料在精油中，添加之單一原料分爲植物油、礦物油、香料化合物或溶劑，後二者添加物常見者包括：Benzyl alcohol、Benzyl benzoate、Dipropylene glycol、Dipropylene glycol（ mono ） methyl ether、Dibutyl phthalate、Diethyl phthalateIsopropyl myristate，需留意的是其中不乏可能傷害皮膚

的添加物。

(2)摻混價位較低之精油，例子如下：

佛手柑油（Bergamot oil、Citrus bergamia）：添加檸檬油與一些精餾之樟科精油等。

苦橙油（Bitter orange oil、Citrus aurantium）：添加甜橙油（Sweet orange oil、Citrus sinensis）、橙萜烯類（Orange terpenes）及一些微量調香化合物（見 Bitter orange peel、Expressed、Citrus aurantium）。

肉桂油（Cinnamon bark oil、Cinnamomum zeylanicum）：添加取自樹葉之肉桂油（見 Cinnamomum verum）。

薰衣草油（Lavender oil、Lavandula angustifolia）：添加取自品級較差之薰衣草，如 Lavandula intermediacji 或 Lavandula latifolia（見 Lavender）。

葡萄柚油（Grapefruit oil、Citrus paradisi）：添加橙萜烯類（Orange terpenes），或添加蒸餾之甜橙油（Sweet orange oil distilled）與微量調香化合物。

英國藥典級檸檬油（Lemon oil BP、Citrus limon）：添加壓榨之萊姆或葡萄柚至較差等級之檸檬油使之蒙混升級。

迷迭香油（Rosemary oil、Rosmarinus officinalis）：添加尤加利油（Eucalyptus oil、Eucalyptus globuluse）與樟腦油（Camphor oil white、Cinnamomum camphora）。

玫瑰油：添加價位較低之摩洛哥玫瑰油（見 Rose oil、Rosa centifolia、Rosa damascena）。

(3)摻混與精油成分相同但爲合成物之成分在精油中，如佛手柑油（Bergamot oil、Citrus bergamia）：添加里哪醇（Linalol）與乙酸里哪酯（Linalyl acetate）（見 Linalool、Linalyl acetate）。

⑷摻混分離自精油的天然成分在精油中，如迷迭香油（Rosemary oil、Rosmarinus officinalis）：添加取自天然純尤加利油 Eucalyptus globules oil 之桉葉油精（見 Eucalyptol）。

⑸添加基礎精油或重混精油至真正精油或精油無水物中，多發生在高價位之花香無水物，如玫瑰、茉莉等。

⑹添加單一合成成分至精油或精油無水物中，如歐椴花無水物（Linden blossom absolute、Tilia spp）：添加羥基香茅醛（Hydroxycitronellal）（見 Hydroxycitronellal）。

⑺摻混普通級精油至有機級精油中。

⑻以贋品充混正品，如巴西甜橙油（Sweet orange oil Brazil）充混為佛羅里達甜橙油（Sweet orange oil Florida）。

⑼摻混採摘時的類似芳香植物種類。

⑽基因改造植物製造之精油。

2.污染問題

⑴重金屬污染。在歐洲目前只有用為食品之精油，歐盟法令有重金屬包括砷（Ar）、鉛（Pb）、鎘（Cd）、汞（Hg）之含量限制管理。

⑵農藥殘留。德國一項研究曾從110種市售精油中發現72種精油含有37種農藥化學物，但農藥污染試驗的費用高，是目前非用在食品之精油製造商與供應商考慮經濟因素不願花費的項目。

3.精油提取自未經照射之植物原料

已發現某些萜烯化合物之精油成分經伽瑪射線（gamma-ray）照射後會發生改變，有些具香辛味之香料經光照射後香味也會發生改變，因此在歐洲，許多精油購買者要求出具精油製造過程未經光照射之證明，包括提取精油之植物原料。

第二章
買不得的化粧品

　　以下列出的成分，科學界已發現其毒性具有傷害人體健康的危險性，購買化粧品應先看看產品有沒有含下列成分。

一、染髮霜、染髮膏、護髮染

煤焦油染髮劑（Coal tar hair dyes）

　　近二十餘年來，染髮劑一直是國際上非常具有爭議性的化粧品成分。動物實驗研究不斷發現某些染髮劑，尤其是煤焦油染髮劑，證實有致癌的傷害性，亦有研究發現十年以上長期使用染髮劑染髮的婦女，得乳癌的機會比較高。雖然眾多研究結果顯示，大部分染髮劑是致癌物及致突變物，但先進國家有關管理當局一直缺乏有力數據，敦促業者證實染髮劑的安全性。例如美國化粧品成分審查專家 CIR Expert Panel 在缺乏有力安全性數據支持下，對目前法定染髮劑所做之結論為，在目前的使用方法及規定濃度下是安全的。

　　作為實際在使用染髮劑之消費者，面對化粧品業者及管理當局無法積極確保市面販售的染髮品對人體的安全性，自保的做法是購買或使用染髮產品應先看看產品有沒有下列表2.1的成分。表2.1列出近二十餘年來，具爭議性之染髮劑，其爭議點在致癌性或致突變性，意即爭論該成分在人體是否會造成癌症或引發細胞突變。

表2.1　具爭議性之染髮劑與對人體可能之傷害

染髮劑	其他名稱	危害人體的發現	附註
4-Methoxy-m-phenylenediamine	4-MMPD	動物實驗顯示致癌性	美國業者已自行停用
2,4-Toluenediamine		動物實驗顯示致癌性	
4-Amino-2-nitrophenol		動物實驗顯示致癌性，皮膚滲透性高	
2-Nitrophenylenediamine		動物實驗顯示致癌性	常添加在金、紅色染髮品
2,4-Diaminoanisole		人體致癌物，具皮膚滲透性	
2-Nitro-o-phenylenediamine N-nitrosodiethanolamine		具皮膚滲透性 具皮膚滲透性	
p-Toluenediamine sulfate p-Phenylene diamine	2,5-Diaminotoluene	具皮膚滲透性 可能引起癌症	
4-Methoxy-o-phenylenediamine	4-MOPD	會引起癌症	
2,4-Diaminotoluene	2,4-DAT	動物實驗顯示致癌性	
2-Nitro-p-phenylenediamine		動物實驗顯示致癌性	
4-Amino-2-nitrophenol		動物實驗顯示致癌性	

乙酸鉛（Lead acetate）

是一種使用在染髮劑之色素，被認爲是一種致癌物，有積聚在體內之可能性（見 Lead acetate）。

二、口紅、護唇膏

煤焦油色素（Coal tar colors）

　　塗在嘴唇上的煤焦油色素，很容易隨飲食送進肚子。根據估計，女性一生中吃掉約四磅重的口紅，而口紅中的煤焦油色素被吸收後，會累積在內臟及脂肪組織，其毒性有引發內臟疾患與致癌的危險性。

註：煤焦油色素對人體健康最大的威脅是致癌可能性。動物實驗研究顯示，幾乎所有使用在實驗中的煤焦油色素都使實驗動物致癌，其次威脅性是致敏感性，許多人對含煤焦油色素的產品過敏。

丁羥茴醚（Butylated hydroxyanisole，簡稱 BHA）

　　一種唇膏之抗氧化劑及防腐劑，加在口紅及護唇膏可防止油脂成分氧化酸敗。根據動物實驗研究有致癌可能性（見 BHA）。

三、睫毛膏、眼影、眼線筆、眉毛染膏

煤焦油色素（Coal tar colors）

　　五十年前美國曾發生 Lash Lure 之染眼睫毛產品造成女性使用者失明的事件，而後美國藥物食品管理局 FDA 禁止煤焦油色素添加在眼部化粧品。此外，相關規定包括在美國出售的產品只能添加經 FDA 核准通過的色素，這些法定色素皆授與法定色號（見 D&C）。其他國家也規定使用在眼部化粧品的法定色素只能使用公告的法定色素（見 CI 10006-CI 77949）。消費者應注意不使用含煤焦油色素之睫毛膏或眉毛膏去染眼睫毛或眉毛，否則會造成眼睛失明的危險。

四、防曬乳液、防曬霜、防曬油、防曬粉餅

對胺基苯甲酸（PABA）

一種防曬劑，曾經廣泛用在各類防曬產品。皮膚易受陽光傷害的人塗抹含 PABA 成分的防曬產品，會出現光敏感的反應，包括起疹子、脫皮及紅腫等（見 PABA），現今歐美市場已幾乎不見此成分，但亞洲市場仍可買到含此成分之防曬品。

甲基丁香酚（Methyleugenol）

一種天然或合成物質，用在調味料、香料、誘蟲劑及防曬產品，美國聯邦機構 The National Toxicology Program 在致癌物報告列為 B 等級，懷疑是人體致癌物。

五、皮膚保養品、防曬品

氯化甲苯酚（Chlorocresol）

一種防腐劑。動物實驗發現含0.05％之氯化甲苯酚溶液，即足以引起實驗動物眼睛刺激，長期餵食下會引起腎臟傷害及增加腫瘤之可能性（見4-Chloro-m-cresol）。

六、去光水（亦稱去光油）、指甲油等指甲產品

甲基丙烯酸甲酯（Methyl methacrylate）

一種指甲產品原料，具毒性，會使指甲變形及引起接觸性皮膚

炎。

丙酮（Acetone）

　　用作去光水之一種溶劑及變性劑，會傷害指甲與皮膚，常塗用含丙酮的指甲產品會造成指甲脆裂、變黃、皮膚紅腫、發炎等（見Acetone）。

七、香水製造工業、化粧品樹脂製造工業

苯乙烯7,8-氧化物 Styrene 7,8-oxide

　　用作製造香料、化粧品樹脂化學物質中間產物，美國聯邦機構 The National Toxicology Program 在致癌物報告列為 B 等級，懷疑是人體致癌物。

八、嬰兒爽身粉、痱子粉、漱口水、香皂、皮膚　清新水、刮鬍後爽膚水等

硼酸（Boric acid）

　　是消毒抗微生物劑。食入可引起內臟、皮膚及黏膜損害，長期塗抹會使皮膚乾燥、起紅疹及胃功能紊亂；嬰兒食入少於5克，成人5-10克曾引起死亡（見 Boric acid）。

九、漱口水、牙膏、牙粉

鹼金屬氯酸鹽（Chlorates of alkali metals）

　　口腔護理劑,加在口腔衛生產品。已發現人體吸收後,如嚴重情況會引起腎臟傷害及紅血球溶解等(見 Chlorates of alkali metals)。

第三章

如何有效避免化粧品造成的傷害

安全化粧品不單是製造者與管理者的責任，消費者依照正確方法使用產品也是重要因素。因此消費者即使買到具有傷害性的化粧品，如能注意做到下列事項，也能將可能之危險性降至最低，反之即使買到安全成分化粧品，如疏忽下列安全使用事項，也會釀成遺憾。

一、避免唇色暗沉，還我健康紅唇

1.塗口紅前先塗抹天然保濕滋潤的護唇膏保護唇部。

2.不使用含煤焦油色素的口紅。

3.選擇油脂成分多的口紅。

註：有關口紅成分安全性見〈第二章　買不得的化粧品〉二、口紅、護唇膏。

二、不讓「光敏感」上身

光敏感是一種陽光（主要為紫外線）所引起的過敏反應，其影響我們健康的程度，可從最輕的皮膚黑斑形成至最嚴重的引發皮膚癌。在日常生活中，我們往往在使用化粧品後到戶外活動，因此化粧品本身以及其原料是否具有致光敏感性，實有詳加確認的必要。

　　科學界對光過敏的反應機制目前尚未十分清楚，雖然無法事前預估何種物質會引起光過敏反應，但已知香料、紫外線吸收劑（化學性防曬劑）及殺菌劑是常被發現具有光敏感性的物質，因此白晝期間，尤其在強烈紫外線籠罩的環境中，留意下列幾點可避開光敏感的威脅。

　　1.使用香水或芳香化粧品時，噴灑或塗抹在衣物遮蓋的身體部位。

　　2.查閱本辭典，確認所使用的防曬產品以及其紫外線吸收劑的光敏感安全性。

　　3.塗用光敏感性化粧品後，不外出或避用引曬燈。

　　此外亦應注意有些天然植物，例如柑橘屬植物的精油，可增加皮膚對光之敏感度，塗抹皮膚後應避免直接曝露在陽光下，或使用引曬燈，以免皮膚塗抹部位色素沉澱。具有光敏感性的柑橘家族成員包括：葡萄柚、苦橙、甜橙、橘、檸檬、萊姆等。

三、小心使用眼部化粧品

　　眼部上粧乃至塗抹眼部保養品，或做眼部其他美容修飾時，都可能發生化學或機械因素造成對眼睛的傷害，雖然發生機率不高，但是其造成後果之嚴重與對生命之傷害卻是永久，因此使用眼部化粧品時，應特別小心以避免這些可能性發生，下列為一些注意事項：

　　1.不要將眼線畫在眼瞼內緣或下眼瞼眼睫毛底部，以免阻塞細小之皮脂腺造成發炎。

　　2.含金屬微粒或小亮片等光彩奪目的眼影，若不小心掉入眼睛，尤其是戴隱形眼鏡時，如處理不慎，可能會造成對眼睛的傷害。

　　3.不要在行車時做眼部化粧，以免車子忽然劇烈跳動而使化粧品磨傷眼球，引起傷口細菌污染的二次傷害。

　　4.眼睛有感染情況時，應停止眼部化粧直至痊癒，再使用眼部化粧品，並丟棄使用過之產品，以免再次受到感染。

　　5.留意睫毛膏、眉毛膏的安全性。使用含煤焦油色素之產品染眼睫毛、眉毛可能會造成眼睛失明的危險（見〈第二章　買不得的化粧品〉三、睫毛膏、眼影、眼線筆、眉毛染膏）。

四、避免化粧品造成的提早老化

　　近數年來，果酸常添加在護膚品用作防皺、抗老化的成分，而後水楊酸（β-氫氧酸）受到重視。現今凡是提到抗老化防皺的產品，多半含有各種不同含量的果酸或水楊酸。但當果酸和水楊酸成為目前全球美容保養品的主流時，消費者卻未被充分告知與警示果酸和水楊酸會增加皮膚的光敏感，塗抹含有此類成分的產品，會使皮膚更易受到陽光的傷害，更要注意防曬的保護。消費者應確認自己的化粧品是否含有果酸或水楊酸，而採取有效的防曬保護，以免蒙受加速皮膚老化之潛在威脅。

　　成分欄如有下面名稱，表示產品含有果酸或水楊酸：

果酸

AHA

Alpha hydroxy and botanical complex

Alpha-hydroxycaprylic acid

Alpha-hydroxyoctanoic acid

Alpha-hydroxyethanoic acid ＋ Ammonium alpha-hydroxyethanoate

Citric acid

Glycolic acid

Glycolic acid ＋ Ammonium glycolate

Hydroxycaprylic acid

Lactic acid

L-alpha hydroxy acid Glycomer in crosslinked fatty acids alpha nutrium

Malic acid

Mixed fruit acid

Sugar cane extract

Tri-alpha hydroxy fruit acids

Triple Fruit acid

水楊酸

BHA

Beta hydroxybutanoic acid

Salicylate

Salicylic acid

Sodium salicylate

Trethocanic acid

Tropic acid

Willow extract

　　一項由美國藥物食品管理局 FDA 主導的有關甘醇酸（Glycolic acid，常用果酸之一）和水楊酸（Salicylic acid）長期使用的安全性評估，已確定乙醇酸會造成皮膚更容易受到陽光的傷害，對於有同樣疑慮的水楊酸，FDA 已提出忠告，在安全評估完成前，建議消費者使用含有果酸或水楊酸的產品，應採取同樣謹慎之預防措施（FDA 建議消費者使用果酸產品與水楊酸產品時應遵守之事項，見 Alpha-hydroxy acid 與 Beta-hydroxy acid）。

五、避開染髮產品的毒性

　　1.不使用含有懷疑會致癌或致突變染髮劑之染髮產品。

　　2.不長期使用含煤焦油染髮劑之染髮產品。

　　3.使用天然染髮劑染髮，某些天然染髮劑對某些人雖會引起過敏反應但無傷害性。

　　4.不要讓染髮劑，尤其是煤焦油染髮劑停留在頭皮上過久（見表2.1）。

　　5.當頭皮發炎、起疹子、有傷口時不要染髮。

　　6.使用煤焦油染髮劑產品在家自行染髮時，應依照產品指示先做小範圍皮膚測試，可事前預測皮膚刺激情況的發生。

註：有關染髮劑安全性見〈第二章　買不得的化粧品〉一、染髮霜、染髮膏、護髮染。

六、小心使用作用強之化粧品

有侵蝕性本質的化粧品包括：化學性除毛液、染髮品、燙髮液、雀斑面霜（在國內市場爲藥品管理）及中、高濃度果酸等。

1.除毛劑與燙髮劑爲強鹼性化學物質，不正確使用會引起嚴重皮膚刺激。

2.使用化粧品前應小心閱讀使用說明，並遵照指示使用。如果發生皮膚不良反應，例如皮膚紅腫、癢、刺痛或灼傷，應馬上停止使用，必要時看醫生。

七、不要讓清潔化粧品停留在皮膚過久

1.留意合成清潔劑的泡泡浴：合成清潔劑之泡泡浴產品如過量使用或延長使用時間，可能會刺激皮膚和尿道，引起皮膚紅腫、起疹、癢等症狀，停用後如刺激情況仍未改善，應就醫。

2.注意洗髮精、潤絲精及護髮乳：洗髮精、潤絲精及護髮乳等頭髮產品一般以界面活性劑爲製造原料，離子型界面活性劑比非離子型界面活性劑具有較大之皮膚刺激性及毒性，其中又以用爲合成清潔劑之陽離子型界面活性劑爲甚。陽離子型界面活性劑爲製造洗髮精、潤絲精及美髮水之原料，而陰離子型界面活性劑一般爲製造洗面乳、洗面霜、刮鬍膏、洗髮精及牙膏之原料。

高濃度的陽離子合成清潔劑（濃度大於5-10％）可能會造成腐蝕性與全身性的毒性，其毒性依濃度而異，包括皮膚接觸引起之刺

激、皮膚炎等,眼睛接觸造成之輕微不適至眼角膜永久性傷害等,
吞入則可造成口腔、食道黏膜之腐蝕性灼傷、噁心、腹痛、下痢、
水腫、中樞神經抑制及死亡等。

八、如何遠離化粧品過敏反應的困擾

1.對於有化粧品過敏史者,應注意對化粧品過敏可能發生在新
使用的產品,或使用很多年無問題的產品上,如有過敏反應,應停
止使用該產品。

容易對化粧品過敏的人,使用產品前可自我測試:取少量產品
塗在手臂內側,二十四小時後如果皮膚出現不良反應如紅腫、水
泡、癢,即表示對該化粧品過敏或敏感。勤查閱本辭典可幫助篩選
過敏原成分清單,有效避免過敏反應重複發生。

2.對於非化粧品過敏膚質者,應注意勿同時使用去角質產品
(例如磨砂膏、清潔面膜)與化學性剝離產品(例如果酸、水楊酸
及維生素 A 酸等),否則易產生類似過敏性之皮膚紅、癢、乾等
刺激症狀。

九、小心使用在會陰處之女性衛生產品

自從一些研究顯示女性使用滑石成分(Talc)製成之衛生產
品,包括乳膏和粉末與罹患卵巢癌有關,長久以來,科學家一直爭
議滑石與卵巢癌之關聯。研究發現塗抹於女性會陰的滑石成分,會
上沿生殖道而達到卵巢引發腫瘤(見 Talc 及 Talc powder)。

2002年美國聯邦科學家曾爭論將滑石列入人體致癌物，最後以
3比7未能列入，但將石綿（Asbestos，亦稱纖維狀滑石 Fibrous
talc）列入致癌物（石綿一直爭議與開採石綿礦工之肺癌有關）。
此外，亦應注意不可使用產品在皮膚有傷口、刺激或搔癢情況時。

十、不要摧殘寶寶幼嫩的髮膚

不同於成人肌膚是在自然的逐漸老化，嬰兒全身的肌膚都在成
長中，因此前者需要化粧品以延緩老化速度，後者塗抹化粧品反而
會妨害其自然成長，衍生皮膚問題。適合嬰兒使用的化粧品充其量
只有嬰兒爽身粉及嬰兒油。

1.嬰兒爽身粉：可乾爽寶寶皮膚，預防寶寶痱子、濕疹及尿布
疹，但如果寶寶已有尿布疹、皮膚炎或皮膚破皮，就不可使用由滑
石粉製成之爽身粉。

使用滑石粉製成之爽身粉前，需先仔細將寶寶身上的水分或汗
水擦乾，尤其是頸部、手腳皺摺處，否則爽身粉遇水溶出之鹼性成
分，會刺激寶寶幼嫩肌膚。使用禁忌上需注意不可使用在寶寶已起
痱子的皮膚上，否則溶出之鹼性物質會刺痛寶寶已起疹的皮膚（見
Talc）。

爽身粉正確用法與存放見本章十三、避免化粧品造成的意外傷
害（見 Talc）。

2.嬰兒油：以純度高的礦物油或純天然植物油製成之嬰兒油，
對寶寶的肌膚是安全無刺激性的，但仍不宜經常塗抹在寶寶成長中
的皮膚。

3.嬰兒洗髮精：主成分是界面活性劑，雖然產品標榜溫和不刺激，但合成界面活性劑極易滲透寶寶發育期的毛囊，影響健康毛根形成，所以為寶寶洗頭傳統溫和的香皂即可。

十一、避免經由化粧品感染疾病

1.留意化粧品微生物污染與預防化粧品微生物污染對策

我們生活環境存在著許多微生物，例如土壤、空氣、頭皮、臉及手。這些微生物有些無害，有些對我們有益，例如葡萄球菌、大腸桿菌等，則可能對我們非常危險。

在使用化粧品時，瓶口大開的化粧品易因手指取用而受到外來微生物污染，而化粧品組成分是培養細菌、黴菌及其他微生物很好的營養來源，雖然化粧品會添加一些防腐劑抑制微生物過度增殖，但防腐劑會隨時間而漸漸失去原有防腐抑菌的效力，因此當化粧品出現變色或有氣味時，多半是產品品質敗壞的跡象，此時應將之丟棄。注意下列四點可防止產品受微生物污染或提早變質：

(1)用小勺代替手指挖取化粧品。

(2)陽光及高溫易使防腐劑變質，化粧品應避免置於陽光直射處。

(3)溫暖潮濕處是培養細菌、黴菌的溫室，浴室宜避免放置化粧品，尤其是保養品。

(4)化粧品不用時應緊閉瓶蓋，可防止污染源及空氣氧化酸敗。

2.留意有破皮的皮膚

化粧品是施用在正常完整皮膚的商品，其使用是以保持人體清潔或個人美容爲目的，而非如藥品及外科敷料般以治療疾病爲目的，因此其產品含菌數不會、也不需要像皮膚用藥膏需做滅菌處理那樣嚴格。

以化粧品銷售金額居前二位的美國及日本爲例，美國有關管理規定嬰兒用品以及眼眉化粧品的一般生菌數應在每公克500個以下，其他化粧品應在1000個以下，日本則規定眼線筆以外的一般生菌數應維持在每公克1000個以下，眼線筆以外的化粧品與醫藥部外品的品質標準皆比照該規定（日本的醫藥部外品相當於我們的藥用化粧品）。

當皮膚完整健康時，皮膚有如一道保護人體的障壁，可抗拒細菌、過敏原及某種程度化學品的刺激進入體內，但當皮膚受傷破皮時，諸如龜裂、傷口、化膿青春痘擠破出血，這道保護障壁就易遭外來異物侵入，嚴重時會使皮下組織遭受細菌感染的危險。因此當皮膚破皮，尤其是深入性或大範圍的傷口，除了需留意不使用變質的化粧品外，亦不可塗抹未變質之化粧品，例如遮瑕膏於傷口上，以免發生傷口細菌感染、發炎，轉變成毀容或危及生命的後果。

3.共用化粧品的感染威脅

不要和別人共用化粧品（例如護唇膏、口紅類），如感染者唇部有傷口出血，一些感染疾病例如：B型肝炎、愛滋病可能會透過血液與經由化粧品共用途徑而感染。

註：B 型肝炎可經由輸血、血液透析、打針、針灸、穿耳洞、刺青、刮鬍刀、共用
牙刷等方式感染他人。愛滋病毒已證實可存在於血液、唾液、體液、精液、陰
道分泌物、脊髓液、尿液及母乳中；其中血液、精液、陰道分泌物流行病學已
證實會傳染病毒。雖然研究人員在感染者的唾液中可檢測出病毒，目前仍無證
據顯示病毒會透過唾液傳染給他人。

4.隱形眼鏡族或眼睛受傷時應注意事項

　　眼角膜擦傷、刮痕或受傷時，應注意沖洗頭髮時勿將洗髮精、
潤髮乳或護髮乳沖入眼睛。眼角膜擦傷或刮傷的意外最易發生在隱
形眼鏡族，許多這些擦傷常在無微生物感染情況下不知情地自行痊
癒，但是如果使用受到化學物污染的化妝品，則可能會引起永久性
眼睛傷害（見本章七、不要讓清潔化粧品停留在皮膚過久）。

註：在美國，可從網路、便利商店等處買到之裝飾性隱形眼鏡，已發現延長配戴產
品標示時間會造成角膜潰瘍、結膜炎、角膜水腫、過敏、角膜磨損、視覺功能
減低而影響駕車和其他活動之安全（角膜潰瘍如未受到適當治療，可引起發
炎，嚴重者會導致失明），因此美國 FDA 已於2003年10月發佈公告警示消費
者在無適當專業人員協助下，不要自行使用此類產品。

十二、精油之安全性意識

　　精油的魅力和吸引力在現代科技生活尤其突出，古埃及和古代
中國之使用歷史更增添其神秘、迷人的色彩。近年來，許多精油或
其成分被廣泛應用在沐浴、香水、保養品等化粧品中作為香料。以
精油或其成分調成的香料所散發的大自然香氣，是純合成香料香氣
所無法比擬的。

　　現代香料學的研究發現，精油可鎮定神經、平衡內分泌及增加免疫等功效，成爲芳香療法或藥草浴利用精油治療文明疾病的科學依據。遺憾的是當業者或媒體在熱情促銷精油時，卻忽略精油安全性之宣導。

　　精油的傷害性已在國際上引起相當的重視（某些精油過量或不適當使用，造成的可能傷害性包括致癌性、致突變性、致胎兒畸形、刺激性、皮膚敏感性、光敏感性、光毒性、神經毒性、生殖毒性或環境毒素等），有關專業機構審查有爭議性精油或精油成分，並公佈不建議使用的精油或精油成分，美國 FDA 也鑑於精油分子可通過腦血管障壁，已將其列入爭議性名單審核其安全性。

　　以精油的本質、作用與毒性考量，精油的使用應愼重地有如在使用藥材般，即使使用爲化粧品香料，製造者也應注意有些精油與其成分之添加限量，並自行約束不用已知會引起毒性之物質。消費者若對精油與其成分缺乏安全性的認識，就會在使用上無安全意識，而容易無顧忌地或不當地使用精油或其成分，而濫用或不當使用最易蒙受精油的毒性，如此傷害事件則會愈來愈多，亦會造成更多精油或其成分被排除使用。

　　唯有認識精油安全性才知如何避開精油的毒性，如此才能永續地享有這個珍貴奇妙的大自然禮物所帶給我們嗅覺與心靈的享受。喜好使用精油相關產品，應對下列精油安全性有基本認識，以避免其毒性。

1.精油本質與作用

　　(1)精油並非植物油，是多種揮發性化合物組成之揮發性植物成分，有些精油組成有百種以上化合物（見〈化粧品成分用途說明〉，精油）。

(2)精油作用相當複雜，某些精油成分之毒性在另一成分存在之下會被抑制或增加，例如檸檬醛（Citral）在檸檬烯（Limonene）存在下不會引起致敏感性（見 Citral）。某些精油以蒸餾法提取則無光敏感性的問題等，不同種植物提取之精油氣味可能不同，其作用可能亦不同，例如不同氣味之尤加利精油，其作用亦顯著不同。

(3)如同蛇毒和蜂螫，精油是植物的一種天然自衛武器。精油雖使植物芳香，但對植物而言，其芳香是為誘蟲，大部分精油在植物生長中起抗菌、抗病毒、防腐的保護作用。

(4)精油不能內服，除非有醫生處方。

(5)使用精油進行薰香或芳香療法等（以聞香產生生理功效）須注意精油分子小，可經由呼吸通過腦血管障壁影響腦部。因此勿長年累月或大量吸入精油蒸氣，以避免精油的吸入毒性（已發現長期五年曝露在萜烯類精油或加熱針葉樹之木材，有罹患呼吸方面癌症之危險）。

2.精油劑量

植物精油含量除了在種子濃度略高些，大部分精油在植物組成含量約0.1％至1％，因此85粒檸檬只能提取30公克檸檬油、6萬朵玫瑰只提取30公克玫瑰油，不但造成精油價昂，也造成精油毒性的濃縮。某些精油食入一茶匙之量即可能使成人致病，而少於一盎司的量即可能致命（所以精油絕不可放在小孩拿得到的地方），須有下列劑量安全意識：

(1)精油之劑量以滴計算。

(2)精油之使用，例如全身按摩時，應將正確滴數的精油稀釋在植物油（或載體油）中使用。

(3)為確保安全，使用精油全身按摩時，應稀釋精油在載體油不超過濃度2.5%，小範圍身體使用可用較高濃度，但具神經毒性、敏感或光敏感刺激性之精油須注意安全濃度。

3. 安全使用

(1)不濫用精油或其成分，尤其是已知有安全性疑慮之成分，可避免精油的毒性。

(2)使用塗抹在皮膚且非沖洗掉產品，確認所含精油或精油成分無皮膚敏感性與光敏感性。

(3)注意不可使用之禁忌。

(4)在家中使用精油作芳香療法，應在合格專業之芳香療法師指導下進行。

(5)注意精油安全性新知。

4. 精油存放

(1)一定要存放在小孩拿不到的地方。

(2)應將精油存放在暗色玻璃瓶。

十三、避免化粧品造成的意外傷害

1.嬰兒爽身粉的意外事件

　　寶寶不慎大量吸入嬰兒爽身粉，導致肺部阻塞引起窒息死亡的意外事件，一直不斷發生，有些是因為大人疏忽或使用不當，不小心讓寶寶吸入大量爽身粉，有些則是寶寶任意拿到把玩發生。而一般嬰兒爽身粉的主要成分為滑石粉，寶寶如長期吸入太多滑石粉，會造成吸入性肺炎（見 Talc、Talc powder）。爽身粉正確的使用與存放可避免這些不幸意外發生。

　　爽身粉正確使用方法與存放：使用爽身粉時，不要開電扇或在有風處，以減少空氣中爽身粉粉末吸入肺部或刺激眼睛。每回使用時，必須先在遠離寶寶處，將爽身粉倒出適量在手上，再抹搽在寶寶身上，不可將爽身粉直接撲在寶寶身上。爽身粉不用時，應蓋緊瓶蓋，必要時使用膠帶黏緊蓋子，放置小孩拿不到的位置存放。

　　國外研究發現女性使用滑石（Talc）製成之女性衛生產品，包括乳膏和粉末與罹患卵巢癌有關，因此有些醫生建議女嬰兒應選擇以玉米澱粉製成之爽身粉（見本章九、小心使用在會陰處之女性衛生產品）。

　　但玉米澱粉卻有可能是引發過敏性氣喘、過敏性皮膚炎的過敏原，因此有氣喘或過敏體質的寶寶應避免使用玉米澱粉製成之爽身粉，若非用不可，宜選擇無添加玉米澱粉的滑石爽身粉，有氣喘或過敏體質的女嬰兒則建議避免使用爽身粉。

2.勿讓孩童把玩化粧品

　　不要讓小孩子拿到或玩化粧品，某些化粧品含有毒性成分，這些成分即使不會對大人造成傷害，亦有可能會對小孩造成傷害。例如：誤飲合成淸潔劑之產品；又如牙膏添加之氟化物成分可防止蛀牙，但小孩如不愼大量吞入含氟化物的牙膏，會引起噁心、嘔吐，甚至致死的危險。

3.避免噴霧產品的意外事件──起火燃燒、爆炸或吸入昏迷

隨著機能不斷的提升，現代噴霧產品不再侷限在霧狀噴出物的霧狀產品（例如定型液），尚包括粉末狀產品（例如香粉噴霧）、泡沫狀產品（例如造型髮雕泡沫）及膏狀產品（例如刮鬍膏）。噴霧產品和其他化粧品主要不同點在於它含有加壓氣體，其中有些加壓氣體爲易燃性強之氣體，因此爲確保使用噴霧產品的安全性，應留意下列事項：

⑴勿朝火源噴射。

⑵使用時遠離火爐、瓦斯爐等火源。

⑶室內有火源時，勿大量使用。

⑷勿焚化：有些噴霧產品使用石油天然氣（即瓦斯）作噴射劑，將噴霧產品丟入火中有引發爆炸之虞，應絕對禁止。

⑸勿置於40℃以上的環境中：在40℃以上的環境中存放或使用噴霧化粧品，壓力的上升可能會導致危險（反之若在低溫環境中使用，內壓的下降則有時會使產品無法順利噴出）。

⑹正確丟棄方法：在確定產品全部用完後再行丟棄。若容器中還有噴射氣體的殘留，則在與其他垃圾混合後，可能會在垃圾車內燃燒起來。

⑺勿朝眼睛、鼻子附近噴射：某些噴射劑具吸入麻醉性。

(8)勿刺孔穿洞。

(9)孩童使用之噴霧產品，應有大人在旁時使用為宜。

(10)絕對禁止讓孩童把玩噴霧產品。

4. 避免易燃性產品之意外事件

使用指甲油、含濃度超過20％之乙醇或其他易燃性醇類產品時，應遠離火源、禁菸與不應儲存於強光、高溫場所；濃度未超過20％之乙醇或其他易燃性醇類產品，不應儲存於強光、高溫場所。

第四章

皮膚、頭髮、指甲問題反應

日常生活中，環境因素、使用的化粧品、飲食、藥物或本身健康狀況都可能引發我們的皮膚、頭髮或指甲發生問題反應。表4.1列出這些身體問題反應、其已知的可能原因以及產品起因之解決方法。

表4.1 皮膚、頭髮、指甲問題反應、其可能原因及可能的解決方法

問題反應	化粧品原因	外在環境原因	身體內部原因	產品起因之解決方法
皮膚：				
油膩、油光	使用產品添加過多之柔軟劑	潮溼氣候	旺盛的皮脂活性；荷爾蒙；遺傳；T字部位傾向較多油脂	停用該產品；選用柔軟劑量少之產品（柔軟劑多的產品會較油膩）
面皰	使用產品含有致面皰性成分	—	—	停用該產品；如確定致面皰原，選用不含該致面皰性成分之產品
黑斑	長期使用產品含有傷害性成分	紫外線傷害	—	停用該產品
膚色暗沈	長期使用產品含有傷害性成分	—	皮膚微血管循環不良	停用該產品
細紋	長期使用產品含有傷害性成分	紫外線傷害	膠原蛋白纖維受破壞	停用該產品
皺紋	—	紫外線傷害	膠原蛋白纖維受破壞	—
皮膚乾燥	使用清潔力過強之清潔產品	乾燥氣候；室內空氣缺水氣	老化、飲食缺乏營養素；失水；濕疹；體質	停用該產品

洗臉後緊繃	產品過度洗去皮脂	—	—	改用清潔力溫合之洗臉產品；減少洗臉次數
紅腫	使用產品含有刺激性成分	日曬灼傷；風吹；蒸氣熱度	皮膚發炎；疾病	停用該產品
癢	使用添加產品含致過敏成分	—	—	停用該產品；如確定致敏成原，避用含該致敏成分之產品
唇色發黑	使用添加煤焦油色素之口紅	—	—	改用安全口紅；上口紅前塗抹植物性護唇膏
嘴唇乾燥、龜裂	使用刺激性強之卸口紅產品；唇膏成分含致敏成分例如：合成酯類界面活性劑、合成色素、香料、防腐劑等	天氣乾	水分缺乏	停用該口紅；改用容易掉色之口紅；不上口紅只塗抹滋潤性護唇膏直至復原
頭髮/頭皮：				
頭皮屑	—	—	壓力；內分泌	使用抗頭皮屑洗髮精
頭皮紅腫、癢、發炎、脫屑	—	—	過敏；疾病（乾癬、濕疹）；壓力；感染；基因因素	—
頭皮紅腫	使用產品含刺激性成分	—	—	停用該產品
掉髮	—	—	貧血；飲食缺乏頭髮生長所需營養素；內分泌不平衡；基因因素；內臟機能有異；藥物；懷孕期有貧血現象或飲食中頭髮生長所需營養素低；老化	

頭皮油脂分泌少，頭髮變較乾燥	—	—	懷孕期間	—
指甲：				
龜裂	—	常用指甲當工具	—	—
黃斑	深色指甲油易在指甲表面留下淺淡黃斑	—	—	上色前塗抹護甲油

第二部
化粧品成分辭典

A

Aarachis oil 見 Peanut oil.

Abietic acid 松香酸, 亦稱 Sylvic acid;一種有機酸, 廣泛用在各種工業中, 由松香(見 Rosin)異構化製備, 或由脫氫松香酸合成, 主要用來當作製造皀類之質地劑.注意事項:輕微刺激皮膚, 可能引起過敏反應.用途: 1.乳劑穩定劑 2.質地劑.

Abietyl alcohol 松香醇;由松香 Pine Rosin 經化學處理製備(見 Rosin).用途:增稠劑.

Absolute oil 絕對花精油;以揮發劑溶液(例如己烷、石油醚等)萃取出精油固結體後, 用乙醇再萃取一次, 經此再萃取之步驟所得的精油稱作絕對花精油.用途:精油.

Acacia 阿拉伯膠, 亦稱 Gum acacia、Gum arabi、Gum sengal、Acacia gum;一種天然(樹)膠, 主要來源採自豆科金合歡屬阿拉伯膠樹 Acacia senegalL(學名)或其他非洲種膠樹樹幹及樹枝滲出之乳汁(即樹膠). 蘇丹科多膠 Kordofan gum(採自膠樹 Acacia verek)被認爲是樹膠商品中最好的一種, 可適用於食品和藥品.阿拉伯膠則廣泛用在食品、飲料、酒類、藥品及化粧品等工業.注意事項:可引起皮膚紅疹等之過敏反應.用途: 1.(天然)乳化劑 2.(天然)增稠劑 3.(天然)穩定劑.

Acacia gum 見 Acacia.

Acacia Senegal 阿拉伯膠樹;見 Acacia.用途:阿拉伯膠原料.

Acer saccharum（Sugar maple extract） 楓糖, 亦稱糖楓漿;見 Sugar maple.

Acetaldehyde 乙醛.用途:使用在工業生產香水.

Acetamide 乙醯胺, 亦稱 Acetic acid amide.用途:溶劑.

Acetamide MEA 乙醯乙醇胺, 亦稱 N-Acetyl acid amide、N-Acetyl ethanolamine、N-2-hydroxyethylacetamide; MEA 爲 Monoethanolamine 之略稱, 乙醯乙醇胺常用於頭髮護理產品及霜狀之皮膚產品. 注意事項:美國 CIR 專家認爲, 用在沖洗產品爲安全成分, 或是不沖洗產品而濃度不超過 7.5% 仍視爲化粧品安全成分, 但二類產品仍不可形成亞硝基胺 Nitrosamine (亞硝基胺爲致癌物, 見該成分說明). 用途: 1.溶劑 2.增塑劑 3.穩定劑 4.抗靜電劑 5.保濕劑.

Acetamidoethoxybutyl trimonium chloride 醋胺乙氧基丁氯銨, 亦稱 Butanaminium, N, N, N-trimethyl-4-(2-Acetamidoethoxy), chloride; 四級銨化合物(見 Quaternary ammonium compounds). 用途: 1.抗靜電劑 2.柔軟劑.

Acetamidopropyl trimonium chloride 醋胺丙氯銨, 亦稱 3-(Acetylamino)-N, N, N- trimethyl- 1- propanaminium chloride; 四級銨化合物(見 Quaternary ammonium compounds). 用途:抗靜電劑.

Acetaminosalol 乙醯胺苯基水楊酸酯, 亦稱 p-Acetamidophenyl salicylate;合成之水楊酸衍生物. 用途:抗微生物劑.

Acetanilid(e) 乙醯苯胺, 亦稱 Acetylaniline, Acetylaminobenzene;煤焦油衍生物, 一般由乙酸和苯胺製備, 常用在指甲產品當溶劑, 亦用於液體配方使成品不透明感. 注意事項:食入會引起血中氧排出;用在皮膚上會引起濕疹. 用途:溶劑.

Acetic acid 醋酸, 亦稱乙酸;具刺鼻氣味之透明液體, 天然存在各種水果、乳酪、咖啡及植物等中, 在化粧品工業常用在乳液和染髮產品當各種膠類、樹脂及揮發油之溶劑. 醋約含 4%-6% 之乙酸, 濃度小於 5% 之乙酸溶液即可輕度刺激皮膚. 用途: 1.緩衝劑 2.溶劑.

Acetone 丙酮;無色液體, 由化學合成或發酵製備, 用於各種工業當溶劑, 在化粧品工業常用於指甲產品, 例如去光油當溶劑. 注意事項:會引起指甲脆裂, 皮膚紅腫發炎, 過度接觸可能引起眼、鼻、喉刺激, 吸入可能刺激肺部;美國食品藥物管理局(FDA)因丙酮用在收斂產品之安全性未能確實,建議於 1992 禁止其用在收斂產品.用途: 1.變性劑 2.溶劑.

Acetonitrile 乙腈, 亦稱 Methyl cyanide, Ethanenitrile; 一種氰化物, 無色香味液體, 主要作為溶劑用在萃取過程, 以及用在由植物油提取脂肪酸過程, 亦用做指甲油去除劑.注意事項:吸入與皮膚吸收會引起毒性, 食入可造成嚴重傷害.用途:溶劑.

Acetophenetidin 見 Phenacetin.

Acetylated castor oil 乙醯蓖麻油;即蓖麻油經乙醯化處理. 見 Acetylated compound.用途:見 Castor oil.

Acetylated compound 乙醯(化)化合物;有機化合物和乙酐 Acetic anhydride 或乙醯氯 Acetyl cholride 一起加熱以除去水分的過程稱乙醯化作用 Acetylation, 而該有機化合物乙醯化(即將乙醯基鍵結到一個有機分子上)後即稱 Acetylated compound, 例如 Castor oil 與 Lanolin 乙醯化後稱 Acetylated castor oil 與 Acetylated lanolin.

Acetylated glycol stearate 乙醯乙二醇硬脂酸酯;乙醯化之二元醇類化合物. 見 Acetylated compound. 用途: 1.乳化劑 2.界面活性劑.

Acetylated lanolin(e) 乙醯羊毛脂;羊毛脂經乙醯化處理製成, 其斥水性質比羊毛脂更佳, 常用在護膚品可形成薄膜而減少皮膚水分蒸發, 亦常用於嬰兒產品、皮膚、頭髮及洗澡等產品當柔軟劑.注意事項:見 Lanolin.用途: 1.乳化劑 2.柔軟劑.

Acetylated lanolin alcohol 乙醯羊毛脂醇;性質類似乙醯羊毛脂(見 Acetylated lanolin).注意事項:見 Lanolin.用途: 1.乳化劑 2.柔軟劑.

Acetylcysteine 乙醯副胱胺酸, 亦稱乙醯半胱胺酸;作為產品之抗氧化劑, 及燙髮劑之還原劑.用途: 1.(產品)抗氧化劑 2.燙髮第一劑(還原劑).

N-Acetyl-L-cysteine 同 Acetylcysteine.

Acetylethyl tetramethyl tetralin 乙醯乙基四甲基四氫萘, 亦稱 AETT(縮

寫);合成香料.注意事項:衛生署公告化粧品中禁用成分;國際香料學會 The International Fragrance Association(IFRA)因其神經毒性而建議避免使用.用途:香料.

Acetyl mandelic acid 乙醯扁桃酸;用途:pH 值調整劑.

Acetyl tributyl citrate 乙醯三丁基檸檬酸酯,亦稱乙醯檸檬酸三丁酯、三丁基檸檬酸乙醯酯、Tributyl o- acetylcitrate;用途: 1.成膜劑 2.增塑劑.

Acetyl triethyl citrate 乙醯三乙基檸檬酸酯,亦稱三乙基檸檬酸乙醯酯、Triethyl o- acetylcitrate;透明無味液體,作為化粧品溶劑、成膜劑等.用途: 1.成膜劑 2.溶劑.

Acetyl trihexyl citrate 乙醯三己基檸檬酸酯,亦稱三己基檸檬酸乙醯酯;用途: 1.(產品)抗氧化劑 2.螯合劑.

Acetyl trioctyl citrate 乙醯三辛基檸檬酸酯,亦稱三辛基檸檬酸乙醯酯;用途: 1.柔軟劑 2.成膜劑.

Acid blue 9 酸性藍九,亦稱 CI 42090;用途: 1.色素 2.染髮劑.

Acid yellow 3 酸性黃三,亦稱 CI 47005、D & C Yellow No. 10;用途: 1.色素 2.染髮劑.

Acid yellow 23 酸性黃二十三,亦稱 CI 19140;用途: 1.色素 2.染髮劑.

Acrylate resin 丙烯酸酯樹脂;丙烯酸之酯類, 見 Acrylic resin.

Acrylates / Acrylamide copolymer 丙烯酸酯類/丙烯醯胺共聚物;丙烯酸酯或丙烯醯胺與其他樹脂形成的一種熱固性樹脂,一般應用在指甲油與頭髮噴霧產品,可形成薄膜增進產品性質.用途:成膜劑.

Acrylates / C$_{10\text{-}30}$ alkyl acrylate 丙烯酸酯類/十～三十碳烷基丙烯酸酯;丙烯酸酯類化合物,常用在指甲產品當增稠劑.注意事項:刺激性強.用途:增稠劑.

Acrylates / C$_{10\text{-}30}$ alkyl acrylate crosspolymer 丙烯酸酯類/十～三十碳烷基丙烯酸酯交鏈聚合物;一種合成聚合物, 用途: 1.成膜劑 2.頭髮固定劑.

Acrylates copolymer 丙烯酸酯類共聚物;一種聚合物,由丙烯酸、甲基丙烯酸或兩者酯類之一聚合成,廣泛應用在化粧品如指甲油、睫毛膏、彩粧品、除臭體香產品、清潔產品與頭髮噴霧產品當結合劑、成膜劑、頭髮固定劑及懸浮劑.用途: 1.成膜劑 2.抗靜電劑 3.結合劑 4.懸浮劑 5.頭髮固定劑.

Acrylates/steareth-20 methacrylate copolymer 丙烯酸鹽酯類/十八醇-20 甲基丙烯酸酯共聚物;丙烯酸衍生物(見 Acrylates copolymer).用途:增稠劑.

Acrylates/steareth-50 acrylate copolymer 丙烯酸酯類/十八醇-50 丙烯酸酯共聚物;丙烯酸衍生物(見 Acrylates copolymer).用途:增稠劑.

Acrylates/vinyl isodecanoate crosspolymer 丙烯酸酯類/乙烯異癸酸酯交鏈聚合物;丙烯酸衍生物(見 Acrylates copolymer).用途:成膜劑.

Acrylic resin 丙烯酸樹脂;一種合成聚合物,由丙烯酸或其衍生物,如丙烯酸、甲基丙烯酸、丙烯酸甲酯、丙烯酸乙酯聚合而成,爲指甲油之主要原料(見 Resins).注意事項:在指甲形成之塗膜易使指甲脆裂;其中甲基丙烯酸之殘留物可能會刺激指甲底肉與基緣,引起發炎或感染.用途:指甲油原料.

Actinidia chinensis 見 Kiwi extract.

N -Acylamino acid salt N-醯基胺基酸鹽;一種陰離子性界面活性劑,由胺基酸和其他化學物質反應製得,最具代表性之鹽類包括:N-Acylsarcosinate、N-Acyl-N-methyl-β-alanine 及 N-Acyl-glutamate.用途: 1.界面活性劑 2.洗髮精和洗面乳原料 3.牙膏原料.

N -Acyl-glutamate N-醯基穀胺酸鹽,亦稱 N-醯基麩胺酸鹽;見 N -Acylamino acid salt.

N -Acyl-N-methyl-β-alanine N-醯基-N-甲基-β-丙胺酸;見 N -Acylamino acid salt.

Acyl N-methyl taurate 醯基 N-甲基牛膽素鹽,亦稱 Acyl methyl taurate(醯基甲基牛膽素鹽)、AMT;牛磺酸 Taurine 之衍生物(牛磺酸或稱牛膽素,是動物膽汁中所含的一種生物性界面活性劑),一種陰離子性界面活性劑,此鹽耐酸、耐硬水、具發泡力,且較不易殘留在頭皮或頭髮上,可應用於洗髮精與洗面霜製造. 用途: 1.界面活性劑 2.發泡劑 3.洗髮精與洗面霜原料.

N -Acylsarcosinate *N*-醯基肌胺酸鹽;見 *N* -Acylamino acid salt.

Adipate 己二酸鹽;用途:酸化劑.

Adipic acid 己二酸,亦稱 Hexanedioic acid;用途: 1.中和劑(酸化劑) 2.緩衝劑.

Adipic acid dihydrazide 己二酸雙醯肼;注意事項:美國 CIR 專家列爲無足夠數據支持是安全的化粧品成分.

Aesculus hippocastanum 粟樹,亦稱七葉樹、Horse chestnut(俗名);七葉樹科植物,成熟果實內含三粒種子(稱粟子 Chestnut),搗碎的果實與種子皆可用於食品,種子可榨取或萃取油脂(粟子油 Chestnut oil),用於護膚油與沐浴油可使皮膚柔嫩,亦發現種子內含物質有助於防止血栓形成以及治療痔瘡之收斂劑. 用途:製造粟子油原料.

AHA 見 Alpha-hydroxy acid.

Alanine 丙胺酸,亦稱胺基丙酸;胺基酸的一種,一般用作食品營養添加物,雖亦添在護膚品,但並無科學研究支持業者聲稱可經由皮膚吸收達到滋養皮膚之效用. 用途: 1.(護膚品)添加物 2.抗靜電劑.

Albumen 蛋清,亦稱 Albumin、Egg white;蛋白質之一種,習慣上 Albumin 指純蛋白如血清蛋白,Albumen 指市售蛋白. 注意事項:對蛋過敏的人可能對蛋白亦會產生同樣反應. 用途:乳化劑.

Albumin 見 Albumen.

Alcohol 乙醇;見 Ethanol.

Alcohol denat 見 Denatured alcohol.

Aldehyde C11 undecylenic 十一碳烯酸醛;用途:香料.

Aldehyde C12 lauric 十二碳烷基醛,亦稱 Dodecanal、Dodecyl aldehyde、

Lauraldehyde、Aldehyde C12、Lauric aldehyde、Aldehyde C-12 lauric、Lauryl aldehyde；香水工業常用之成分, 添加在香皂、清潔產品、家庭用品、美容產品等. 用途:香料.

Aldioxa 尿囊素鋁, 亦稱 Aluminum dihydroxy allantoinate（二羥尿囊素鋁）; 尿囊素之衍生物. 注意事項:美國 CIR 專家列爲無足夠數據判斷其爲安全性成分. 用途: 1.收斂劑 2.止汗劑 3.抑菌劑 4.緩衝劑.

Aleurites moluccana 石栗, 亦稱 Kukui（俗名）、Candle nut tree;大戟科之常綠樹, 產於東南亞, 可結出含蠟燭堅果 Candlenut 之果實, 蠟燭堅果中之種子可榨取 Kukui nut oil(亦稱蠟燭堅果油 Candlenut oil), 當地土著用來護髮及護膚; 最早之蠟燭即由蠟燭堅果中間穿著棕櫚葉脈梗做成. 用途: 1.香皂原料 2. 皮膚調理劑（調理乾燥皮膚或面皰等）3.護髮原料.

Algae 海藻, 亦稱海草 Seaweed、Sea rocket、Sea wrack;來自海洋的海藻或淡水、潮溼環境之藻類, 可萃取海藻萃取物 Algae extract 用於化粧品. 海藻種類包括綠藻 Green algae、藍綠藻 Blue-green algae、紅藻 Red algae、褐藻 Brown algae 及 Calcareous algae. 常見之海帶 Kelp 與 Rockweeds Rockweeds（包括二類 Bladder wrack 與 Knotted wrack）均屬褐藻之一種, Sea lettuce 與 Irish moss 均屬紅藻之一種. 見 Algae extract. 用途:海藻萃取物原料 .

Algae extract 海藻萃取物;常加入許多化粧品, 產品雖宣稱具有預防皺紋功效, 但缺乏研究數據支持該宣稱. 見 Algae. 用途:天然保濕劑（皮膚調理劑）.

Algin 海藻酸鈉, 亦稱藻酸鈉、Sodium alginate、Alginic acid sodium salt;從某些海藻如巨褐藻、海帶提煉的親水性膠狀多醣體. 用於護膚品、頭髮產品、嬰兒用護膚品等. 用途: 1.結合劑 2.增稠劑 3.穩定劑 4.乳化劑.

Alginate 海藻酸鹽;膠狀物質, 爲海藻酸 Alginic acid 之鹽類通稱, 包括海藻酸銨鹽 Ammonium alginate、海藻酸鈣鹽 Calcium alginate、海藻酸鉀鹽 Potassium alginate 及海藻酸鈉鹽 Sodium alginate. 見 Alginic acid. 用途: 1.結合劑 2.增稠劑 3.乳化劑 4.乳劑穩定劑.

Alginic acid　海藻酸;從海藻獲得之膠狀多醣體,以鈣、鎂及其他鹽基的混合鹽形成存在;用途: 1.結合劑 2.增稠劑 3.穩定劑.

Alkali earth sulfides　鹼土硫化物;用途:除毛劑.

Alkali earth sulphides　見 Alkali earth sulfides.

Alkaline earth sulphides　見 Alkali earth sulfides.

Alkaline sulphides　見 Alkali sulphides.

Alkali sulphides　鹼金屬硫化物;用途:除毛劑.

Alkanolamines　烷醇胺;黏性、水溶性之化學合成化合物,本類化合物由脂肪醇與胺結合生成, 包括單烷醇胺 Monoalkanolamines（例如單乙醇胺 Monoethanolamine）、雙烷醇胺 Dialkanolaminers（例如二乙醇胺 Diethanolamine）、三烷醇胺 Trialkanolamines（例如三乙醇胺 Triethanolamine）.本類化合物用於化粧品當作溶劑及調整 pH 值. 用途: 1.溶劑 2.pH 值調整劑.

Alkyl amidopropyl dimethylaminoacetic acid betaine　烷醯胺丙基二甲胺基乙酸甜菜鹼;一種兩性界面活性劑.用途:1. 界面活性劑 2. 洗髮精原料.

2-Alkyl-*N*-carboxymethyl-*N*-hydroxyethylimidazolinium betaine　2-烷基-*N*-羧甲基-*N*-羥基咪唑鹽甜菜鹼;一種兩性界面活性劑,常用在頭髮產品可增加毛髮光澤、柔軟度.用途: 1.界面活性劑 2.頭髮化粧品原料 3.面霜乳液原料.

Alkyl (C₈.₁₈) dimethylaminoacetic acid betaine　烷基(八～十八碳)二甲胺基乙酸甜菜鹼化合物;一種兩性界面活性劑, 常用在頭髮產品使毛髮柔順、防止靜電.用途: 1.界面活性劑 2.洗髮精與潤絲精原料.

Alkyl (C₈.₁₈) dimethyl benzyl ammonium bromide　烷基(八～十八碳)二甲基苄基溴化銨;一種銨鹽之陽離子界面活性劑（見 Quaternary ammonium compounds）.用途:界面活性劑.

Alkyl (C₈.₁₈) dimethyl benzyl ammonium chloride　烷基(八～十八碳)二甲基

苄基氯化銨;一種銨鹽之陽離子界面活性劑（見 Quaternary ammonium compounds）. 用途:界面活性劑.

Alkyl（C$_{8\text{-}18}$）dimethyl benzyl ammonium saccharinate 烷基(八～十八碳)二甲基苄基糖精銨鹽;一種銨鹽之陽離子界面活性劑（見 Quaternary ammonium compounds）. 用途:界面活性劑.

Alkyl（C$_{12\text{-}22}$）trimethyl ammonium bromide 烷基(十二～二十二碳)三甲基溴化銨;一種銨鹽之陽離子界面活性劑（見 Quaternary ammonium compounds）, 一般用在頭髮產品使頭髮柔順、防止靜電. 用途: 1.界面活性劑 2.洗髮精原料.

Alkyl（C$_{12\text{-}22}$）trimethyl ammonium chloride 烷基(十二～二十二碳)三甲基氯化銨;一種銨鹽之陽離子界面活性劑（見 Quaternary ammonium compounds）, 一般用於頭髮產品使頭髮柔順、防止靜電. 用途: 1.界面活性劑 2.洗髮精原料.

Alkyl ether phosphate 烷醚磷酸酯鹽;一種陰離子界面活性劑. 用途: 1.界面活性劑 2.洗面霜與洗髮精原料.

Alkylisoquinolinium bromide 溴化烴基異喹啉;用途: 1.殺菌劑 2.保存劑.

Alkyl sodium sulfates 烷基硫酸鈉;一種烷基硫酸鹽(見 Alkyl sulfates)、陰離子界面活性劑, Sodium lauryl sulfates 為常見之烷基硫酸鈉. 注意事項:同 Alkyl sulfates. 用途: 1.界面活性劑 2.合成清潔劑 3.乳化劑 4.洗髮精與牙膏原料.

Alkyl sulfates 烷基硫酸鹽, 亦稱硫酸烷;將脂肪醇用氯磺酸 chlorosulfonic acid 將之磺酸化或以硫酸將之硫酸化,再用鹼進一步中和,即可製得烷基硫酸鹽. 烷基硫酸鹽是一種陰離子性界面活性劑,其洗淨力與發泡力皆佳,尤其在洗髮上,比皂類更具洗淨力,常用來製造洗髮精和牙膏等產品,亦常用於清潔產品,改善其發泡力與增稠用, Sodium lauryl sulfates 為常見之烷基硫酸鹽. 注意事項:急、慢性毒性低,但仍可能引起皮膚刺激;去脂力強可能使皮膚乾燥.

用途: 1.界面活性劑 2.合成清潔劑 3.乳化劑 4.洗髮精與牙膏原料.

Allantoin 尿囊素;嘌呤代謝產物,工業上由尿酸氧化化學反應製備,尿囊素具消炎、收斂及細胞激活等作用,有助於局部皮膚創口及潰瘍之癒合,並可刺激皮膚組織生長,常加在各種皮膚、頭皮產品及口腔衛生產品,衛生署將之管理爲皮膚疾患治療劑.用途:消炎劑.

Almond (nut) 杏仁;杏仁樹 Almond tree (學名 Prunus amygdalus,另稱 Prunus dulcis、Amygdalus communit) 之果實乾燥成熟後裂出內含之核仁 (種子) 即爲杏仁,核仁分可食之甜杏仁 Sweet almond (學名 Prunus amygdalus dulcis) 及不可食之苦杏仁 Bitter almond (學名 Prunus amygdalus amara),兩者皆含杏仁油 Almond (nut) oil,但只有苦杏仁用水蒸餾後可獲得杏仁精油,用於香水工業.中醫上所用之苦杏仁爲薔薇科植物杏 Prunus armeniaca LINN 或山杏 Prunus armeniaca L.var. ansu MAXIM 等乾燥成熟種子.用途:見 Almond, Bitter 和 Almond, Sweet.

Almond, Bitter 苦杏仁,亦稱 Bitter almond (nut);薔薇科桃李屬苦扁桃 Prunus amygdalus amara (學名,亦稱 Prunus amygdalus var amara、Prunus communis var amara) 之成熟種子.苦杏仁含35%-50%植物油及其他成分,具有毒性不可食,經加工處理後可去除有毒成分.見 Almond oil, Bitter.用途: 1.製備杏仁精油、杏仁油、杏仁水等 2. 用於香水製造.

Almond (nut) oil 杏仁油;一般指植物油而非苦杏仁精油.見 Almond oil, Bitter 及 Almond oil, Sweet.

Almond oil, Bitter 苦杏仁油,亦稱 Bitter almond oil;苦杏仁油指其杏仁精油而非其植物油成分,獲自苦杏仁成熟種子壓榨擠出植物油,加水蒸餾及處理去除有毒成分而得.用途:天然香料.

Almond oil, Sweet 甜杏仁油;植物油,甜杏仁成熟種子壓榨而得.用途: 1.(天然) 柔軟劑 2.(天然) 美髮油 3.(天然)載體油.

Almond, Sweet 甜杏仁,亦稱 Sweet almond (nut);薔薇科桃李屬甜扁桃

Prunus amygdalus dulcis（學名, 亦稱 Prunus amygdalus var dulcis、Prunus dulcis、Prunus communis var dulcis、Prunus amygdalus var sativa）之成熟種子. 甜杏仁含約 50％植物油及其他成分. 見 Almond oil, Sweet. 用途: 1.製備杏仁油、杏仁粉及杏仁乳 (天然柔軟劑和美髮油原料) 2.用於香水製造 3.製備天然皮膚研磨清潔之原料.

Aloe 蘆薈;百合科植物, 全世界超過三百餘種, 少許某些種可供藥用, 例如某些藥用蘆薈, 其蘆薈葉之新鮮膠漿 (蘆薈膠)被認為是治療燒燙傷、創傷及鎮痛之有效成分, 其液汁在飲用上被研究於調經、調節女性荷爾蒙及舒解肝臟問題等 (但在 1992 年, 美國 FDA 以尚未確認其功效安全及有效而禁止蘆薈膠用作口服調經藥之成分). 翠葉蘆薈是常用之藥用及化粧品用蘆薈, 被利用之部分包括透明的膠狀葉肉 (蘆薈膠) 及綠色葉片搗成的汁液, 前者用在外用上, 可舒緩、濕潤及使皮膚柔軟, 亦可滋潤、止癢、去頭皮屑、消炎, 因此常用於護膚乳液與洗髮精, 此外也被認為能保護皮膚、除疤痕、加速細胞再生, 因此切碎之葉片用來急救小創傷、曬傷、皮膚龜裂等, 後者則被研究在飲用上之用途. 用途: 1.天然柔軟劑 2.天然保濕劑 3.天然消炎成分.

Aloe barbadensis 翠葉蘆薈 (學名全名 Aloe barbadensis Miller), 亦稱柑桂酒蘆薈 Aloe vera (學名全名 Aloe vera Linne)、巴巴多蘆薈、蘆薈 Aloe (俗稱); 見 Aloe 及 Aloe barbadensis gel.

Aloe barbadensis extract 翠葉蘆薈萃取物;見 Aloe.

Aloe barbadensis gel 翠葉蘆薈膠, 亦稱柑桂酒蘆薈膠 Aloe vera gel、巴巴多蘆薈膠;係取自翠葉蘆薈 Aloe barbadensis Miller 葉片組織之新鮮膠漿, 具鎮痛及癒傷作用. 見 Aloe.用途: 1.天然柔軟劑 2.天然保濕劑 .

Aloe vera 柑桂酒蘆薈; 見 Aloe barbadensis .

Aloe vera gel 見 Aloe barbadensis gel.

Alpha-glucan oligosaccharide α-聚葡萄糖寡糖, 亦稱阿爾發-聚葡萄糖寡糖; 用途:皮膚調理劑.

Alpha-hydroxy acid 果酸, 亦稱 α-羥基酸、α-氫氧酸、AHA；一種簡單有機酸, 天然存在於自然界, 常用果酸例如存在甘蔗之甘醇酸 Glycolic acid、酸奶之乳酸 Lactic acid、水果之蘋果酸 Malic acid 及柑橘水果之檸檬酸 Citric acid 以及混合果酸, 工業上來源可取自植物製成或由化學合成製備. 果酸功用可除去老廢皮膚細胞, 加快皮膚更新, 高濃度果酸常被皮膚科醫師用來治療或改善皮膚問題, 如面皰、凹疤、曬斑、皺紋、膚色不均、光老化及皮膚質地的一種化學性皮膚剝離劑. 果酸是目前唯一不具有毒性之化學性皮膚剝離劑, 但其剝離酸作用在對皮膚帶來治療或有助於改善之際, 同時亦帶來潛在之健康威脅. 低濃度果酸則常被添加在抗老化護膚產品, 作爲抗老化除皺紋成分. 此外果酸因其易滲透皮膚之性質, 亦常被添加在各種護膚品, 幫助其他主成分滲透入皮膚. 科學研究顯示 α-氫氧酸效果最好的 pH 值在 3.0～3.5, 低於此 pH 值會造成酸性過強, 增加皮膚傷害, 高於此 pH 值則其剝離效力可能不彰. 注意事項：果酸會引起光敏感, 使用果酸產品須採取防曬保護；美國 FDA 提出忠告, 使用果酸產品須採取小心措施, 並建議使用該產品時應遵守下列事項: 1.白天外出時, 皮膚須有防護：使用防曬指數至少 15 之防曬品、戴帽子且帽緣至少 10 cm 寬、穿長袖衣服與長褲 2.購買有標示之 AHA 產品, 例如：成分欄標示, 以便查看是否含有果酸或其他化學性剝離劑；製造廠或經銷商名稱與地址標示, 以便有疑問時可諮詢或問題發生時可要求處理；AHA 濃度與 pH 值標示 3.只購買產品符合化粧品成分審查專家小組 Cosmetic Ingredient Review Panel 的建議事項, 例如, 產品含 AHA 不超過濃度 10％及產品 pH 值爲 3.5 或大於 3.5 4.對於第一次使用 AHA 產品, 或是換用以前未曾使用過之品牌或未曾使用過之 pH 值或濃度的產品, 先行在小範圍皮膚做果酸過敏測試 5.如產生不良反應立即停用產品, 不良反應包括刺感、紅腫、癢、灼傷、痛及出血或對光敏感改變 (即使輕微刺激也表示產品造成傷害, FDA 認爲不管製造業者如何在標示告知, 化粧品不應引起刺激). 由於果酸能滲透皮膚, 某些果酸配方可增加皮膚細胞更新速率及減少表皮厚度, 其影響皮膚的程度依果酸種類、果酸濃度、產品 pH 值及如何使用而定, 因此先進國家對果酸成分皆有某些程度管理, 例如歐美國家消費者在商店或專櫃購買的果酸產品, 濃度在 10％或以下, 果酸成分在此濃度下其功效包括保濕、清潔、角質軟化等, 在美容沙龍專業美容師所用之果酸換膚濃度約在 20％-30％, 而醫師爲治療青春痘疤痕、凹洞、細紋等所做之換膚, 所用果酸濃度可達 50％-70％. 見 Beta-hydroxy acid. 用途:化學性剝離劑.

Alpha-lipoic acid 見 Lipoic acid.

Althea 藥蜀葵, 亦稱 Marshmallow;錦葵科藥蜀葵 Althaea officinalis（學名）之乾根, 產於歐亞洲, 根含有黏液, 可舒緩皮膚, 此外其根、花、葉均可外用當敷料. 用途:(天然) 皮膚調理劑.

Althea extract 藥蜀葵萃取物;取自乾根之黏液. 用途:(天然) 皮膚調理劑 (舒緩、濕潤).

Alum 明礬;由一個三價金屬（如鋁、鉻、鐵）和一個一價金屬（如鉀、鈉）與二個硫酸根形成的鹽類之通稱, 一般作爲收斂劑用在刮鬍水、止汗除臭產品等. 注意事項: 動物實驗研究顯示爲低毒性;食入 30 公克有致命危險性;會引起腎損害;尚未有關於含 Alum 之化粧品傷害性報導, 但關於含 Alum 之 OTC 產品與藥品, 美國 FDA 於 1992 年公告含鉀礬 Potassium alum 與銨礬 Ammonium alum 之類產品未能證實具有安全性及有效宣稱. 用途: 見 Potassium alum.

Alumina 氧化鋁, 亦稱礬土、Aluminum oxide;存在天然的氧化鋁礦石, 工業上多用化學合成, 用於化粧品當不透明劑, 使之不透明感. 氧化鋁以水合物形式存在時稱氫氧化鋁 (見 Alumina hydroxide). 注意事項:過度吸入可能刺激呼吸系統而引起傷害, 但尚未有皮膚毒性案例發生. 用途: 1.不透明劑 2.研磨劑.

Alumina trihydrate 見 Aluminum hydroxide.

Aluminium Aluminum 同義字.

Aluminum acetate 乙酸鋁;常以乙酸鋁溶液形式被使用,乙酸鋁溶液稱 Burow solution,為乙酸氣味之無色液體,其組成為乙酸、單乙酸鋁與鹼金屬乙酸鹽,以及硼酸為穩定劑組成收斂及防腐作用,常用在收斂產品和制臭止汗產品.注意事項:長期接觸乙酸鋁溶液可引起皮膚脫皮;對某些人可引起皮膚紅疹.見 Aluminum salts.用途:止汗制臭劑.

Aluminum caprylate 辛酸鋁;見 Alumium salts.用途:止汗制臭劑.

Aluminum chloride 氯化鋁;經常用於止汗除臭產品,為一有效之止汗劑,亦有殺菌性質.注意事項:可刺激敏感膚質,對特定體質的人會引起過敏反應.見 Aluminum salts.用途: 1.止汗制臭劑 2.殺菌劑 3.收斂劑.

Aluminum chlorohydrate 鹼式氯化鋁,亦稱 Basic aluminum chloride、Aluminum chlorohydroxide、Aluminum hydroxychloride;常用於止汗除臭產品之止汗劑,是目前刺激性最小之止汗制臭劑.注意事項:可能會刺激有傷口之皮膚,亦可能引起過敏反應.見 Aluminum salts.用途:止汗劑.

Aluminum chlorohydroxide 見 Aluminum chlorohydrate.

Aluminum chlorohydroxy allantoin 氯羥基鋁尿囊素;用途: 1.收斂劑 2.止汗除臭劑.

Aluminum diacetate 二乙酸鋁,亦稱 Basic aluminum acetate、Aluminum hydroxyacetate、Aluminum subacetate;鋁鹽止汗除臭劑之一種.見 Aluminum salts.用途: 1.止汗制臭劑 2.爽身粉原料.

Aluminium dimyristate 二肉豆蔻酸鋁;鋁和肉豆蔻酸 Myristic acid 反應製備.用途:製造皂類.

Aluminum distearate 二硬脂酸鋁;一種結合劑,用在粉餅產品,可使粉末黏合在一起壓製成粉餅狀.用途: 1.充填劑 2.結合劑 3.不透明劑 4.乳劑穩定劑.

Aluminum formate 甲酸鋁;用鋁和甲酸 Formic acid 反應製成,和其他鋁鹽之止汗除臭劑合用,可降低其他鋁鹽之酸性.用途:止汗除臭劑.

Aluminum glycinate 甘胺酸鋁;常加在止汗除臭產品可緩和其他止汗除臭劑的刺激性.見 Aluminum salts.用途:止汗除臭劑.

Aluminum hydrogenated tallow glutamate 烴化脂麩胺酸鋁;動物脂和鋁反應製成.用途:粉餅原料.

Aluminum hydroxide 氫氧化鋁,亦稱水合氧化鋁 Aluminum hydrate、三水合氧化鋁 Aluminum trihydrate、水合氧化鋁 Hydrated alumina;天然存在礦石中,製造牙膏所採用之氫氧化鋁則從鋁酸鹽合成.見 Aluminum salts.用途: 1.止汗除臭劑 2.研磨劑 3.收斂劑.

Aluminum hydroxychloride 見 Aluminum chlorohydrate.

Aluminum lactate 乳酸鋁;鋁和乳酸反應製成,具收斂性質.見 Aluminum salts.用途:止汗除臭劑

Aluminum lanolate 羊毛脂酸鋁;見 Aluminum salts.用途:止汗除臭劑.

Aluminum methionate 甲二磺酸鋁;見 Aluminum salts.用途:止汗除臭劑.

Aluminum myristates/Palmitates 肉豆蔻酸鋁/棕櫚酸鋁;肉豆蔻酸鋁和棕櫚酸鋁之混合物.用途: 1.乳劑穩定劑 2.不透明劑 3.增稠劑.

Aluminum oxide 見 Alumina.

Aluminum palmitate 棕櫚酸鋁;見 Aluminum salts.用途: 1.止汗除臭劑 2.潤滑劑.

Aluminum phenolsulfonate 苯酚磺酸鋁,亦稱 Aluminum sulfocarbolate;鋁鹽之一種,用於除臭劑、刮髮水及撲粉.見 Aluminum salts.用途: 1.止汗除臭劑 2.殺菌劑 3.收斂劑.

Aluminum potassium sulfate 硫酸鋁鉀,亦稱 Aluminum potassium sulphate、Potassium aluminum sulfate 或 Potassium aluminium sulphate、Aluminium potassium bis(sulphate)或 Aluminium potassium bis(sulfate);鉀礬 Potassium alum 爲水合物製品.注意事項:見 Alum.用途: 1.止汗劑 2.除臭劑.

Aluminum salts 鋁鹽;使用在化粧品的鋁鹽由鋁和強酸或弱酸形成,用作止汗劑,本類化合物包括:Aluminum acetate、Aluminum caprylate、Aluminum chloride、Aluminum chlorohydrate、Aluminum diacetate、Aluminum distearate、Aluminum glycinate、Aluminum hydroxide、Aluminum lanolate、Aluminum methionate、Aluminum phenolsulfonate、Aluminum silicate、Aluminum stearate、Aluminum sulfate.汗臭味是因身體上的細菌混合汗水而產生異味,鋁鹽以抑制皮膚流汗和抗菌作用來抑制身體異味產生.在國內衛生署規定只有公告之法定止汗除臭劑才可用作化粧品成分.鋁鹽多具皮膚刺激性,因此常加入較溫和之緩衝成分以緩和其刺激性.注意事項:有些強刺激性鋁鹽會刺激皮膚及使棉麻類衣物纖維受損;鋁鹽止汗除臭劑多具皮膚刺激性,可能引起過敏反應.用途:止汗劑.

Aluminum silicate 矽酸鋁,亦稱 Aluminum silicate (CI 77004);天然存在矽酸鋁礦中,工業上多用化學合成,用在彩粧品作為色素及防止粉末結塊.見 Aluminum salts.用途:1.抗結塊劑 2.色素 3.不透明劑 4.研磨劑.

Aluminum starch octenylsuccinate 澱粉辛烯基琥珀酸鋁;用途:止汗制臭劑.

Aluminum stearate 硬脂酸鋁,亦稱 Aluminum tristearate;在化粧品當作色素.見 Aluminum salts.用途:色素.

Aluminum sulfate 硫酸鋁,亦稱礬塊 Cake alum;白色晶體,天然以礬石存在,亦可化學合成,在化粧品用於除臭止汗產品與身體清新芳香品,具殺菌、收斂及清潔之作用.注意事項:在某些人可能會產生粉刺或過敏反應.見 Aluminum salts.用途:1.止汗制臭劑 2.防腐劑 3.收斂劑(用在止汗制臭及身體清香產品).

Aluminum sulphate 同 Aluminum sulfate.

Aluminum trihydrate 見 Aluminum hydroxide.

Aluminum zirconium chloride hydroxide complexes 氫氧氯化鋯鋁複合物;

用途:止汗制臭劑.

Aluminum zirconium chloride hydroxide glycine complexes 氫氧氯化鋯鋁甘油複合物;用途:止汗制臭劑.

Aluminum zirconium salts 鋁鋯鹽類;用途:止汗制臭劑.

Ambergris 龍涎香,亦稱龍涎香油;來自抹香鯨之腸道蠟樣凝結物.和麝香鹿一樣被列為保育之野生動物,抹香鯨亦已列入海洋哺乳類保護動物,許多國家已規定進口龍涎香為非法,現今多以和成分特性相近的物質合成取代之.用途: 1.(天然) 香料 2.(天然) 定香劑.

Amberlite X-64 安伯來得 X-64 (商品名);合成離子交換樹脂.用途:離子交換浸漬紙.

Amberlite X-87 安伯來得 X-87 (商品名);合成離子交換樹脂.用途:離子交換浸漬紙.

p-**Aminoaniline** 見 *p*-Phenylenediamine.

p-**Aminobenzoic acid** 對胺基苯甲酸, 亦稱 Para-aminobenzoic acid、4-Aminobenzoic acid、PABA (縮寫);天然存在維生素 B 群、酵母中,工業上來源以化學合成製備,用在防曬品作紫外線波段 B 吸收劑.注意事項:塗抹在對光敏感的人身上會引起過敏和光敏感反應.用途: 1. 防曬劑 2. 產品保護劑.

2-Amino-6-chloro-4-nitrophenol 2-胺基-6-氯-4-硝基酚;煤焦油頭髮染料.注意事項:美國 CIR 專家列為限制性安全之成分,即濃度不超過 2% 為安全成分.用途:染髮劑.

2-Amino-6-chloro-4-nitrophenol HCl 2-胺基-6-氯-4-硝基酚鹽酸;煤焦油染料.注意事項:美國 CIR 專家列為限制性安全之成分,即濃度不超過 2% 視為安全成分.用途:染髮劑.

p-**Amino-o-cresol** 對胺基鄰甲酚;一種煤焦油染髮劑.用途:染髮劑.

5-Amino-o-cresol sulfate 5-胺基鄰甲酚硫酸鹽;煤焦油染髮劑.用途:染髮劑.

2-Amino-4,6-dinitrophenol 見 Picramic acid.

4-Amino diphenylamine, p-Aminodiphenylamine 4-胺基聯苯胺, 對-胺基聯苯胺; 見 N-phenyl-p-phenylenediamine.

4-Amino-2-hydroxytoluene 4-胺基-2-羥基甲苯; 使用爲製造頭髮染料. 用途:製造染髮劑原料.

1-Amino-4-methylamino anthraquinone 1-胺基-4-甲基胺基蒽醌; 煤焦油染髮劑; 用途:染髮劑.

Aminomethyl propanediol 胺基甲基丙二醇, 亦稱 2- Amino- 2- methylpropane- 1,3- diol; 用在化粧品之乳霜、乳液及礦油. 注意事項: 美國 CIR 專家列爲限制性安全成分, 即濃度不超過 1%爲安全成分. 用途:乳化劑.

Aminomethyl propanol 胺基甲基丙醇, 亦稱 AMP (縮寫)、2- Amino- 2- methylpropanol; 鹼劑, 用在乳霜、乳液及頭髮噴霧產品作爲乳化劑. 注意事項: 美國 CIR 專家列爲限制性安全成分, 即濃度不超過 1%仍爲安全成分. 用途: 1.鹼化劑 2.乳化劑.

2-Amino-4-nitrophenol 2-胺基-4-硝基酚; 一種胺基酚類衍生物. 見 *p*-Aminophenol. 用途:染髮劑.

2-Amino-5-nitrophenol 2-胺基-5-硝基酚; 一種胺基酚類衍生物. 見 *p*-Aminophenol. 用途:染髮劑.

2-Amino-5-nitrophenol sulfate 2-胺基-5-硝基酚硫酸鹽; 一種胺基酚類衍生物. 見 p-Aminophenol. 用途:染髮劑.

***m*-Aminophenol** 間-胺基酚; 一種胺基酚類化合物. 見 *p*-Aminophenol. 用途:染髮劑.

***o*-Aminophenol** 鄰-胺基酚; 一種胺基酚類化合物. 見 *p*-Aminophenol. 用途:染髮劑.

***p*-Aminophenol** 對-胺基酚; 一種胺基酚類化合物. 用途:染髮劑.

Aminophenols 胺基酚類化合物是一種衍生自酚類之無色晶體, 在化粧品工業用於製造某些有機合成色素(即煤焦油色素). 注意事項: 動物實驗顯示, 比 Aniline 毒性小但可引起變性血紅蛋白; 其溶液可引起皮膚刺激、過敏、皮膚炎; 吸入可能引起氣喘. 實驗動物顯示突變性; 美國 CIR 專家認爲在動物實驗顯示一些爭議性, 但在有限的臨床證據, 以目前規定濃度及使用方法下, 仍結論本類是安全之化粧成分.

p-Aminophenol HCl 鹽酸對-胺基酚; 一種胺基酚類衍生物, 國內尙未核准之染髮劑. 見 p-Aminophenol. 用途: 染髮劑.

m-Aminophenol sulfate 硫酸間-胺基酚, 亦稱間-胺基酚硫酸鹽; 一種胺基酚類衍生物. 見 p-Aminophenol. 用途: 染髮劑.

o-Aminophenol sulfate 硫酸鄰-胺基酚, 亦稱鄰-胺基酚硫酸鹽; 一種胺基酚類衍生物. 見 p-Aminophenol. 用途: 染髮劑.

p-Aminophenol sulfate 硫酸對-胺基酚, 亦稱對-胺基酚硫酸鹽; 一種胺基酚類衍生物. 見 p- Aminophenol. 用途: 染髮劑.

Ammonia (20% aqueous solution) 氨水 (濃度 20％之水溶液); 見 Ammonia solution.

Ammonia AT 20% 濃度 20％之氨溶液; 見 Ammonia solution.

Ammonia solution 氨溶液, 亦稱 Amnonia. 用途: 1.染髮劑之鹼劑 2.緩衝劑.

Ammonia water 氨水, 亦稱 Aqua ammonia、Ammonium hydroxide; 氣體氨之水溶液, 無色刺臭味. 注意事項: 刺激眼與黏膜; 高濃度造成灼傷及起水泡. 用途: 1.燙髮劑之鹼劑 2.染髮劑之鹼劑.

Ammonium acetate 醋酸銨, 亦稱乙酸銨. 用途: 緩衝劑.

Ammonium alum 銨明礬. 用途: 1.收斂劑 2.止汗劑.

Ammonium bicarbonate 重碳酸銨; 白色硬質晶體具刺鼻氨臭, 用作燙髮液之緩衝劑. 注意事項: 毒性見 Ammonium carbonate. 用途: 緩衝劑.

Ammonium carbonate 碳酸銨;白色硬質晶體具氨臭,曝露於空氣時分解.用在燙髮產品作爲中和劑與緩衝劑,亦是發粉成分之一.注意事項:可引起接觸性皮膚紅疹(紅疹出現在與之接觸之皮膚,例如頭皮、前額與手).用途:燙髮液之中和劑與緩衝劑.

Ammonium chloride 氯化銨;白色無味之晶體或粉末,是一種天然存在之銨鹽(見 Quaternary ammonium compounds),用作燙髮液之酸化劑.注意事項:如吸入可引起噁心、嘔吐及酸血症.用途:燙髮液之酸化劑.

Ammonium fluorosilicate 矽酸氟銨,亦稱 Ammonium hexafluorosilicate(六氟矽酸銨);一種鋁鹽(見 Quaternary ammonium compounds).注意事項:強刺激性.用途:用於口腔護理劑.

Ammonium hydroxide 見 Ammonia water.

Ammonium laureth sulfate 月桂(基)醚銨硫酸,亦稱 Ammonium laurylether sulfate、ALES(簡稱);與 Sodium lauryl sulfate 相較刺激性較小之界面活性劑,可輕易洗淨沾附皮膚或頭髮上之油脂與髒物.用途:界面活性劑.

Ammonium lauryl ether sulfate 見 Ammonium laureth sulfate.

Ammonium lauryl sulfate 月桂(基)銨硫酸,ALS(簡稱);一種陰離子界面活性劑,與 Sodium lauryl sulfate 相較刺激性較小之界面活性劑.注意事項:美國 CIR 專家列爲限制性安全成分,用在沖洗產品爲安全化粧品成分,用在不沖洗產品其濃度不超過 1% 仍視爲安全成分.用途:界面活性劑.

Ammonium monofluorophosphate 單氟磷酸銨;用途:口腔護理劑.

Ammonium polyacryldimethyltauramide 聚丙烯二甲牛磺醯胺銨;常用加入護膚品當保濕劑.用途:界面活性劑.

Ammonium sulfate 硫酸銨,亦稱 Ammonium sulphate;銨鹽之一種(見 Quaternary ammonium compounds),用作燙髮液之中和劑.用途:燙髮液之中和劑.

Ammonium sulphate 見 Ammonium sulfate.

Ammonium tartrate　酒石酸銨;使用在浴鹽、牙粉、洗髮精、潤絲精等當起泡成分. 用途:起泡成分.

Ammonium thioglycolate　氫硫基醋酸銨;注意事項:可引起皮膚化學灼傷與起水泡;動物實驗顯示大量注射老鼠可致死;累積性刺激物與致敏物;美國 CIR 專家列為限制性安全成分, 即其濃度不超過 14.4％且不經常使用仍視為安全成分, 但避免與皮膚接觸或將接觸面減至最低. 用途: 1.燙髮劑、還原劑 2.除毛劑.

Ammonium thiolactate　硫代乳酸銨;一種銨鹽（見 Quaternary ammonium compounds）. 用途: 1.除毛劑 2.還原劑 3.燙髮劑.

Ammonium xylene sulfonate　二甲苯銨磺酸, 亦稱 Ammonium xylene sulphonate;銨鹽之一種（見 Quaternary ammonium compounds), 常用在指甲產品當溶劑. 用途: 1. 溶劑 2. 界面活性劑.

Amodimethicone　銨二矽酮;二甲矽油衍生物（見 Dimethicone 與 Slicones）. 用途:抗靜電劑.

Amyl acetate　乙酸戊酯, 亦稱 Pentyl acetate;用途:溶劑.

Amyl *p*-dimethyl aminobenzoate　戊基對-二甲基胺基苯甲酸鹽, 亦稱戊二甲基對胺基苯甲酸鹽、Pentyl dimethyl PABA、Amyl dimethyl PABA、Padimate A（商品名);PABA 之衍生物（見 *p*-Amino benzoic acid), 用在防曬品作紫外線波段 B 吸收劑. 用途: 1.防曬劑 2.產品保護劑 3.防腐劑.

Amyl dimethyl PABA　見 Amyl p-dimethylaminobenzoate.

Angelica archangelica　歐白芷, 亦稱天使草;在歐洲及西伯利亞, 歐白芷是一種草藥, 其果實、根莖及汁液皆可被利用製成傳統藥方治療不適及發炎症狀, 可蒸餾獲取歐白芷精油, 見 Angelica oil. 用途:製造歐白芷油原料.

Angelica oil　歐白芷油, 亦稱歐白芷精油;一種精油, 獲自傘形科當歸屬 Angelica archangelica（學名）根、莖、葉子及種子經蒸餾製成, 具消毒殺菌性

質,故常加在護膚品,利用其消炎功效來鎮定皮膚不適,其使頭髮柔順與滋潤
的性質,可使乾燥受損頭髮恢復光澤及柔軟.歐白芷亦加在香皂、乳液、古龍水
及香水中做香味成分.芳香療法中,歐白芷被用來舒緩神經系統及消除心靈壓
力,見 Angelica archangelica.注意事項:見 Angelica root oil.用途: 1.(天然) 香
料 2.頭髮調理劑.

Angelica root oil　當歸根油,亦稱當歸根精油;一種精油,獲自傘形科當歸屬
之根.注意事項:國際香料研究協會 The International Fragrance Research
Associateion (IFRA) 基於香料研究學會 The Research Institute for Fragrance
Materials (RIFM) 之當歸根油光毒性研究結果,建議產品用在塗抹曝露陽光
下的皮膚部位,應限制當歸根油最高含量濃度在 3.9%,但沐浴產品、香皂及
其他沖洗產品則無含量限制.用途: 1.(天然) 香料 2.精油.

Anhydrous lanolin　無水羊毛脂;見 Lanloin.

_p_-Anilinoaniline　見 _N_-phenyl-_p_-phenylenediamine.

2-(2-Anilinovinyl)-3,4-dimethyl-oxazolinium iodide　感光素 401 號;一種合
成碘化物.用途:1 殺菌劑 2 保存劑.

Animal protein　動物蛋白質;用在護膚品可濕潤調理皮膚.用途:保濕劑.

Animal protein derivative　動物蛋白衍生物;用在護膚品可濕潤調理皮膚.用
途:保濕劑.

Anise oil　茴香油;一種精油,獲自傘形科茴芹茴香 Pimpinella anisum (學名)
或木蘭科八角茴香 Illicium verum (學名) 的成熟果實,常用在男性用之化粧
品如香水、洗髮清及清潔用品.注意事項:可能引起皮膚炎.用途:(天然) 香
料.

Anise oil, Japanese　日本茴香油;一種精油,獲自木蘭科茴香 Illicium
anisatum (學名) 的果實.用途:(天然) 香料.

Anthemis noblic (Chamomile extract)　見 Chamomile 和 Chamaemelum
nobile.

Anthemis nobilis 見 Chamomile 和 Chamaemelum nobile.

Anthemis oil 黃金菊油, 亦稱黃金菊精油、Roman chamomile oil; 見 Chamaemelum nobile (L.). 用途:1.(天然) 香料 2.精油.

Apricot kernel oil 杏仁油;用途:(天然) 美髮油原料.

Apple extract 蘋果漿;獲取自薔薇科植物蘋果 Pyrus malus (學名) 之果實, 含醣類、類黃酮、三萜類及果膠等成分, 化粧品工業常添加在護膚品, 認爲具保濕及抗老化效果. 見 Pyrus malus. 用途:1. (天然) 保濕劑 2. (天然) 增稠劑.

Aqua 水;水之法文名稱, 見 Water.

Arachidyl alcohol 花生醇, 亦稱 Icosan-1-ol;用途:柔軟劑.

Arachidyl glucoside 花生基葡萄糖苷;用途:柔軟劑.

Arachidyl glycol 花生基乙二醇;二元醇衍生物 (見 Glycols). 用途:保濕劑.

Arachidyl propionate 丙酸花生醇酯;用途:柔軟劑.

Arachis hypogaea 花生, 亦稱 Peanut (俗稱);豆科植物花生 Arachis hypopgaea L. (學名) 生長在地下之成熟含仁莢果, 花生整顆包括外殼皆可利用於多種工業, 花生可榨油或萃取花生油用在食品和化粧品 (見 Peanut oil), 花生可磨粉加入清潔化粧品當研磨劑, 花生油可調理皮膚 (柔軟、保濕) 常加入護膚、護髮產品及口紅等, 亦用作溶劑、增稠劑及廣泛用爲製造皀類. 見 Peanut oil. 用途:1.製造花生油 2.製造花生粉(研磨劑).

Arbutin 熊果苷, 亦稱 Arbutoside、Hydroquinone-β-glucopyranosid、4-Hydroxyphenyl-β-D-glucopyranosid、Hydroquinone glucose;可由熊果、越橘、蔓越橘、黎樹等植物之葉萃取製備, 具利尿與抗感染性質, 常加在化粧品作抗氧化劑及皮膚調理劑. 用途:1.美白劑 2.抗氧化劑 3.皮膚調理劑.

Arctium lappa 牛蒡, 亦稱 Burdock;菊科植物牛蒡 (學名) 之幼枝和根可入菜, 根有益於膀胱炎和尿結石、皮膚病與預防流行性感冒等, 其浸出液可强壯身體. 用途:植物添加物.

Arginine 精胺酸, 亦稱 L-Arginine; 人類發育必需之胺基酸, 為食品營養添加物. 在化粧品則用在頭髮產品, 當抗靜電劑或鹼化劑. 用途: 1. 添加劑 2. 鹼化劑 3. 抗靜電劑.

Arginine PCA 精胺酸吡咯銅羧酸; 用途: 保濕劑.

Arnica 山金車, 亦稱 Arnica montana (學名)、Wolf's bane、Leopard's bane、Mountain tobacco; 菊科植物, 其花之萃取物具消炎抗刺激和促進血液循環作用, 常外用在淤血、扭傷 (不可用在有傷口之皮膚), 在化粧品常加在皮膚調理水中. 見 Arnica montana. 注意事項: 花有毒, 故其製品不可觸及傷口. 用途: 1. 植物添加物 2. 製造山金車萃取物.

Arnica montana 山金車; 其乾燥之花稱山金車花, 見 Arnica.

Arsenic 砷; 元素符號 As, 天然存在自然界中之元素, 砷及大多數砷化合物均有毒, 以往砷化合物多用在染髮劑, 現在是化粧品禁用成分, 衛生署規定國內化粧品含砷檢測限量為 10ppm (燙髮劑檢測限量為 5ppm).

Artificial wax 人造蠟; 非天然蠟之通稱. 用途: 油性原料.

Asarum oil 細辛油; 一種精油, 獲自馬兜鈴科加拿大細辛 Asarum canadense (學名) 的根莖. 用途: (天然) 香料.

Ascorbic acid 抗壞血酸, 亦稱 L-Ascorbic acid (L-抗壞血酸)、Vitamin C (維生素 C); 水溶性維生素, 主要分佈於植物界, 包括柑橘類、漿果類、新鮮茶葉等. 在體內, 維生素 C 參與許多生理作用, 缺乏時產生出血、發燒、皮膚瘀斑、色素沉澱 (黑斑、雀斑), 醫學界以口服或注射維生素 C 治療維生素 C 缺乏症. 營養界則以食入含維生素 C 之食物、維生素 C 營養素補充品來預防維生素 C 缺乏. 維生素 C 為傳統使用之黑色素抑制劑, 可抑制黑色素形成, 及將氧化型之黑色素 (暗色) 還原為淡色之還原型黑色素, 維生素 C 之安全性雖高, 但極不安定 (維生素 C 乾燥狀態下曝露空氣尚稱安定, 但如為水溶液狀態遇空氣則迅速氧化)、不易吸收及不易研入配方, 因此各式各樣的維生素 C 衍生物相繼被開發出來,其中維生素 C 磷酸酯 (鎂鹽、鈉鹽) 便是爲達到水溶液安定性的需求而開發出來的美白劑, 其中因鎂鹽 (Magnesium ascorbyl phosphate) 需在高 pH 值下才能穩定及易結晶, 因而有鈉鹽 (Sodium ascorbyl phosphate) 之後開發出.維生素 C 另一重要功效是具有相當強之還原能力, 因此常用作爲化粧品抗氧化劑或防腐劑, 防止產品氧化變質, 亦具有天然抗自由基能力, 可保護細胞受損, 常加在護膚品當作抗皮膚細胞受損、抗老化成分.但維生素 C 酯類製品則爲改進此不穩定之性質.用途: 1.抗氧化劑 2.防腐劑 3.保存劑 4.緩衝劑 5.錯合劑.

_L_-Ascorbic acid　見 Ascorbic acid.

Ascorbic acid polypeptide　維生素 C 多肽;用途:添加物.

_L_-Ascorbic acid　見 Ascorbic acid.

Ascorbyl dipalmitate　抗壞血酸二棕櫚酸酯;一種合成、安定之維生素 C 酯類, 作爲化粧品與皮膚之抗氧化劑, 常用在護膚保養品. 見 Ascorbic acid. 用途:抗氧化劑.

Ascorbyl glucoside　抗壞血酸葡萄糖苷;用途:美白劑.

Ascorbyl palmitate　抗壞血酸棕櫚酸酯;一種合成、安定之維生素 C 酯類, 常加在化粧品防止產品氧化變質, 亦常加在護膚品當作皮膚抗氧化劑. 見 Ascorbic acid.用途:抗氧化劑

Ascorbyl stearate　抗壞血酸硬脂酸酯;一種合成、安定之維生素 C 酯類,常加在化粧品防止產品氧化變質,亦常加在護膚品當作皮膚抗氧化劑.用途:抗氧化劑.

Aspartic acid　天多胺酸, 亦稱 _L_-Aspartic acid;天然存在動物與植物中,人類發育之非必需胺基酸, 商業上來源均爲化學合成製備, 爲食品營養添加物.用途:添加物.

Atelocollagen sodium chondroitin sulfate　硫酸鈉阿替蛋白;Atelocollagen 之衍生物.用途:生物添加物.

Atelocollagen 膠原蛋白, 亦稱 Collagens; 來自動物之膠原蛋白. 見 Collagen.

Avocado 酪梨, 亦稱鱷梨 Alligator pear(英文名); 酪梨爲常綠灌木, 原產美洲, Persea americana(學名)與 Persea gratissima(學名)爲最常使用之二品種, 其果肉味美蛋白質含量爲水果之冠, 並可獲取酪梨油 Avocado oil. 酪梨油是美洲土著傳統使用的美容油, 土著並將之延用在曬傷、尿布疹及其他皮膚情況; 現代芳香療法則應用酪梨油極佳之滲透性, 用爲載體油治療曬傷及強風造成之皮膚龜裂; 在化粧品工業用於各種皮膚產品、按摩油和頭髮產品可改善乾燥皮膚及頭髮, 此外果肉亦可製成天然面膜, 適乾性老化皮膚. 見 Avocado oil. 用途: 1.酪梨油原料 2.天然面膜原料.

Avocado extract 酪梨萃取物; 見 Avocado oil.

Avocado oil 酪梨油; 取自酪梨樹 Avocado tree 果實之天然植物油. 見 Avocado. 用途: 1.(天然)皮膚柔軟劑 2.(天然)頭髮調理劑.

B

Balm 香膏; 由植物中提取來的, 用以舒緩、醫療或慰藉皮膚帶芳香味之軟膏.

Balm mint 薄荷藥草; 至少有二種唇形科薄荷家族藥草包括 Lemon balm 和 Peppermint 皆稱此名, 見 Melissa officinals 和 Mentha piperita.

Balm mint extract 薄荷藥草萃取物; 見 Melissa officinalis、Lemon balm oil、Mentha piperita 及 Peppermint oil.

Balm oil 見 Lemon balm oil. 用途:(天然) 香料.

Balsam 香脂, 亦稱香油膠; 得自植物的香脂、香膠或香油, 可舒緩、醫療或慰藉皮膚. 用途:植物添加物.

Barium sulfate　硫酸鋇;主用作除毛劑.用途: 1.除毛劑 2.不透明劑.

Basil extract　羅勒萃取物;得自唇形科羅勒 Ocimum basilicum 之葉及花朵蒸餾的萃取物,是一種天然調味料.用途: 1.(天然)矯味劑 2.(天然)香料.

Basil oil　羅勒油;一種精油,獲自唇形科羅勒 Ocimum basilicum 之葉及花朵經蒸餾製成,是歐式烹飪常用之天然調味料.用途: 1.(天然)矯味劑 2.(天然)香料.

Batyl alcohol　鯊肝醇;自鯊魚肝油分離出或化學合成,常用於護膚品.用途: 1.柔軟劑 2.保濕劑.

Bay oil　月桂油,亦稱香葉油、Myrcia oil;一種精油,自桃金娘科多香果 Pimenta (Myrcia) acris 之葉蒸餾製成,常加在頭髮產品當收斂劑及制菌劑.注意事項:對有些人可能會引起過敏性反應及皮膚刺激.用途: 1.(天然)香料 2.(天然)收斂劑 3.(天然) 抑菌劑.

Bean oil (Phaseolus vulgaris)　四季豆油;見 Phaseolus.

Bean palmitate　四季豆棕櫚酸酯;獲自壓榨 Phaseolus 之豆.見 Phaseolus.

Bees wax　蜂蠟,亦稱蜜蠟;取自蜂巢之蠟質再精製而成,是一種黃色或黃褐色固體 (見 Waxes),是最早用來製造化粧品的成分之一,廣泛用在化粧品如護膚品、嬰兒產品、眼部產品、頭髮產品及彩粧、口紅等,主要當做乳化劑,雖然無有關研究,但蜂蠟一直被認為具抗過敏、抗菌、抗炎,柔軟皮膚及抗氧化(具消除自由基).優質之蜂蠟被認為不會引起粉刺,很少會引起敏感及過敏反應.用途: 1.(天然)乳化劑 2.(天然) 柔軟劑 3.(天然) 成膜劑 4.(天然) 固化劑.

Bees wax (white)　白蜂蠟;蜂蠟經漂白處理,見 Bees wax 與 Waxes.

Bees wax (yellow)　黃蜂蠟;未漂白處理之蜂蠟,見 Bees wax 與 Waxes.

Beeswax derivatives of polyoxyethylene sorbitol　山梨醇聚氧化乙烯蜜蠟.用途:界面活性劑.

Behenic acid　山蔊酸,亦稱二十二酸、豆油酸、Docosanoic acod;一種脂肪酸 (見 Fatty acids),存在植物油及動物脂肪中,常作為使洗髮精不透明化劑.用途:不透明劑.

Behentrimonium chloride 山嵛氯化三胺;一種四級銨化合物（見 Quaternary ammonium compounds）. 用途:1.界面活性劑 2.殺菌劑 3.保存劑.

Behenyl alcohol 山嵛醇,亦稱二十二醇、Docosanol;一種脂肪酸醇,來自植物油或動物脂肪中,常用於洗髮精當不透明化劑. 用途:1.增稠劑 2.乳化劑 3.不透明劑.

Bentonite 皀土,亦稱美黏土;白色黏土,常用在面膜與液狀彩粧品,可吸收皮膚油脂,減少臉上油光,亦有增稠、懸浮色素之作用,在乳液中有乳化油脂作用. 用途:1.增稠劑 2.懸浮劑 3.乳化劑 4.面膜原料 5.吸收劑 (吸收油脂).

Benzalkonium chloride 苯札氯銨;一種毒性大的四級銨化合物（見 Quaternary ammonium compounds）,廣泛用在各類化粧品,如頭髮產品、除臭品、漱口水之殺菌清潔劑,亦在醫用上作爲消毒去污劑. 注意事項:濃度大於 0.1%具皮膚及眼睛刺激性;使用時勿沾到眼睛;美國 CIR 專家認爲濃度不大於 0.1%爲安全化粧品成分. 用途:1.界面活性劑 2.殺菌劑 (用在洗髮精、潤絲精及美髮液) 3.保存劑 4.去垢劑 (合成清潔劑).

Benzeneacetic acid 見 Phenylacetic acid.

1,2-Benzene diamine，1,3-Benzene diamine，1,4-Benzene diamine 見 *m*-Phenylenediamine、*o*-Phenylenediamine、*p*-Phenylenediamine.

1,2 Benzenedicarboxylic acid 見 Phthalic acid.

Benzethonium chloride 氯化本索寧,亦稱苄索氯銨;一種陽離子性合成清潔劑,化學結構爲四級銨化合物（見 Quaternary ammonium compounds）,刺激性較苯札氯銨小. 注意事項:使用時勿沾到眼睛;現有證據顯示使用在非沖洗產品爲不安全性成分;皮膚與眼睛接觸高濃度可能會產生毒性. 用途:1.殺菌劑 2.保存劑 3.抗靜電劑 4.除臭劑 5.清潔劑.

Benzoates 苯甲酸鹽類;一般指合成的苯甲酸鹽類用作防腐劑,見 Benzoic acid, its salts、Sodium benzoate 爲常見之苯甲酸鹽. 用途:防腐劑

Benzocaine　苯佐卡因, 亦稱 Ethyl aminobenzoate、4-Aminobenzoic acid ethyl ester;局部麻醉藥, 用在拔眉毛霜等化粧品, 國內尚未許可含於化粧品中.注意事項:對有些人會引起過敏反應, 可能會經由發炎皮膚吸收.用途:局部麻醉劑.

Benzoic acid　苯甲酸;以化合物或游離形式存在自然界中, 以安息香樹膠中含量高, 工業上多用化學合成, 用為防腐劑、抗黴菌劑等.注意事項:對眼、皮膚、黏膜輕度刺激.用途:防腐劑.

Benzoic acid, its salts　苯甲酸及其鹽類;用作防腐劑、抗菌劑、抗黴菌劑.注意事項:會引起輕度皮膚刺激與過敏反應.用途:1.防腐劑 2.抗菌劑.

Benzophenone-1　苯甲酮-1, 亦稱二苯甲酮-1、2,4 Dihydroxybenzophenone;合成之苯甲酮衍生物, 為一紫外線波段 A 吸收劑.見 Benzophenones.亦可加在香水作為香料之固定劑.用途:1.防曬劑 2.產品防護劑 3.定香劑.

Benzophenone-2　苯甲酮-2, 亦稱二苯甲酮-2、2,2,4',4'-Tetrahydroxy ben-zophenone（2,2,4',4'-四羥基-二苯甲酮）;合成之苯甲酮衍生物, 見 Benzophenones, 紫外線波段 A 吸收劑.用途:1.防曬劑 2.產品防護劑.

Benzophenone-3　苯甲酮-3, 亦稱二苯甲酮-3、羥苯宗 Oxybenzone、2-Hydro-xy-4-methoxy benzophenone、(2-Hydroxy-4-Methoxyphenyl) phenylmetha-none;合成之苯甲酮衍生物, 見 Benzophenones, 為一紫外線 A 波段吸收劑, 經常用在防曬處方增進防曬指數(SPF).注意事項:防曬劑對有些人可能會刺激皮膚引起過敏性紅疹, 有研究發現, 防曬劑 Oxyybenzone 可能會引起皮膚光過敏.用途:1.防曬劑 2.產品保護劑.

Benzophenone-4　苯甲酮-4, 亦稱二苯甲酮-4、Sulisobenzone 舒利苯酮、2-Hydroxy-4-methoxy benzophenone-5-sulfonic acid、5-Benzoyl-4-hydroxy-2-methoxybenzene sulfonic acid;合成之苯甲酮衍生物, 見 Benzophenones, 紫外線波段 A 吸收劑.用途:1.防曬劑 2.產品保護劑.

Benzophenone-5　苯甲酮-5,亦稱二苯甲酮-5、2-Hydroxy-4-methoxy benzo-phenone sodium sulfonate;合成之苯甲酮衍生物,見 Benzophenones, 紫外線波段 A 吸收劑.用途: 1.防曬劑 2.產品防護劑.

Benzophenone-6　苯甲酮-6,亦稱二苯甲酮-6、2,2'-Dihydroxy-4,4'-dimethoxy benzophenone、Bis (2-hydroxy-4-Methoxyphenyl) methanone;合成之苯甲酮衍生物,見 Benzophenones, 紫外線波段 A 吸收劑.用途: 1.防曬劑 2.產品保護劑.

Benzophenone-8　苯甲酮-8,亦稱二苯甲酮-8、二羥苯宗 Dioxybenzone、2,2'-Dihydroxy-4-methoxybenzophenone; 合 成 之 苯 甲 酮 衍 生 物, 見 Benzophenones, 紫外線波段 A 吸收劑.用途: 1.防曬劑 2.產品保護劑.

Benzophenone-9　苯甲酮-9,亦稱二苯甲酮-9、2,2'-Dihydroxy-4,4'-dimethoxy benzophenone-5,5'-disulfonate　sodium、　Disodium　2,2'-dihydroxy-4,4'-dimethoxy-5,5'-disulfobenzophenone、Disodium 3,3'- carbonylbis〔4- hydroxy-6- methoxybenzenesulphonate〕;合成之苯甲酮衍生物,見 Benzophenones, 紫外線波段 A 吸收劑.用途: 1.防曬劑 2.產品保護劑.

Benzophenone-10　苯甲酮-10,亦稱二苯甲酮-10、2-Hydroxy-4-methoxy-4'-methylbenzophenone、Mexenone;合成之苯甲酮衍生物,見 Benzophenones, 紫外線波段 A 吸收劑.用途: 1.防曬劑 2.產品保護劑.

Benzophenone-11　苯甲酮-11,亦稱二苯甲酮-11、Bis(2, 4- dihydroxyphenyl) methanone and bis(2- hydroxy- 4- methoxyphenyl) methanone;合成之苯甲酮衍生物,見 Benzophenones, 紫外線波段 A 吸收劑.用途: 1.防曬劑 2.保護劑.

Benzophenone-12　苯甲酮-12, 亦稱二苯甲酮-12、Octabenzone、2-Hydroxy-4-N-octoxy benzophenone;合成之苯甲酮衍生物,見 Benzophenones, 紫外線波段 A 吸收劑.用途: 1.防曬劑 2.產品保護劑.

Benzophenones　苯甲酮,亦稱二苯甲酮;爲一合成苯甲酮類, 本類系列化合物包括 Benzophenone-1～Benzophenone-12, 紫外線波段 A 吸收劑.用途: 1.防曬劑 2.產品保護劑.

3-Benzoyl-4-hydroxy-6-methoxybenzophenone 3-苯甲醯-4-羥基-6-甲氧基二苯甲酮;合成之苯甲酮衍生物, 見 Benzophenones. 用途:防曬劑.

Benzyl acetate 醋酸苄酯, 亦稱 Acetic acid phenylmethyl ester、Acetic acid benzyl ester;存在許多植物中如茉莉, 但商品來源多爲化學合成製成. 注意事項:會引起皮膚、眼、呼吸道刺激. 用途:香料.

Benzyl alcohol 苯甲醇, 亦稱 Benzenemethanol、Phenylmehanol、α-Hydroxytolune;存在茉莉、風信子、依蘭油、香脂等, 工業上來源爲化學合成, 常用在香水中作爲溶劑, 染髮品中作爲防腐劑. 注意事項:對皮膚與黏膜具刺激性和腐蝕性;歐盟有關組織 SCCNFP 列爲過敏原. 用途: 1.溶劑 2.香料.

Benzyl benzoate 苯甲酸苄酯, 亦稱 Benzoic acid phenylmethyl ester、Benzoic acid benzyl ester;一種芳香族酯類, 具鳳仙花香, 天然存在香脂 (秘魯香脂及吐魯香脂) 中, 亦是晚香玉油之主成分, 化粧品添加之苯甲酸苄酯成分爲合成香料 (見〈化粧品成品用途說明〉, 香料), 常用在香水作爲溶劑和香料固定劑, 亦常用在指甲產品作爲增塑劑. 注意事項:歐盟有關組織 SCCNFP 列爲接觸性過敏原. 用途: 1.溶劑 2.固定劑 3.增塑劑.

2-Benzyl-4-chlorophenol 2-苄基-4 氯酚, 亦稱 Chlorophene、Clorofene;用途:防腐劑.

Benzylhemiformal 苄基半甲縮醛;用途:殺菌劑.

3-Benzylidene camphor 3-亞苄基樟腦, 亦稱 Benzylidene camphor、亞苄基樟腦;爲合成樟腦衍生物之化學性防曬劑. 用途:防曬劑.

Benzyl salicylate 水楊酸苄酯, 亦稱柳酸苄酯;天然存在依蘭油等精油中, 化粧品添加之水楊酸苄酯爲化學合成, 常作爲紫外線吸收劑與香料固定劑. 用途: 1.防曬劑 2.香料 3.香料固定劑.

Bergamot oil 佛手柑油;一種精油, 壓榨自芸香科柑橘屬佛手柑 Citrus aurantiumL., var. bergamia (異名 Citrus bergamia) 果實外皮製成, 佛手柑亦

稱油橙.注意事項:佛手柑油是光敏感物,因此塗抹佛手柑油時應避免曝露在
陽光下.國際香料研究協會 The International Fragrance Research Associateion
(IFRA) 基於壓榨之佛手柑油光毒性研究結果,建議產品用在塗抹曝露陽光
下的皮膚部位,應限制佛手柑油最高含量濃度在 0.4%,但沐浴產品、香皂與
其他沖洗產品則無含量限制.用途: 1.(天然)香料 2.精油.

Beta-Carotene　見 β-Carotene.

Beta-hydroxy acid　β-氫氧酸,亦稱 β-羥基酸、BHA (勿與防腐劑之 BHA 混
淆)、柔膚酸(商品名);和 α-氫氧酸同樣,高濃度 β-氫氧酸常被皮膚科醫師用來
治療面皰等問題皮膚,或改善出現老化現象的皮膚之化學性皮膚剝離劑.β-氫
氧酸同 α-氫氧酸亦是簡單的有機酸,天然 β-氫氧酸存在 Sweet birch 和冬青葉
中,但工業上 β-氫氧酸大多由化學合成製備,化學合成之 β-氫氧酸目前只有水
楊酸 Salicylic acid, 低濃度水楊酸常以成分 Salicylic acid, Salicylate, Sodium
Salicylate 加在護膚品中,加速皮膚更新及幫助清理毛細孔.β-氫氧酸和 α-氫氧
酸在結構上與功用上大同小異,兩者同樣會引起皮膚刺激反應和灼熱、紅腫、
刺痛、結痂、光敏感以及對皮膚健康之潛在威脅性.兩者主要差異在脂溶性:α-
氫氧酸是只溶於水之水溶性,而 β-氫氧酸則為油溶性,因此 α-氫氧酸用在無面
疱困擾之受損皮膚會得到較好的效果,而 β-氫氧酸則適用在有黑頭和白頭粉
刺的油性膚質,因其可滲透油脂的毛孔及可除去油狀皮膚之老廢細胞.科學研
究顯示 β-氫氧酸添加在保養品效果最好的 pH 值在 3-4 與濃度在 1%-2%,低
於此 pH 值會造成酸性過強,增加皮膚傷害,高於此 pH 值則其剝離效力可能
不彰.注意事項:用在皮膚化學性剝離的水楊酸,已在美國 FDA 主要之研究
中,評估其長期使用之安全性.此項評估是審查甘醇酸 (一種常用果酸) 及水
楊酸長期使用下皮膚的影響,該研究已確定塗用甘醇酸會使皮膚更容易受陽
光之傷害,FDA 已提出忠告,在安全評估完成前,使用 α-氫氧酸及 β-氫氧酸皆
須採取小心措施;FDA 建議消費者使用 BHA 產品時應遵守事項: 1.採用含
BHA 產品在大範圍皮膚前,先試抹在小範圍皮膚上,如感到皮膚刺激或刺感

長久不消,停用該產品或請教醫生 2.遵循產品使用方法,勿超出建議使用法 3.
避免使用含 BHA 的產品在嬰兒或小孩身上 4.使用這些產品時需防曬.見
Alpha-hydroxy acid.用途:化學性剝離劑.

Betaine 甜菜鹼,亦稱 Glycine betaine;分佈於甜菜或其他植物和動物中.用
途: 1.界面活性劑 2.乳化劑 3.增稠劑 4.皮膚調理劑 5.頭髮調理劑 6.清潔劑 7.
泡沫促進劑.

BHA 丁羥茴醚,亦稱 Butylated hydroxyanisole(縮寫)、2(3)-tert-Butyl-4-
hydroxyanisole 2(3)-三級丁基-4-羥基茴香醚.注意事項:會引起過敏反應.用
途: 1.(產品)抗氧化劑 2.防腐劑.

BHT 丁羥甲苯,亦稱 Butylated hydroxytoluene(縮寫);化學性質類似
BHA.注意事項:會引起過敏反應.用途: 1.(產品)抗氧化劑 2.防腐劑.

Bilberry(Vaccinium myrtillus) extract 越橘萃取液;Bilberry 越橘亦稱
Blueberry、Vaccinium myrtillus(學名),其乾葉可萃取熊果苷 Arbutin.用途:
植物添加物.

Bio-collagen 活性膠原,亦稱生物膠原;來自動物之膠原蛋白質.用途: 1.保
濕劑 2.增稠劑 3.乳劑穩定劑.

Bio-protein 活性蛋白質,亦稱生物蛋白質;來自動物之蛋白質.用途: 1.保濕
劑 2.增稠劑 3.乳劑穩定劑.

Biosaccharide gum -1 活性糖膠-1.用途: 1.皮膚調理劑 2.保濕劑.

Biotin(e) 生物素,亦稱為 Vitamin H(維生素 H)、Co-enzyme R(輔酶 R);
在活細胞中都存在少量的生物素,生長必需之因子.缺乏生物素 H 會有皮膚
炎、油脂頭皮及禿頭之傾向,但人類很少發生維生素 H 缺乏的現象,因此經由
化粧品塗擦補充的價值受到質疑.另外業者聲稱生物素對皮膚具有癒合作用,
尤其對痤瘡皮膚.此外用在面霜作為質地劑.用途: 1.生物添加物 2.質地劑.

2-Biphenylol 見 o-Phenylphenol.

2-Biphenylol and its salts 見 o-Phenylphenol.

Bisabolol 沒藥醇,亦稱 Dragosantol;來自多種植物之精油分離所得的一種倍半萜,常加入護膚產品當消炎劑.用途:抗炎劑.

***N,N'*-Bis (4-aminophenyl)-2,5-diamino-1,4-quino-diamine** *N,N'*-雙(4-胺苯)-2,5-二胺基-1,4-醌-二胺;煤焦油衍生物 (見 Coal tar).用途:染髮劑.

***N,N'*-Bis-(4-aminophenyl)-2,5-diamino-1,4-quinonediamine** *N,N'*-雙-(4-胺苯)-2,5-二胺基-1,4-苯醌二胺;見 *N,N'*-Bis (4-aminophenyl)-2,5-diamino-1,4-quino-diamine.

Bis-ethylhexyloxyphenol methoxyphenyl triazine 雙-乙基己基羥酚甲氧基苄氮苯,亦稱 2,4-Bis-[[4-(2-ethyl-hexyloxy)-2-hydroxy]-phenyl-6-4-methoxyphenyl)-(1,3,5)-triazine]、Tinosorb S;加在防曬品作紫外線波段 A 吸收劑,但截至本書付印,美國與加拿大尚未許可使用.與 Tinosorb M 爲同系列,見 Tinosorb M.用途: 1.防曬劑 2.產品保護劑.

***N, N'*- Bis(2- hydroxyethyl)hexadecan- 1- amide** 見 Palmitamide DEA.

***N,N'*-Bis (2-hydroxyethyl)-p-phenylenediamine sulfate** *N,N'*-雙-(2-羥乙基)- 對-苯二胺硫酸鹽;煤焦油衍生物 (見 Coal tar).用途:染髮劑.

3,3'-Bis (1-hydroxymethyl-2,5 dioxoimidazolidin-4-yl)-1,1'methylenediurea 3,3'-雙 (1-羥甲基-2,5-二氧咪唑-4-啶)-1,1'-亞甲基二尿素,亦稱 Imidazolidinyl urea、Imidurea ;無色、無臭、無味之化合物,僅次於 Parabens 後之最常使用的化粧品防腐劑,廣泛用在各種化粧品如乳霜、乳液、護膚油、沐浴油、洗髮精、嬰兒用洗髮精、潤絲精、燙髮液、頭髮滋補液、彩粧粉類、腮紅、眼影、香水等等.注意事項:會引起接觸性皮膚炎;美國 CIR 專家認爲是安全之化粧品成分.用途:防腐劑.

Bismuth oxychloride 羥氯化鉍,亦稱氯化氧鉍、Bismuth chloride oxide、CI 77163.用途:色素.

Bismuth oxychloride-coatmica flakes 見 Bismuth oxychiloride.

Bismuth subnitrate 次硝酸鉍, 亦稱鹼式硝酸鉍;常用於染髮劑、漂白產品、雀斑產品. 注意事項:食入具低毒性,可能引起過敏反應. 用途: 1.吸收劑 2.不透明劑.

Bithionol 硫氯酚;注意事項:因可能會引起光過敏,美國禁用在化粧品;衛生署公告化粧品禁用成分.

Bitter almond oil 苦杏仁油;見 Almond oil, Bitter.

Bitter orange oil 見 Bitter orange peel oil, Expressed.

Bitter orange oil（Citrus aurantium L.） 見 Bitter orange peel oil, Expressed.

Bitter orange peel oil, Expressed 壓榨之苦橙皮油, 亦稱 Orange peel oil, Bitter（Citrus aurantium）、Bitter orange oil（Citrus aurantium L.）、Citrus aurantium peel oil; 精油, 壓榨自苦橙 Citrus aurantium 果皮, 見 Citrus aurantium. 苦橙油比甜橙油成分層次更高、氣味更細膩. 注意事項:具光刺激性與光毒性, 國際香料研究協會 The International Fragrance Research Associateion 基於香料研究學會 The Research Institute for Fragrance Materials 之苦橙皮油光毒性研究結果建議, 產品用在塗抹曝露陽光下的皮膚部位, 應限制苦橙皮油最高含量濃度在 1.25%, 但沐浴產品、香皂與其他沖洗產品則無含量限制. 用途: 1.(天然)香料 2.精油.

Blackcurrent 黑穗醋粟, 亦稱黑穗醋粟 Ribes nigrum（學名）;主產於歐洲的植物, 黑色漿果可做甜食或製成果醬、甜酒等, 葉可泡茶, 有收斂、降血壓及鎮定精神緊張的功效. 在美容、化粧品應用中, 漿果含精油和維生素 C, 可萃取黑穗醋粟油. 用途: 1.製造精油 2.植物添加物.

Blackcurrent（Ribes nigrum）oil 黑穗醋粟油;取自黑穗醋粟 Ribes nigrum（學名）之果實. 見 Black current. 用途:(天然) 矯味劑.

Bleached wax 漂白蠟;見 Waxes.

Borage 琉璃苣, 亦稱 Borago officinalis（學名）、星星花 Star flower;一年生植

物, 產於歐洲, 除花萼不宜食用外, 其他部分皆可食用但不可過量. 歐洲藥草療法認爲琉璃苣的葉、花之浸出液可刺激乳腺分泌, 促進腎上腺素分泌, 解除緊張、抑鬱以及對皮膚乾燥有療效. 琉璃苣之種子可提取種子油 Borage seed oil, 作用類似月見草, 可調經、降血壓等, 塗抹皮膚上可滋潤皮膚. 用途; 1.製造琉璃苣萃取物 2.製造琉璃苣子油 3.植物添加物.

Borage extract 琉璃苣萃取物; 琉璃苣花、葉之萃取液, 可紓解皮膚乾燥. 見 Borage. 用途:(天然) 皮膚調理劑 (柔軟劑).

Borage seed oil 琉璃苣子油, 亦稱 Starfoslwer oil; 得自琉璃苣之種子, 可滋潤皮膚. 見 Borage. 用途:(天然) 柔軟劑.

Borage（Borago officinalis）seed oil 見 Borage seed oil.

Borago officinalis（Starflower oil） 見 Borage.

Borax 硼砂, 亦稱 Sodium borate、Sodium tetraborate (四硼酸鈉); 微鹼性化合物, 常用於面霜、粉底霜、刮髮膏、燙髮液及染髮專用潤絲精等, 作爲水質軟化劑、防腐劑或改善面霜類產品之質地劑, 亦用在止汗產品, 可防止氯化鋁 Aluminum chloride 對皮膚的刺激. 注意事項: 皮膚吸收毒性; 兒童食入 5-10g 可引起嚴重嘔吐、腹瀉、休克、死亡; 我國衛生署已公告爲化粧品禁用成分, 但在其他國家仍被作爲某些化粧品之抗菌劑. 用途: 1.水軟化劑 2.防腐劑 3.抗菌劑.

Boric acid 硼酸; 硼酸爲無色無臭之晶體或粉末, 以礦物天然硼酸存在, 工業來源以化學合成製備, 具有殺菌、殺黴菌性質, 廣泛用在化粧品如乳霜、皮膚調理水、刮鬍後液、漱口水、香皂、嬰兒爽身粉等, 作爲殺細菌與黴菌之消毒成分, 以及用在 OTC 產品. 雖然美國醫學學會已數度警告硼酸具毒性, 以及塗抹在受傷皮膚已知會引起嚴重毒性, 硼酸仍被使用在暫時紓解皸裂、乾燥、擦傷、曬傷、昆蟲咬傷、尿布疹及其他皮膚刺激, 在一些國家仍可買到放在開放架上含硼酸之 OTC 產品. 我國衛生署已公告爲化粧品禁用成分, 但在其他國家仍被作爲某些化粧品之抗菌劑. 注意事項: 皮膚吸收毒性; 禁忌用在皮膚傷口; 塗抹在受傷皮膚會導致同食入之嚴重中毒;長期使用可引起硼中毒:皮膚乾燥、紅疹、胃功能紊亂等; 食入或吸收可引起噁心、嘔吐、下痢、腹絞痛、皮膚和黏膜損害、休克等;嬰兒食入少於 5 克,成人 5～10 克曾引起死亡;美國藥物食品管理局 FDA 在 1992 年公告,硼酸產品尚未能證實如 OTC 產品宣稱般有效及安全;美國 CIR 專家基於現有資料表示,硼酸濃度 5％或低於 5％仍為安全之化粧品成分,但在規定濃度下如產品含有 5％游離之硼酸則不應使用在嬰兒皮膚或受傷皮膚上.用途: 1.抗菌劑 2.口腔護理劑.

Boron nitride　氮化硼;白色粉末,具有遮蔽性與光滑性 (即使用觸感佳),常添加在粉底類之裝扮化粧品,作為機能性色素.用途:色素 (彩粧品原料).

Botanical extract　植物萃取物;由植物提取之萃取物或萃取液,視植物種類而有不同之皮膚調理功能,如保濕、清潔、消炎或調整 pH 值等,有些則功效不明,為一種護膚產品或護髮產品之添加劑.用途:植物添加物.

Botanical extracted　見 Botanical extract.

Bromo acid　溴酸,亦稱 D & C Red No. 21;用途:色素.

Bromochlorophen　溴氯苯; 見 6,6-Dibromo-4,4-dichloro-2,2-methylene-diphenol.

5-Bromo-5-nitro-1,3-dioxane　5-溴-5-氮-1,3-環氧己烷,亦稱 Bronidox L (商品名)、二氧陸圜.用途:防腐劑.

2-Bromo-2-nitropropane-1,3-diol　2-溴-2-氮丙烷-1,3-二醇;見 Bronopol.

Bromophenylmercury　見 Phenylmercuric bromide.

6-[2[(5-Bromo-2-pyridyl)amino] vinyl]-1-ethyl-2-picolinium iodide　感光素 301 號;合成之碘化物.用途: 1.殺菌劑 2.保存劑.

Bronopol　溴硝丙二醇,亦稱 Bronopol (衛生組織核准之名稱)、Bronosol、2-Bromo-2-nitro-1,3-propanediol, 2-Bromo-2-nitropropane-1,3-diol、Bronodiol.用途: 1.防腐劑 2.溶劑 3.推進劑.

Butane　丁烷,亦稱 n-Butane;來自石油天然氣之易燃氣體,加在噴霧化粧品當推進劑. 注意事項:高濃度可能致麻醉;易引起火焰及爆炸, 使用噴霧產品時應遠離火源、高溫場所. 用途:推進劑.

Butcher's broom 花竹柏, 亦稱 Ruscus aculeatus (學名);百合科藥用植物, 見於歐洲, 其嫩枝可食用, 整株植物皆爲藥用部位, 業者認爲其萃取物用在纖體產品有抗橘皮效應及抑癢作用. 用途:製造花竹柏萃取物.

Butcher's broom extract 花竹柏萃取物;百合科植物花竹柏 Butcher's broom 之萃取液, 花竹柏爲歐洲生之植物, 嫩枝可食用, 用在纖體產品有抗橘皮效應及抑癢作用. 用途: 植物添加物.

Buteth-3 carboxylic acid 丁醇-3 羧酸;羧酸 Carboxylic acid 與乙氧基化之丁醇製得. 用途:界面活性劑.

Butoxydiglycol 丁氧雙乙二醇;用途:溶劑.

Butoxyethanol 丁氧乙醇, 亦稱 Butyl cellosolve (商品名);用於頭髮、指甲產品之溶劑. 注意事項:美國 CIR 專家認爲用在沖洗產品或非沖洗產品而濃度低於 10%, 皆爲安全之化粧品成分. 用途:溶劑.

***n*-Butyl acetate** *n*-乙酸丁酯, 亦稱 Acetic acid butyl ester;一種合成香料, 無色具果香味之液體, 常用在指甲產品、香水作爲溶劑. 注意事項:可能引起眼、上呼吸道刺激;高濃度可致麻醉. 用途:香料.

Butyl alcohol 丁醇;見 *n*-Butyl alcohol.

***n*-Butyl alcohol** *n*-丁醇, 亦稱 Butyl alcohol、1-Butanol;無色臭味液體, 主用作蠟、脂肪、樹脂等之溶劑, 亦加在洗髮精, 可改善產品澄清度. 注意事項:吸入 25ppm 量會引起肺部症狀, 會引起接觸性皮膚炎;過度接觸可能症狀爲眼、黏膜刺激、頭痛、嗜睡;美國 CIR 專家認爲用在指甲產品爲安全之化粧品成分. 用途: 1.乙醇變性劑 2.溶劑.

***t*-Butyl alcohol** *t*-丁醇, 亦稱 *tert*-Butyl alcohol、tert-丁醇 1、2-Methyl-2-propanol. 注意事項:見 *n*-Butyl alcohol. 用途: 1.乙醇變性劑 2.溶劑.

Butylated hydroxyanisole 見 BHA.

Butylated hydroxytoluene　見 BHT.

Butylene glycol　丁二醇, 亦稱 1,3- Butylene glycol（1,3- 丁二醇）、Butane-1,3-diol、Dihydroxybutane、Dimethylethylene glycol、Butanediol；合成之多元醇類, 化學合成大量製造之物質, 常用在整髮品與頭髮噴霧產品作爲保濕劑. 用途：1.保濕劑 2. 溶劑.

Butyl glycolate　丁基乙二醇酸鹽；作爲指甲產品增塑劑. 用途：增塑劑.

***t*-Butyl hydroquinone**　*t*-丁基氫醌, 亦稱 Tertiary butyl hydroquinone 三級丁基氫醌；一種最新之合成食品級抗氧化劑, 可防止植物油與動物油脂敗壞, 用在含動物或植物油脂成分的化粧品, 可安定油脂成分防止產品敗壞. 注意事項：食入、吸入或經由皮膚吸收具有傷害性, 刺激眼睛、皮膚及呼吸道; 美國 CIR 專家認爲不超過 0.1% 爲安全之化品成分. 用途：抗氧化劑.

Butyl *p*-hydroxybenzoate　對羥基苯甲酸丁酯；見 Butyl paraben.

Butyl methoxydibenzoylmethane　丁基甲氧基二苯甲醯甲烷, 亦稱 4-*tert*-Butyl-4'-methoxy dibenzoyl methane（4-三級丁基-4'-甲氧基二苯甲醯甲烷）、BMDM、Avobenzone、Parsol 1789（商品名）；加在防曬品作紫外線波段 A 吸收劑. 用途：1.防曬劑 2.產品保護劑.

4-*tert*-Butyl-3-methoxy-2,6-dinitrotoluene　衛生署公告化粧品禁用成分.

Butylparaben　對羥基苯甲酸丁酯, 亦稱 Butyl p-hydroxybenzoate、Butyl p-oxybenzoate、4-Hydroxybenzoic acid butyl ester；一種對羥基苯酸酯. 見 Parabens. 用途：防腐劑.

1-(4-*tert*-Butylphenyl)-3-(4-methoxyphenyl) propane-1,3-dione　1-(4-*tert*-丁苯)-3-(4-甲氧苯)丙烷-1,3-二酮；合成之苯衍生物, 化學性防曬劑. 用途：防曬劑.

Butyl stearate　硬脂酸丁酯, 亦稱 Octadecanoic acid butyl ester；合成化學物, 加在食品、飲料及化粧品, 在化粧品作爲界面活性劑與結合劑. 用途：1.界面活性劑 2. 結合劑 3.皮膚調理劑 (柔軟劑).

Butyrolactone 丁丙酯, 亦稱 γ- Butyrolactone、Butanolide、1,2- Butanolide、1,4- Butanolide;常用在指甲產品作爲溶劑. 用途:溶劑.

Butyrospermum parkii 非洲果油樹, 亦稱 Shea（Nut）Tree、Karite tree; Butyrospermum parkii 爲學名,生長在非洲西部之高大樹木, 其類似小酪梨之果實含有一堅果, 將堅果仁磨粉加水煮沸後得固體狀油脂即非洲果油 Shea butter.長久以來當地非洲人將非洲果油塗抹皮膚, 以保濕及保護皮膚抵抗日曬及風吹乾燥氣候之影響,此外非洲果油亦被當地人用在關節炎、舒緩扭傷及促進傷口循環. 見 Shea butter. 用途:非洲果油原料.

Buxus chinenis 見 Jojoba oil.

C

C₁₈₋₃₆ Acid glycol ester 乙二醇十八-三十六碳酸酯;油脂化學之合成物. 用途:化粧品製造原料.

Caffeic acid 咖啡酸;咖啡之成分. 用途:抗氧化劑.

Caffeine 咖啡因, 亦稱 Coffeine;存在茶、咖啡、可可等植物, 爲一種中樞神經系統、心臟和呼吸興奮劑, 能改變血糖釋放及通過胎盤, 在食品中作爲一種天然調味劑,但在化粧品用途尚未獲研究確認, 業者常加在瘦身產品. 用途:添加物.

Calamus oil 白菖蒲油, 亦稱 Sweet flag oil;一種精油, 提取自天南星科菖蒲 Acorus calamus 之根莖. 用途:(天然) 香料.

C₁₂₋₁₅ Alcohols benzoate 十二-十五碳醇類苯甲酸酯;十二碳烷基至十五碳烷基合成脂肪醇之混合物, 和苯甲酸反應化合而成. 用途:界面活性劑.

C$_{12-15}$ Alcohols lactate　十二-十五碳醇類乳酸酯；見 Fatty acid esters.

C$_{12-15}$ Alcohols octanoate　十二-十五碳醇類辛酸酯；見 Fatty acid esters.

Calcium carbonate　碳酸鈣, 亦稱 Chalk；一種鹼性物質, 以礦石存在自然界中, 亦可化學合成, 用在化妝品作爲白色色素、中和酸性、除去滑石之光亮吸收劑、除臭與脫毛產品之填料、彩妝粉類產品之 pH 值緩衝劑、牙膏牙粉研磨劑等. 用途：1.白色色素 2.鹼化劑(酸度中和劑) 3.除臭劑與脫毛劑填料 4.吸收劑 5.研磨劑.

Calcium fluoride　氟化鈣；天然存在礦產中, 亦可化學合成. 用途：1.防腐劑 2.口腔護理劑 (加在口腔產品防蛀齒).

Calcium hydroxide　氫氧化鈣, 亦稱 Calcium hydrate、Slaked lime、Limewater、Lye. 用途：1.除毛劑 2.鹼化劑.

Calcium monofluorophosphate　單氟磷酸鈣, 亦稱氟磷酸鈣 Calcium fluorophosphate；用在牙膏牙粉產品. 用途：口腔護理劑.

Calcium oxide　氧化鈣, 亦稱 Lime、Quicklimel；腐蝕性之鹼性物質. 注意事項：強腐蝕性, 可能引起嚴重皮膚與黏膜刺激及灼傷. 用途：鹼化劑.

Calcium pantothenate　本多酸鈣, 亦稱泛酸鈣、Pantothenic acid calcium salt 泛酸鈣鹽、維生素 B 5、Vitamin B5；維生素 B 群之一種, 存在肝臟、米糠及蜂王漿中. 用途：(天然) 柔軟劑.

Calcium phosphate　磷酸鈣；包括三種鹽基：磷酸鈣 Calcium phosphate, Tribasic、磷酸氫鈣 Calcium phosphate、磷酸二氫鈣 Cp. Monobasic, 主用作爲化粧品之抗凝增劑和牙膏與牙粉之研磨劑. 用途：1.抗靜電劑 2.研磨劑.

Calcium pyrophosphate　焦磷酸鈣, 亦稱 Calcium diphosphate；用途：研磨劑.

Calcium stearate　硬脂酸鈣. 用途：1.色素 2.乳化劑 3.潤滑劑.

Calcium sulfate　硫酸鈣；用作白色色素. 用途：1.色素 2.研磨劑.

Calcium thioglycolate　巰基乙酸鈣, 亦稱氫硫基乙酸鈣；氫硫基乙酸之鈣鹽

（見 Thioglycolic acid and its salts and esters）用在除毛膏及燙髮液.注意事項：動物實驗顯示,長期使用會導致甲狀腺問題.用途：1.除毛劑 2.燙髮劑.

Calendula extract 金盞花萃取液;提取自金盞花之花瓣,具消炎性質,可舒緩皮膚發炎.見 Calendula officinalis.用途：1.(天然) 消炎劑 2.植物添加物.

Calendula officinalis 金盞花, 亦稱 Calendula（俗名）、Marigold；Calendula officinalis 為學名,其花為藥用部分,可萃取消炎成分（見 Calendula extract）,花瓣亦可提取黃色色素,但該色素在美國被禁止使用.金盞花萃取液或精油廣泛用在各類化粧品中.用途：1.製成金盞花萃取液 2.製成金盞花油.

Calendula oil 金盞花油;一種精油, 萃取自金盞花之花瓣,芳香療法認為可治皮膚病.見 Calendula officinalis.用途：1.植物添加物 2.精油.

C_{18-28} Alkyl acetate 十八-二十八碳烷基乙酸酯;用途：1.柔軟劑 2.皮膚調理劑.

C_{12-15} Alkyl benzoate 十二-十五碳烷基苯甲酸酯;見 C_{12-15} Alcohols benzoate.用途：界面活性劑.

C_{12-15} Alkyl lactate 十二-十五碳烷基乳酸酯;見 C_{12-15} Alcohols lactate.

C_{12-15} Alkyl octanoate 十二-十五碳烷基辛酸酯;見 C_{12-15} Alcohols octanoate.

C_{12-15} Alkyl salicylate 十二-十五碳烷基水楊酸酯;用途：皮膚調理劑.

C_{16-40} Alkyl stearate 十六-四十碳烷基苯硬脂酸酯;一種脂肪酸酯（見 Fatty acid esters）.用途：1. 皮膚調理劑 2. 柔軟劑 3. 增稠劑.

Calluna vulgaris 紅方柏,亦稱帝石南 Heather、Ling extract；Calluna vulgaris 為其學名,常綠植物,整株藥草皆有用處,可製成茶、染料、飼料及治療痤瘡的藥方,花可用來泡澡舒緩風濕痛,有收斂、殺菌、鎮靜之功效等.用途：1.植物添加物 2.製造紅方柏萃取物.

Calophyllum tacamahaca oil 塔瑪魯油,亦稱 Tamanu oil；具有芳香味的植物油脂,萃取自波兒尼西亞當地人稱為"Ati"樹的堅果.當地人認為塔瑪魯油具有神奇的傷口癒合作用,適用於各種皮膚問題,如青春痘、溼疹等,但並無科學研究根據,一些研究認為,塔瑪魯油可能具有抗菌、抗炎及治療的作用,在歐美為有機化粧品常用的原料.用途:(天然) 柔軟劑.

Camellia japonica　山茶,亦稱日本山茶;Camellia japonica 為學名,其種子可榨取或萃取山茶油 Camellia oil.見 Camellia oil.用途:髮油原料.

Camellia oil　山茶油,亦稱苦茶油;取自山茶 Camellia japonica 或苦茶 Camellia oleifera 種子之植物油,含有油酸 Oleic acid 及其他脂肪酸等成分,組成分近似橄欖油,自古以來就常用作髮油.見 Camellia japonica 及 Camellia oleifera.用途:1.(天然) 抗氧化劑 2.(天然)柔軟劑 3.(天然)頭髮調理劑.

Camellia oleifera　油茶,亦稱苦茶(俗名);Camellia oleifera 為學名,其種子可榨取或萃取苦茶油 Camellia oil,苦茶油含有豐富之蛋白質、維生素 A、E.見 Camellia oil.用途:髮油原料.

Camellia sinensis（Camellia sinensis extract）　茶,亦稱 Tea、Chinese tea、Green tea;山茶科植物,Camellia sinensis 為其學名,其嫩葉經過處理可製茶.綠茶可促進免疫系統,冷卻之綠茶湯可收斂油性皮膚,烏龍茶可降膽固醇,冷卻之紅茶湯可舒緩皮膚曬傷.茶精油賦予茶葉香氣和味道,用在化粧品可作為香料賦予產品茶香,業者亦常加在抗皺紋霜中作為天然抗氧化成分.用途: 1.製造茶精油 2.植物添加物.

Camphor　樟腦,亦稱 2-Camphanone;一種雙環飽和萜酮,常溫下有昇華性,有特殊的芳香和沁肺氣味及清涼感,天然存在樟科樟腦樹 Cinnamomum camphora (學名) 的所有部分.以三種形式存在:左旋異構體存在於許多精油中,右旋異構體存在於樟樹之木材和樹皮中,外消旋混合物由萜烯合成或存在於某些菊類.注意事項:可經由皮膚、黏膜完全吸收;食入可引起噁心、嘔吐、眩暈、昏迷、呼吸衰竭、死亡;10 公斤重小孩食入一單位劑量樟腦即有致命可能性,在美國曾發生小孩食入 5mL 的樟腦油致死之意外事件.用途: 1. 變性劑 2.成膜劑 3.防腐劑.

Camphor benzalkonium methosulfate 樟腦苯札甲硫酸酯;合成之樟腦衍生物,化學性防曬劑,爲紫外線波段 B 吸收劑.用途:防曬劑.

Camphor tree(Cinnamomum camphora) 樟樹,亦稱樟腦樹 Cinnamomum camphora(學名);可經蒸餾生產固體之白色樟腦晶體和液體之樟腦油.樟腦晶體自古用作香料、防腐劑,樟腦油可促進循環、止痛用於肌肉按摩等.見 Camphor 與 Camphor oil.用途:1.製造樟腦油原料 2.製造樟腦油原料.

Camphor oil 樟腦油,亦稱 Formosa oil of camphor、Japanese oil of camphor;一種精油,獲自樟科樟腦樹 Cinnamomum camphora 用水蒸汽蒸餾至少 50 年樹齡的木材,有特殊的芳香和沁肺氣味及清涼感,具抗炎、抗菌、收斂、皮膚清涼感等效果,亦有益於油性及痤瘡皮膚之治療,常加在護膚產品、刮鬍產品等當防腐劑,或加在肥皂和清潔品作香料.注意事項:會引起接觸性皮膚炎;高濃度可經皮膚吸收造成全身性毒性,在美國已禁止樟腦油搽劑(肌肉痠疼、感冒之外用搽劑);其他傷害性見 Camphor.用途:1.(天然)香料 2.(天然)防腐劑.

Camphor oil, rectified 精餾樟腦油;見 Camphor oil.

Camphor water 樟腦水;見 Camphor oil.用途:防腐劑.

Cananga odorata 香水樹,亦稱伊蘭、依蘭、Ylang ylang;蕃茄枝科香水屬植物,Cananga odorata 爲其學名,花具濃郁的茉莉香味,可萃取香水樹油 Cananga odorata oil,加在香水、香皂及護膚品,亦爲芳香療法重要精油(見 Cananga odorata oil).用途:製造香水樹油.

Cananga odorata extract 香水樹萃取物;見 Cananga odorata oil.

Cananga odorata oil 香水樹油,亦稱伊蘭油;一種芳香精油,廣泛用在香水、香皂及護膚乳中,亦可加在髮油可平衡皮脂,芳香療法認爲香水樹油可催情及平衡神經.見 Cananga odorata.用途:1.(天然)香料 2.精油.

Candelilla cera 燈心草蠟;見 Candelilla wax.

Candelilla(Euphorbia cerifera)wax 見 Candelilla wax.

Candelilla wax 燈心草蠟;得自生長於墨西哥、美國德州等乾燥地區之燈心草屬植物的莖, 精製而成之植物蠟, 主要來源燈心草 Euphorbia cerifera 及另一燈心草屬植物 Euphorbia Antisyrhilitia, 常用在脣膏等可使產品成形, 亦可用在護膚品防止皮膚水分蒸發. 見 Waxes. 用途：1.製造化粧品原料 2.固化劑.

Cantharides tincture　斑螫酊, 亦稱 Blister beetle；斑螫 Cantharides 亦稱 Spanish fly 西班牙蠅, 主要生長於橄欖科和忍多科植物上的昆蟲. 斑螫酊是將斑螫浸在酒精中所得之酊液, 其斑螫成分具有刺激毛根、促進生髮之作用, 常用於養髮液作為毛根、頭皮刺激劑. 注意事項：皮膚刺激及引起水泡, 食入或由皮膚吸收會引起嚴重毒性. 用途：1.毛根、頭皮刺激劑 2.止癢劑.

Capramide DEA　癸醯胺 DEA, 亦稱癸醯胺二乙醇胺、*N, N*- bis (2-hydroxyethyl)decan- 1- amide；用途：1.抗靜電劑 2.黏度調節劑.

Caprylic/capric glycerides　辛酸/癸酸甘油酯；用途：柔軟劑.

Caprylic/capric/lauric triglyceride　辛酸/癸酸/月桂酸三酸甘油酯；三種三酸甘油酯 (Caprylic acid、Capric acid 及 Lauric acid) 之混合物, 得自可可油經分解等化學加工處理之衍生物, 為油脂化學之產物. 用途：柔軟劑.

Caprylic/capric triglyceride　辛酸/癸酸三酸甘油酯, 亦稱 Tricaprylin；用途：柔軟劑.

Capryloyl salicylic acid　辛酸基水楊酸；合成之水楊酸衍生物. 用途：皮膚調理劑.

Capsicum tincture　辣椒酊；是將辣椒 Capsicum 成熟果實浸在酒精中所得之酊液, 其辛辣成分 Capsaicia 具有刺激毛根、促進生髮之作用, 辣椒酊常用於養髮液作為毛根、頭皮刺激劑. 注意事項：可能引起皮膚刺激及過敏反應. 用途：1.毛根、頭皮刺激劑 2.止癢劑.

Caramel　焦糖, 亦稱 Burnt sugur coloring、Burnt sugar；由蔗糖或葡萄糖加鹼及加熱製得. 用途：(天然) 色素.

Caraway (seed) oil　葛縷子油, 亦稱貫蒿油；一種精油, 提取自繖形科貫蒿

Carum carvi (學名)之種子, 葛縷子 Caraway 之種子在歐洲是深受人民喜愛的香料, 常用來增添肉類、麵包、乳酪的風味, 並可消除胃腸脹氣. 常加在食品當調味劑, 亦加在香皂及刮鬍水增香, 並有益於油性及面皰膚質. 注意事項:會引起接觸性皮膚炎. 用途:1.(天然) 香料 2.植物添加物.

Carbitol 卡別妥, 亦稱卡別吐爾、卡別醇、二甘醇－乙醚(學名);Carbitol 爲商品名, 常用在指甲產品作爲溶劑, 比聚乙二醇毒性大之化合物. 見 Glycols. 用途:溶劑.

Carbomer 卡波莫, 亦稱 Carbopol(商品名)、Carboxypolymethylene;一種高分子聚合物, 後加之數字愈高, 代表聚合之分子愈大. 用途: 1.增稠劑 2.懸浮劑 3.乳化劑 4.分散劑.

Carbomer 910 卡布莫 910;見 Carbomer.

Carbomer 934 卡布莫 934;見 Carbomer.

Carbomer 940 卡布莫 940;見 Carbomer.

Carbomer 941 卡布莫 941;見 Carbomer.

Carbomer 980 卡布莫 980;見 Carbomer.

Carbomer 981 卡布莫 981;見 Carbomer.

Carbon dioxide 二氧化碳;一種無色、無臭、不可燃氣體, 天然存在大氣中, 亦可用燃燒法或微生物發酵法大量生產, 常在壓縮下被填充在容器中, 作爲噴霧化粧品之壓縮氣體型推進劑, 在醫用上是一種呼吸興奮劑, 被製成乾冰運送或使用在舞台表演上. 注意事項:過量吸入的可能症狀爲呼吸困難、頭痛、頭暈、不安、出汗、血壓增高、昏迷、窒息;皮膚接觸高濃度乾冰會凍傷起泡. 用途:推進劑.

Carbopol resin 卡布波樹脂;一種高度親水性聚合物, 用作懸浮液或乳狀產品之安定劑及增稠劑. 見 Carbomer. 用途: 1.增稠劑 2.安定劑.

Carbowax 見 Polyethylene glycol.

Carboxy methyl cellulose（CMC） 羧甲基纖維素, 亦稱 CMC（略稱）；由纖維素經化學處理製備之半合成物, 廣泛用在各類化粧品如沐浴品、洗髮品、刮鬍膏、彩粧品、面膜、牙膏牙粉. 用途：1.增稠劑 2.乳化劑 3.安定劑 4.起泡劑.

Carboxy vinyl polymer 羧乙烯聚合物；一種合成樹脂. 用途：1.增稠劑 2.乳劑穩定劑.

Cardamom oil 小豆蔻油；一種精油, 蒸餾自薑科小豆蔻 Elettaria cardamomum 成熟種子, 為一天然食品香料, 亦可消除脹氣, 常加在香水及皂類中. 用途：1.(天然)香料 2.精油.

Carmine 卡明, 亦稱 Cochineal；一種天然動物色素得自雌昆蟲體. 用途：色素.

Carminic acid 卡紅酸, 亦稱 CI 75470、Natural Red 4；由同翅目甲蟲胭脂蟲所得葡萄糖苷類之有色物質. 注意事項：可能會引起過敏反應. 用途：色素.

Carnauba 見 Carnauba wax.

Carnauba（Copernica cerifera ）wax 棕櫚蠟；取自 Copernica cerifera 的葉或葉柄滲出物之一種植物蠟. 見 Carnauba Wax.

Carnauba wax 棕櫚蠟, 亦稱巴西棕櫚蠟 Brazil wax；一種植物蠟, 主要來源為生長於巴西等南美地區之巴西棕櫚樹 Copernica cerifera 及 Copernica prunifera 之滲出物, 主用在唇膏、粉底、睫毛膏、腮紅及除毛蠟作為產品成形物. 見 Waxes. 用途：1.柔軟劑 2.成膜劑 3.固化劑.

β-Carotene β-胡蘿蔔素, 亦稱 Beta-Carotene、Carotene、Provitamin A；廣泛存在於植物界和動物界, 呈現黃色之主成分（天然黃色色素）, 胡蘿蔔素是類胡蘿蔔素 Carotinoid 之一種, 為重要之維生素 A 前體, 人體食入後, 部分胡蘿蔔素在腸道水解生成維生素 A 後由腸道吸收, 未轉換成維生素 A 的部分, 則被腸道吸收以類胡蘿蔔素的形式在血液中循環. 類胡蘿蔔素極易沉澱在角質層, 尤以角質層較厚的部位, 而顯現特有的黃色, 皮膚的黃色主要是由胡蘿蔔素所造成, 用作食品和化粧品之天然色素, 亦常加在護膚品當作皮膚抗氧化劑. 用途: 1.(天然)色素 2.(天然)抗氧化劑.

Carrageenan 鹿角菜膠, 亦稱角叉菜膠、Carrageen、Carrageenin; 一種天然膠之多醣體, 獲自紅海菜(紅藻), 主要來源爲杉海苔科角叉菜 Chondrus crispus (學名) 和一些其他藻類. 鹿角菜膠可舒緩皮膚. 用途: 1.穩定劑 2.乳化劑 3.天然皮膚舒緩成分 4.增稠劑.

Carrageenan (Chondrus crispus) 鹿角菜膠, 亦稱角叉菜膠; 獲自杉海苔科角叉菜 Chondrus crispus (學名) 之一種天然膠之多醣體. 見 Carrageenan. 用途: 同 Carrageenan.

Carragheen gum 角叉菜膠; 角叉菜 Carragheen 亦稱杉海苔科角叉菜 Chondrus crispus (學名), 與其他俗名包括: Irish moss、Carrageen moss、Carraigin, 可製造天然膠 Carrageenan. 見 Carrageenan. 用途: 同 Carrageenan.

Carthamus tinctorius 紅花; 俗稱 Safflower、American saffron, 其花可萃取製成化粧品和食品之色素. 其種子可提取紅花子油. 見 Safflower oil. 用途: 1.天然色素原料 2.植物添加物.

Carthamus tinctorius extract 紅花萃取物; 見 Carthamus tinctorius.

Carvone 香芹酮; 一種單萜烯之酮類, 天然存在自然界中, *D*-香芹酮 (*D*-Carvone)提取自橘皮油, *L*-香芹酮(*L*- Carvone) 提取自薄荷油, 化粧品添加之香芹酮成分爲合成香料 (見〈化粧品成分用途說明〉, 香料). 用途: 香料.

***L*-Carvone** 見 Carvone.

***β*-Caryophyllene** *β*-石竹烯, 亦稱石竹烯 Caryophyllene; 天然存在於許多精油(例如丁香油、薄荷油、胡椒油等) 之中, 具木材樣的氣味, 是一種倍半萜烯類之碳水化合物, 化粧品添加的 *β*-石竹烯化合物爲合成香料 (見〈化粧品成分用途說明〉, 香料). 用途: 香料.

Casein 乾酪素, 亦稱酪蛋白; 牛奶、乾酪之主成分, 加在頭髮產品可使頭髮易梳理及豐盈感, 使用在除毛產品則可減低對皮膚之刺激性, 亦作爲乳化劑與面膜之成膜劑. 用途: 1.抗靜電劑 2.乳化劑 3.成膜劑.

Cassia oil 見 Cinnamon oil.

Castor（Ricinus communis）oil 蓖麻油;取自大戟科蓖麻 Ricinus communis 種子冷壓獲得之植物油,相較於其他油脂,蓖麻油親水性強、性質黏稠,且可溶於乙醇中,因此主用在製造口紅、髮油外,還可作爲色素之溶解劑,另外亦可用在指甲油可改善產品之潤滑性.用途: 1.製造口紅原料 2.(天然)柔軟劑 3.指甲油增塑劑.

Castor oil 蓖麻油;見 Castor (Ricinus communis) oil.

Catechol 兒茶酚,亦稱兒茶素、Catechin;一種黃酮類,天然存在棕兒茶和兒茶、紅木等木本植物,可化學合成.用途:染髮劑.

Cd 鎘;國內化粧品禁用成分,衛生署規定國內化粧品含鎘檢測限量爲 20ppm.

Cell, tissue products of human origin 人體細胞;人體來源製成之組織、細胞原料,衛生署公告化粧品禁用成分.

Cellulose 纖維素;一種多醣類,植物纖維 (如木漿或棉) 之主要成分;分子分三種顆粒型: 纖維型 Fiber、膠質型 Colloid、微晶型 Microcrystalline. 見 Cellulose (fiber)、Cellulose (colloid)、Cellulose (microcrystalline). 用途: 1.吸收劑 2.不透明劑 3.增稠劑.

Cellulose（colloid） 纖維素(膠質),亦稱 Colloid cellulose (膠質型纖維素);本型纖維素有助於液體和起泡沫產品的穩定和乳化,多作爲乳液之乳化劑,將纖維素經化學處理製備之半合成衍生物,包括乙基纖維素 Ethylcellulose、甲基纖維素 Methyl cellulose 以及羥乙基纖維素 Hydroxyeth ylcellulose. 見 Cellulose. 用途: 1.乳化劑 2.增稠劑.

Cellulose（fiber） 纖維素(纖維),亦稱 Fiber cellulose(纖維型纖維素);本型纖維素多用在織物及紙工業爲原料,用在化粧品中主作爲增稠劑、懸浮劑與結合劑.見 Cellulose.用途: 1.增稠劑 2.懸浮劑 3.結合劑.

Cellulose（microcrystalline） 纖維素（微晶），亦稱 Microcrystallin cellulose（微晶型纖維素）；本型纖維素多用作黏合劑. 見 Cellulose. 用途：1.增稠劑 2.乳劑穩定劑 3.防結塊劑 4.不透明劑 5.吸收劑.

Cellulose acetate 乙酸纖維素；纖維素乙醯化的產物. 用途：成膜劑.

Cellulose acetate butyrate 纖維素乙酸丁酸；纖維素之酸性衍生物. 用途：成膜劑.

Cellulose acetate propionate 纖維素乙酸丙酸；纖維素之酸性衍生物. 用途：成膜劑.

Cellulose acetate propionate carboxylate 纖維素乙酸丙酸羧酸；纖維素之酸性衍生物. 用途：界面活性劑.

Cellulose gum 纖維素膠，亦稱 Cellulose carboxymethyl ether, sodium salt；用途：1.黏合劑 2.乳劑穩定劑 3.成膜劑 4.增稠劑.

Centaurea cyanus 矢車菊，亦稱 Cornflower（俗名）、Centaurea；菊科植物，可提取天然藍色色素，花之浸出液可美容護髮. 見 Cornflower extract. 用途：1.色素原料 2. 植物添加物.

Centella asiatica 龍舌蘭，亦稱 Gotu kola（俗稱）、積雪車 Centella；繖形花科植物，其葉與地上莖部分含有活性成分，研究顯示有消炎、癒合傷口及抗微生物作用. 用途：植物添加物.

Cephalins 腦磷脂；用途：抗氧化（輔助）劑.

Cera alba 蜂蠟，亦稱黃蠟 Yellow wax、Beeswax；見 Beeswax.

Cera microcristallina 微晶蠟；見 Microcrystalline wax.

Ceramide 細胞醯胺；存在細胞內，轉導細胞對外來反應（如轉導腫瘤抑制因子、干擾素、白血球間素、神經生長因子）或外來刺激（如外來壓力、抗癌藥物等）之介體. 細胞醯胺在生理反應扮演的角色尚不十分清楚，已知可與酵素結合以增強酵素活性，以及與老化過程中調節數種生化反應有關，科學家以生化合成細胞醯胺類似物應用在抗老化護膚品及護髮品中. 用途：生物添加物.

Ceramide 3 細胞醯胺 3;化學合成之細胞醯胺, 見 Ceramide. 用途:添加物.

Ceresin 精製地蠟, 亦稱白地蠟、Cerosin、Earth wax、Mineral wax、Ceresine (商品名)、Purified ozokerite;取自原油或礦物質之碳氫混合物 (非蠟物質), 由地蠟 Ozocerite 精製而成, 可調節配方黏度、使產品安定, 為蜂蠟之取代物, 亦用來製造皮膚保護霜. 注意事項:可能引起過敏反應. 用途: 1.乳化劑 2.增稠劑 3.(口紅、髮蠟之) 固化劑.

Cerium oxide 氧化鈰;用途:不透明劑.

Cetanol 同 Cetyl alcohol.

Ceteareth Ceteareth-n (n 代表尾隨附加數), 亦稱 Cetyl/stearyl ethers;是鯨蠟醇與硬脂醇混合物之聚乙二醇醚系列化合物. 由鯨蠟醇與硬脂醇混合物以環氧乙烷進行乙氧基化, 即鯨蠟醇與硬脂醇混合物與聚乙二醇附加聚合反應製得, 附加數表示聚乙二醇鍵段中環氧乙烷單位的平均數, 即尾隨附加數愈大代表合成化合物之分子量愈大, 黏度亦增大. 本類化合物為 POE fatty alcohols 型之非離子型界面活性劑, 具有優越的乳化力與溶解力, 可作為乳霜之乳化劑或溶液中香料之溶解助劑, 見 Polyoxyethylene alcohols.

Ceteareth-2 鯨蠟/硬脂醚-2, 亦稱 Cetyl/Stearyl ether 2;見 Ceteareth. 用途:乳化劑.

Ceteareth-2 phosphate 鯨蠟/硬脂醚-2 磷酸酯鹽;為一陰離子性界面活性劑 (見 Ceteareth 與 Polyoxyethylene alkyl ether phosphate), 由磷酸 Phosphoric acid 與乙氧基化之鯨蠟醇/硬脂醇酯化製得. 用途:界面活性劑.

Ceteareth-3 鯨蠟/硬脂醚-3, 亦稱 Cetyl/Stearyl ether 3;一種油質液體. 見 Ceteareth. 用途: 1.柔軟劑 2.乳化劑 3.去泡沫劑 4.潤滑劑.

Ceteareth-4 鯨蠟/硬脂醚-4;見 Ceteareth. 用途:乳化劑.

Ceteareth-4 phosphate 鯨蠟/硬脂醚-4 磷酸酯鹽;為一陰離子界面活性劑 (見 Ceteareth、Polyoxyethylene alcohols、Polyoxyethylene alkyl ether phosphate), 由乙氧基化之鯨蠟醇/硬脂醇混合物與磷酸 Phosphoric acid 酯化, 再以鹼中和製得. 用途:界面活性劑.

Ceteareth-5 鯨蠟/硬脂醚-5; 見 Ceteareth. 用途: 1.柔軟劑 2.乳化劑.

Ceteareth-5 phosphate 鯨蠟/硬脂醚-5 磷酸酯鹽; 為一陰離子界面活性劑 (見 Ceteareth、Polyoxyethylene alcohols、Polyoxyethylene alkyl ether phosphate), 由乙氧基化之鯨蠟醇/硬脂醇混合物與磷酸 Phosphoric acid 酯化, 再以鹼中和製得. 用途:界面活性劑.

Ceteareth-6 鯨蠟/硬脂醚-6; 見 Ceteareth. 用途:乳化劑.

Ceteareth-7 鯨蠟/硬脂醚-7; 見 Ceteareth. 用途:乳化劑.

Ceteareth-8 鯨蠟/硬脂醚-8; 見 Ceteareth. 用途:乳化劑.

Ceteareth-9 鯨蠟/硬脂醚-9; 見 Ceteareth. 用途:乳化劑.

Ceteareth-10 鯨蠟/硬脂醚-10; 見 Ceteareth. 用途:乳化劑.

Ceteareth-10 phosphate 鯨蠟/硬脂醚-10 磷酸酯鹽; 為一陰離子性界面活性劑 (見 Ceteareth、Polyoxyethylene alcohols、Polyoxyethylene alkyl ether phosphate), 由磷酸 Phosphoric acid 與乙氧基化之鯨蠟醇/硬脂醇酯化製得. 用途:乳化劑.

Ceteareth-11 鯨蠟/硬脂醚-11; 見 Ceteareth. 用途:乳化劑.

Ceteareth-12 鯨蠟/硬脂醚-12; 見 Ceteareth. 用途:乳化劑.

Ceteareth-13 鯨蠟/硬脂醚-13; 見 Ceteareth. 用途:乳化劑.

Ceteareth-15 鯨蠟/硬脂醚-15; 見 Ceteareth. 用途: 1.乳化劑 2.表面活性劑.

Ceteareth-16 鯨蠟/硬脂醚-16; 見 Ceteareth. 用途:乳化劑.

Ceteareth-17 鯨蠟/硬脂醚-17; 見 Ceteareth. 用途: 1.界面活性劑 2.乳化劑.

Ceteareth-18 鯨蠟/硬脂醚-18; 見 Ceteareth. 用途:乳化劑.

Ceteareth-20 鯨蠟/硬脂醚-20; 用在各種化粧品中. 注意事項:美國 CIR 專家警告本成分可促進藥品經由皮膚吸收, 因此須小心使用, 尤其是用在嬰兒皮膚的產品. 見 Ceteareth. 用途: 1.表面活性劑 2.乳化劑 3.清潔劑.

Ceteareth-22　鯨蠟/硬脂醚-22；見 Ceteareth. 用途：乳化劑.

Ceteareth-23　鯨蠟/硬脂醚-23；見 Ceteareth. 用途：乳化劑.

Ceteareth-25　鯨蠟/硬脂醚-25；見 Ceteareth. 用途: 1.界面活性劑 2.乳化劑 3. 清潔劑.

Ceteareth-25 carboxylic acid　鯨蠟/硬脂醚-25 羧酸；由羧酸 Carboxylic acid 與乙氧基化之鯨蠟醇/硬脂醇酯化製得. 用途：界面活性劑.

Ceteareth-27　鯨蠟/硬脂醚-27；見 Ceteareth. 用途: 1.界面活性劑 2.乳化劑.

Ceteareth-28　鯨蠟/硬脂醚-28；見 Ceteareth. 用途：乳化劑.

Ceteareth-29　鯨蠟/硬脂醚-29；見 Ceteareth. 用途：乳化劑.

Ceteareth-30　鯨蠟/硬脂醚-30；見 Ceteareth. 用途: 1.界面活性劑 2.乳化劑.

Ceteareth-33　鯨蠟/硬脂醚-33；見 Ceteareth. 用途：乳化劑.

Ceteareth-34　鯨蠟/硬脂醚-34；見 Ceteareth. 用途：乳化劑.

Ceteareth-40　鯨蠟/硬脂醚-40；見 Ceteareth. 用途：界面活性劑.

Ceteareth-50　鯨蠟/硬脂醚-50；見 Ceteareth. 用途: 1.界面活性劑 2.乳化劑.

Ceteareth-55　鯨蠟/硬脂醚-55；見 Ceteareth. 用途：界面活性劑.

Ceteareth-60　鯨蠟/硬脂醚-60；見 Ceteareth. 用途：乳化劑.

Ceteareth-80　鯨蠟/硬脂醚-80；見 Ceteareth. 用途：界面活性劑.

Ceteareth-100　鯨蠟/硬脂醚-100；見 Ceteareth. 用途：界面活性劑.

Cetearyl alcohol　鯨蠟硬脂醇, 亦稱 Cetostearyl alcohol；一種鯨蠟醇與硬脂醇 之混合物. 用途: 1.乳化劑 2.柔軟劑 3.增稠劑.

Cetearyl glucoside　鯨蠟硬脂基葡萄糖苷；由鯨蠟硬脂醇 Cetearyl alcohol 及 Glucose 葡萄糖合成. 用途：乳化劑.

Cetearyl isononanoate　鯨蠟硬脂基異壬酸酯；用途：柔軟劑.

Cetearyl octanoate　鯨蠟硬脂基辛酸酯；用途：柔軟劑.

Ceteth Ceteth-n（n 代表尾隨附加數）是鯨蠟醇之聚乙二醇醚系列化合物, 由鯨蠟醇 Cetyl alcohol 以環氧乙烷進行乙氧基化，即鯨蠟醇與聚乙二醇附加聚合反應製得,附加數表示聚乙二醇鍵段中環氧乙烷單位的平均數,即尾隨附加數愈大,代表合成化合物之分子量愈大,黏度亦增大,本類化合物包括油質液體或蠟狀固體. 為 POE fatty alcohols 型之非離子型界面活性劑（見 Polyoxyethylene alcohols）,具有優越的乳化力與溶解力,可作為乳液、乳霜等之乳化劑或溶液中香料之溶解助劑.

Ceteth-1 鯨蠟-1,亦稱 Polyoxyethylene(1) cetyl ether（聚氧乙烯鯨蠟醚）、2-(Hexadecyloxy)ethanol;見 Ceteth. 用途: 1.界面活性劑 2.乳化劑.

Ceteth-2 鯨蠟-2,亦稱聚氧乙烯(2)鯨蠟醚 Polyoxyethylene(2) cetyl ether;見 Ceteth. 用途: 1.界面活性劑 2.乳化劑.

Ceteth-3 鯨蠟-3,亦稱聚氧乙烯(3)鯨蠟醚 Polyoxyethylene(3) cetyl ether;見 Ceteth. 用途:乳化劑.

Ceteth-4 鯨蠟-4, 亦稱聚氧乙烯(4)鯨蠟醚 Polyoxyethylene(2)olyethylene(4) cetyl ether;見 Ceteth. 用途:乳化劑.

Ceteth-5 鯨蠟-5,亦稱聚氧乙烯(5)鯨蠟醚 Polyoxyethylene(5) cetyl ether;見 Ceteth.用途:乳化劑.

Ceteth-6 鯨蠟-6,亦稱聚氧乙烯(6)鯨蠟醚 Polyoxyethylene(6) cetyl ether;見 Ceteth. 用途:乳化劑.

Ceteth-8 phosphate 鯨蠟-8 磷酸酯鹽;為一陰離子性界面活性劑（見 Ceteth、Polyoxyethylene alcohols 及 Polyoxyethylene alkyl ether phosphate）. 用途:乳化劑.

Ceteth-10 鯨蠟-10, 亦稱聚氧乙烯(10)鯨蠟醚 Polyoxyethylene(10) cetyl ether;見 Ceteth. 用途:乳化劑.

Ceteth-12 鯨蠟-12, 亦稱聚氧乙烯(12)鯨蠟醚 Polyoxyethylene(12) cetyl ether;見 Ceteth. 用途:乳化劑.

Ceteth-14　鯨蠟-14, 亦稱 P 聚氧乙烯(14)鯨蠟醚 Polyoxyethylene(14 cetyl ether;見 Ceteth. 用途: 1.界面活性劑 2.乳化劑.

Ceteth-15　鯨蠟-15, 亦稱聚氧乙烯(15)鯨蠟醚 Polyoxyethylene cetyl ether;見 Ceteth. 用途: 1.界面活性劑 2.乳化劑.

Ceteth-16　鯨蠟-16, 亦稱聚氧乙烯(16)鯨蠟醚 Polyoxyethylene(16) cetyl ether;見 Ceteth. 用途: 1.界面活性劑 2.乳化劑.

Ceteth-20　鯨蠟-20, 亦稱聚氧乙烯(20)鯨蠟醚 Polyoxyethylene (20) cetyl ether、Cetomacrogol 1000;見 Ceteth. 用途: 1.界面活性劑 2.乳化劑.

Ceteth-24　鯨蠟-24, 亦稱聚氧乙烯(24)鯨蠟醚 Polyoxyethylene (24) cetyl ether;見 Ceteth. 用途: 1.界面活性劑 2.乳化劑.

Ceteth-25　鯨蠟-25, 亦稱聚氧乙烯(25)鯨蠟醚 Polyoxyethylene (25) cetyl ether;見 Ceteth. 用途: 1.界面活性劑 2.乳化劑.

Ceteth-30　鯨蠟-30, 亦稱聚氧乙烯(30)鯨蠟醚 Polyoxyethylene(30) cetyl ether;見 Ceteth. 用途:乳化劑.

Ceteth-45　鯨蠟-45, 亦稱聚氧乙烯(45)鯨蠟醚 Polyoxyethylene (45) cetyl ether;見 Ceteth. 用途:界面活性劑.

Cetoleth-6　鯨蠟/油醇-6;一種非離子型界面活性劑（見 Polyoxyethylene alcohols). 用途:界面活性劑.

Cetoleth-13　鯨蠟/油醇-13;一種非離子型界面活性劑（見 Polyoxyethylene alcohols). 用途:界面活性劑.

Cetoleth-19　鯨蠟/油醇-19;一種非離子型界面活性劑（見 Polyoxyethylene alcohols). 用途:界面活性劑.

Cetrimonium bromide　西曲溴化銨, 亦稱 Hexadecyltrimethylammonium bromide（溴化十六烷基三甲基銨)、Cetyltrimethylammonium bromide;一種

四級銨鹽之陽離子界面活性劑,作爲去污清潔劑,用於洗面或洗髮精產品.見
Quaternary ammonium compounds.注意事項:可刺激皮膚和眼睛;美國 CIR
專家認爲用在沖洗產品與非沖洗產品而濃度 0.25% 以下,爲安全化粧品成
分.用途: 1.防腐劑 2.去污清潔劑 3.乳化劑.

Cetrimonium chloride　西曲氯化銨;與 Cetrimonium bromide 同屬四級銨化
合物與陽離子型界面活性劑.見 Quaternary ammonium compounds.注意事
項:同 Cetrimonium bromide.用途: 1.防腐劑 2.去污清潔劑.

Cetyl acetate　鯨蠟醇乙酸酯;用途: 1.乳化劑 2.增稠劑 3.柔軟劑.

Cetyl alcohol　鯨蠟醇,亦稱鯨脂醇、Cetanol、Cetal、Cetylol、1-Hexadecanol、
Hexadecyl alcohol(十六醇)、n-Hexadecyl alcohol(n-十六醇)、Hexadecan-1-
ol、Palmityl alcohol;一種蠟狀固體,由天然動植物油脂經化學加工處理製成,
爲一種油脂化學物,廣泛使用在各類化粧品如洗髮精、燙髮液、美髮油、止臭除
汗產品、除毛膏,與其他油狀、乳狀或膏狀產品.注意事項:低皮膚毒性.用途:
1.乳化劑 2.乳劑穩定劑 3.保濕劑 4.柔軟劑 5.不透明劑 6.增稠劑.

Cetyl dimethicone　十六烷二甲矽油;一種二甲矽油衍生物.見 Dimethicone.
用途:柔軟劑.

Cetyl dimethicone copolyol　十六烷二甲矽油共聚物;一種二甲矽油衍生物
(高分子量).見 Dimethicone.用途: 1.柔軟劑 2.乳化劑.

Cetyl 2-ethylhexanoate　2-乙基己醋酸十六酯;取自蠟醇 Cetanol 和 2-乙基己
醋酸酯化反應製得.用途: 1.製造乳霜原料 2.柔軟劑.

Cetyl isononanoate　鯨蠟醇異壬酸酯;用在脣膏和護膚霜作爲保濕成分.用
途:保濕劑.

Cetyl octanoate　鯨蠟醇辛酸酯;用途:保濕劑.

Cetyl palmitate　鯨蠟醇棕櫚酸酯,亦稱 Hexadecyl palmitate(棕櫚酸十六烷
酯);廣泛使用在護膚品、刮鬍液及彩粧品.用途: 1.製造乳霜原料 2.柔軟劑 3.
製造香皂原料.

Cetylpyridium chloride　氯化十六烷基吡啶；用途：1.界面活性劑 2.殺菌、防腐劑.

Cetyl trimethyl ammonium bromide　鯨蠟三甲基溴化銨；四級銨化合物, 殺微生物劑, 可防止細菌生長. 見 Quaternary ammonium compounds. 用途：1.界面活性劑 2.防腐劑.

C_{9-13} Fluoroalcohol, C_{9-15} Fluoroalcohol　九-十三碳氟乙醇, 九-十五碳氟乙醇；具抗水、抗脂及抗熱性質, 加在皮膚保護霜, 據宣稱有助於保護皮膚抵抗惡劣氣候、環境及化學品之影響. 用途：添加物.

C_{9-15} Fluoroalcohol phosphates　九-十五碳氟乙醇磷酸酯；具抗水、抗脂及抗熱性質, 加在皮膚保護霜, 據宣稱有助於保護皮膚抵抗惡劣氣候、環境及化學品之影響. 用途：添加物.

Chalk　白堊；一種純化之碳酸鈣, 具收斂性, 加在彩粧品撲粉有助於產品之延展和平滑感覺, 見 Calcium carbonate. 用途：1.(白色)色素 2.鹼化劑(酸度中和劑) 3.吸收劑.

Chalk, light precipitated　沉澱碳酸鈣；同 Chalk.

Chamaemelum nobile ((L.) All)　黃金菊, 亦稱 Perennial Chamomile（學名）、Anthemis nobilis（學名舊稱）、羅馬春黃菊 Roman chamomile（俗名）、英國春黃菊 English chamomile（地方名）、Garden chamomile（俗名）；一年生菊科春黃菊屬草本植物, 蒸汽蒸餾花頭可提取見黃金菊油 Anthemis oil, 在芳香療法領域認為黃金菊之精油可消炎、抗痙攣、止痛, 尤其是跟神經有關以及安撫鎮定神經等. 用途：1.香料原料 2.萃取物原料 3.精油原料.

Chamomile　春黃菊, 亦稱 Camomile；春黃菊係指菊科兩種植物之乾花頭, 這兩種春黃菊植物是羅馬春黃菊 Anthemis nobilis（或稱 Chamaemelum nobile）和德國春黃菊 Chamomilla recutita（或稱 Matriccaria recutita）, 兩者皆可提取甘菊萃取物 Chamomile extract 及精油 Chamomile oil, 甘菊萃取物可做化粧

品和藥品.在西方,甘菊的使用可追溯至埃及、希臘時期,曬乾之甘菊花頭常用做藥草茶幫助消化和睡眠,西方傳統藥草醫學將甘菊用於安撫身體部位疼痛,尤其是由神經方面引起,調理或舒緩婦科問題如經期、經痛、經前與停經症候群等,減輕胃腸、肝問題,紓解皮膚發炎等問題;在美容方面廣泛用在頭髮之清潔與潤絲護理,尤適淡色髮色,皮膚之清潔,亦益於敏感性膚質、乾癢皮膚,減輕青春痘、臉部泡腫.現代將甘菊萃取物 Chamomile extract 及精油 Chamomile oil (見母菊萃取物、黃金菊萃取物、母菊及黃金菊油)用於香水及食品之香料、染髮劑及皮膚消炎等.用途:1.香料原料 2.甘菊萃取物原料 3.甘菊油原料.

Chamomile extract 甘菊萃取物,亦稱洋甘菊萃取物、春黃菊萃取物;德國洋甘菊萃取物 Matricaria extract 或羅馬洋甘菊萃取物 Anthemis extract, 見 Chamomile.用途:1.香料 2.(天然)染髮劑 3.(天然)皮膚消炎劑 4.(天然)頭髮調理(潤絲)劑 5.天然皮膚清潔成分.

Chamomile oil 見 Chamomile、Chamaemelum nobile 及 Chamomilla recutita.

Chamomile oil, English 見 Chamaemelum nobile.

Chamomile oil, German 見 Chamomilla recutita.

Chamomile oil, Roman 見 Chamaemelum nobile.

Chamomilla recutita 母菊, 亦稱 Annual chamomile (學名)、Matricaria recutita L. (學名)、Matricaria chamomilla (學名)、德國春黃菊 German chamomile (俗名)、Matricaria (俗名)、Wild chamomile (俗名);一年生菊科母菊屬植物,蒸汽蒸餾花頭可提取母菊油 Matricaric oil,和黃金菊之精油成分相同,但含量略高及精油呈深藍色.在芳香療法領域認為母菊之精油可補強消化功能、抗過敏、消炎、促進皮膚損傷與傷口癒合、抗痙攣以及調理紓解婦科問題.用途:1.香料原料 2.萃取物原料 3.精油原料.

Cherry pit oil 櫻桃仁油;取自櫻桃之核,常用在脣膏中作為天然矯味和芳香的成分.用途:1.(天然)矯味劑 2.(天然)香料.

China clay　瓷土,亦稱白陶土、Kaolin (高嶺土);水合矽酸鋁混合物,以其良好覆蓋性及皮膚附著力,及對皮脂汗水吸收性佳,常用在粉狀彩粧品及面膜中.用途:1.(皮脂)吸收劑 2.面膜原料.

Chitin(e)　幾丁質,亦稱幾丁、甲殼素;是一種線型的高分子多醣體,即天然的粘多醣,存在於蝦、蟹等低等動物之外殼中,將蝦蟹等甲殼類動物外殼爲原料,以酸去除所含的碳酸鈣成分,與以鹼去除所含的脂肪,蛋白質成分,其所殘留下來的薄膜狀物質即爲 Chitin. Chitin 多用爲製造 Chitosan 與葡萄糖胺 Glucosamine 的原料,此外因不能爲人體吸收,但會有飽足感常添加在減肥產品,屬一般食品使用.化粧品工業認爲 Chitin 可形成薄膜有助於保持皮膚水分而有保濕功效.用途:生物添加物.

Chitosan　去乙醯基幾丁質,亦稱甲殼質;幾丁質之去乙醯衍生物,將 Chitin 以高溫鹼煮產生脫乙醯化即成爲 Chitosan,常用在製藥工業作賦形劑,一些研究顯示有助於傷口之癒合,有抗菌及抗炎性質,化粧品工業認爲 Chitosan 可形成薄膜,有助於保持皮膚水分而有保濕功效.用途:生物添加物.

Chloramine-T　見 Tosylchloramide sodium.

Chlorates of alkali metals　鹼金屬氯酸鹽;爲一強氧化劑,在低濃度時具有弱之消毒力,常用在口腔護理產品,例如:濃度 5% 或低於 5% 允許用在牙膏,2-3% 用在漱口水.注意事項:食入與吸入具毒性,如吞下可經由胃腸道吸收,引起胃炎、腎炎 (慢性)、急性胃衰竭及紅血球溶解等.用途:口腔護理劑.

Chlorhexidine　洛赫西定,亦稱氯己定;常加在液狀化粧品作爲皮膚消毒殺菌成分,例如歐洲女性常用之衛生噴霧品.注意事項:強鹼性,可能會引起接觸性皮膚炎;使用時勿沾到眼睛;美國 CIR 專家認爲,以目前洛赫西定及其鹽類使用之濃度,是安全化粧品成分,即不超過 0.14% 洛赫西定或不超過其鹽類濃度: 0.19% 二 乙 酸 鹽 Chlorhexidine diacetate、0.20% 二 葡 萄 糖 酸 鹽 Chlorhexidine digluconate 及 0.16% 二鹽酸鹽 Chlohexidine dihydrochloride. 用途: 1.殺菌劑 2.防腐劑.

Chlorhexidine diacetate 二乙酸洛赫西定,亦稱二乙酸氯己定;注意事項:見 Chlorhexidine.用途:1.殺菌劑 2.防腐劑.

Chlorhexidine digluconate 二葡萄糖酸洛赫西定,亦稱二葡萄糖酸氯己定; 注意事項:見 Chlorhexidine.用途:1.殺菌劑 2.防腐劑.

Chlorhexidine dihydrochloride 二鹽酸洛赫西定,亦稱二鹽酸氯己定;注意 事項:見 Chlorhexidine.用途:1.殺菌劑 2.溶劑.

Chlorhexidine gluconate 葡萄糖酸洛赫西定,亦稱葡萄糖酸氯己定;注意事 項:見 Chlorhexidine.用途:1.殺菌劑 2.防腐劑 3.保存劑.

Chlorhexidine hydrochloride 鹽酸洛赫西定;注意事項:見 Chlorhexidine.用 途:殺菌劑.

Chloroacetamide 見 2- Chloroacetamide.

2-Chloroacetamide 2-氯乙酸胺,亦稱氯乙酸胺 Chloroacetamide;用在乳霜、乳液、洗髮精及敷面泥中作為防腐劑.注意事項:因其致敏感,美國 CIR 專家 評為不安全化粧品成分.用途:防腐劑.

Chlorocresol 氯化甲苯酚;見 4-Chloro-m-cresol.

4-Chloro-m-cresol 4-氯-m-甲 酚, 亦 稱 p-Chloro-m-cresol、4-Chloro-3-methylphenol、Chlorocresol;具殺菌力,常用作皮膚藥之防腐劑,因其可能會影響香料,部分化粧品使用此成分當防腐劑.注意事項:禁止用在黏膜上;動物實驗研究已顯示之毒性包括:4-氯-m-甲酚溶液在濃度 0.05% 即可引起實驗動物眼睛刺激,長期餵食會造成動物腎損害及腫瘤、皮膚刺激及致敏感性;美國 CIR 專家認為目前資料不足以支持用在化粧品之安全性.用途:防腐劑.

Chlorofluorocarbons 氯氟碳化合物,亦稱含氯氟烴、CFCs;注意事項:會破壞大氣中之臭氧層;國內衛生署公告化粧品禁用成分;美國管理法令禁止用在噴霧化粧品作為推進劑.用途:推進劑.

Chloroform 氯仿,亦稱 Trichloromethane;注意事項:動物實驗顯示致癌性

與可能影響人類健康, 因此美國 FDA 禁止用於食物、藥物及化粧品; 國內衛生署公告化粧品成分. 用途:溶劑.

3-(*p*-Chlorophenoxy)-propane-1,2-diol　3-(對-氯苯氧基)- 丙烷-1,2-雙醇, 亦稱 Chlorphenesin 氯苯甘油醚; 見 Chlorphenesin.

***o*-Chloro-*p*-phenylenediamine sulfate**　硫酸鄰氯對苯二胺, 亦稱 2-Chloro-p-phenylenediamine sulfate; 用途:染髮劑.

Chlorophenylmercury　見 Phenylmercuric chloride.

Chloroxylenol　氯二甲酚; 見 4-Chloro-3,5-xylenol.

4-Chloro-3,5-xylenol　4-氯-3,5-二甲基苯酚, 亦稱 4-Chloro-3,5-dimethylphenol、Chloroxylenol (氯二甲酚)、*p*-Chloro-m-xylenol; 用途: 1.殺菌劑 2.防腐劑.

Chlorphenesin　氯苯甘油醚; 用途: 1.殺菌劑 2.防腐劑.

Chlorpheniramine maleate　氯苯那敏馬來酸鹽; 一種抗組織胺藥, 有些國家不允許添加在化粧品(例如美國與國內衛生署). 用途:抗組織胺劑.

Cholecalciferol polypeptide　膽鈣化醇多肽; 見 Vitamin D. 用途:抗靜電劑.

Cholesterol　膽固醇; 一種脂肪樣物質, 存在動植物細胞、油脂及血液中, 一般從羊毛脂中取得, 常用在眼霜、美髮油及其他化粧品作爲保濕劑、柔軟劑及乳化劑. 用途: 1.(天然)界面活性劑 2.(天然)乳化劑 3.(天然)保濕劑 4.(天然)柔軟劑 5.(天然)潤滑劑.

C$_{10-30}$ Cholesterol / Lanosterol esters　十～三十碳膽固醇/羊毛脂醇酯類; 用途:柔軟劑.

Cholesteryl chloride　氯化膽固醇, 亦稱膽固醇基氯化物; 用途:護膚品添加物.

Cholesteryl dichlorobenzoate　膽固醇基二氯苯甲酸酯; 用途:護膚品添加物.

Cholesteryl nonanoate　膽固醇壬酸酯; 用途:柔軟劑.

Cholesteryl oleyl carbonate　膽固醇油酸碳酸酯；常用在抗老化產品. 用途：護膚品添加物.

Choleth　Choleth-n（n 代表尾隨附加數）是膽固醇之聚乙二醇醚系列化合物，由膽固醇以環氧乙烷進行乙氧基化，即膽固醇與聚乙二醇附加聚合反應製得，附加數表示聚乙二醇鍵段中環氧乙烷單位的平均數，即尾隨附加數愈大代表合成化合物之分子量愈大，黏度亦增大. 本類化合物為 POE fatty alcohols 型之非離子型界面活性劑（見 Polyoxyethylene alcohols），具有優越的乳化力與溶解力，可作為乳液、乳霜等之乳化劑或溶液中香料之溶解助劑.

Choleth-10～Choleth-20　膽固醇醚-10～膽固醇醚-20；見 Choleth. 用途：乳化劑.

Choleth-24　膽固醇醚-24；見 Choleth. 用途：乳化劑.

CI 10006 - CI 77949　CI 色號 10006- 77949；CI 為英文名詞 Color Index（色素編號）之縮寫，每一 CI 號碼代表歐盟組織許可與收載之法定化粧品色素. CI 10006 - CI 77949 中大部分是有機合成色素，或稱煤焦油色素（見 Coal tar），其中在美國被允許的色素給予符號 D&C、FD&C、Ext.D&C 等或者以成分名命名，同一色號之 CI 色素包括一種或一種以上不同鹽基之化合物，但中文法定名稱、美國法定名稱或英文名稱只對應其中一種化合物，例如 CI 15850 可指鈣鹽 Calcium salt of 4-(o-sulfo-p-tolylazo)-3-hydroxy-2-napthoic acid 或指鈉鹽 Monosodium salt of 4-(o-sulfo-p-tolylazo)-3-hydroxy-2-napthoic acid，但前者稱鈣鹽：化粧品紅色六號（中文法定名稱）、D&C Red No.7（美國法定名稱）、Lithol Rubine BCA（英文名稱），而後者稱鈉鹽：化粧品紅色五號（中文法定名稱）、D&C Red No.6（美國法定名稱）、Lithol Rubine B（英文名稱）. 用途：色素.

CI 12085　CI 色號 12085, 亦稱化粧品用紅色 24 號（法定中文名稱）、D&C Red No. 36（美國法定名稱）；國內化粧品常用法定化粧品色素, 見 CI 10006 - CI 77949. 用途：色素.

CI 14700　CI 色號 14700,亦稱化粧品用紅色 32 號 (法定中文名稱)、FD&C Red No. 4 (美國法定名稱);國內化粧品常用之法定化粧品色素,見 CI 10006 - CI 77949.用途:色素.

CI 15510　CI 色號 15510,亦稱化粧品用橙色 5 號 (法定中文名稱)、D&C Orange No. 4 (美國法定名稱)、Orange II (法定英文名稱);國內化粧品常用之法定化粧品色素,見 CI 10006 - CI 77949 與 D&C.用途:色素.

CI 15850　CI 色號 15850,亦稱化粧品用紅色 5 號 (法定中文名稱)、化粧品用紅色 6 號 (法定中文名稱)、D&C Red No. 6 (美國法定名稱)、D&C Red No. 7 (美國法定名稱) 、Lithol Rubine B (法定英文名稱),亦稱 Lithol Rubine BCA (法定英文名稱);國內化粧品常用之法定化粧品色素,見 CI 10006 - CI 77949.用途:色素.

CI 15985　CI 色號 15985,亦稱食用黃色 5 號 (法定中文名稱)、FD&C Yellow No. 6 (美國法定名稱)、Sunset Yellow FCF (法定英文名稱);國內化粧品常用之法定化粧品色素,見 CI 10006 - CI 77949.用途:色素.

CI 16035　CI 色號 16035,亦稱食用紅色 40 號 (法定中文名稱)、FD&C Red No. 40 (美國法定名稱)、Allura Red AC (法定英文名稱);國內化粧品常用之法定化粧品色素,見 CI 10006 - CI 77949.用途:色素.

CI 17200　CI 色號 17200,亦稱化粧品用紅色 23 號 (法定中文名稱)、D&C Red No. 33 (美國法定名稱)、Fast Acid Magenta (法定英文名稱);國內化粧品常用之法定化粧品色素,見 CI 10006 - CI 77949.用途:色素.

CI 19140　CI 色號 19140,亦稱食用黃色 4 號 (法定中文名稱)、FD&C Yellow No. 5 (美國法定名稱)、Tartrazine (法定英文名稱);國內化粧品常用之法定化粧品色素,見 CI 10006 - CI 77949.用途:色素.

CI 26100　CI 色號 26100,亦稱化粧品用紅色 21 號 (法定中文名稱)、D&C Red No. 17 (美國法定名稱);國內化粧品常用之法定化粧品色素,見 CI 10006 - CI 77949.用途:色素.

CI 42051 CI 色號 42051, 亦稱化粧品用紅色 32 號（法定中文名稱）、FD&C Red No. 4（美國法定名稱）、Patent Blue V（法定英文名稱）；國內化粧品常用之法定化粧品色素, 見 CI 10006 - CI 77949. 用途：色素.

CI 42090 CI 色號 42090, 亦稱化粧品用藍色 1 號（法定中文名稱）、化粧品用藍色 6 號（法定中文名稱）、FD&C Blue No. 1（美國法定名稱）、D&C Blue No. 4（美國法定名稱）、Brilliant Blue FCF、Alphazurine FG（法定英文名稱）；國內化粧品常用之法定化粧品色素, 見 CI 10006 - CI 77949. 用途：色素.

CI 45170 見 Rhodamine B、Rhodamine B stearate 及 Rhodamine acetate.

CI 45380 CI 色號 45380, 亦稱化粧品用紅色 20 號（法定中文名稱）、D&C Red No. 21（美國法定名稱）、Eosin Y（法定英文名稱）；國內化粧品常用之法定化粧品色素, 見 CI 10006 - CI 77949. 用途：色素.

CI 45410 CI 色號 45410, 亦稱化粧品用紅色 16 號（法定中文名稱）、D&C Red No. 27（美國法定名稱）；國內化粧品常用之法定化粧品色素, 見 CI 10006 - CI 77949. 用途：色素.

CI 45410：2 CI 色號 45410：2, 亦稱 D&C Red No. 27（美國法定名稱）、鋁麗基 Aluminum Lake（法定英文名稱）；國內化粧品常用之法定化粧品色素, 見 CI 10006 - CI 77949. 用途：色素.

CI 45440 見 Rose bengale、Rhodamine acetate.

CI 47005 CI 色號 47005, 亦稱化粧品用黃色 3 號（法定中文名稱）、D&C Yellow No. 10（美國法定名稱）、Quinoline Yellow WS（法定英文名稱）；國內化粧品常用之法定化粧品色素, 見 CI 10006 - CI 77949. 用途：色素.

CI 60725 CI 色號 60725, 亦稱化粧品用紫色 1 號（法定中文名稱）、D&C Viole No. 2（美國法定名稱）、Alizurol Purple SS（法定英文名稱）；國內化粧品常用之法定化粧品色素, 見 CI 10006 - CI 77949. 用途：色素.

CI 60730 CI 色號 60730, 亦稱化粧品用紫色 2 號（法定中文名稱）、Ext.

D&C Violet No. 2（美國法定名稱）、Alizurol Purple（法定英文名稱）；國內化粧品常用之法定化粧品色素,見 CI 10006 - CI 77949.用途:色素.

CI 61570 CI 色號 61570, 亦稱化粧品用綠色 2 號（法定中文名稱）、D&C Green No. 5（美國法定名稱）；國內化粧品常用之法定化粧品色素,見 CI 10006 - CI 77949.用途:色素.

CI 73360 CI 色號 73360, 亦稱化粧品用紅色 22 號（法定中文名稱）、D&C Red No. 30（美國法定名稱）；國內化粧品常用之法定化粧品色素,見 CI 10006 - CI 77949.用途:色素.

CI 74160 CI 色號 74160, 亦稱化粧品用藍色 8 號（法定中文名稱）、D&C Red No. 30（美國法定名稱）、Phthalocyanine Blue（法定英文名稱）；國內化粧品常用之法定化粧品色素,見 CI 10006 - CI 77949.用途:色素.

CI 76042 CI 色號 76042；見 Toluene-3,4-diamine、Toluene-2,5-diamine、Toluene-2,5-diamine sulfate.

CI 77004 CI 色號 77004；見 Aluminum silicate.

CI 77007 CI 色號 77007, 亦稱 Ultramarines Blue（法定英文名稱）；國內化粧品常用之法定化粧品色素,見 CI 10006 - CI 77949 與 Ultramarine.用途:色素.

CI 77019 CI 色號 77019；見 Mica- group minerals（CI 77019）.

CI 77289 CI 色號 77289, 亦稱 Chromium hydroxide Green（法定英文名稱）；國內化粧品常用之法定化粧品色素,見 CI 10006 - CI 77949.用途:色素.

CI 77491 CI 色號 77491, 亦稱氧化鐵與氫氧化物 Iron oxides and hydroxides（法定英文名稱）、Ferrous oxides and hydroxides（red）、Red iron oxides；國內化粧品常用之法定化粧品色素,見 CI 10006 - CI 77949.用途:色素.

CI 77492 CI 色號 77492, 亦稱氧化鐵與氫氧化物 Iron oxides and hydroxides（法定英文名稱）、Ferrous oxides and hydroxides（yellow）、Yellow iron oxides；國內化粧品常用之法定化粧品色素,見 CI 10006 - CI 77949.用途:色素.

CI 77499 CI 色號 77499, 亦稱 Iron oxides and hydroxides（法定英文名稱）、Ferrous oxides and hydroxides（black）、Black iron oxides；國內化粧品常用之法定化粧品色素, 見 CI 10006 - CI 77949. 用途：色素.

CI 77891 CI 色號 77891；見 Titanium dioxide.

CI 77947 CI 色號 77947；見 Zinc oxide.

Cinnamomum aromaticum 肉桂, 亦稱桂皮、Chinese cinnamon 中國肉桂（俗名）、Cassia、Cinnamomum cassia（異名）；樹皮可蒸餾精油（肉桂油 Cinnamon oil）, 中國肉桂與錫蘭肉桂相比, 樹皮較肥厚、氣味較強烈, 桂皮是味道強之肉桂, 用於中藥. 用途：製造肉桂油.

Cinnamomum verum 肉桂, 亦稱 Cinnamon、錫蘭肉桂 Ceylon cinnamon、Cinnamomum zeylanicum（異學名）；其樹皮、嫩枝、葉、莖、根皆可蒸餾精油, 但樹皮之肉桂油 Cinnamon oil 與葉片之肉桂油 Cinnamon leaf oil 味道不同, 前者價位較高. 用途：製造錫蘭肉桂油.

Cinnamomum zeylanicum 錫蘭肉桂見 Cinnamomum verum.

Cinnamon bark oil, Ceylon 見 Cinnamon oil, Ceylon.

Cinnamon oil 肉桂油, 亦稱 Cassia oil 桂皮油、Chinese cinnamon oil；一種精油, 蒸餾自肉桂 Cinnamomum aromaticum 之樹皮. 見 Cinnamomum aromaticum. 注意事項：國際香料研究協會 The International Fragrance Research Associateion（IFRA）基於桂皮油之致敏感可能性, 建議皮膚塗抹產品與非皮膚塗抹產品, 應限制桂皮油最高含量濃度在 0.2%. 用途：1.（天然）香料 2.精油. 註：Cinnamon oil 亦可能指錫蘭肉桂油.

Cinnamon oil, Ceylon 錫蘭肉桂油, 亦稱 Cinnamon bark oil, Ceylon；一種精油, 蒸餾自錫蘭肉桂 Ceylon cinnamon 之樹皮. 見 Cinnamomum verum. 注意事項：國際香料研究協會 The International Fragrance Research Associateion（IFRA）基於錫蘭肉桂油之致敏感可能性, 建議皮膚塗抹產品與非皮膚塗抹

產品, 應限制錫蘭肉桂油最高含量濃度在 0.2%. 用途: 1.(天然)香料 2.精油.

Cinoxate 辛諾賽 (商品名); 見 2-Ethoxyethyl-p-methoxycinnamate.

C$_{7-8}$ Isoparaffin 七～八碳異石蠟; 見 Isoparaffin.

C$_{8-9}$ Isoparaffin 八～九碳異石蠟; 見 Isoparaffin.

C$_{9-11}$ Isoparaffin, C$_{9-13}$ Isoparaffin, C$_{9-14}$ Isoparaffin 九～十一碳異石蠟, 九～十三碳異石蠟, 九～十四碳異石蠟; 見 Isoparaffin.

C$_{10-11}$ Isoparaffin, C$_{10-13}$ Isoparaffin 十～十一碳異石蠟, 十～十三碳異石蠟; 見 Isoparaffin.

C$_{11-12}$ Isoparaffin, C$_{11-13}$ Isoparaffin 十一～十二碳異石蠟, 十一～十三碳異石蠟; 見 Isoparaffin.

C$_{12-14}$ Isoparaffin 十二～十四碳異石蠟; 見 Isoparaffin.

C$_{13-14}$ Isoparaffin, C$_{13-16}$ Isoparaffin 十三～十四碳異石蠟, 十三～十六碳異石蠟; 見 Isoparaffin.

C$_{20-40}$ Isoparaffin 二十～四十碳異石蠟; 見 Isoparaffin.

Citral 檸檬醛; 一種單萜烯之醛類, 具檸檬香氣, 天然存在檸檬油等柑橘科水果之精油中 (為檸檬油、香柑油和佛手柑油之主成分), 化粧品添加之檸檬醛化合物為合成香料 (見〈化粧品成分用途說明〉, 香料). 注意事項: 為接觸性過敏原, 但人體皮膚試驗發現檸檬醛在與檸檬烯 Limonene 共同存在下, 則不會引起過敏反應; 國際香料研究協會 The International Fragrance Research Associateion (IFRA) 建議使用檸檬醛作香料時, 應與某些物質例如 25%D-Limonene 合用, 以防止檸檬醛之致過敏反應. 用途: 香料.

Citrates 檸檬酸鹽; 檸檬酸的鹽類. 用途: 1.緩衝劑 2.pH 值調整劑.

Citric acid 檸檬酸; 廣泛存在於植物和動物組織中, 可由柑橘汁、檸檬汁等提取, 工業生產可由粗糖液發酵, 常用作螯和劑或抗氧化 (輔助) 劑、酸鹼調整劑. 用途: 1.pH 調節劑 2.抗氧化輔助劑 3.螯合劑 4.消泡劑 5.增塑劑 6.收斂

劑.

Citronellal 香茅醛;一種醛類,天然存在香茅油、檸檬油及其他精油中 (左旋型 L- Citronellal、右旋型 D- Citronellal 及消旋型 DL- Citronellalz 分別爲不同精油之成分),化粧品添加之香茅醛成分爲合成香料 (見化粧品成分用途說明,香料).注意事項:接觸性過敏原.用途:香料.

Citronellol 香茅醇、β-Citronellol;天然存在多種精油中,例如:玫瑰油、香茅油、檸檬油等 (左旋型 L-Citronellol 爲玫瑰油、香茅油之主成分,右旋型 D-Citronellol 爲香茅油之成分),亦可化學合成.注意事項:輕度刺激.用途:香料.

Citronellyl formate 甲酸香茅酯,亦稱香茅基甲酸酯、Citronellyl formate;天然存在精油中,化粧品添加之甲酸香茅酯成分爲合成香料 (見〈化粧品成分用途說明〉,香料).用途:香料.

Citrulline 瓜胺酸;一種胺基酸,取自西瓜 Citrullus vulgaris 汁,亦可化學合成.用途:皮膚調理劑.

Citrus aurantium 苦橙,亦稱橙 Orange、Bitter orange、Sour orange 酸橙、Bigarade orange;苦橙 Citrus aurantium (學名) 爲芳香料柑桔屬植物,其果實、外皮、枝及花皆產精油,由成熟新鮮果皮壓榨之精油爲苦橙油 Bitter orange oil,由新鮮橙花蒸餾萃取之精油爲橙花油 Orange flower oil,二者精油成分不同但均作香料.注意事項:精油可增加皮膚對光之敏感度,塗後避免日曬,見 Bitter orange peel oil, Expressed.用途:1.製造苦橙油原料 2.製造橙花油原料.

Citrus aurantium peel oil 見 Bitter orange peel oil, Expressed.

Citrus aurantium extract 苦橙萃取物;見 Citrus aurantium.用途:天然香料.

Citrus dulcis 見 Citrus sinensis.

Citrus dulcis extract 見 Citrus sinensis.

Citrus dulcis（orange extract） 見 Citrus sinensis.

Citrus limon 檸檬；見 Lemon.

Citrus limon（Lemon extract） 同 Lemon extract.

Citrus medica limonum 檸檬, 亦稱 Chinese lemon、Mandarin lemon；其新鮮成熟果實外皮可壓榨或萃取檸檬油 Lemon oil. 見 Lemon oil. 注意事項：可增加皮膚對光之敏感度, 塗後避免日曬. 用途：製造檸檬油原料.

Citrus nobilis 柑(橘), 亦稱 Mandarin oragne、Mandarin、King orange；Citrus nobilis 爲學名, 其新鮮成熟果實外皮可壓榨或萃取柑橘油 Mandarin essential oil. 見 Mandarin essential oil. 用途：製造柑橘油原料.

Citrus sinensis 甜橙, 亦稱 Citrus aurantium, var sinensis、Citrus aurantium, var dulcis、Citrus dulcis, Orange（俗名）、Sweet orange（俗名）、China orange（俗名）；Citrus sinensis 爲學名, 其果實外皮及花可萃取精油, 由成熟新鮮果皮壓榨之精油爲甜橙油 Sweet orange oil, 由新鮮橙花蒸餾萃取之精油爲橙花油 Orange flower oil, 二者精油成分不同但均作香料. 注意事項：可增加皮膚對光之敏感度, 塗後避免日曬. 用途：1.製造甜橙油原料 2.製造橙花油原料.

Civet 靈貓香, 亦稱靈貓香油；來自雌雄靈貓分泌腺囊之油質分泌物. 用途：天然香料.

Climbazol 克利巴柔, 亦稱 1-(4-chlorophenoxy)-1-(imidazolyl)-3,3-dimethylbutan-2-one (1-(4-氯苯氧基-1-咪唑-3,3-二甲基丁-2-酮)；有機合成物. 用途：殺菌劑.

Clove oil 丁香油；含約 85％之丁香酚 Eugenol, 具芳香之消毒劑, 用作牙粉之芳香與消毒劑, 用在化粧品如養髮液作爲芳香成分. 注意事項：皮膚刺激性, 會引起過敏性紅疹. 用途：(天然)香料.

Coal tar 煤焦油；亦稱焦油；煤蒸餾中的副產物, 爲暗色黏稠液體或半固體, 組成分包括苯 Benzene、甲苯 Toluene、二甲苯 Xylene、苯胺 Aniline、苯酚 Phenol、甲苯酚 Cresol、喹啉 Quinoline、萘 Naphthalene、蒽 Anthracene 和其他

芳香族碳氫化合物、吡啶 Pyridine 和其他有機鹼等. 煤焦油在化粧品工業用來
製造色素(包括染髮劑的染髮色素), 這群衍生自煤焦油的化粧品色素稱煤焦
油色素 Coal tar colors, 亦稱有機合成色素, 因此煤焦油色素均帶有某種煤焦
油成分結構的衍生物. 煤焦油色素有致癌的可能性, 因此應用上一直受到很大
的爭議, 在許多國家, 只有許可的煤焦油色素可以使用, 這些許可色素稱爲法
定色素, 一般可以區分三種使用許可(見 D&C). 在美國, 煤焦油色素更是禁
用在眼部的化粧品. 注意事項:職業性接觸煤焦油和煤煙已知有致癌性;煤焦
油色素有致過敏性;動物實驗顯示煤焦油色素具致癌性.

Coal tar colors　見 Coal tar.

Coal tar oil　見 Coal tar.

Cocamide betaine　椰脂醯胺甜菜鹼內鹽;椰子油脂肪酸之衍生物. 可能會形
成亞硝基胺;美國 CIR 專家認爲只要不用在含致亞硝基劑之產品爲安全之化
粧品成分. 用途:界面活性劑.

Cocamide DEA　椰脂醯胺 DEA;亦稱 Cocamide diethanolamine(椰脂醯胺二
乙醇胺)、Coconut diethanolamide(椰子二乙醇醯胺)、Coconut oil
diethanolamide(椰油二乙醇醯胺)、Coconut fatty acid diethanolamide(椰油脂
肪酸二乙醇醯胺);椰子油脂肪酸之化學合成衍生物. 注意事項:椰脂醯胺
DEA 與椰脂醯胺 MEA 皆是會形成亞硝基胺之成分, 美國 CIR 專家認爲
Cocamide DEA 不超過濃度 10％爲安全之化妝品成分. 用途: 1.增稠劑 2.泡沫
增進劑 3.界面活性劑 4.乳化劑 5.乳劑穩定劑.

Cocamide MEA　椰脂醯胺 MEA;亦稱 Cocamide monoethanolamine(椰脂醯
胺乙醇胺)、Coconut monoethanolamide(椰子乙醇醯胺)、Coconut oil
monoethanolamide(椰油乙醇醯胺)、Coconut fatty acid monoethanolamide(椰
油脂肪酸乙醇醯胺);椰子油脂肪酸之衍生物. 注意事項:同 Cocamide DEA.
用途: 1.增稠劑 2.泡沫增進劑 3.界面活性劑 4.乳化劑 5.乳劑穩定劑.

Cocamide MIPA　椰脂醯胺 MIPA. 用途: 1.增稠劑 2.泡沫增進劑 3.界面活性

劑 4.乳化劑 5.乳劑穩定劑.

Cocamidopropylamine oxide 椰脂醯胺丙胺氧化物, 亦稱 Cocoamidopropylamine oxide;非離子界面活性劑, 較溫和之合成清潔劑. 用途: 1.界面活性劑 2.乳化劑 3.合成清潔劑 4.增稠劑 5.泡沫增進劑.

Cocamidopropyl betaine 椰脂醯胺丙基甜菜鹼內鹽, 亦稱 Cocoamidopropyl betaine;為一兩性界面活性劑, 常加在頭髮產品作清潔劑. 用途: 1.界面活性劑 2.合成清潔劑 3.泡沫增進劑 4.增稠劑.

Cocamidopropyl hydroxysultaine 椰脂醯胺丙羥基磺酸甜菜鹼;一種兩性型界面活性劑. 用途: 1.界面活性劑 2.清潔劑 3.增稠劑 4.泡沫增進劑.

Cocoa extract 可可萃取物;見 Cocoa butter.

Cocoa (Theobroma cacao) butter 可可脂, 亦稱 Theobroma oil;提取自可可 Theobroma cacao(學名)之成熟種子. 用途: 1.柔軟劑 2.潤滑劑.

Coco-betaine 椰子甜菜鹼;用途:界面活性劑.

Coco caprylate/caprate 椰子辛酸酯/癸酸酯;用途:柔軟劑.

Cocodiethanolamide 見 Cocamide MEA.

Coconut diethanolamide 見 Cocamide DEA.

Coconut fatty acid diethanolamide 見 Cocamide DEA.

Coconut fatty acid monoethanolamide 見 Cocamide MEA.

Coconut monoethanolamide 見 Cocamide MEA.

Coconut oil 椰子油, 亦稱 Copra oil;自棕櫚科胡桃椰 Cocos nucifera(學名)仁壓榨的油, 廣泛用在製造香皂、嬰兒香皂、洗髮精、刮鬍膏、按摩霜等, 性質安定, 曝露在空氣中不會很快酸敗. 注意事項:有些人可能會出現過敏性紅疹. 用途: 1.香皂原料 2.髮油原料.

Cocos nucifera 椰子;見 Coconut oil. 用途:椰子油原料.

Coco sulfobetaine 見 Coco-sultaine.

Coco-sultaine 椰子磺酸甜菜鹼, 亦稱 Coco sulfobetaine；椰子油與甜菜鹼反應生成. 用途：1.抗靜電劑 2.皮膚調理劑 3.泡沫增進劑.

Co-Enzyme A 輔酶 A, 亦稱 Coenzyme A；存在哺乳動物的細胞中, 生理反應之必要輔因子, 在人體內輔酶 A 有助於 DNA 與 RNA 之修補, 許多微生物亦含有大量此種輔酶. 添加在護膚化粧品作為皮膚調理與抗老化成分. 用途：柔軟劑.

Co-Enzyme Q_{10} 輔酶 Q_{10}, 亦稱 Coenzyme Q_{10}、Co Q_{10}、Ubiquinone；是輔酶 Q 之一種, 存在植物和動物細胞中. 在人體, 輔酶 Q_{10}是能量產生之輔助因子, 可由膳食攝取補充. 添加在護膚化粧品作為皮膚調裡、抗氧化及抗老化成分. 用途：1.抗氧化劑 2.柔軟劑.

Co-Enzyme R 見 Biotin.

Collagen 膠原, 亦稱膠原蛋白質；一種蛋白質, 存在動物體內之結締組織, 化粧品原料來源多由動物身上取得. 人體皮膚之膠原蛋白質會因年老及日曬而漸漸被破壞, 因而產生皺紋和其他皮膚老化現象, 業者常以高價位促銷含膠原蛋白質之抗皺紋保養品, 但根據研究, 塗抹之膠原蛋白質無法影響或改變皮膚中之膠原. 近來小針美容用膠原蛋白或玻尿酸取代矽膠當填充物注射皮膚, 以填補凹洞或拉平皺紋, 但在注射後之效果及狂牛病的陰影威脅下(許多注射之膠原蛋白取自於牛隻), 已漸被其他填充物取代. 注意事項：注射膠原蛋白須注意感染及過敏等問題. 用途：(天然)保濕劑.

Collagen amino acids 膠原胺基酸, 亦稱動物膠原胺基酸 Animal Collagen amino acids；得自膠原完全水解後之胺基酸. 用途：(天然)保濕劑.

Collagen hydrolysates 膠原水解物；膠原之水解型態. 用途：1.保濕劑 2.抗靜電劑 3. 柔軟劑 4. 成膜劑.

Colloidal aluminum silicate 膠體矽酸鋁；見 Aluminum silicate.

Colloidal kaolin 膠體高嶺土；見 Kaolin.

Concentrated glycerin 濃縮甘油；同 Glycerin.

Copernica cerifera 見 Carnauba wax.

Copper gluconate 葡萄糖酸銅;常添加在食品之營養添加物.用途:添加物.

Copper PCA 吡咯烷酮羧酸銅,亦稱 L- Proline, 5- oxo- , copper salt (2:1);吡咯烷酮羧酸(Pyrrolidone carboxylic acid)之銅鹽, PCA 為 Pyrrolidone carboxylic acid 之簡稱,見 PCA.用途:保濕劑.

Copper peptide complex 多肽銅複合物;銅天然存在礦石與海水中,也存在植物和動物中,對許多生物是必須的微量元素.在人體內,銅和許多生理活動有關,銅亦是形成數種酵素之必要要素,其中數種酵素與皮膚有關,例如鏈結膠原蛋白與彈性蛋白在一起的酵素,如缺乏銅則無法形成,因此老化和受損的皮膚常會發現銅缺乏的情況.科學界在人類血清分離出一種含銅之胺基酸,而研發出新成分多肽銅,科學家認為多肽銅有益於組織修補與皮膚、頭髮健康,因此添加在抗老化、抗皺紋護膚產品,以及用在增進美容外科手術及頭髮移植之結果.用途: 1. 生物添加物 2. 皮膚調理劑.

Coriander oil 胡荽油;一種精油.注意事項:會引起皮膚過敏反應.見 Coriandrum sativum.用途: 1. (天然)香料 2. (天然)矯味劑(用在牙膏牙粉).

Coriandrum sativum 胡荽,亦稱 Coriander (俗名);Coriandrum sativum (學名)之成熟果實可萃取胡荽油.見 Coriander oil.用途:製造胡荽油原料.

Corn 玉米,亦稱 Zea mays (學名);可製備玉米油、玉米澱粉及玉米糖漿.玉米油在皮膚產品常用作柔軟劑.注意事項:有些人對玉米過敏,可能會產生皮膚紅疹反應與氣喘.用途: 1. 製造玉米油、玉米胚芽之原料 2. 製造玉米漿之原料.

Corn extract 玉米漿;富含胺基酸、維生素 B,增加皮膚新陳代謝.注意事項:見 Corn.用途: 1. 增稠劑 2. 溶劑.

Cornflower (Centaurea cyanus) extract 矢車菊萃取液;得自矢車菊

Centaurea cyanus（學名）花之萃取液, 據信可護膚、護髮, 其葉及地上莖可提取天然藍色色素. 見 Centaurea cyanus. 用途: 1. 製造天然色素 2. 植物添加物.

Cornflower extract　矢車菊萃取液; 見 Cornflower（Centaurea cyanus）extract.

Corn oil　玉米油; 壓榨玉米 Zea mays（學名）而得之脂肪油, 常用在護膚品作爲柔軟劑. 注意事項: 見 Corn. 用途: 1. 柔軟劑 2. 抗靜電劑 3. 溶劑.

Corn starch　玉米澱粉; 常加在撲粉類產品, 防止結塊. 注意事項: 見 Corn. 用途: 1. 塡料 2. 增稠劑.

Corn syrup　玉米糖漿; 由玉米澱粉水解製備之甜糖漿, 主要含有葡萄糖、麥芽糖與糊精. 注意事項: 有些人對玉米過敏, 可能會產生皮膚紅疹反應. 用途: 1. 保濕劑 2. 溶劑.

Corn（Zea mays）germ oil　玉米胚芽油; 玉米 Zea mays（學名）之胚芽壓榨而得之脂肪油, 常用在護膚品作爲柔軟劑. 注意事項: 見 Corn. 用途: 1. 柔軟劑 2. 抗靜電劑 3. 溶劑.

Corn（Zea mays）oil　玉米油; 由玉米 Zea mays（學名）壓碾而得之植物油. 見 Corn oil.

Corn（Zea mays）starch　見 Corn starch.

Corylus avellana　見 Hazel nut oil.

Costus absolute　雲香木絕對精油; 見 Costus root oil.

Costus concrete　雲香木固結體; 見 Costus root oil.

Costus root oil　雲香木根油, 亦稱雲香木油 Costus root oil; 具香味之根油, 是一種精油, 獲取自雲香木 Saussurea lappa Clarke（學名）, 在芳香療法被用在治療皮膚病、配製香料及頭髮染料. 注意事項: 國際香料研究協會 The International Fragrance Research Associateion（IFRA）基於香料研究學會 The Research Institute for Fragrance Materials（RIFM）致過敏研究結果顯

示, 雲香木根油具過敏性, 而建議獲取自雲香木 Saussurea lappa Clarke 之雲香木根油、雲香木絕對精油及雲香木固結體不應使用爲香料. 用途: 1. 天然香料 2. 精油.

Cotton seed oil 棉子油;取自棉花種子的脂肪油,廣泛用來製造香皂、乳霜及潤滑劑.注意事項:會引起過敏反應.用途: 1. 潤滑劑 2. 潤膚劑 3. 溶劑.

Coumarin 香豆素,亦稱 Cumarin、Tonka bean camphour;天然存在於許多植物精油中,如薰衣草油、肉桂油、甜三葉草等,廣泛用在化粧品作爲香料成分,化粧品添加之香豆素成分爲合成香料 (〈化粧品成分用途說明〉,香料).注意事項:可能會引起過敏性接觸皮膚炎和光敏感.用途:香料.

C_{9-11} Pareth-3 九-十一碳合成脂肪醇-3;Pareth-n (n 代表尾隨附加數) 是合成脂肪醇之聚乙二醇醚一系列之化合物, 由合成脂肪醇以環氧乙烷進行乙氧基化製得, 亦即合成脂肪醇和聚乙二醇附加聚合反應製得 (見 Polyoxyethylene alcohols), 附加數表示聚乙二醇鍵段中環氧乙烷單位的平均數, 即尾隨附加數愈大代表合成化合物之分子量愈大, 黏度亦增大, 本類化合物爲非離子性界面活性劑.用途:乳化劑.

C_{9-11} Pareth-6, C_{9-11} Pareth -8 九-十一碳合成脂肪醇-6,九-十一碳合成脂肪醇-8;見 C_{9-11} Pareth-3 之 Pareth 說明. 用途:乳化劑.

C_{11-15} Pareth-3, C_{11-15} Pareth -5, C_{11-15} Pareth -7 十一-十五合成脂肪醇-3, 十一-十五合成脂肪醇-5, 十一-十五合成脂肪醇-7;見 C_{9-11} Pareth-3 之 Pareth 說明. 用途:乳化劑.

C_{11-15} Pareth-9, C_{11-15} Pareth -12 十一-十五合成脂肪醇-9, 十一-十五合成脂肪醇-12;見 C_{9-11} Pareth-3 之 Pareth 說明. 用途:乳化劑.

C_{11-15} Pareth-20, C_{11-15} Pareth-30, C_{11-15} Pareth-40 十一-十五合成脂肪醇-20, 十一-十五合成脂肪醇-30, 十一-十五合成脂肪醇-40;見 C_{9-11} Pareth-3 之 Pareth 說明. 用途:乳化劑.

C_{11-15} Pareth-7 carboxylic acid 十一-十五碳合成脂肪醇-7 羧酸;羧酸與 C_{11-15}

合成脂肪醇-7 製得. 見 C_{9-11} Pareth-3 之 Pareth 說明. 用途:乳化劑.

C_{11-15} **Pareth-12 stearate** 十一-十五碳合成脂肪醇-12 硬脂酸酯;硬脂酸酸與 C_{11-15}合成脂肪醇-12 酯化製得. 見 C_{9-11} Pareth-3 之 Pareth 說明. 用途:乳化劑.

C_{12-13} **Pareth-3**, C_{12-13} **Pareth -7** 十二-十三合成脂肪醇-3, 十二-十三合成脂肪醇-7;見 C_{9-11} Pareth-3 之 Pareth 說明. 用途:乳化劑.

C_{12-15} **Pareth-2** C_{12-15} **Pareth -5** 十二-十五碳合成脂肪醇-2,十二-十五碳合成脂肪醇-5, 見C_{9-11} Pareth-3 之 Pareth 說明. 用途:乳化劑.

C_{12-15} **Pareth-7**, C_{12-15} **Pareth -9**, C_{12-15} **Pareth-12** 十二-十五碳合成脂肪醇-7, 十二-十五碳合成脂肪醇-9, 十二-十五碳合成脂肪醇-12, 見 C_{9-11} Pareth-3 之 Pareth 說明. 用途:乳化劑.

C_{12-15} **Pareth-2 phosphate** 十二-十五碳合成脂肪醇-2 磷酸酯鹽;磷酸與 C_{12-15} 合成脂肪醇-2 酯化製得. 用途:乳化劑.

C_{14-15} **Pareth-7**, C_{14-15} **Pareth -11**, C_{14-15} **Pareth -13** 十四-十五碳合成脂肪醇-7, 十四-十五碳合成脂肪醇-11, 十四-十五碳合成脂肪醇-13;見 C_{9-11} Pareth-3 之 Pareth 說明. 用途:乳化劑.

Crithmum maritimum 海小茴香, 亦稱 Sea Fennel (俗名)、Samphire (俗名);一種海邊生長的植物,具濃烈香味, 可食用具利尿作用, 幼嫩莖葉含維生素 C, 整株植物可製造精油. 用途: 1. 製造海小茴香油 2. 製造海小茴香萃取物.

Crithmum maritimum extract 海小茴香萃取物;萃取自海小茴香, 見 Crithmum maritimum. 用途:植物添加物.

Crosslinked methylphenylpolysiloxane 交鍵甲基苯基聚矽氧烷;甲酚與矽氧烷之聚合物. 用途:潤滑劑.

Crosspolymer 交聚合物;化學合成之高分子聚合物, 高分子共聚合物之通稱, 高分子化合物指分子量大於 1000 之化合物. 用途: 1. 潤滑劑 2. 界面活性劑 3. 保濕劑.

Cucumber extract　黃瓜汁, 亦稱黃瓜萃取液；富含維生素 C, 可舒緩皮膚, 亦具抗癢、清新、柔軟皮膚等功效. 用途：(天然) 皮膚調理劑.

Cucumis sativus　黃瓜, 亦稱胡瓜 Cucumber (俗名)；Cucumis sativus 爲學名, 即常拌沙拉之小黃瓜及大黃瓜, 黃瓜果肉富含維生素 C, 可做成面膜紓解曬傷, 亦常製成萃取液 (黃瓜汁) 加在化粧品 (見 Cucumber extract). 用途：小黃瓜萃取液原料.

Cupressus sempervirens　柏木, 亦稱 Cypress (俗名)；Cupressus sempervirens (學名) 之葉及幼枝可萃取柏木油 Cypress oil. 見 Cypress oil. 用途：柏木油原料.

2-Cyano-3,3-diphenyl acrylic acid, 2-ethylhexyl ester (Octocrylene)　2-氰基-3,3-二苯基丙烯酸, 2-乙基己基酯, 亦稱 Octocrylene (商品名)；有機化合物, 作爲化學性防曬劑, 見 2-Ethylhexyl-2-cyano-3,3-diphenylacrylate. 用途：防曬劑.

Cyclic sulphinamide　環亞磺酸醯胺. 用途：添加物.

Cyclohexasiloxane　環己矽氧烷；一種矽氧烷 silicone (見 Silicones). 用途：柔軟劑.

4-Cyclohexyl-4-methyl-2-pentanone (CMP)　4-環己基-4-甲基-2-戊酮；具抗惡臭作用, 神經科學研究發現與嗅神經有關, 現並研究對腦部之影響. 用途：添加物.

Cyclomethicone　環甲矽油, 亦稱 Cyclopolydimethylsiloxane、Dimethylcyclo-polysiloxane、Polydimethylcyclosiloxane；環甲矽油是結構環狀之矽氧烷油, 以二甲基矽氧烷爲單位環狀聚合之澄清無味液體, 本類化合物包括：Hexamethyltricyclosiloxane、Octamethyltetracyclosiloxane (亦稱 Octamethylcyclotetrasiloxane)、Decamethylpentacyclosiloxane (亦稱 Decamethylcyclopentasiloxane) 及 Dodecamethylhexacyclosiloxane 皆爲低分

子量、黏度低及蒸發快,用在化粧品當油與精油之攜體油,或是作爲乳狀配方無油成分,因噴灑在皮膚上時有絲綢樣之柔滑感,常加在身體噴霧產品. 見 Silicones.注意事項:低量皮膚吸收.用途: 1. 柔軟劑 2. 溶劑 3. 抗靜電劑 4. 保濕劑 5.增稠劑.

Cyclopentadecanone 環戊癸酮;巨環狀之酮類,具麝香般之香氣,爲合成香料.注意事項:具刺激性.用途:香料.

Cyclopentasiloxane 環戊矽氧烷;一種矽氧烷化合物 Silicones,可賦予產品絲綢樣之柔滑感.用途: 1. 柔軟劑 2. 香精溶劑.

o-**Cymen-5-ol** 繖花醇;美國 CIR 專家列爲尚未有文件證明是否爲安全性之化粧品成分.用途: 1. 防腐劑 2. 殺菌劑.

Cypress extract 柏木萃取液;獲自柏木樹 Cypress 之幼枝及樹葉,常加在男性用香皂、刮鬍水及其他男性化粧品中. 見 Cypress oil.用途:(天然) 香料.

Cypress oil 柏木油;一種精油,獲自柏木樹 Cypress 之幼枝及樹葉,常加在男性用香皂、刮鬍水及其他男性化粧品中. 見 Cupressus sempervirens.用途:(天然) 香料.

Cystamine 見 Methenamine.

Cysteamine 半胱胺,亦稱 2-Aminoethanethiol、Mercamine.用途: 1. (產品)抗氧化劑 2. 還原劑.

Cysteamine HCl 半胱胺鹽酸鹽,亦稱 Cysteamine hydrochloride. 用途: 1. (產品) 抗氧化劑 2. 還原劑.

Cysteamine hydrochloride 見 Cysteamine HCl.

Cysteine 副胱胺酸,亦稱半胱胺酸、*L*-Cysteine (左旋-副胱胺酸)、Half-cystine;一種必需胺基酸,是皮膚天然保濕因子之成分,有益於油脂腺分泌正常,亦促進傷口癒合,*L*-Cysteine 爲天然存在副胱胺酸,一般工業來源爲合成製成,如 Cysteine HCl、*D*-Cysteine HCl 與 *DL*-Cysteine HCl,常用在頭髮產品當抗靜電劑、燙髮劑及化粧品當抗氧化劑. 用作燙髮劑時之優點是刺激性、臭味較巰基乙酸 Thioglycolic acid 少, 也較不會損害頭髮, 但缺點是捲曲的形成能力較差. 用途: 1. 抗靜電劑 2. (產品) 抗氧化劑 3. 還原劑 (燙髮第一劑).

DL-Cysteine　消旋-副胱胺酸, 亦稱消旋-半胱胺酸; 見 Cysteine.

L-Cysteine　左旋-副胱胺酸, 亦稱左旋-半胱胺酸; 見 Cysteine.

Cysteine HCl　副胱胺酸鹽酸鹽, 亦稱半胱胺酸鹽酸鹽; 化學合成之副胱胺酸鹽, 見 Cysteines. 用途: 1. (產品) 抗氧化劑 2. 還原劑 (燙髮第一劑).

D-Cysteine HCl　右旋-副胱胺酸鹽酸鹽, 亦稱右旋-半胱胺酸鹽酸鹽; 化學合成之副胱胺酸鹽, 見 Cysteines. 用途: 1. (產品) 抗氧化劑 2. 還原劑 (燙髮第一劑).

DL-Cysteine HCl　消旋-副胱胺酸鹽酸鹽, 亦稱消旋-半胱胺酸鹽酸鹽; 化學合成之副胱胺酸鹽, 見 Cysteines. 用途: 1. (產品) 抗氧化劑 2. 還原劑 (燙髮第一劑).

L-Cysteine HCl　左旋-副胱胺酸鹽酸鹽, 亦稱左旋-半胱胺酸鹽酸鹽; 化學合成之副胱胺酸, 見 Cysteine. 用途: 1. (產品) 抗氧化劑 2. 還原劑 (燙髮第一劑).

Cysteines　副胱胺酸類, 亦稱半胱胺酸類; 本類化合物包括: L-Cysteine (左旋-副胱胺酸)、DL-Cysteine (消旋-副胱胺酸)、D-Cysteine HCl (右旋-副胱胺酸鹽酸鹽)、DL-Cysteine HCl (消旋-副胱胺酸鹽酸鹽)、L-Cysteine HCl (左旋-副胱胺酸鹽酸鹽)、N-Acetyl-L-cysteine (N-乙醯左旋-副胱胺酸), 見 Cysteines. 用途: 1. 還原劑 (燙髮第一劑) 2. (產品) 抗氧化劑.

Cystine　胱胺酸, 亦稱 L-Cystine (左旋-胱胺酸); 一種非必需胺基酸, 常用在食品當營養添加物, L-Cystine 爲天然存在胱胺酸, 一般工業來源爲合成製品, 如 DL-Cystine, 用在頭髮產品當抗靜電劑. 用途: 抗靜電劑.

DL-Cystine　DL-胱胺酸, 亦稱消旋-胱胺酸; 化學合成, 見 Proline. 用途: 抗靜電劑.

D

α-Damascone　大馬土酮;用途:香料.

D&C　為 Drug & Cosmetic 之縮寫;根據美國政府的規定,化粧品所准許使用的有機合成色素(亦稱煤焦油色素),可以區分為三種使用許可:D&C、FD&C及 Ext.D&C.每一D&C、FD&C、Ext. D&C之色素代表美國許可與收載之法定色素,D&C為 Drug & Cosmetic 之縮寫,代表該色素可供藥品及化粧品使用;F, D&C為 Food, Drug & Cosmetics 之縮寫,代表該色素可供食品、藥品及化粧品使用;Ext.D&C為 External Drug & Cosmetic 之縮寫,代表該色素只有用於外用之藥品及化粧品,視規定是否限制不可應用在唇部或黏膜.用途:色素.

D&C Orange No. 4　化粧品用橙色5號 (法定中文名稱);見 CI 15510.

D&C Red No. 6　化粧品用紅色5號 (法定中文名稱),亦稱 CI 15850;見 D&C.用途:色素.

D&C Red No. 7　化粧品用紅色6號 (法定中文名稱),亦稱 CI 15850;見 D&C.用途:色素.

D&C Red No. 7 Calcium Lake　D&C 紅色7號鈣沉澱色料,亦稱 Lithol Rubine B (英文名稱)、Pigment Red 57;國內化粧品常用色素.見 D&C.用途:色素.

D&C Red No. 21　化粧品用紅色20號 (法定中文名稱),亦稱 CI 45380;見 D&C.用途:色素.

D&C Red No. 27　化粧品用紅色16號 (法定中文名稱),亦稱 CI 45410;見 D&C.用途:色素.

D&C Red No. 27 Al Lake　D&C 紅色27號鋁沉澱色料,亦稱 CI 45410:2;

見 D&C. 用途:色素.

D&C Red No. 30　化粧品用紅色 22 號 (法定中文名稱), 亦稱 CI 73360; 見 D&C. 用途:色素.

D&C Red No. 33　化粧品用紅色 23 號 (法定中文名稱), 亦稱 CI 17200; 見 D&C. 用途:色素.

D&C Red No. 36　化粧品用紅色 24 號 (法定中文名稱), 亦稱 CI 12085; 見 D&C. 用途:色素.

D&C Yellow No. 10　化粧品用黃色 3 號 (法定中文名稱), 亦稱 CI 47005; 見 D&C. 用途:色素.

DEA　二乙醇胺; Diethanolamine 之縮寫. 見 Diethanolamine.

DEA coconut fatty acid　二乙醇胺椰子脂肪酸; 見 Cocamide DEA.

DEA methoxycinnamate　見 Diethanolamine p-methoxy cinnamate.

DEA Oleth-3 phosphate　二乙醇胺油醇-3 磷酸酯鹽; 用途: 1. 乳化劑　2. 界面活性劑.

DEA Oleth-10 phosphate　二乙醇胺油醇-10 磷酸酯鹽; 用途: 1. 乳化劑　2. 界面活性劑.

Deceth　Deceth-n (n 代表尾隨附加數) 是癸醇之聚乙二醇醚系列化合物, 由癸醇以環氧乙烷進行乙氧基化, 即癸醇與聚乙二醇附加聚合反應製得, 附加數表示聚乙二醇鍵段中環氧乙烷單位的平均數, 即尾隨附加數愈大代表合成化合物之分子量愈大, 黏度亦增大. 本類化合物為 POE 非離子型界面活性劑, 具有優越的乳化力與溶解力, 可作為乳液、乳霜等之乳化劑.

Deceth-3　癸醇-3; 見 Deceth. 用途:乳化劑.

Deceth-4　癸醇-4; 見 Deceth. 用途:乳化劑.

Deceth-5　癸醇-5; 見 Deceth. 用途:乳化劑.

Deceth-6　癸醇-6; 見 Deceth. 用途:乳化劑.

Deceth-8　癸醇-8;見 Deceth. 用途:乳化劑.

Deceth-10　癸醇-10;見 Deceth. 用途:乳化劑.

Deceth-4 phosphate　癸醇-4 磷酸酯鹽;由癸醇 Decyl alcohol 與聚乙二醇 Polyethylene glycol 以及磷酸 Phosphoric acid 反應生成,爲一陰離子性界面活性劑. 用途:界面活性劑.

Deceth-6 phosphate　癸醇-6 磷酸酯鹽;由癸醇 Decyl alcohol 與聚乙二醇 Polyethylene glycol 以及磷酸 Phosphoric acid 反應生成,爲一陰離子性界面活性劑. 用途:乳化劑.

Deceth-7 carboxylic acid　癸醇-7 羧酸;由癸醇 Decyl alcohol、聚乙二醇 Polyethylene glyco l 以及肉豆蔻酸 Myristic acid 反應生成. 用途:界面活性劑.

Decyl alcohol　癸醇, 亦稱 Decanol、Nonylcarbinol;用途: 1. 柔軟劑　2. 增稠劑.

Decyl glucoside　癸基葡萄糖苷;用途:界面活性劑.

Decyl oleate　油酸癸酯;滲透性佳之柔軟成分, 有助於產品延展及給予皮膚感覺好的觸感. 用途:柔軟劑.

Decyltetradecanol　癸基四癸醇, 亦稱 2- Decyltetradecanol;用途:柔軟劑.

Decyltetradeceth　Decyltetradeceth-n (n 代表尾隨附加數) 是癸基四癸醇之聚乙二醇醚系列化合物, 由癸基四癸醇以環氧乙烷進行乙氧基化, 即癸基四癸醇與聚乙二醇附加聚合反應製得, 附加數表示聚乙二醇鍵段中環氧乙烷單位的平均數, 即尾隨附加數愈大, 代表合成化合物之分子量愈大, 黏度亦增大. 本類化合物爲多元醇之非離子型界面活性劑, 可作爲乳液、乳霜等之乳化劑. 見 Polyoxyethylene alcohols.

Decyltetradeceth-30　癸基四癸醇-30;見 Decyltetradeceth. 用途:乳化劑.

DEDM hydantioin　二羥乙基二甲基乙內醯脲;DEDM 是 Diethylol dimethyl 之縮寫. 用途:防腐劑.

Dehydroacetic acid 去水醋酸,亦稱去氫乙酸、DHA（縮寫）；一種弱酸,常用在洗髮精中作爲防腐劑,或其他化粧品作爲殺菌及殺微菌成分,用在牙膏作爲抗酵素成分,預防蛀牙.注意事項:會引起腎臟損害,大劑量中毒症狀包括嘔吐、痙攣.用途:防腐劑.

Deionized water 去離子水;用途:溶劑.

Demineralized water 去礦質水;用途:溶劑.

Denatonium benzoate 地那鈉苯甲酸鹽;加入乙醇中,使之不適飲用.見Denatured alcohol.用途:醇變性劑.

Denatured alcohol 見 Ethanol, denatured.

Dexpanthenol 見 Panthenol.

Dextrin 糊精,亦稱 British gum（英國膠）、Starch gum（澱粉膠）；由澱粉製成,吸收濕氣,亦用做乳霜和液態產品增稠劑或粉狀產品增實劑.注意事項:可能引起過敏反應.用途: 1. 增稠劑 2. 吸收劑 3. 結合劑.

DHA 見 Dehydroacetic acid.

Dialkyl dimethylammonium chloride 二烷基二甲基氯化銨;一種銨鹽之陽離子界面活性劑（見 Quaternary ammonium compounds）,可使毛髮軟化、抗靜電.用途: 1. 界面活性劑 2. 抗靜電劑 3. 潤絲精原料.

Dialkyl polyglycol ether 二烷基聚乙二醇醚,亦稱 PPG-14 Palmeth-60 hexyl dicarbamate;用途:增稠劑.

1,6-Di(4-amidinophenoxy)-n-hexane（Hexamidine）and its salts（including isethionate and p-hydroxy-benzoate） 1,6-二(4-脒基苯氧基)-n-己烷(亦稱己脒)及其鹽類(包括羥基乙磺酸鹽及對-羥基苯甲酸鹽,用途:防腐劑.

1,4-Diamino-anthraquinone 1,4-二胺基蒽醌;一種煤焦油色素.用途:染髮劑.

Diaminobenzene 苯二胺,亦稱 Phenylenediamine、Aminoanilne;一種煤焦油

色素,有三種異構體 m-, o-, p-, 但截至本書付印只有異構體 *p*-Phenylenediamine 為許可之染髮劑. 見 *m*-Phenylenediamine, *o*-Phenylenediamine, *p*-Phenylenediamine. 用途:染髮劑.

***m*-Diaminobenzene**, ***o*-Diaminobenzene**, ***p*-Diaminobenzene** 見 *m*-Phenylenediamine, *o*-Phenylenediamine, *p*-Phenylenediamine.

4,4-Diaminodiphenylamine sulfate 硫酸 4,4-二胺基二苯胺,亦稱 4,4-二胺基二苯胺硫酸酯;用途:染髮劑.

Diaminophenol 見 2,4-Diaminophenol.

2,4-Diaminophenol 2,4-二胺基苯酚,亦稱 Diaminophenol(二胺基苯酚);用途:染髮劑.

2,4-Diaminophenol hydrochloride 鹽酸 2,4-二胺基苯酚,亦稱 2,4-二胺基苯酚鹽酸鹽;用途:染髮劑.

2,4-Diaminophenol sulfate 硫酸 2,4-二胺基苯酚,亦稱 2,4-二胺基苯酚硫酸鹽;用途:染髮劑.

2,4-Diaminophenoxyethanol HCl 鹽酸 2,4-二胺基苯氧基乙醇,亦稱 2,4-二胺基苯氧基乙醇鹽酸鹽;用途:染髮劑.

2,6-Diaminopyridine 2,6-二胺基吡啶;一種煤焦油色素. 用途:染髮劑.

Diaminopyrimidine oxide 氧化二胺基嘧啶;宣稱防止頭髮落髮之美國專利成分. 用途:(頭髮滋養產品)添加物.

Diammonium dithioglycolate 二巰基乙酸二銨,亦稱氫硫基醋酸鈉;巰基乙酸之銨鹽,見 Thioglycolic acid and its salts and esters. 用途:還原劑.

Diazolidinyl urea 重氮咻啶尿素;用途:防腐劑.

6,6-Dibromo-4,4-dichloro-2,2-methylene-diphenol 6,6-二溴-4,4-二氯-2,2-亞甲基二苯酚,亦稱 Bromochlorophen;有機合成化合物. 用途:防腐劑.

1,2-Dibromo-2,4-dicyanobutane 1,2-二溴-2,4-二氰基丁烷,亦稱 2-Bromo-

2-(bromomethyl) pentanedinitrile;用途:防腐劑.

3,3'-Dibromo-4,4'-hexamethylene-dioxydibenzamidine　3,3'-二 溴-4,4'-環己烷-二氧二苯脒;用途:防腐劑.

Dibromohexamidine and its salts (including isethionate)　二溴己脒及其鹽類 (包括羥基乙磺酸鹽);二溴己脒亦稱二溴己咪啶.用途:防腐劑.

Dibutyl phthalate　二丁基酞酸酯;用作抗泡沫劑,亦用在指甲油作增塑劑與香水中作溶劑.注意事項:低毒性;食入會引起腸胃問題,蒸氣會刺激眼睛及黏膜,動物實驗顯示會引起雄性生殖系統萎縮,但無進一步結論在人類男性上 (見 Phthalates);美國 CIR 專家認為在目前使用濃度和方法下,是安全化粧品成分.用途: 1. 增塑劑 2. 抗泡沫劑 3. 成膜劑 4. 溶劑.

Dicalcium phosphate　磷酸二鈣;加在牙膏、牙粉作牙齒磨光成分.用途: 1. 研磨劑 2. 口腔護理劑 3. 不透明劑.

Dicalcium phosphate dihydrate　二水化合物磷酸二鈣;粉末狀之 Dicalcium phosphate.用途: 1. 研磨劑 2. 口腔護理劑.

Dicamphorsulfonic acid shen butter (Butyrospermum park II)　二樟腦磺酸牛油;用途:柔軟劑.

Dicaprylyl ether　二辛基醚;合成化合物.用途:添加物.

Dicaprylyl maleate　順-丁烯二酸二辛基;衍生自脂肪酸之合成化合物.用途: 1. 柔軟劑 2. 保濕劑.

Dicetyl phosphate　磷酸二鯨蠟,亦稱二鯨蠟磷酸酯;衍生自脂肪酸之合成化合物.用途:乳化劑.

Dichlorobenzyl alcohol　見 2,4-Dichlorobenzyl alcohol.

2,4-Dichlorobenzyl alcohol　2,4-二氯苄醇,亦稱二氯苄醇 Dichlorobenzyl alcohol、2,4-Dichlorobenzenemethanol;合成化合物.用途:防腐劑.

Dichloromethane　二氯甲烷;用途:溶劑.

Dichlorophen(e) 二氯芬, 亦稱 2,2'-Methylene bis(4-chlorophenol)、5,5'-Dichloro-2,2'-dihydroxydiphenylmethane、Antiphe；一種具殺菌及殺黴菌性質之合成化合物, 常用在洗髮精、止汗制臭產品及牙膏牙粉中. 用在乳霜和頭髮噴霧產品, 加在配方中可增進產品皮膚滲透. 注意事項：光過敏性. 用途：1. 抗微生物劑 2. 除臭劑.

Diethanolamine 二乙醇胺, 亦稱 DEA (縮寫)；一種有機鹼, 加在配方中可調整酸鹼值, 亦用作爲溶劑, DEA 多用在製造合成界面活性劑. 這些 DEA 相關成分之界面活性劑, 一般以 1-5％之添加量廣泛使用在化粧品, 作爲乳化劑、起泡劑及去污清潔劑. 注意事項：DEA 和 DEA 相關成分可能刺激皮膚及黏膜(常見之 DEA 相關成分包括 Cocamide DEA、Cocamide MEA、DEA-cetyl phosphate、DEA oleth-3 phosphate、Lauramide DEA、Linoleamide MEA、Myristamide DEA、Oleamide DEA、Stearramide MEA、TEA-luryl sulfate 及 Triethanolamine)；美國聯邦毒物研究機構 The National Toxicology Program (NTP) 的一項動物實驗研究顯示, 塗抹 DEA 和某些 DEA 相關成分和引發實驗動物癌症有關, 此項 NTP 研究認爲, 此實驗動物致癌性可能和皮膚之 DEA 殘留量有關, 但未建立 DEA 是否會引發人類癌症的危險；科學研究已懷疑與提出 DEA 和 DEA 相關成分含有亞硝基胺殘留量之安全問題. 用途：1. pH 調整劑 2. 溶劑 3. 製造界面活性劑原料.

Diethanolamine p-methoxy cinnamate 二乙醇胺對-甲氧基肉桂酸酯, 亦稱 DEA methoxycinnamate；用在防曬品作紫外線波段 B 吸收劑. 用途：1. 防曬劑 2. 產品保護劑.

Diethylene glycol 二甘醇, 亦稱 2,2-Oxybisethanol；用在乳霜和頭髮噴霧產品, 可增進產品皮膚滲透. 注意事項：吞入有致命危險；較不會刺激皮膚但可經由皮膚吸收, 因此大範圍塗抹在皮膚上被視爲有傷害性. 見 Glycols. 用途：1. 溶劑 2. 保濕劑 3. 增塑劑.

Diethylene glycol dibenzoate 二甘醇二苯甲酸酯, 亦稱二苯甲酸二甘醇酯；

合成化合物.用途:1. 柔軟劑 2. 保濕劑.

Diethylene glycol oleate 二甘醇油酸酯;合成化合物.用途:1. 保濕劑 2. 溶劑.

Diethylene glycol stearate 二甘醇硬脂酸酯;用途:1. 保濕劑 2. 溶劑.

Diethylenetriamine pentaacetic acid 見 Pentetic acid.

Diethylhexyl phthalate 見 Phthalic acid dioctyl ester.

Diethyl phthalate 酞酸二乙酯,亦稱鄰苯二甲酸二乙酯、DEP;一種酞酸酯類,酞酸酯類中較常用在製造香料之酯,亦用作乙醇變性劑,及作為化粧品溶劑、成膜劑.注意事項:黏膜刺激;經由皮膚吸收產生中樞神經系統抑制(見 Phthalates);關於酞酸二乙酯之安全性,國際香料研究協會 International Fragrance Research Association 在 2002 年,因應美國媒體對於用在化粧品之酞酸酯類 Phthalates 安全性議題,公開說明有些酞酸酯類有副作用,有些則無,其間之劃分已有管理,其中提到 DEP 是一經過科學專家與法規機構試驗與審查之安全香料成分,以目前化粧品使用量與建議使用情形下,尚未有相關專業組織提出對該成分警示或限制之建議.用途:1. 製造香料 2. 變性劑 3. 溶劑 4. 成膜劑.

Digalloyl trioleate 雙沒食子三油酸鹽,亦稱 Solprotex (商品名);用在防曬品作紫外線波段 B 吸收劑.注意事項:可能引起皮膚紅腫等光敏感反應.用途:1. 防曬劑 2. 產品保護劑 3. 抗氧化劑.

Dihydroxyacetone 二羥丙酮,亦稱 DHA (簡稱);見 Dihydroxyacetone and Lawsone.用途:引曬劑.

Dihydroxyacetone and Lawsone 二羥丙酮及散沫花素;Dihydroxyacetone 單獨使用時為引曬劑,與 Lawsone 結合時作為防曬劑,為一紫外線吸收劑.用途:防曬劑.

2,4-Dihydroxybenzophenone 2,4-二羥基二苯甲酮;見 Benzophenone-1.

2,2'-Dihydroxy-4,4'-dimethoxy-benzophenone 2,2'-二羥基-4,4'-二甲氧基-

二苯甲酮;見 Benzophenone-6.

2,2-Dihydroxy-4,4'-methoxybenzophenone 2,2-二羥基-4,4'-甲氧基二苯甲酮;為一紫外線吸收劑. 見 Benzophenone-6.

1,5- Dihydroxynaphthalene 1,5-二羥基萘;一種煤焦油色素（見 Coal tar）. 用途:染髮劑.

Di-isopropanolamine 二異丙醇胺;廣泛用在香精和頭髮產品之成分,作為酸鹼值調整劑.注意事項:美國 CIR 專家認為以目前使用濃度和方法是安全成分,但仍不應和亞硝基化劑合用,以免產生亞硝基胺(致癌物).用途:酸鹼調節劑.

2,5-Diisopropyl methyl cinnamate 2,5-二異丙甲基肉桂酸酯;合成之肉桂酸酯衍生物,用在防曬品作紫外線波段 B 吸收劑（化學性防曬劑）.用途: 1. 防曬劑 2. 保護劑.

Diisostearyl malate 二異硬脂蘋果酸酯;由異硬脂醇 Isostearyl alcohol 和蘋果酸酯化反應製得,一種對於粉末和色素具有極佳之濕潤和黏合性質,常用在彩粧品如眼影、腮紅、粉餅等.用途: 1. 結合劑 2. 柔軟劑.

Dimetabromsalan 二間溴沙侖;見 Halogeno salicylanilides.

Dimethicodiethylbenzal malonate 二甲矽亞苄丙二酸二乙酯, 亦稱 Polysilicone-15、Parsol SLX（商品名）;Parsol 系列之產品,加在防曬品作紫外線波段 B 吸收劑.用途: 1. 防曬劑 2. 產品保護劑.

Dimethicone 二甲矽油, 亦稱 Polydimethylsiloxane（聚二甲基矽氧烷聚二甲基矽氧烷）、Dimethyl polysiloxane（二甲基聚矽氧烷）、Dimeticone;為線狀結構之矽氧烷油（見 Silicones）,以二甲基矽氧烷為單位線狀聚合之澄清無味液體,通式為 $(CH_3)_3$ Si-O-[Si$(CH_3)_2$-O]n-Si$(CH_3)_3$.本類化合物包括低分子量、中分子量至高分子量,黏度隨聚合程度而增加, 低分子量二甲矽油常與環甲矽油 Cyclomethicone 混合使用,中分子量與高分子量二甲矽油之用途見 Silicone oil. 二甲矽油覆蓋在頭髮具滑順效果,可減少梳髮、糾結、造型造成之掉髮與分叉.注意事項:依分子量高至低而有皮膚吸收微量至相當量,即低分子量之二甲矽油會有相當量的皮膚吸收;低分子量之二甲矽油雖具斥水性,但溶於油中,可被乳化、洗淨,極黏之高分子量二甲矽油,例如 Silicone gums,如停留在頭髮未被洗淨,重複覆蓋頭髮上會使頭髮厚重,不利頭髮健康,或留在頭皮未被洗淨,可引起皮膚問題.用途:1. 柔軟劑 2. 抗泡沫劑.

Dimethicone copolyol 二甲矽油共聚體;二甲矽油 Dimethicone 之高分子衍生物(見 Silicones),可賦予產品潤滑和柔軟,改善產品給予肌膚之觸感,用在洗髮精可促進泡沫增生.用途:1. 柔軟劑 2. 抗靜電劑.

Dimethicone copolyol phosphate 二甲矽油共聚體磷酸鹽;二甲矽油衍生物.見 Silicones.用途:保濕劑.

Dimethicone propyl PG-betaine 二甲矽油丙基內銨鹽;二甲矽油衍生物.見 Silicones.用途:1. 抗靜電劑 2. 界面活性劑.

Dimethiconol 聚氧二甲矽油;二甲矽油之衍生物.見 Dimethicone.用途:1. 抗泡沫劑 2. 柔軟劑.

***N*-〔(3- Dimethylamino)propyl〕hexadecanamide N- oxide** 見 Palmitamidopropylamine oxide.

Dimethyl benzyl carbinol 二甲基苄基卡比醇;一種合成香料.用途:香料.

Dimethyl ether 二甲醚,亦稱 DME(縮寫);易燃氣體,作為噴霧產品之液化氣體型噴射劑.注意事項:易燃性強,不當使用易起火燃燒(見〈化粧品成分用途說明〉,推進劑).用途:噴射劑.

Dimethyl isosorbide 二甲基異山梨糖醇酐;用途:1. 保濕劑 2. 溶劑.

Dimethyl oxazolidine 二甲基噁唑啶,亦稱 4,4-Dimethyl oxazolidine (4,4-二甲基噁唑啶);用途:防腐劑.

Dimethyl polysiloxane 見 Dimethicone.

Dimethylsilanol hyaluronate 二甲基矽烷醇透明質酸;透明質酸之合成衍生物,具極佳之皮膚水合作用.用途:保濕劑.

6-Dinitro-2-aminophenol 見 Picramic acid.

Dioctyl cyclohexane 二辛基環己烷;用途:柔軟劑.

Dioctyl sodium sulfosuccinate 二辛基磺酸基琥珀酸鈉, 亦稱 Sodium dioctyl sulfosuccinate、Docusate Sodium（多庫酯鈉）;一種陰離子性界面活性劑（見 Alkyl sulfates）.用途: 1. 界面活性劑 2. 乳化劑.

Dioxane 二烷, 亦稱 1, 4－Dioxane;非化粧品原料, 而是化粧品雜質, 可經由污染而混入產品內, 污染來源包括受污染之天然原料, 或合成物原料, 如乙氧基化之界面活性劑易含二烷, 但後者可經由加工處理而去除.已發現二烷可引起肝癌, 且可經由皮膚完全滲透.勿與戴奧辛 Dioxin 混淆.

Dioxybenzone 二羥苯宗;見 Benzophenone-8.

Dipentaerythrityl hexahydroxy stearate / stearate / rosinate 松香二戊丁四醇混合六酯;一種多元醇酯型之非離子性界面活性劑, 可作為乳化劑.用途:乳化劑.

Diphenhydramine HCL 苯海拉明鹽酸鹽;一種抗組織胺藥, 衛生署允許之抗組織胺劑.用途:抗組織胺劑.

Diphenyl dimethicone 聯苯二甲矽油;二甲矽油之衍生物, 見 Silicones 與 Dimethicone,改善產品給予肌膚之觸感.用途:乳化劑.

Dipotassium disulphite 見 Potassium metabisulfite.

Dipotassium glycyrrhizate 甘草酸二鉀;用途:保濕劑.

Dipotassium hexafluorosilicate 見 Potassium fluorosilicate.

Dipotassium phosphate 磷酸氫二鉀, 亦稱 Potassium phosphate dibasic、Dipotassium hydrogen phosphate;一種鹽, 作為溶液酸鹼之緩衝劑及螯合劑.用途: 1. 螯合劑 2. (溶液酸度) 緩衝劑.

Dipotassium sulphide 見 Potassium sulfide.

Dipotassium tetraborate 見 Potassium borate.

Dipropylene glycol 二丙二醇;一種二元醇類（見 Glycols）. 用途:溶劑.

Dipropylene glycol monomethyl ether 二丙二醇單甲醚, 亦稱 PEG 2 Methyl Ether、DPGME、DPM;一種二元醇類（見 Glycols）, 可增加皮膚穿透性. 用途: 溶劑.

Dipropylene glycol salicylate 二丙二醇水楊酸酯;水楊酸與多元醇之合成衍生物, 亦用在防曬品作紫外線波段 B 吸收劑. 用途: 1. 界面活性劑 2. 增塑劑 3. 增稠劑 4. 防曬劑 5. 產品保護劑.

Disodium cocoamphodiacetate 二鈉椰二乙酸鹽;用途:界面活性劑.

Disodium 2,2'-dihydroxy-4,4'-dimethoxy-5,5'-disulfobenzophenone 二鈉 2,2'-二羥基-4,4'-二甲氧基-5,5'-二硫代二苯甲酮;見 Benzophenone-9.

Disodium edetate 依地酸二鈉;見 Disodium EDTA.

Disodium EDTA 二鈉乙二胺四乙酸, 亦稱 Disodium ethylene diamine tetraacetic acid、Disodium ethylene diamine Tetraacetate、EDTA disodium、Sodium versenate;用途: 1. 防腐劑 2. 螯合劑.

Disodium EDTA Copper 依地酸銅二鈉, 亦稱 Copper versenate;用途: 1. 色素 2. 螯合劑.

Disodium ethylene diamine tetraacetic acid 見 Disodium EDTA.

Disodium glyceryl phosphate 二鈉甘油基磷酸;用途:乳化劑.

Disodium lauryl sulphosuccinate 月桂基磺酸琥珀酸二鈉;一種陰離子界面活性劑（見 Alkyl sulfates）. 用途:界面活性劑.

Disodium monococamidosulfosuccinate 單椰醯胺磺酸基琥珀酸二鈉;一種陰離子界面活性劑（見 Alkyl sulfates）. 用途:界面活性劑.

Disodium monolaurethsulfosuccinate 單月桂醚磺酸基琥珀酸二鈉;一種陰離子界面活性劑（見 Alkyl sulfates）. 用途:界面活性劑.

Disodium phosphate 磷酸氫二鈉, 亦稱 Dibasic sodium phosphate、Sodium phosphate, dibasic、Disodium hydrogen phosphate；用途：1. 緩衝劑 2. 螯合劑.

Disodium stearoyl glutamate 硬脂醯穀銨酸二鈉；一種陰離子界面活性劑. 用途：界面活性劑.

Distearyldimethylammonium chloride 二 硬 脂 二 甲 氯 化 銨，亦 稱 Distearyldimonium chloride、Dimethyldioctadecylammonium Chloride；一種四級銨鹽陽離子界面活性劑，對毛髮具有軟化和防止靜電的效果，可用來製造潤絲精. 見 Quaternary ammonium compounds. 用途：抗靜電劑.

Distearyldimonium chloride 見 Distearyldimethylammonium chloride.

Distilled water 蒸餾水；用途：溶劑.

DL-Cysteine, DL-Cysteine HCl 查閱字母 C 之 DL-Cysteine、字母 C 之 DL-Cysteine HCl.

d-Limonene, D-Limonene, dl-Limonene, DL-Limonene 查閱字母 L 之 d-Limonene、字母 L 之 D-Limonene、字母 L 之 dl-Limonene、字母 L 之 DL-Limonene.

DL-lysine 查閱字母 L 之 DL-lysine.

DL-Menthol, L-Menthol 查閱字母 M 之 DL-Menthol、字母 M 之 L-Menthol.

DL-Panthenol, DL-Pantothenyl alcohol 查閱字母 P 之 DL-Panthenol、字母 P 之 DL-Pantothenyl alcohol.

DL-Threonine 查閱字母 T 之 DL-Threonine.

DL-α-Tocopherol, DL-α-Tocopherol acetate 查閱字母 T 之 DL-α-Tocopherol、字母 T 之 DL-α-Tocopherol acetate.

DL-α-Tocopheryl acetate, DL-α-Tocopheryl nicotinate 查閱字母 T 之 DL-α-Tocopheryl acetate、字母 T 之 DL-α-Tocopheryl nicotinate.

DMDM hydantoin 二羥甲基二甲基乙內醯脲；DMDM 爲 Dimethylol dimethyl 之縮稱．注意事項：可能會引起皮膚刺激；美國 CIR 專家認爲以目前規定使用爲安全化粧品成分．用途：防腐劑．

D-Mixed-tocopherols （α-tocopherol，β-tocopherol，γ-tocopherols & δ-tocopherol） 查閱字母 M 之 D-Mixed-Tocopherols （α-tocopherol，β-tocopherol，γ-tocopherols & δ-tocopherol）．

Dodecanal 見 Aldehyde C12 lauric.

Dodecylamine 見 Lauramine.

Dodecylaminopropionic acid 見 Lauraminopropionic acid.

Dodecyl benzene sulfonate 見 Dodecyl benzene sulfonic acid.

Dodecyl benzene sulfonic acid 十二烷基苯磺酸，亦稱 Dodecyl benzene sulphonic acid、Dodecyl benzene sulfonate；從石油產物製備，一種陰離子界面活性劑，加在化粧品作清潔去污劑．注意事項：可能會引起皮膚刺激．用途：界面活性劑．

Dodecyldimethylamine oxide 見 Lauramine oxide.

Dog rose（Rosa canina）hips oil 犬薔薇果油，亦稱爲狗牙薔薇果油、Rosa Canina(學名)；見 Rose hips oil.

Domiphen bromide 溴化多米芬；一種溴化物．用途：抗菌劑．

D-Panthenol 右旋型泛醇，亦稱 D-Pantothenyl alcohol；見 Panthenol.

D-Pantothenyl alcohol 見 D-Panthenol.

Drometrizole 甲酚曲唑，亦稱 2-（2H- Benzotriazol- 2- yl)- p- cresol、2-(2'-Hydroxy-5-methylphenyl)benzotriazole；苯合成衍生物，常加在指甲油當溶劑，或用在防曬品作紫外線吸收劑．用途：1. 防曬劑 2. 產品保護劑．

Drometrizole trisiloxane 甲酚曲唑三矽氧烷，亦稱 Mexoryl XL（商品名)；合成物，用在防曬品作紫外線波段 A 吸收劑．用途：1. 防曬劑 2. 產品保護劑．

D-α-Tocopheryl acetate　查閱字母 T 之 *D-α*-Tocopheryl acetate.

DTPA　見 Pentetic acid.

E

Earthnut oil　見 Peanut oil.

EDTA　乙二胺四乙酸, 亦稱乙烯二胺四醋酸、Ethylene diamine tetraacetic acid；EDTA 爲 Ethylene diamine tetraacetic acid 之縮寫, EDTA 常添加在化粧品中當螯合劑, 以減少礦物質. 用途：螯合劑.

EDTA tetrasodium　見 Tetrasodium EDTA.

Egg　蛋；全蛋, 含豐富蛋白質, 在皮膚上可形成一層薄膜, 藉此使皮膚保留水份使之柔軟及緊實, 亦常用在頭髮產品, 使頭髮更易整理. 用途：1. 面膜成分 2. 頭髮調理劑.

Egg oil　蛋黃油；獲自蛋黃, 含脂肪酸甘油酯、膽固醇、卵磷脂. 用途：1. 天然乳化劑 2. 天然柔軟劑.

Egg yolk　蛋黃；蛋之黃色部分, 在自製化粧品可混合荷荷葩油或橄欖油當天然護髮霜, 亦可混合水果漿當乾性皮膚之面膜, 在化粧品工業用來製造蛋黃萃取物. 用途：1. 天然護髮劑 2. 天然面膜原料 3. 製造蛋黃萃取物.

Eicosapentaenoic acid　二十碳五烯酸, 亦稱 EPA（縮寫）；一種不飽和脂肪酸, 存在魚油中, EPA 可降低人體血液之濃稠程度, 在化粧品工業則常添加在面霜中. 用途：護膚品添加物.

Elastin　彈力蛋白質；來自動物結締組織中之蛋白質, 受損之彈力蛋白質如能有效修補, 可改善皮膚乾燥、彈性、緊實度, 因此常添加在護膚保養品作爲抗老化成分, 但外用受限於分子大小, 無法滲透入皮膚發揮期待效果, 只能停留在表面皮膚作爲提供保濕作用. 用途：1. 護膚品添加物 2. 保濕劑.

Elastin, hydrolyzed 水解型態之彈力蛋白質;在處方運用上更便利.用途:同 Elastin.

Elder 見 Sambucus.

Elder extract 見 Sambucus extract.

Ellagic acid 鞣花酸;天然以游離態或結合態存在於沒食子、桉樹的樹膠中, 可由沒食子酸經化學處理製成.鞣花酸是一種止血藥,在化粧品作為美白劑. 用途:美白劑.

Emulsifying wax 乳化蠟;一種合成蠟,由動物或植物蠟經加工處理製成,為 一種油脂化學物.用途:同 Wax.

Eosin(e) 曙紅;用途:染料.

Ergocalciferol 見 Vitamine D2.

Erythorbic acid 異抗壞血酸,亦稱 Isoascorbic acid;具有二十分之一的維生 素 C 活性.見 Ascorbic acid.用途:抗氧化劑.

Erythritol 丁四醇,亦稱四羥基丁烷、赤蘚醇;一種四元醇,可自藻類或地衣 等分離或由黴菌製備.用途:保濕劑.

Escin 七葉素;一種皂素,存在馬栗樹種子中,常用作減低日曬灼傷之皮膚保 護成分.用途:植物添加物.

Estradiol 雌二醇;一種女性荷爾蒙（見 Hormones）,常加在抗老化保養品. 見 Hormones.注意事項:使用在小孩身上,可能會有傷害性之全身反應.用途: 1. 抗脂漏劑 2.（護膚品）添加物.

Estrone 雌固酮;一種女性荷爾蒙（見 Hormones）,常加在抗老化保養品.注 意事項:使用在小孩,可能會有傷害性之全身反應.用途: 1. 抗脂漏劑 2.（護 膚品）添加物.

Ethanol 乙醇,亦稱 Ethyl alcohol、Ethanol、Alcohol 酒精（俗稱）;獲自碳水 化合物發酵而來,常用在化粧品作抗菌成分.注意事項:大量吞入可能引起噁心、嘔吐、昏迷、死亡等傷害. 用途：1.收斂劑 2. 溶劑 3. 抗菌劑.

Ethanol, denatured 變性乙醇, 亦稱 Denatured ethanol、Ethanol, denat.、Denatured alcohol、Alcohol denat.、Ethanol、Denatured Ethyl alcohol、Ethyl alcohol, denatured；乙醇中加入變性劑, 使之不適於作爲飲料, 只供作工業、藝術或化粧品用之原料. 有數種使乙醇變性之變性劑, 地那鈉苯甲酸鹽爲其中之一. 見 Denatonium benzoate. 用途：溶劑.

Ethanolamine 乙醇胺, 亦稱單乙醇胺、Monoethanolamine、2-Aminoethanol；MEA 爲 Monoethanolamine（單乙醇胺）之縮寫, Ethanolamine（乙醇胺）一般指 Monoethanolamine, 常用在燙髮液當鹼劑, 與脂肪酸皀化形成香皀及製造合成界面活性劑. 用途：1. 鹼劑 2. 製造皀類原料 3. 製造合成界面活性劑原料.

Ethanolamines 乙醇胺類；意指三種乙醇胺化合物：單乙醇胺 Monoethanolamine（通稱 Ethanolamine）、雙乙醇胺 Diethanolamine、三乙醇胺 Triethanolamine. 三者皆爲鹼性物質, 常用在燙髮液當鹼劑, 與脂肪酸皀化形成香皀及製造合成界面活性劑. 注意事項：動物實驗顯示非常大量餵食動物可致死；在強鹼性配方下會刺激皮膚. 用途：1. 鹼劑 2. 製造皀類原料 3. 製造合成界面活性劑原料.

Ethinyl estradiol 乙炔基雌二醇, 亦稱炔雌醇；一種女性荷爾蒙（見 Hormones）, 常加在抗老化保養品. 用途：1. 抗脂漏劑 2.（護膚品）添加物.

Ethoxydiglycol 乙氧基乙二醇；由石油產物製得之合成物, 常用在指甲產品當溶劑. 注意事項：動物實驗顯示食入毒性比 Polyethylene glycol 大, 但塗抹在人體皮膚上, 目前資料顯示非刺激及非滲透. 用途：1. 保濕劑 2. 溶劑.

Ethoxyethanol 乙氧基乙醇, 亦稱 2-Ethoxyethanol（2-乙氧基乙醇）；無色幾無臭液體. 注意事項：因其生殖毒性, 美國 CIR 專家列爲不安全化粧品成分. 用途：溶劑.

Ethoxyethanol acetate 乙氧基乙醇醋酸酯, 亦稱乙氧基乙醇乙酸酯、2-

Ethoxyethanol acetate (2-乙氧基乙醇醋酸酯或 2-乙氧基乙醇乙酸酯);無色芳香液體.注意事項:因其生殖毒性,美國 CIR 專家列爲不安全化粧品成分.用途:溶劑.

2-Ethoxy ethyl-*p*-methoxycinnamate 2-乙氧基乙基-對-甲氧基肉桂酸酯,亦稱 Cinoxate;合成之肉桂酸酯衍生物,用在防曬品作紫外線波段 B 吸收劑.用途:1. 防曬劑 2. 產品保護劑.

Ethoxylated cholesterol 乙氧化膽固醇;膽固醇乙氧化合成物(見 Cholesterol),乙氧化膽固醇比膽固醇具更好之乳化性.用途:乳化劑.

Ethoxylated ethyl-4-amino-benzoate 乙氧化乙基-4 胺基-苯甲酸;用途:乳化劑.

Ethoxylated hydrogenated castor oil 乙氧化氫化蓖麻油;蓖麻油經氫化處理及乙氧化合成,見 Castor oil.見 PEG-40 hydrogenated castor oil.

Ethoxylated hydrogenated lanolin 乙氧化氫化羊毛脂;羊毛脂經氫化處理及乙氧化合成,見 Lanolin.用途:1. 乳化劑 2. 抗靜電劑 3. 柔軟劑.

Ethoxylated lanolin 乙氧化羊毛脂;羊毛脂之乙氧化合成物,見 Ethoxylated lanolin.乙氧化羊毛脂具有比羊毛脂更好之乳化性,見 PEG-40 lanolin.注意事項:見 Lanolin.用途:1. 乳化劑 2. 抗靜電劑 3. 柔軟劑.

Ethoxylated lanolin alcohol 乙氧化羊毛脂醇;羊毛脂醇之乙氧化合成物,見 Lanolin alcohol.注意事項:見 Lanolin.用途:1. 乳化劑 2. 抗靜電劑 3. 柔軟劑.

Ethoxylated lanolin oil 乙氧化羊毛脂油;羊毛脂油之乙氧化合成物,見 Ethoxylated lanolin.注意事項:見 Lanolin.用途 1. 抗靜電劑 2. 柔軟劑 3. 溶劑.

Ethoxylated lauryl alcohol 乙氧化月桂醇;一種 POE alcohols 型之非離子性界面活性劑(見 Polyoxyethylene fatty alcohols).用途:1. 乳化劑 2. 柔軟劑 3. 乳劑穩定劑 4. 增稠劑.

Ethoxylated oleyl-cetyl alcohol　乙氧化油基-鯨蠟醇；一種 POE alcohols 型之非離子性界面活性劑（見 Polyoxyethylene fatty alcohols）. 用途：乳化劑.

Ethoxylated peanut oil　見 Peanut oil PEG-6 esters.

Ethyl acetate　乙酸乙酯, 亦稱 Acetic acid ethyl ester；具有水果香味, 天然存在各種水果中, 常由合成製備. 注意事項：蒸汽具刺激性, 長期大量吸入可能引起腎、肝損害；具皮膚刺激性, 易引起皮膚乾燥龜裂, 美國 CIR 專家認爲以目前規定使用爲安全化粧品成分. 用途：1. 香料 2. (指甲產品) 溶劑.

Ethyl alcohol　見 Ethanol.

Ethyl alcohol, Denatured　見 Ethanol, denatured.

Ethyl *p*-aminobenzoate　對胺基苯甲酸乙酯, 亦稱 Ethyl PABA、Ethyl anthranilate；PABA 之衍生物, 在化粧品工業添加在防曬品作紫外線波段 B 吸收劑, 亦爲一局部麻醉劑添加在藥膏中. 用途：防曬劑.

Ethyl *p*-aminobenzoic acid　見 Ethyl p-aminobenzoate.

Ethyl 4-bis (hydroxypropyl) aminobenzoate　見 Ethyl dihydroxypropyl PABA.

Ethylcellulose　乙基纖維素, 亦稱 Cellulose ethylether；由木漿或化學棉用鹼處理等製得之半合成物, 主用在指甲油和液狀之口紅作爲結合劑、分散劑及乳化劑, 亦用在脣膏作爲成膜劑. 見 Cellulose (colloid). 用途：1. 增稠劑 2. 結合劑 3. 成膜劑.

Ethyl dihydroxypropyl PABA　對胺基苯甲酸二羥丙基乙酯, 亦稱 Ethyl dihydroxypropyl *p*-aminobenzoate、Ethyl 4-bis(hydroxypropyl) aminobenzoate；PABA 之衍生物, 用在防曬品作紫外線波段 B 吸收劑. 用途：1. 防曬劑 2. 產品保護劑.

Ethyl-2,4- diisopropyl cinnamate　見 Isopropyl-*p*-methoxycinnamate & Diisopropyl cinnamate ester mixture.

Ethylenediamine tetraacetic acid　見 EDTA.

Ethylene glycol　乙二醇, 亦稱甘醇、1,2-Ethanediol；味甜（勿吞下, 有毒）黏
性液體, 具強濕性（可吸收一倍於其重量之水分）, 爲二元醇類化合物結構最
簡單者（見 Glycols）, 用在化粧品工業作爲保濕劑或溶劑, 亦用在其他工業作
爲防凍劑, 許多化粧品成分爲乙二醇之聚合物即聚乙二醇. 注意事項：食入會
造成傷害, 如嘔吐、眩暈、昏迷、呼吸哀竭、泌尿系統損害及可能死亡（人致死
量約 1.4ml/kg）. 用途：1. 保濕劑　2. 溶劑.

Ethylene glycol distearate　二硬脂酸乙二醇酯；一種合成酯類. 用途：界面活
性劑.

Ethylene glycol salicylate　乙二醇水楊酸酯, 亦稱 Glycol salicylate、2-
Hydroxyethyl salicylate；合成的水楊酸衍生物, 用在防曬品作紫外線波段 B 吸
收劑. 用途：1. 防曬劑　2. 產品保護劑.

Ethyleneoxide propyleneoxide block polymers　環氧乙烷及環氧丙烷嵌段共
聚物；爲環氧乙烷化合物（例如 PEG、POE）與環氧丙烷化合物（例如 PPG）
之共聚物, 爲一種非離子型界面活性劑. 用途：界面活性劑.

Ethyl ether　乙醚, 亦稱 Ether；主要用在化粧品工業, 作爲溶劑. 注意事項：會
引起輕微皮膚刺激, 吸入或食入會引起中樞神經抑制. 用途：溶劑.

Ethyl hexanediol　乙基己二醇, 亦稱 2- Ethylhexane- 1,3- diol (2-乙基-1,3-
己二醇)；注意事項：可經由皮膚吸收後尿液排出；動物實驗顯示, 經由皮膚吸
收會有致畸胎性；美國 CIR 專家對致畸胎性極度關切, 但仍結論基於目前之
數據, 此成分以目前規定使用仍是安全化粧品成分. 用途：溶劑.

2-Ethyl-1,3-hexanediol　見 Ethyl hexanediol.

2-Ethylhexyl-2-cyano-3,3-diphenylacrylate　2-辛基-2-氰基-3,3-二苯基丙烯
酸酯, 亦稱 Octocrylene（商品名）、2-Ethylhexyl-2-cyano-3,3-diphenyl-2-
diphenyl-2-propenoate、2-Cyano-3,3-diphenyl acrylic acid, 2-ethylhexyl ester；
用在防曬品作紫外線波段 B 吸收劑. 用途：1. 防曬劑　2. 產品保護劑.

2-Ethylhexyl-2-cyano-3,3-diphenyl-2-propenoate 同 2-Ethylhexyl 2-cyano-3,3-diphenylacrylate.

2-Ethylhexyl-*p*-dimethyl amino benzoate 見 Octyl dimethyl PABA.

Ethylhexylglycerin 見 Octoxyglycerin.

2-Ethylhexyl-4-methoxy cinnamate 見 Octyl methoxycinnamate.

Ethylhexyl-*p*-methoxycinnamate（Parsol MCX） 辛基-對-甲氧基肉桂酸酯, 亦稱 Parsol MCX（商品名）；見 Octyl methoxycinnamate.

2-Ethylhexyl salicylate 2-乙基辛基水楊酸酯；見 Octyl salicylate.

Ethylhexyl triazone 乙基己基三氮苯；氮苯 Triazine 之合成衍生物, 歐洲與日本許可之防曬劑, 加在防曬品作紫外線波段 B 吸收劑, 但截至本書付印, 美國尚未許可使用. 國內衛生署許可之防曬劑. 用途：1. 防曬劑 2. 產品保護劑.

Ethyl linoleate 亞油酸乙酯, 亦稱 Linoleic acid ethylester；由向日葵子油製備, 對空氣氧化比亞油酸更穩定. 用途：柔軟劑.

Ethyl linolenate 亞麻酸乙酯；用途：柔軟劑.

Ethyl oleate 油酸乙酯；合成油脂. 用途：柔軟劑.

Ethylparaben 尼泊金乙酯, 亦稱 4-Hydroxybenzoic acid ethyl ester（4-羥苯甲酸乙酯）、Ethyl p-hydroxybenzoate（羥苯乙酯）；一種對羥基苯甲酸酯（見 Parabens）. 注意事項：見 Parabens. 用途：防腐劑.

Etidronic acid and its salts 羥乙磷酸及其鹽類, 亦稱 1-Hydroxy-ethylidene-diphosphonic acid and its salts、1-Hydroxy-Ethylidene-bisphosphonic acid and its salts；用途：螯合劑.

Eucalyptol 桉葉油精, 亦稱桉樹腦 Cineole、1,3,3-Trimethyl-2-oxabicyclo [2,2,2]-octane、1,8-Epoxy-p-menthane；桉葉油之主要成分, 具樟腦氣味, 味芳香清涼, 有驅蟑螂作用. 注意事項：致過敏原；食用 3-5ml 即有致命危險. 見 Eucalyptus oil. 用途：1.（天然）香料 2.（天然）防腐劑.

Eucalyptus oil　桉葉油,亦稱尤加利油;一種精油,澳洲土生土長植物桃金娘科桉屬藍膠尤加利 Eucalyptus globulus 之乾葉(稱桉葉或尤加利葉 Eucalyptus)含桉葉油最豐,其主成分為 70～80％之桉樹腦 Cineole. 注意事項:芳香療法,桉葉油禁用在嬰兒、孕婦.用途:1. (天然)香料 2. (天然)防腐劑.

Eugenia caryophyllata　桃金娘科丁香(學名),亦稱丁香 Clove(俗稱);其花蕾及葉可萃取丁香油 Clove oil. 見 Clove oil.用途:天然香料原料.

Eugenia caryophyllata extract　丁香萃取液;見 Eugenia caryophyllata.

Eugenol　丁香酚;一種酚類,具丁香花般香味,天然存在丁香油、肉桂油、香葉油中(為丁香油、肉桂油之主成分),化粧品添加之丁香酚成分為合成香料(見化粧品成分用途說明,香料).注意事項:接觸性過敏原;食入可能引起嘔吐及胃部刺激.用途:1. 香料 2. 變性劑.

Euphrasia officinalis　小米草;Euphrasia officinalis 為學名,生長在歐洲之草本植物.用途:植物添加物.

Eusolex 6300　見 4-Methylbenzylidene Camphor.

Evening primrose　月見草,亦稱 Oenothera biennis(學名);見 Evening primrose oil.

Evening primrose oil　月見草油,亦稱 EPO(縮稱);一種植物油,得自柳葉菜科月見草 Oenothera biennis L. (學名)的種子,富含健康皮膚所必需的脂肪酸(包括高量 γ-亞油酸).研究顯示 γ-亞油酸在體內之功能可轉換為前列腺素及荷爾蒙以及維護上皮細胞膜之正常功能.藥草療法中,月見草油常內用治療特定之濕疹及乳房痛、舒緩經前焦慮、高血壓與降低膽固醇,對皮膚之益處則除可維護上皮細胞膜之正常功能外,尚能改善皮膚含水度.外用上月見草油用作收斂劑可改善皮膚發炎,及常用在抗老化粧品.用途:1. (天然)收斂劑 2. (天然)保濕劑 3. (天然)皮膚調理劑.

Ext. D&C　見 D & C.

Ext. D&C Red No. 8　化粧品用紅色 34 號（法定中文名稱），亦稱 CI 15620；Ext. D&C 爲 External Drug & Cosmetic 之縮寫，代表該色素只有用於外用之藥品及化粧品，視規定是否可應用在唇部或黏膜，見 D&C. 用途：色素.

F

Faex　壓縮酵母；見 Yeast.

Fagus sylvatica extract　歐洲山毛櫸萃取物；歐洲山毛櫸之堅果可榨出植物油用來製造皂類，或作爲橄欖油之替代油，其枝條可萃取成分製作天然染髮劑. 用途：1. 天然染髮劑 2. 天然皂類原料.

Farnesol　金合歡醇, 亦稱 3,7,11-Trimethyl-2,6,10-dodecatrien-1-ol；一種倍半帖烯之醇類，天然存在橙花、玫瑰、麝香、月下香及其他植物花朵之精油中，具青草般香味，化粧品添加之金合歡醇成分爲合成香料（見〈化粧品成分用途說明〉，香料）. 注意事項：接觸性過敏原. 用途：香料.

Fatty acids　脂肪酸；天然存在動、植物中，主要以酯類化合物的型式存在於天然油脂或蠟質中，小部分以游離型式（即脂肪酸）存在蠟質與其他物質中，是皮膚正常生長與健康必需物質. 脂肪酸因種類不同，造成形成之油脂性質及營養價值亦不同，大多數動物油脂在常溫時爲固體，而大多數植物油爲液體，少數如魚油爲液體，椰子、棕櫚、可可則爲固體，此因固體油脂較液體油脂含有較多量之飽和脂肪酸，但油脂經久易酸敗、固化以及發生毒性則因含有不飽和脂肪酸之故. 化粧品的脂肪酸原料由天然油脂經化學加工處理製成（一種油脂化學物），脂肪酸用於各種化粧品，因種類不同用途亦不同，包括 1. 低級飽和脂肪酸（碳數在 10 以下者）：爲揮發性液體、可溶於水（常見於天然奶油及椰子油），包括乙酸 Acetic acid、丁酸 Butyric acid、己酸 Caproic acid、辛酸 Caprylic acid、癸酸 Capric acid，2.高級飽和脂肪酸（碳數在 12 以上者）：在常溫爲固體、無揮發性、不溶於水可作爲化粧品之油性原料，亦常與鹼皂化製造皂類（香皂、肥皂），包括十二酸（或稱月桂酸）Lauric acid、十四酸（或稱肉荳蔻酸）Myristic acid、十六酸（或稱棕櫚酸）Palmitic acid、十八酸（或稱硬脂酸）Stearic acid、二十酸（或稱花生酸）Arahidic acid、二十二酸（或稱豆油酸）Behenic acid、二十四酸 Lignoceric acid、二十六酸（或稱蠟脂酸）Cerotic acid 及三十酸（或稱蜜蠟酸）Melissic acid. 3.不飽和脂肪酸（具有雙鏈者）：包括油酸 Oleic acid、十六碳烯酸（或稱棕櫚烯油酸）Palmitoleic acid、亞麻油酸二烯酸 Linoleic acid、十八碳三烯酸（或稱次亞麻油酸三烯酸）Linolenic acid 及花生四烯酸 Arachidonic acid. 用途：1. 乳化劑　2. 結合劑　3. 潤滑劑　4. 製造皂類原料.

Fatty acid esters　脂肪酸酯類；爲油脂化學之產物，由脂肪酸類和低分子量醇類反應生成之合成酯類，所用醇類包括：低級醇、高級醇（泛指碳數在 6 以上之一元醇類）或多元醇可組合生成許多不同之酯類，合成酯類（即脂肪酸酯類）因分子量不同而性質與用途互異，可當作柔軟劑、乳化劑、色素溶劑或不透明化劑等. 合成酯類因其在皮膚觸感油而不膩之優點，而廣泛用在各類化粧品，但近來發現，在製造過程中形成之反式脂肪酸，不利皮膚保養. 用途：1. 乳化劑　2.溶劑 3.不透明劑.

Fatty acid methyl taurate　脂肪酸牛磺酸甲酯，亦稱脂肪酸甲基牛膽素鹽；見 Acyl N-methyl taurate.

Fatty alcohols　脂肪醇類；一種固體醇，由脂肪酸類製備，一般常見脂肪醇類包括：鯨蠟醇 Cetyl alcohol、硬脂醇 Stearyl Alcohol、月桂醇 Lauryl alcohol 及肉荳蔻醇 Myristyl alcohol 等. Cetyl alcohol 和 Stearyl alcohol 可形成封合性薄膜，保持皮膚水分減少蒸發，另賦予皮膚輕滑觸感，廣泛用在護膚品；Lauryl alcohol 和 Myristyl alcohol 則用在護膚產品與清潔產品. 用途：1. 保濕劑　2.

柔軟劑 3. 乳化劑 4. 硬化劑.

FD&C 見 D&C.

FD&C Blue No. 1 化粧品用藍色 1 號 (法定中文名稱), 亦稱 Brilliant Blue FCF (英文名稱)、CI 42090; 煤焦油色素 (見 Coal tar). 美國在 1976 年禁用在原有食品中, 目前只允許用在外用化粧品. F, D&C 為 Food, Drug & Cosmetics 之縮寫, 代表該色素可供食品、藥品及化粧品使用. 見 D&C Orange No. 4. 注意事項: 可能會引起過敏反應; 動物實驗顯示注射及食入給與途徑可致癌. 用途: 色素.

FD&C Blue No. 2 食用藍色 2 號 (法定中文名稱), 亦稱 CI 73015; 煤焦油色素 (見 Coal tar). 注意事項: 可能會引起過敏反應; 動物實驗顯示注射及食入給與途徑可致癌. 見 FD&C Blue No. 1. 用途: 色素.

FD&C Red No. 3 食用紅色 7 號 (法定中文名稱), 亦稱 Erythrosine (英文名稱)、CI 45430; 煤焦油色素 (見 Coal tar). 見 FD&C Blue No. 1. 用途: 色素.

FD&C Red No. 4 化粧品用紅色 32 號 (法定中文名稱), 亦稱 CI 14700; 煤焦油色素 (見 Coal tar). 美國在 1976 年禁用在原有食品中, 目前只允許用在外用化粧品. 見 FD&C Blue No. 1. 用途: 色素.

FD&C Red No. 40 FD&C 紅色 40 號; 煤焦油色素 (見 Coal tar). 注意事項: 已發現製造該色素原料之一在動物實驗已顯示致癌性. 見 FD & C Blue No. 1 與 CI 16035. 用途: 色素.

FD&C Yellow No. 5 食用黃色 4 號 (法定中文名稱), 亦稱 CI 19140 (CI 色號)、Tartrazine (英文名稱); 煤焦油色素 (見 Coal tar). 注意事項: 據報導, 對阿斯匹靈敏感的人, 食入本色素會引發氣喘的症狀. 見 FD & C Blue No. 1. 用途: 色素.

FD&C Yellow No. 6 食用色黃色 5 號 (法定中文名稱), 亦稱 Sunset Yellow FCF (英文名稱)、CI 15985 (CI 色號); 煤焦油色素 (見 Coal tar). 注意事項:

可能引起過敏反應. 見 FD&C Blue No. 1. 用途:色素.

FD&C Yellow No. 5 Al Lake　見 FD&C Yellow No. 5 Aluminum Lake.

FD&C Yellow No. 5 Aluminum Lake　FD&C 黃色 5 號鋁沉澱色料, 亦稱 Pigment Yellow 100;煤焦油色素 (見 Coal tar);國內化粧品常用色素. 見 FD & C Blue No. 1. 用途:色素.

Fennel extract　茴香萃取物, 亦稱茴芹子萃取物;茴香 Fennel 之學名為傘形 科茴香 Foeniculum vulgare, 茴香在食物料理用途很廣, 在美容方面, 種子和葉 片可蒸臉清潔皮膚, 種子可萃取茴香油, 用來當調味香料及按摩肌肉. 注意事 項:可能會引起過敏反應. 用途:植物添加物.

Fennel oil　茴香油, 亦稱小茴香油;一種精油, 取自茴香 Fennel 果實, 可添加 入牙膏等當矯味料, 亦可取少量用於肌肉按摩. 見 Fennel extract. 注意事項: 茴香油不能用於癲癇患者及小孩, 可能會引起過敏反應. 用途:(天然) 矯味香 料.

Ferric ferrocyanide　亞鐵氰化鐵;一種無機色素. 用途:色素.

Fish glycerides　魚三酸甘油酯;魚油之甘油酯成分. 用途: 1. 香皂原料 2. 柔 軟劑.

Fish liver oil　見 Piscum iecur.

Fluoropolymer　氟聚合物;用途:色素.

Foeniculum vulgare　茴香;見 Fennel extract.

Formaldehyde　甲醛, 亦稱福馬林;甲醛氣體被認為是一種致癌劑, 衛生署規 定禁止加在化粧品中, 並規定國內化粧品使用防腐劑時, 其釋出甲醛之總游離 量不得超過 1000 ppm, 但在美國規定, 指甲產品含甲醛不應超過 5%;在日本 禁用甲醛在化粧品中. 注意事項:皮膚刺激、過敏反應及皮膚病變. 用途:防腐 劑.

Formic acid　甲酸;天然存在蘋果等水果中, 工業上多用化學反應製成, 用在 化粧品作為 pH 值調整劑. 注意事項:慢性吸收會引起尿蛋白;動物實驗顯示

餵食動物特定量以上可致癌,美國 CIR 專家認為以目前規定使用是安全化粧品成分.用途:

Formic acid and its sodium salt　甲酸及其鈉鹽;注意事項:見 Formic acid. 用途:防腐劑.

Fragrance　香料,亦稱香精:香料來源有天然及合成(見〈化粧品成分用途說明〉,香料),二者來源之香料皆可能由百種成分構成,因此香料是常見之皮膚過敏原,低過敏化粧品多不含香料.在成分欄出現之 Fragrance 其組成配方為商業秘密,因此依法可只標示香料 Fragrance, 見 Perfume.

Fuchsine　洋紅,亦稱品紅、一品紅、鹼性品紅;用途:色素.

Fucus spiralis　鹿角菜科海藻之一種;見 Algae.

Fucus vesiculosus　囊褐藻,亦稱墨魚藻 Bladderwrack;見 Algae.

Fuller's earth　漂白土,亦稱 Floridin;一種含矽酸鋁鎂的非塑性高嶺土,具漂白力及油脂吸收力.用途:1.(油脂)吸收劑　2. 面膜原料.

Fumaric acid　反丁烯二酸,亦稱 trans-1,2-Ethylenedicarboxylic acid;存在許多植物中,工業上多來自合成製備.用途:1. 抗氧化劑　2. 發泡酸(使用在浴鹽、潤絲精、牙粉、指甲去色產品).

G

Gallic acid　沒食子酸,亦稱五倍子酸、3,4,5-Trihydroxybenzoic acid;來自沒食子之鞣質.用途:1. 收斂劑　2. 抗氧化劑.

Gamma-undecalactone　見 γ-Undecalactone.

Gardenia tahitensis　梔子;有濃郁香味,梔子花可萃取精油,製造香水.用途:植物添加物.

Garden pea 見 Pisum sativum.

Gelatin 明膠;一種來自動物膠原蛋白質之水解產物,加在頭髮產品可使頭髮產生豐盈感.用途: 1. (頭髮產品) 添加物 2. 增稠劑.

Geraniol 香葉醇;一種萜烯醇類,玫瑰香油狀液體,天然存在玫瑰油、香茅油、檸檬草油等精油中 (構成橙花油、蕃茄枝油、晚香玉油、胡荽油之主成分),化粧品添加之香葉醇成分爲合成香料 (見〈化粧品成分用途說明〉,香料),其合成之甲酸酯 Geraniol formate 用作合成橙花油之配料,其合成之丁酸酯 Geraniol butyrate 用作合成玫瑰油之配料.注意事項:接觸性過敏原.用途:香料.

Geranyl acetate 香葉基乙酸酯,亦稱乙酸香葉酯 Geraniol acetate;芳香液體,見 Geraniol.用途:香料.

Geranyl formate 香葉基甲酸酯,亦稱甲酸香葉酯 Geraniol formate;玫瑰氣味液體,天然存在精油中,工業上來源爲化學合成.見 Geraniol.用途:香料.

German chamomile 見 Chamomilla recutita.

Ginger 見 Zingiber officinale.

Ginger tincture 生薑酊;是將生薑之根莖浸在酒精中所得之酊液,其成分 Zingerone 可刺激毛根、促進生髮.用途:毛根、頭皮刺激劑.

Ginkgo biloba 銀杏,亦稱銀杏 Ginkgo (俗名);銀杏科銀杏 Ginkgo biloba 爲學名;中國傳統醫學中用其種子和葉治療哮喘和血管疾病,其果實有特殊氣味可趕走昆蟲,其葉可萃取抗氧化成分.用途:製造銀杏萃取物.

Ginkgo biloba extract 銀杏萃取物;見 Ginkgo extract.

Ginkgo extract 銀杏萃取物;獲自銀杏葉之萃取物.用途:抗老化護膚品) 添加物.

Ginseng 人參,亦稱 Panax;在中藥領域,產於東亞之五加科人參 Panax ginseng 與生長於北美之西洋參(或稱花旗參)Panax Quinquefolium 以及存在印度、中國、日本的人參三七 Panax pseudoginseng 有嚴格之區別,但在化粧品界此三者皆稱人參並無嚴格區分. 一般化粧品人參原料使用人參三七 Panax pseudoginseng 的根製成, 在化粧品應用上並無足夠臨床研究支持人參宣稱之皮膚功效. 用途:護膚品添加物.

Gluconic acid 葡萄糖酸, 亦稱 *D*-Gluconic acid、Maltonic acid、Glyconic acid、Glyconic acid、Glycogenic acid、Pentahydroxy Caproic acid;可由葡萄糖經電解製得, 可與金屬離子錯合, 使不活性化. 用途:錯合劑.

Gluconolactone 葡萄糖酸內酯, 亦稱 *D*-Glucono-1, 5-lactone;用途:錯合劑.

Glucosamine 葡萄糖胺;一種胺基糖類, 主要存在人體軟骨中, 研究發現對軟骨生成及修護扮演重要角色, 老化時, 軟骨會失去大量 Glucosamine 及其他物質, 而導致軟骨變薄及骨關節炎發生, 因此維持 Glucosamine 在人體內軟骨含量是維持關節健康之重要因素. Glucosamine 可由蟹、龍蝦、蝦殼萃取或化學合成製備兩種鹽基:Glucosamine hydrochloride 與 Glucosamine sulfate, 前者廣泛用在食品作為維持關節健康之營養補充劑, 後者為目前最新治療關節炎及退化性關節炎之治療藥. 用途:添加物.

Glucosamine HCl 葡萄糖胺鹽酸鹽, 亦稱 Glucosamine hydrochloride; 見 Glucosamine. 用途:抗靜電劑.

Glucosamine hydrochloride 見 Glucosamine HCl.

Glucose 葡萄糖, 亦稱 *D*-Glucose、Dextrose;天然存在於水果中. 用途:保濕劑.

Glucose oxidase 葡萄糖氧化酶;獲自微生物培養之酶. 用途:抗氧化劑.

Glutamate 穀胺酸鹽;見 Sodium glutamate.

Glutamic acid 穀胺酸, 亦稱麩胺酸、*L*-Glutamic acid;一種胺基酸, 穀類蛋白質中含量最豐富, 亦分佈在動物血液中. 麩胺酸一般在蛋白質中以麩醯胺 Glutamine 型態存在, 水解後即生成 Glutamic acid, 工業上來源多為微生物合成, 常用在燙髮液, 可降低燙髮劑對頭髮之傷害. 麩胺酸之納鹽即是味精. 用途: 1. 抗靜電劑 2. 保濕劑.

Glutamine　麩醯胺, 亦稱 Levoglutamide；見 Glutamic acid. 用途：抗靜電劑.

Glutaraldehyde　戊二醛, 亦稱 Glutaral、Pentanedial、Pentane-1, 5-dial；消毒劑之主要成分. 注意事項：致過敏；可引起皮膚、眼睛、喉嚨及肺等刺激及氣喘. 用途：殺菌劑.

Glutathione　穀胱甘肽；一種多肽類, 由胺基酸 γ-穀胺酸（γ-Glutamic acid）與副胱胺酸 Cysteine 等組成, 在生物組織中具有運氧以供呼吸的功能, 也作為細胞抗氧化劑, 可幫助捕捉會傷害 DNA 和 RNA 的自由基. 研究發現老化速率和細胞內 Glutathione 量之減少有直接關聯, 科學家認為隨年齡漸長 Glutathione 量下降, 因此身體去除自由基傷害的能力降低. 在化粧品運用上, 常加在護膚品當皮膚抗氧化劑. 用途：（皮膚）抗氧化劑.

Glycereth　Glycereth-n（n 代表尾隨附加數）是甘油之聚乙二醇醚系列化合物, 由甘油以環氧乙烷進行乙氧基化, 即甘油與聚乙二醇附加聚合反應製得, 附加數表示聚乙二醇鍵段中環氧乙烷單位的平均數, 即尾隨附加數愈大, 代表合成化合物之分子量愈大, 黏度亦增大. 本類化合物為多元醇之非離子型界面活性劑, 可作為乳液、乳霜等之乳化劑.

Glycereth-5 lactate　甘油-5 乳酸酯；由甘油 Glycerin、聚乙二醇 Polyethylene Glycol 及乳酸 Lactic acid 反應生成. 見 Glycereth. 用途：乳化劑.

Glycereth-7　甘油-7；一種非離子型界面活性劑（見 Glycereth）. 用途：1. 保濕劑 2. 溶劑.

Glycereth-7 benzoate　甘油-5 苯甲酸酯；由甘油 Glycerin、聚乙二醇 Polyethylene Glycol 及苯甲酸 Benzoic acid 反應生成. 見 Glycereth. 用途：乳化劑.

Glycereth-7 diisononanoate　甘油-7 雙異壬烷酸酯；見 Glycereth. 用途：乳化劑.

Glycereth-7 triacetate　甘油-7 三乙酸酯；由甘油 Glycerin 與聚乙二醇

Polyethylene Glycol 及三乙酸 Triacetic acid 反應生成. 見 Glycereth. 用途：1.
溶劑 2. 柔軟劑.

Glycereth-8 hydroxystearate 甘油-8 羥基硬脂酸酯；由甘油 Glycerin 與聚乙
二醇 Polyethylene Glycol 及硬脂酸 Stearic Acid 反應生成. 見 Glycereth. 用途：
乳化劑.

Glycereth-12 甘油-12；見 Glycereth. 用途：1. 保濕劑 2. 溶劑.

Glycereth-20 甘油-20；見 Glycereth. 用途：保濕劑.

Glycereth-20 stearate 甘油-20 硬脂酸酯；由甘油 Glycerin 與聚乙二醇
Polyethylene Glycol 及硬脂酸 Stearic acid 反應生成. 見 Glycereth. 用途：乳化
劑.

Glycereth-25 PCA isostearate 甘油-25 吡咯烷酮羧酸異硬脂酸酯；由甘油
Glycerin、聚乙二醇 Polyethylene Glycol、PCA 及異硬脂酸 Isostearic acid 反應
生成. 見 Glycereth. 用途：乳化劑.

Glycereth-26 甘油-26；見 Glycereth. 用途：1. 保濕劑 2. 溶劑.

Glycereth-26 phosphate 甘油-26 磷酸酯鹽；由甘油 Glycerin、聚乙二醇
Polyethylene Glycol 及磷酸 Phosphoric acid 反應生成, 一種陰離子型界面活
性劑（見 Glycereth、Polyoxyethylene alkyl ether phosphate）. 用途：乳化劑.

Glycerin 甘油, 亦稱丙三醇、Glycerine（不同拼法）、Glycerol、1,2,3-
Propanetriol；多元醇類, 以甘油酯形式天然存在油脂中（一分子甘油與三分子
脂肪酸酯化而成之三酸甘油酯即為油脂）, 可由動物油脂或植物油獲得, 製造
皂類（香皂、肥皂）或脂肪酸過程中的副產物, 可幫助乳狀產品之伸展性. 用
途：1. 保濕劑 2. 柔軟劑 3. 溶劑.

Glycerin diacetate 醋酸甘油二酯, 亦稱甘油二醋酸酯、甘油二乙酸酯、
Glyceryl diacetate、Diacetin；用途：1. 溶劑 2. 增塑劑 3. 軟化劑.

Glycerin distearate 硬脂酸甘油二酯, 亦稱甘油雙硬脂酸酯、Glyceryl
distearate；一種多元醇酯型非離子性界面活性劑. 用途：1. 抗靜電劑 2. 柔軟

劑 3. 保濕劑.

Glycerin monostearate 見 Glyceryl monostearate.

Glycerin stearate 硬脂酸甘油酯, 亦稱甘油硬脂酸酯; 見 Glyceryl stearate.

Glycerol 見 Glycerin.

Glycerol trioctanoate 見 Trioctanoin.

Glyceryl _p_-aminobenzoic acid 見 Glyceryl _p_-aminobenzoate.

Glyceryl _p_-aminobenzoate 對胺基苯甲酸甘油酯, 亦稱 Glyceryl PABA; PABA 之衍生物 (見 _p_-Aminobenzoic acid), 加在防曬品作紫外線波段 B 吸收劑. 用途: 1. 防曬劑 2. 產品保護劑.

Glyceryl distearate 甘油二硬脂酸酯; 一種多元醇酯型非離子型界面活性劑. 用途: 1. 抗靜電劑 2. 柔軟劑.

Glyceryl laurate 甘油十二酸酯; 一種多元醇酯型非離子型界面活性劑. 用途: 1. 乳化劑 2. 柔軟劑 3. 保濕劑.

Glyceryl linoleate 甘油亞油酸酯; 一種多元醇酯型非離子型界面活性劑. 用途: 1. 乳化劑 2. 柔軟劑 3. 保濕劑.

Glyceryl monostearate 甘油單硬脂酸酯, 亦稱硬脂酸甘油單酯、Glycerol monostearate、Glycerin monostearate、Monostearin; 一種多元醇酯型非離子型界面活性劑, 廣泛用在各類化粧品. 注意事項: 動物實驗顯示大量注射可致命. 用途: 1. 乳化劑 2. 柔軟劑.

Glyceryl monostearate S.E. 甘油單硬脂酸酯; S.E. 為 Self-emulsifying 之略稱, 一種多元醇酯型非離子型界面活性劑. 用途: 乳化劑.

Glyceryl octanoate di-_p_-methoxycinnamate 甘油辛酸酯二-對-甲氧基肉桂酸酯; 合成之肉桂酸酯衍生物, 為一化學性紫外線吸收劑. 用途: 1. 防曬劑 2. 產品保護劑.

Glyceryl octanoate / stearate 辛酸甘油酯/硬脂酸甘油酯; 一種多元醇酯型

非離子型界面活性劑. 用途: 1. 柔軟劑 2. 保濕劑.

Glyceryl oleate 甘油油酸酯；一種多元醇酯型非離子型界面活性劑. 用途: 1. 乳化劑 2. 柔軟劑 3. 保濕劑.

Glyceryl oleate SE 甘油油酸酯；SE 爲 Self-emulsifying 之略稱. 用途: 乳化劑.

Glyceryl PABA 見 Glyceryl p-aminobenzoate.

Glyceryl polymethacrylate 甘油基聚甲丙烯酸酯；用途：增稠劑.

Glyceryl stearate 硬脂酸甘油酯, 亦稱甘油硬脂酸酯、Glycerin stearate、Glycerol stearate；一種多元醇酯型之非離子界面活性劑, 商品爲硬脂酸之甘油單酸酯 Glyceryl monostearate 或是硬脂酸之混合酯 (甘油單酸酯、甘油二酸酯及甘油三酸酯之混合物). 用途: 1. 乳化劑 2. 柔軟劑.

Glyceryl stearate SE 硬脂酸甘油酯, 亦稱甘油硬脂酸酯；SE 爲 Self-emulsifying 之縮寫, 一種多元醇酯型非離子型界面活性劑. 用途：乳化劑.

Glyceryl tri-2-ethylhexanoate 甘油基-三-2-己酸乙酯；常加在清潔化粧品作爲清潔劑. 用途：乳化劑.

Glyceryl trioctanoate 見 Trioctanoin.

Glycine 甘胺酸；一種非必需胺基酸, 可獲自動物或植物蛋白質或化學合成. 用途: 1. 抗靜電劑 2. pH 值調節劑.

Glycine soja 大豆萃取物；萃取自大豆之萃取物, 狹義上係大豆油, 廣義上包涵萃取物及其改造萃取物, 主要由脂肪酸之甘油脂組成, 如亞油酸甘油酯、油酸甘油酯、棕櫚酸甘油酯及硬脂酸甘油酯. 用途：柔軟劑.

Glycogen 醣原, 亦稱動物澱粉 Animal starch；一種多醣類, 存在肝臟及肌肉組織, 在動物體內可用來儲備碳水化合物 (能量). 用途：保濕劑.

Glycol 二醇, 亦稱二羥基醇；二元醇類, 主要有乙二醇化合物. 見 Glycols. 用途：溶劑.

Glycol cetearate 鯨蠟棕櫚二醇;硬脂酸二醇和棕櫚酸二醇之混合酯類. 用途: 1. 乳劑穩定劑 2. 柔軟劑 3. 保濕劑.

Glycol distearate 乙二醇二硬脂酸酯, 亦稱 Ethylene distearate;用途: 1. 界面活性劑 2. 乳化劑 3. 柔軟劑 4. 不透明劑 5. 增稠劑.

Glycolic acid 乙醇酸, 亦稱甘醇酸、Hydroxyacetic acid (羥基乙酸);一種果酸,天然存在甘蔗汁及水果中.高濃度之甘醇酸常與其他果酸用在皮膚科醫生之果酸換膚,低濃度之甘醇酸常加在皮膚保養品.注意事項:會刺激皮膚(見 Alpha-hydroxy acid);引起光敏感反應.用途: 1. 化學性剝離劑 2. 保濕劑.

Glycols 二醇類;二元醇類, 包括乙二醇 Ethylene glycol、丙二醇 Propylene glycol、甘油 Glycerin、卡別妥 Carbitol、二甘醇 Diethylene glycol.本類化合物廣泛用在化粧品作為保濕劑或溶劑.注意事項:美國藥物食品管理局 FDA 警示製造業者二醇類對使用者可能引起之不好反應, 丙二醇 Propylene glycol、丁二醇 Butylene glycol 及甘油被認為安全,其他二醇以低濃度塗在皮膚尚為安全,但化粧品含濃度超過 5% 之乙二醇、卡別妥及二甘醇, 即使使用在小範圍皮膚亦具傷害性,因此不應添加在使用在大範圍皮膚之化粧品, 如防曬品及身體護膚品等.用途: 1. 保濕劑 2. 溶劑.

Glycol salicylate 見 Ethylene glycol salicylate.

Glycol stearate 乙二醇硬脂酸酯, 亦稱 2- Hydroxyethyl stearate;一種非離子型界面活性劑.注意事項:低毒性;美國 CIR 專家認為以目前規定使用為安全化粧品成分.用途: 1. 界面活性劑 2. 乳化劑 3. 柔軟劑 4. 不透明劑.

Glycol stearate SE 乙二醇硬脂酸酯;一種非離子界面活性劑, SE 為 Self-emulsifying 之略稱.用途:乳化劑.

Glycosaminoglycans 胺基葡聚醣;存在動物結締組織的一種粘多醣類,透明質酸即常見之胺基葡聚醣,常加在抗皺保養品.用途: 1. 柔軟劑 2. 成膜劑 3. 保濕劑.

Glycyrrhetic acid 甘草次酸, 亦稱 18-β-Glycyrrhetinic acid、β-Glycyrrhetinic acid (β-甘草次酸)；由豆科光果甘草 Glycyrrhiza glabra L. 萃取製備或由甘草酸製備，用在食品當調味劑，用在化粧品具抗刺激、消炎、抗過敏及舒緩性質，常用在護膚保養品作為消炎劑. 用途：消炎劑.

Glycyrrhetinic acid　見 Glycyrrhetic acid.

Glycyrrhiza glabra　光果甘草；見 Licorice.

Glycyrrhiza glabra extract　光果甘草萃取物, 亦稱甘草萃取物、Licorice extract；見 Licorice.

Glycyrrhizic acid　甘草酸, 亦稱 Glycyrrhizinic acid、Glycyrrhetinic acid glycoside；一種水解之甘草甜素 Glycyrrhizin, 由豆科光果甘草 Glycyrrhiza glabra L. 萃取製備, 用在食品當調味劑與色素, 用在化粧品則利用其抗炎與抗過敏性質, 當護膚保養品之抗炎與抗過敏成分. 用途：消炎劑.

Glycyrrhizin　甘草甜素；見 Licorice.

Glycyrrhizinic acid　見 Glycyrrhizic acid.

Grapefruit oil, Expressed　壓榨之葡萄柚油, 亦稱 Grapefruit oil 葡萄柚油；葡萄柚是柑橘家族之成員, 葡萄柚油是一種精油, 獲取自壓榨葡萄柚 Citrus paradisii (學名) 之果實外皮, 芳香療法用在水腫與橘皮組織. 注意事項：光敏感性；國際香料研究協會 The International Fragrance Research Associateion (IFRA) 基於葡萄柚油含致之光敏感性物質建議, 產品用在塗抹曝露陽光下的皮膚部位, 應限制壓榨葡萄柚油最高含量濃度在 4%, 但沐浴產品、香皂及其他沖洗產品則無含量限制. 用途：(天然) 香料.

Green bean extract　四季豆萃取物；見 Phaseolus.

Groundnut oil　見 Peanut oil.

Guaiazulene　癒創藍油烴, 亦稱 Azulene、AZ8；用在防曬品作紫外線吸收劑. 用途：1. 防曬劑　2. 色素.

Guanine　鳥嘌呤；一種嘌呤鹼, 鳥嘌呤核甘酸的鹼基, 以及 DNA 和 RNA 之組成成分, 可由某些魚類鱗片製備, 但工業上來源常用合成, 常加在指甲油中作爲珍珠色成分. 用途: 1. 色素 (珍珠色) 2. 不透明劑.

Guanosine　鳥嘌呤核苷; 存在動植物中之核苷酸, 工業來源一般來自酵母製備. 用途: 生物添加物.

Guarana extract　果拉那萃取物; 得自果拉那 Paullinia cupana (學名) 之種子, 富含咖啡因, 化粧品界加在抗老化產品及身體產品. 見 Paullinia cupana. 用途: 生物添加物.

Guar gum　瓜爾豆膠; 常用在牙膏與化粧品之乳液、乳霜類. 用途: 1. 天然增稠劑 2. 天然乳化劑.

Guar hydroxypropyltrimonium chloride　瓜爾豆氯化羥丙三銨, 亦稱 GHPT (縮寫); Guar gum 之四級銨衍生物. 用途: 1. 增稠劑 2. 成膜劑 3. 抗靜電劑.

Gum arabic　見 Acacia.

Gum tragacanth　見 Tragacanth gun.

H

Halocarban　亥洛卡伴, 亦稱 Irgasan CF3 (商品名); 用途: 1. 殺菌劑 2. 保存劑.

Halogenated salicylanilides　見 Halogeno salicylanilide.

Halogeno salicylanilides　鹵化柳基苯胺, 亦稱鹵化水楊基苯胺、Halosalicyl anilides、Halogenated salicylanilides; 本類化合物包括 Dimetabromsalan、Trimetabromsalan 及 Tetrachlorosalicylanilide. 注意事項: 因可能會引起光過敏, 美國禁用在化粧品; 衛生署公告之化粧品禁用成分; 日本禁用在某些產品. 用途: 抗菌劑.

Hamamelis　北美金縷梅萃取液; 見 Hamamelis extract.

Hamamelis extract　北美金縷梅萃取液, 亦稱金縷梅萃取液；採集秋季金縷梅科北美金縷梅 Hamamelis virginiana（學名）之樹葉和幼枝, 經蒸汽蒸餾而得之汁液, 有收斂、抑菌功效, 常加入皮膚保養品作爲天然抑菌、收斂成分. 注意事項：勿與金縷梅酊液混淆, 金縷梅酊液含酒精濃度高, 收斂性與刺激性太強, 有損皮膚. 用途：1. （天然）收斂成分 2. 植物添加物.

Hamamelis virginiana　北美金縷梅, 亦稱金縷梅、Witch hazel；見 Hamamelis extract. 用途：製造北美金縷梅萃取液.

Hazel nut oil　榛果油；一種植物油, 獲取自榛果樹 Hazel nut tree（學名爲 Corylus avellana）的堅果 Hazel nut. 榛果油可用於烹飪、按摩油、潤滑油及製造香皂. 用途：皮膚調理劑（柔軟劑）.

HC Blue No. 1　HC 色素藍色一號；爲苯二胺類衍生物（見 Diaminobenzene）之煤焦油色素（見 Coal tar）, 用在染髮劑作爲色素. HC 爲 Hair Color 縮寫. 注意事項：因其可能致癌性（動物實驗顯示致癌性）, 美國 CIR 專家列爲不安全化粧品成分. 用途：染髮色素.

HC Blue No. 5, HC Blue No. 6, HC Blue No. 9, HC Blue No. 10, HC Blue No. 11, HC Blue No. 12　HC 色素藍色五號, HC 色素藍色六號, HC 色素藍色九號, HC 色素藍色十號, HC 色素藍色十一號, HC 色素藍色十二號；爲苯二胺類衍生物（見 Diaminobenzene）之煤焦油色素（見 Coal tar）, 用在染髮劑作爲色素. HC 爲 Hair Color 縮寫. 用途：染髮色素.

HC Blue No. 2　HC 色素藍色二號；爲苯胺 Aniline 類衍生物之煤焦油色素（見 Coal tar）, 用在染髮劑作爲色素. HC 爲 Hair Color 縮寫. 用途：染髮色素.

HC Blue No. 4, HC Blue No. 8　HC 色素藍色四號, HC 色素藍色八號；爲蒽醌 Anthraquinone 類衍生物之煤焦油色素（見 Coal tar）, 用在染髮劑作爲色素, HC 爲 Hair Color 縮寫. 用途：染髮色素.

HC Blue No. 7　HC 色素藍色七號；爲吡啶 Pyridine 類衍生物之煤焦油色素

（見 Coal tar），用在染髮劑作爲色素. HC 爲 Hair Color 縮寫. 用途：染髮色素.

HC Brown No. 1, HC Brown No. 2　HC 色素棕色一號, HC 色素棕色二號；偶氮 Azo 類衍生物之煤焦油色素（見 Coal Tar），用在染髮劑作爲色素. HC 爲 Hair Color 縮寫. 用途：染髮色素.

HC Green No. 1　染髮色素綠色一號；爲苯胺 Aniline 類衍生物之煤焦油色素（見 Coal tar），用在染髮劑作爲色素. HC 爲 Hair Color 縮寫. 用途：染髮色素.

HC Orange No. 1　HC 色素橘色一號；爲酚類 Phenol 衍生物之煤焦油色素（見 Coal tar），用在染髮劑作爲色素, HC 爲 Hair Color 縮寫. 注意事項：美國 CIR 專家認爲濃度不超過 3％, 仍列爲安全化粧品成分. 用途：染髮色素.

HC Orange No. 2, HC Orange No. 3　HC 色素橘色二號, HC 色素橘色三號；爲苯胺 Aniline 類衍生物之煤焦油色素（見 Coal tar），用在染髮劑作爲色素. HC 爲 Hair Color 縮寫. 用途：染髮色素.

HC Red No. 1　HC 色素紅色一號；化學式 2- Nitro- N- phenylbenzene- 1, 4-diamine, 爲苯二胺類衍生物（見 Diaminobenzene）之煤焦油色素（見 Coal tar），用在染髮劑作色素. HC 爲 Hair Color 縮寫. 注意事項：美國 CIR 專家認爲濃度不超過 0.5％, 仍列爲安全化粧品成分. 用途：染髮色素.

HC Red No. 3　HC 色素紅色三號；化學式 2- (4- Amino- 2- nitroanilino) ethanol, 爲苯二胺類衍生物（見 Diaminobenzene）之煤焦油色素（見 Coal tar），用在染髮劑作色素. HC 爲 Hair Color 縮寫. 注意事項：美國 CIR 專家認爲在目前使用濃度及不與含亞硝基化成分產品一起使用, 仍視爲安全化粧品成分. 用途：染髮色素.

HC Red No. 7　HC 色素紅色七號；化學式 2-(4-Amino- 3- nitroanilino) ethanol, 爲苯二胺類衍生物（見 Diaminobenzene）之煤焦油色素（見 Coal tar），用在染髮劑作爲色素. HC 爲 Hair Color 縮寫. 注意事項：美國 CIR 專家認爲在目前使用濃度及不與含亞硝基化成分產品一起使用, 仍視爲安全化粧品成分. 用途：染髮色素.

HC Red No. 8 HC 色素紅色八號；化學式 1-〔(3- Aminopropyl) amino〕anthraquinone HCl, 爲蒽醌 Anthraquinone 類衍生物之煤焦油色素（見 Coal tar), 用在染髮劑作爲色素. HC 爲 Hair Color 縮寫. 用途：染髮色素.

HC Red No. 9, HC Red No. 11, HC Red No. 13 HC 色素紅色九號, HC 色素紅色十一號, HC 色素紅色十三號；爲苯胺 Aniline 類衍生物之煤焦油色素（見 Coal tar), 用在染髮劑作爲色素. HC 爲 Hair Color 縮寫. 用途：染髮色素.

HC Red No. 10 HC 色素紅色十號；爲酚類 Phenol 衍生物之煤焦油色素（見 Coal tar), 用在染髮劑作爲色素. HC 爲 Hair Color 縮寫. 用途：染髮色素.

HC Violet No. 1 HC 色素紫色一號；化學式 2-〔(4-Amino- 2- methyl- 5- nitrophenyl)amino〕-ethanal, 爲苯二胺類衍生物（見 Diaminobenzene）之煤焦油色素（見 Coal tar), 用在染髮劑作爲色素. HC 爲 Hair Color 縮寫. 用途：染髮色素.

HC Violet No. 2 HC 色素紫色二號；化學式 1- (3- Hydroxypropylamino)- 2- nitro- 4- bis(2- hydroxyethylamino)benzene, 爲苯胺 Aniline 類衍生物之煤焦油色素（見 Coal tar), 用在染髮劑作爲色素. HC 爲 Hair Color 縮寫. 用途：染髮色素.

HC Yellow No. 2 染髮色素黃色二號；化學式 2-〔(2- Nitrophenyl) amino〕ethanol, 爲苯胺 Aniline 類衍生物之煤焦油色素（見 Coal tar), 用在染髮劑作爲色素）, HC 爲 Hair Color 縮寫. 注意事項：可引起敏感反應；美國 CIR 專家認爲濃度不超過 3％, 仍列爲安全之化粧品成分. 用途：染髮色素.

HC Yellow No. 4 染髮色素黃色四號；化學式 2-〔Bis(2- hydroxyethyl) amino〕- 5- nitrophenol, 爲酚類 Phenol 衍生物之煤焦油色素（見 Coal tar), 用在染髮劑作爲色素）HC 爲 Hair Color 縮寫. 注意事項：頭皮會吸收極少量之色素, 美國 CIR 專家列爲安全之化粧品成分. 用途：染髮色素.

HC Yellow No. 5 HC 色素黃色五號；化學式 N'-2-(Hydroxyethyl)-4-nitro-o-phenylenediamine 或 2- (2- Amino- 4- Nitroanilino)ethanol, 爲苯二胺類衍生物 (見 Diaminobenzene) 之煤焦油色素 (見 Coal tar), 用在染髮劑作爲色素. HC 爲 Hair Color 縮寫. 用途:染髮色素.

HC Yellow No. 6　HC 色素黃色六號; 化學式 4- (2', 3'- Dihydroxypropyl) amino- 3- nitro- trifluoromethylbenzene, 爲苯胺 Aniline 類衍生物之煤焦油色素 (見 Coal tar), 用在染髮劑作爲色素. HC 爲 Hair Color 縮寫. 用途:染髮色素.

HC Yellow No. 7　HC 色素黃色七號; 化學式 1- (4- Aminophenylazo)- 2- methyl- 4- bis(a- hydroxyethyl)aminobenzene, 爲苯胺 Aniline 類衍生物之煤焦油色素 (見 Coal tar), 用在染髮劑作爲色素. HC 爲 Hair Color 縮寫. 用途: 染髮色素.

HC Yellow No. 8　HC 色素黃色八號; 爲苯 Benzene 類衍生物之煤焦油色素 (見 Coal tar), 用在染髮劑作爲色素. HC 爲 Hair Color 縮寫. 用途:染髮色素.

HC Yellow No. 9, HC Yellow No. 10, HC Yellow No. 11, HC Yellow No. 12, HC Yellow No. 13　HC 色素黃色九號, HC 色素黃色十號, HC 色素黃色十一號, HC 色素黃色十二號, HC 色素黃色十三號; 爲苯胺 Aniline 類衍生物之煤焦油色素 (見 Coal tar), 用在染髮劑作爲色素. HC 爲 Hair Color 縮寫. 用途:染髮色素.

Helianthus annuus　向日葵, 亦稱 Sun flower (俗稱); 草本植物, 種子可食, 亦可提取向日葵子油作爲化粧品用油. 用途:向日葵子油原料.

Heliotropin　見 Piperonal.

Hematein　蘇木紅; 得自豆科洋蘇木之心材萃取物經化學處理. 用途: 1. 染料 2. 殺菌劑.

Hematin　羧高鐵血紅素; 將血紅素經化學處理製備. 用途:生物添加物.

Henna　指甲花 (俗稱), 亦稱散沫花; 係千屈菜科指甲花屬植物如:Lawsonia alba, Lawsonia inermis 及 Lawsonia spinosa, 有濃郁香味, 葉可萃取著名的紅色染料 Henna, 用於染頭髮、指甲及布料等. 用途:(天然) 染髮劑.

Henna extract 指甲花萃取物, 亦稱散沫花葉萃取物; 見 Henna.

2,2'〔3'-〔2-(3-Heptyl)-4-methyl-2-thiazolin-2-ylidene〕ethylidene〕propenylene〕bis〔3-heptyl-4-methyl〕thiazolinium iodide 感光素 101 號; 合成之碘化物. 用途: 1. 殺菌劑 2. 產品保存劑.

2-〔2-(3-Heptyl-4-methyl-2-thiazolin-2-ylidene)methine〕3-heptyl-4-methyl〕thiazolinium iodide 感光素 201 號; 合成之碘化物. 用途: 1. 殺菌劑 2. 產品保存劑.

Hexachlorophene 六氯酚; 注意事項: 具神經毒性與皮膚滲透力, 大量使用會引起腦部病變; 皮膚吸收毒性; 衛生署公告化粧品禁用成分; 美國限制只使用在無其他有效防腐劑適合使用之情況下, 且其濃度不得超過 0.1%, 但不可使用在唇部等黏膜之化粧品. 用途: 1. 抗菌劑 2. 防腐劑.

Hexadecanoic acid, *n*-Hexadecanoic acid, Hexadecylic acid, *n*-Hexadecoic acid 見 Palmitic acid.

***n*-Hexadecoic acid** 見 Palmitic acid.

Hexadecyl alcohol 十六醇; 見 Cetyl alcohol.

Hexadecyl ammonium fluoride 十六烷氟化銨; 注意事項: 歐盟規定只能加在口腔衛生產品, 且濃度不可超過 0.15%. 用途: 口腔護理劑.

Hexadecyldimethylamine *N*- oxide 見 Palmitamine oxide.

Hexadecylic acid 見 Palmitic acid.

Hexadecyl methicone 十六烷甲矽油; 一種聚矽氧烷化合物 (見 Silicones). 用途: 柔軟劑.

Hexadimethrine chloride 海美氯銨; 一種四級銨化合物, 見 Quaternary ammonium compounds. 用途: 抗靜電劑.

Hexametaphosphate 六偏磷酸鹽; 例如六偏磷酸鈉 Sodium

hexametaphosphat, 常用在水處理, 可螯合水中金屬離子, 使水中金屬離子濃度降低. 用途:螯合劑.

Hexamethyldisiloxane 六甲基二矽氧烷;低分子量之二甲矽油 Dimethicone (見 Dimethicone 與 Silicones). 用途: 1. 抗泡沫劑 2. 柔軟劑.

Hexamidine 己咪啶, 亦稱六脒、己脒;用途:防腐劑.

Hexamidine diisethionate 二羥乙磺酸己咪啶;用途: 1. 殺菌劑 2. 防腐劑.

cis-**Hexenol** 順式-己烯醇, 亦稱 *cis*-3-Hexenol (順式-3-己烯醇)、*cis*-3-Hexen-1-ol (3-己烯-1-醇)、3-Hexenol (3-己烯醇)、Leaf alcohol;一種醇類, 散發綠葉氣味, 天然存在於綠草、薄荷、茶、某些綠色藥草等植物中, 化粧品添加的順式-己烯醇成分爲合成香料 (見〈化粧品成分用途說明〉, 香料). 用途:香料.

trans-**Hexenol** 反式-己烯醇, 亦稱 *trans*-2-Hexenol (反式-2-己烯醇)、*trans*-2-Hexen-1-ol、2-Hexenol (2-己烯醇);散發綠葉氣味之天然化合物, 存在於茶、橄欖油等中. 用途:(天然) 香料.

2-Hexenol 見 *trans*-Hexenol.

3-Hexenol 見 *cis*-Hexenol.

Hexenol 見 *cis*-Hexenol 與 *trans*-Hexenol.

Hexetidine 海克替啶;用途:防腐劑.

α-**Hexylcinnamic aldehyde** 見 Hexyl cinnamic aldehyde.

Hexyl cinnamic aldehyde 己基肉桂醛;一種芳香族之醛類, 天然存在茉莉精油中, 香味類似 Alpha amyl cinnamic aldehyde, 但香氣更細膩、更接近花香味, 添加在化粧品之己基肉桂醛成分爲合成香料(見〈化粧品成分用途說明〉, 香料), 屬於較經濟的茉莉花香化合物. 常加在皂類、洗髮精、沐浴乳、止汗產品、乳液中. 注意事項:動物實驗顯示具皮膚刺激及毒性. 用途:香料.

Hexyldecanol 己基癸醇;用途: 1. 柔軟劑 2. 保濕劑 3. 溶劑.

Hexylene glycol 己二醇, 亦稱甲戊二醇; 用途: 溶劑.

Hexyl laurate 月桂酸己酯; 一種合成酯 (見 Fatty acid esters). 用途: 1. 乳化劑 2. 柔軟劑.

Hexyl nicotinate 菸酸己酯; 一般加在頭髮產品, 使頭髮不糾結、好梳理. 用途: 抗靜電劑.

Hexyl salicylate 水楊酸己酯, 亦稱柳酸己酯、n-Hexyl salicylate; 合成之水楊酸衍生物, 用在製造香料. 用途: 製造香料.

Histidine 組胺酸; 一種胺基酸. 用途: 1. 抗靜電劑 2. 皮膚調節劑 (保濕劑).

HMS 見 Homosalate.

HMT, HMTA 見 Methenamine.

Homomenthyl salicylate 見 Homosalate.

Homosalate 胡莫柳酯, 亦稱 Homomenthyl salicylate、HMS、3,3,5-Trimethylcyclohexyl salicylate; 水楊酸合成衍生物, 加在防曬品作紫外線波段 B 吸收劑. 用途: 1. 防曬劑 2. 產品保護劑.

Homosulfamine 甲苯磺胺; 一種合成礦胺劑, 具有抗菌、減少油脂分泌之功效, 常加在抗面皰保養品. 用途: 抗菌劑.

Honey 蜂蜜; 用在化粧品當色素、調味料及柔軟成分. 注意事項: 對花粉過敏的人可能對蜂蜜亦會起過敏反應. 用途: 1. (天然) 柔軟劑 2. (天然) 保濕劑.

Hordeum distichon 大麥; Hordeum vulgare 之舊名. 見 Hordeum vulgare.

Hordeum vulgare 大麥, 亦稱 Barley; 穀類可磨成麵粉, 含有蛋白質、膠黏質、維生素 B 和 E, 麥粉可做成面膜, 是天然護膚面膜素材. 用途: (天然) 柔軟劑.

Hormones 荷爾蒙, 亦稱激素; 依各國管理規定, 一般化粧品能添加的荷爾蒙只有女性荷爾蒙和腎上腺皮質荷爾蒙. 前者最常添加在面霜中, 女性荷爾蒙被認為具有保持年輕、防止皺紋的效果, 但未獲科學界支持, 科學界認為研究數據顯示, 女性荷爾蒙化粧品使老化皮膚改善的功效微小. 女性荷爾蒙在化粧品另一功用為皮脂抑制劑,男性荷爾蒙會使皮脂分泌旺盛,利用女性荷爾蒙具有拮抗之作用,可做皮脂抑制劑.主要皮脂抑制劑包括:雌二醇 Estradiol、雌固酮 Estrone 及乙炔基雌二醇 Ethinyl estradiol 等.注意事項:在美國已有男孩使用含女性荷爾蒙保養品致乳房增大的報導;女性荷爾蒙面霜在許多國家以藥品管理或有添加量限制,國內衛生署亦對其種類、添加量與使用部位規定管理.

Hyaluronate sodium 透明質酸鈉;透明質酸之鈉鹽.見 Hyaluronic acid.用途:同 Hyaluronic acid.

Hyaluronic acid 透明質酸,亦稱質酸、玻璃醛酸、玻尿酸;存在動物體中之天然高黏度的多醣體,是由 N-乙醯葡萄醣胺 N-Acetyl glucosamine 和葡萄醛酸 Glucuronic acid 交互結合形成,廣為分佈在動物結締組織、關節滑膜液及眼睛玻璃體液等中,其生理功能為保持組織中細胞間隙的水分及潤滑,並在組織內形成支撐細胞架構的基質,可維持皮膚的潤滑性與柔軟性.科學研究指出,皮膚暗沈無光澤及產生表淺皺紋可能與皮下組織大量流失富含水分的透明質酸有關.透明質酸從雞冠分離萃取,但成本過高,近來生化科技發展出以微生物合成大量製備用在化粧品.透明質酸具極佳之吸水性及可維持數小時的保濕效果,其分子量在五萬～八百萬範圍內取決於來源及製備法,常添加在護膚保養品有很好之皮膚保濕功效,以及添加在頭髮產品具有成膜、抗靜電作用.用途:1.(天然)抗靜電劑 2.(天然)保濕劑(天然皮膚調理劑) 3.(天然)增稠劑.

Hyaluronidase 透明質酸酶;分解透明質酸 Hyaluronic acid 之酶,存在皮膚中.用途:天然保濕劑.

Hybrid sunflower(Helianthus annus)oil 混種向日葵油;見 Helianthus annuus.

Hydrated alumina 氫氧化鋁,亦稱 Aluminum hydroxide、Aluminum hydrate、Aluminum trihydrate;一種弱鹼性之鋁鹽.用途:1.吸附劑 2.止汗劑 3.乳化劑 4.收斂劑 5.色素.

Hydrated silica 二氧化矽水合物,亦稱 Silicic acid（矽酸）;二氧化矽之水合物,天然以蛋白石存在,爲白色粉末,常加在粉類彩粧品使粉末不結塊.用途: 1. 抗結塊劑 2. 不透明劑 3. 吸收劑 4. 研磨劑.

Hydrocarbons 碳氫化合物,亦稱烴;由碳及氫二個原子組成的化合物,例如原油、凡士林、礦油、石蠟等,可在皮膚上形成薄膜防止皮膚水分蒸發,而達到保濕之功效.用途:保濕劑.

Hydrochloric acid 鹽酸,亦稱 Hydrogen chloride;一種強酸,添加在頭髮漂白劑中加速氧化反應,使更快除去顏色,亦可用作溶劑.注意事項:吸入煙氣會引起嗆傷及呼吸道發炎;食入會腐蝕消化道.用途: 1. 氧化劑 2. 溶劑 3. pH 值調節劑.

Hydrocotyl extract 柯拉樹萃取物,亦稱 Gotu kola extract（雷公根萃取物）;萃取自植物柯拉樹 Hydrocotyl asiatica（學名）之根或葉之萃取物,廣泛用在護膚保養品中作爲舒緩抗癢成分.用途:植物添加物.

Hydrogenated C$_{12-18}$ triglycerides 氫化三酸甘油酯;經氫化處理之三酸甘油酯.見 Hydrogenated oils.用途: 1. 柔軟劑 2. 乳劑穩定劑 3. 保濕劑.

Hydrogenated castor oil 氫化蓖麻油;經氫化處理之蓖麻油.見 Hydrogenated oils.用途: 1. 柔軟劑 2. 保濕劑 3. 乳化劑 4. 界面活性劑 5. 增稠劑.

Hydrogenated coco-glycerides 氫化可可甘油酯;經氫化處理之可可甘油酯.見 Hydrogenated oils.用途: 1. 柔軟劑 2. 保濕劑.

Hydrogenated cotton seed glyceride 氫化棉子甘油酯;經氫化處理之棉子甘油酯.見 Hydrogenated oils.用途: 1. 柔軟劑 2. 保濕劑.

Hydrogenated cotton seed oil 氫化棉子油;經氫化處理之棉子油.見 Hydrogenated oils.用途: 1. 柔軟劑 2. 保濕劑.

Hydrogenated fish oil 氫化魚油;經氫化處理之魚油.見 Hydrogenated oils.用途: 1. 柔軟劑 2. 保濕劑.

Hydrogenated honey 氫化蜂蜜;經氫化處理之蜂蜜. 用途:保濕劑.

Hydrogenated jojoba oil 氫化荷荷葩油;經氫化處理之荷荷葩. 見 Hydrogenated oils. 用途: 1. 柔軟劑 2. 保濕劑.

Hydrogenated jojoba wax 氫化荷荷葩蠟;經氫化處理之荷荷葩蠟. 見 Hydrogenated oils. 用途: 1. 柔軟劑 2. 保濕劑.

Hydrogenated lecithin 氫化卵磷脂;經氫化處理之卵磷脂. 見 Hydrogenated oils. 用途:乳化劑.

Hydrogenated methyl abietate 氫化松脂酸甲酯;經氫化處理之松脂酸甲酯, 一種合成香料. 用途:香料.

Hydrogenated oils 氫化油;經氫化處理之動物油脂、植物油脂及魚油. 在化粧品工業上, 氫化處理是將油類在高壓下加入氫氣, 使不飽合油脂轉換成飽合油脂, 以減少脂肪酸含量及改善顏色, 氫化程度愈高則脂肪不飽合程度愈低, 因氧化引起之氣味敗壞或腐敗可能性則愈低. 用途:同未氫化之油.

Hydrogenated palm glyceride 氫化棕櫚甘油酯;經氫化處理 (見 Hydrogenated oils) 之單棕櫚甘油酯. 用途: 1. 柔軟劑 2. 乳化劑 3. 保濕劑.

Hydrogenated palm glycerides 氫化棕櫚甘油酯類;經氫化處理 (見 Hydrogenated oils) 之單、雙、三棕櫚甘油酯類. 用途: 1. 柔軟劑 2. 乳化劑 3. 保濕劑.

Hydrogenated palm kernel glyceride 氫化棕櫚仁甘油酯;經氫化處理 (見 Hydrogenated oils) 之棕櫚仁甘油酯. 用途: 1. 柔軟劑 2. 乳化劑 3. 保濕劑 4. 增稠劑.

Hydrogenated palm kernel oil 氫化棕櫚仁油;經氫化處理 (見 Hydrogenated oils) 之棕櫚仁油. 用途: 1. 柔軟劑 2. 保濕劑 3. 增稠劑.

Hydrogenated palm oil 氫化棕櫚油;經氫化處理 (見 Hydrogenated oils) 之棕櫚油. 用途: 1.柔軟劑 2. 乳化劑 3. 保濕劑.

Hydrogenated polyisobutene 氫化聚異丁烯;經氫化處理（見 Hydrogenated oils）之聚異丁烯,衍生自石油之半合成化合物.用途：1. 柔軟劑 2. 保濕劑.

Hydrogenated soybean oil 氫化大豆油;經氫化處理之大豆油.見 Hydrogenated oils.用途：1. 柔軟劑 2. 保濕劑.

Hydrogenated soy glyceride 氫化大豆甘油酯;經氫化處理（見 Hydrogenated oils）之大豆甘油酯.用途：1. 柔軟劑 2. 保濕劑.

Hydrogenated vegetable glyceride 氫化植物甘油酯;經氫化處理（見 Hydrogenated oils）之植物油來源之單甘油酯.用途：1. 柔軟劑 2. 乳化劑 3. 增稠劑.

Hydrogenated vegetable glycerides 氫化植物甘油酯類;經氫化處理（見 Hydrogenated oils）之植物油單、雙及三甘油酯.用途：1. 柔軟劑 2. 保濕劑 3. 乳化劑.

Hydrogenated vegetable oil 氫化植物油;經氫化處理（見 Hydrogenated oils）之植物油.用途：1. 柔軟劑 2. 保濕劑.

Hydrogen peroxide 過氧化氫, 亦稱雙氧水;一種強氧化劑之液體, 具漂白、氧化、殺菌及清潔作用,使用在頭髮與皮膚漂白品及冷燙髮、面霜、漱口水及牙膏等.注意事項：對皮膚有腐蝕性,如未適當稀釋會引起皮膚及黏膜灼傷;過度接觸會使皮膚起紅斑、起水泡、頭髮漂白.用途：1. 染髮第二劑（氧化劑）2. 漂白劑 3. 防腐劑 4. 殺菌劑.

Hydrolipid matrix 水脂基質, 亦稱 Hydrolipid matrix complex;一種專利複含保濕配方,由二組保濕成分組成「甘油、透明質酸及泛醇」與「磷質脂、神經鞘脂類及膽固醇」,聲稱保濕保養品含此複合物,可有效補充表皮油脂,而以自然方式達到保濕效果.

Hydrolyzed actin 水解肌動蛋白;一種動物白質,動物肌動蛋白經水解處理,使在處方運用上更便利(見 Hydrolyzed protein).用途：生物添加物.

Hydrolyzed albumen 水解白蛋白;動物白蛋白,一般用雞蛋之蛋白經水解處理使在處方運用上更便利使用(見 Hydrolyzed protein). 用途:抗靜電劑.

Hydrolyzed animal protein 水解動物蛋白質;動物蛋白質(一般獲自牛結締組織)經水解處理,使在處方運用上更便利,常加在頭髮產品,可在髮絲上留下保護柔軟薄膜(見 Hydrolyzed protein). 用途:抗靜電劑.

Hydrolyzed beeswax 水解蜂蠟;蜂蠟經水解處理,使在處方運用上更便利使用.用途: 1. 界面活性劑 2. 乳化劑.

Hydrolyzed casein 水解酪蛋白;酪蛋白經水解處理,使在處方運用上更便利使用 (見 Hydrolyzed protein). 用途:抗靜電劑.

Hydrolyzed collagen 水解膠原蛋白質;一種動物蛋白質,一般獲自牛結締組織,經水解處理使在處方運用上更便利使用(見 Hydrolyzed protein). 用途: 1. 抗靜電劑 2. 柔軟劑 3. 保濕劑 4. 成膜劑.

Hydrolyzed conchiolin protein 見 Hydrolyzed conchiorin protein.

Hydrolyzed conchiorin protein 水解殼基質蛋白質, 亦稱 Protein hydrolyzates, conchiorin;來自殼基質之蛋白質水解物,殼基質 Conchiorin 是一種纖維蛋白質,具保濕性,為牡蠣外殼之成分 (Conchiorin 另一拼法為 Conchiolin),經水解處理使在處方運用上更便利 (見 Hydrolyzed protein). 用途:生物添加物.

Hydrolyzed corn protein 水解玉米蛋白質;玉米蛋白經水解處理,使在處方運用上更便利使用 (見 Hydrolyzed protein). 用途:抗靜電劑.

Hydrolyzed corn starch 水解玉米澱粉;玉米澱粉經水解處理,使在處方運用上更便利使用.用途: 1. 結合劑 2. 增稠劑.

Hydrolyzed DNA 水解去氧核醣核酸;用途:生物添加物.

Hydrolyzed elastin 水解彈力蛋白質,亦稱水解彈性蛋白質;彈力蛋白質經水解處理,使在處方運用上更便利使用 (見 Hydrolyzed protein). 用途: 1. 抗靜電劑 2. 保濕劑 3. 成膜劑.

Hydrolyzed fibronectin 水解纖維黏連蛋白;一種纖維蛋白質經水解處理,使在處方運用上更便利使用（見 Hydrolyzed protein）. 用途：生物添加物.

Hydrolyzed gadidae protein　水解鱈魚蛋白質；鱈魚蛋白質經水解處理, 使在處方運用上更便利使用（見 Hydrolyzed protein）. 用途：生物添加物.

Hydrolyzed gelatin　水解明膠；動物明膠經水解處理, 使在處方運用上更便利使用（見 Hydrolyzed protein）. 用途：增稠劑.

Hydrolyzed glycosaminoglycans　水解胺基葡聚醣；胺基葡聚醣經水解處理, 使在處方運用上更便利使用. 用途：保濕劑.

Hydrolyzed hair keratin　水解髮角蛋白；動物毛髮之角蛋白經水解處理, 使在處方運用上更便利使用（見 Hydrolyzed protein）. 用途：抗靜電劑.

Hydrolyzed hemoglobin　水解血紅蛋白；血紅素經水解處理, 使在處方運用上更便利使用（見 Hydrolyzed protein）. 用途：生物添加物.

Hydrolyzed human placental protein　水解人胎盤蛋白質；胎盤蛋白質經水解處理, 使在處方運用上更便利使用（見 Hydrolyzed protein）. 用途：抗靜電劑.

Hydrolyzed keratin　水解角蛋白；動物角蛋白經水解處理, 使在處方運用上更便利使用（見 Hydrolyzed protein）. 用途： 1. 抗靜電劑　2. 保濕劑　3. 成膜劑.

Hydrolyzed lupine protein　水解羽扁豆蛋白質；羽扁豆蛋白質經水解處理, 使在處方運用上更便利使用（見 Hydrolyzed protein）. 用途：抗靜電劑.

Hydrolyzed milk protein　水解奶蛋白質；動物奶蛋白經水解處理, 使在處方運用上更便利使用（見 Hydrolyzed protein）. 用途：抗靜電劑.

Hydrolyzed oat flour　水解燕麥粉；燕麥粉經水解處理, 使在處方運用上更便利使用. 用途：添加物.

Hydrolyzed oat protein　水解燕麥蛋白質；燕麥蛋白質經水解處理, 使在處方運用上更便利使用（見 Hydrolyzed protein）. 用途：抗靜電劑.

Hydrolyzed oats 水解燕麥;燕麥經水解處理, 使在處方運用上更便利使用.
用途:抗靜電劑.

Hydrolyzed pea protein 水解豌豆蛋白質;來自豌豆之蛋白質（見
Hydrolyzed protein). 用途:抗靜電劑.

Hydrolyzed placental protein 水解胎盤蛋白質;胎盤蛋白質經水解處理, 使
在處方運用上更便利使用（見 Hydrolyzed protein). 用途:抗靜電劑.

Hydrolyzed potato protein 水解馬鈴薯蛋白質;馬鈴薯蛋白質經水解處理,
使在處方運用上更便利使用（見 Hydrolyzed protein). 用途:抗靜電 劑.

Hydrolyzed protein 水解蛋白質;見 Protein, hydrolyzed.

Hydrolyzed red blood cells 水解紅血球細胞;動物紅血球經水解處理, 使在
處方運用上更便利使用. 用途:生物添加物.

Hydrolyzed rice bran protein 水解米糠蛋白質;米糠蛋白質經水解處理, 使
在處方運用上更便利使用（見 Hydrolyzed protein). 用途:抗靜電劑.

Hydrolyzed rice protein 水解米蛋白質;米蛋白質經水解處理, 使在處方運
用上更便利使用（見 Hydrolyzed protein). 用途:抗靜電劑.

Hydrolyzed RNA 水解核醣核酸;核醣核酸 Ribonuleic acid 經水解處理, 使
在處方運用上更便利使用. 用途:生物添加物.

Hydrolyzed roe 水解魚卵萃取物;魚卵萃取物經水解處理, 使在處方運用上
更便利使用. 用途:生物添加物.

Hydrolyzed serum protein 水解血清蛋白質;血清蛋白質經水解處理, 使在
處方運用上更便利使用（見 Hydrolyzed protein). 用途:抗靜電劑.

Hydrolyzed silk 水解絲蛋白質;絲蛋白質經水解處理, 使在處方運用上更便
利使用. 用途: 1. 抗靜電劑 2. 保濕劑.

Hydrolyzed soy protein 水解大豆蛋白質;大豆蛋白質經水解處理, 使在處方
運用上更便利使用（見 Hydrolyzed protein). 用途: 1. 抗靜電劑 2. 保濕劑.

Hydrolyzed spinal protein 水解脊髓蛋白質;由動物脊髓提取之蛋白質(見 Hydrolyzed protein). 用途:抗靜電劑.

Hydrolyzed sweet almond protein 水解甜杏仁蛋白質;甜杏仁蛋白質經水解 處理,使在處方運用上更便利使用 (見 Hydrolyzed protein). 用途:抗靜電劑.

Hydrolyzed vegetable protein 水解植物蛋白質;植物蛋白質經水解處理, 使 在處方運用上更便利使用 (見 Hydrolyzed protein). 用途:抗靜電劑.

Hydrolyzed wheat gluten 水解小麥麩質;小麥麩質經水解處理,使在處方運 用上更便利使用. 用途:植物添加劑.

Hydrolyzed wheat protein 水解小麥蛋白質;小麥蛋白質經水解處理,使在處 方運用上更便利使用 (見 Hydrolyzed protein). 用途:抗靜電劑.

Hydrolyzed wheat protein / dimethicone copolyol phosphate copolymer
水解小麥蛋白質/二甲矽油共聚體磷酸鹽聚合物; 見 Hydrolyzed protein. 用 途:保濕劑.

Hydrolyzed wheat starch 水解小麥澱粉;用途:增稠劑.

Hydrolyzed yeast 水解酵母;酵母經酵素水解、加酸或加鹼水解處理之水解 物, 其組成成分包括蛋白質、胺基酸及維生素. 用途:生物添加物.

Hydrolyzed yeast protein 水解酵母蛋白質;酵母蛋白質經水解處理, 使在處 方運用上更便利使用 (見 Hydrolyzed protein). 用途:抗靜電劑.

Hydroquinone 氫醌, 亦稱對苯二酚、*p*-Dihydroxybenzene、1,4-Benzenediol、 Hydroquinol、Quinol;有機合成物, 由苯胺或苯酚製備, 濃度 2% 之氫溶液即有 去黑色素作用,爲有效之除黑色素劑. 在藥學上, 去除皮膚上的斑點以氫醌爲 主成分, 在國外去斑護膚品如漂白面霜、去雀斑面霜即以氫醌爲主成分, 但須 在規定含量以下時,才可使用爲化粧品. 例如美國, 氫醌含量 2% 與以下爲不 需醫師處方之 OTC 藥品, 濃度 4% 與其以上時, 則需醫師處方之藥品. 國內衛 生署並未核准氫醌使用在化粧品上, 因此, 國內市面上的美白去斑產品是以維 生素 C 及其衍生物、熊果葉苷 Arbutin、麴酸 Kojic acid 等爲去斑美白的主要成分；Chamomile ET 則爲防止黑斑、雀斑的主要成分；另外也有一些尚未獲官方認可之天然與合成去斑美白劑, 如甘草萃取液 Licorice extract、Mulberry Extract、印度草本植物萃取物 Asefitida extract、酵素、壬二酸 Azelaic acid 等. 注意事項：美國 CIR 專家認爲氫醌在濃度 1% 或低於 1% 之水溶液配方, 限用在短時與間隔性使用, 且使用後即從皮膚或頭髮沖洗是安全的化粧品成分. 氫醌不應添加在會留在皮膚或頭髮之一般化粧品中；在歐洲, 含氫醌之化粧品限制在染髮產品, 其氫醌限量爲 0.3% 且不可用在染眼睫毛或眉毛, 如產品不愼接觸眼睛立刻沖洗. 氫醌之毒性研究：攝入約 1 公克氫醌量即可引起噁心、嘔吐、耳鳴、窒息感等症狀, 攝入約 5 公克量有致命危險, 皮膚、眼睛接觸可引起發炎、吸入氫醌粉塵或蒸汽亦會引起有害作用. 用途：1. 染髮劑（還原劑）2. 除黑色素劑（漂白劑）.

Hydroquinone monobenzyl ether　氫醌單芐乙醚；衛生署公告化粧品禁用成分.

p-**Hydroxyanisole**　對-羥茴醚；爲一產品抗氧化劑. 注意事項：因會使膚色去色, 美國 CIR 專家列爲不安全化粧品成分. 用途：抗氧化劑.

4-Hydroxybenzoic acid and its salts and esters　4-羥基苯甲酸及其鹽類及酯類；4-Hydroxybenzoic acid 亦稱 p-Hydroxybenzoic acid. 用途：防腐劑.

Hydroxybenzomorpholine　羥基苯嗎啉, 亦稱 4-Salicylomorpholine；注意事項：不應和亞硝基化劑合用（見 Nitrosamines）；美國 CIR 專家認爲, 以目前規定使用爲安全化粧品成分. 用途：染髮劑.

Hydroxyceteth-60　羥基鯨蠟-60；用途：界面活性劑.

Hydroxycitronellal　羥基香茅醛；合成香料. 注意事項：研究顯示, 含羥基香茅醛濃度 1% 以上之產品, 不足以證實爲安全性化粧品. 用途：香料.

5-(2-Hydroxy-ethylamino)- 2-methylphenol　5-(2-羥基-乙胺基)-2-甲苯酚；一種煤焦油色素（見 Coal tar）. 用途：染髮劑.

Hydroxyethylcellulose　羥乙基纖維素, 亦稱 Cellosize（商品名）；廣泛使用的

纖維素半合成衍生物, 用在護膚霜乳液中作乳化劑, 或其他各種化粧品中作爲結合劑、增稠劑及乳化穩定劑, 見 Cellulose (colloid). 用途: 1. 增稠劑 2. 結合劑 3. 乳劑穩定劑 4. 成膜劑.

N-(2- Hydroxyethyl)-hexadecanamide 見 Palmitamide MEA.

N-(2-Hydroxyethyl)palmitamide 見 Palmitamide MEA.

2-Hydroxy-4-methoxy benzophenone 2-羥基-4-甲氧基二苯甲酮; 見 Benzophenone-3.

2-Hydroxy-4-methoxy benzophenone sodium sulfonate 2-羥基-4-甲氧基二苯甲酮磺酸鈉; 見 Benzophenone-5.

2-Hydroxy-4-methoxy benzophenone-5-sulfonic acid 2-羥基-4-甲氧基二苯甲酮-5-磺酸; 見 Benzophenone-4.

2-Hydroxy-4-methoxy-4'-methyl bendzophenone 2-羥基-4-甲氧基-4' 甲基二苯甲酮; 見 Benzophenone-10.

N-Hydroxymethyl-N-(dihydroxymethyl-1,3-dioxo-2,5-imidazolinidyl-4)-N'- (hydroxy-methyl)urea N-羥甲基-N-(二羥甲基-1,3-雙氧-2,5-咪唑啉基-4)- N'-(羥基-甲基)尿素; 用途:防腐劑.

Hydroxymethylpentylpyridone monoethanolamine salt 羥甲基戊基吡酮單乙醇胺鹽; 見 1-Hydroxy-4-methyl-6(2,4,4-trimethylpentyl) 2-pyridone and its monoethanol amine salt.

2-(2'-Hydroxy-5-methylphenyl)benzotriazole 2-(2'-羥基-5-甲苯基)苯三偶氮; 見 Drometrizole.

1-Hydroxy-4-methyl-6(2,4,4-trimethylpentyl) 2-pyridone and its monoethanol amine salt 1-羥基-4-甲基-6(2,4,4-三甲戊基)2-吡酮及其單乙醇胺鹽; 注意事項:歐盟化粧品法令規定, 用在沖洗產品濃度可至 1%, 非沖洗產品最高濃度爲 0.5%. 用途:防腐劑.

Hydroxyproline 羥基脯胺酸;一種生長非必需胺基酸, 膠原蛋白之組成成分,用在護髮品可防止毛髮產生靜電.用途:抗靜電劑.

Hydroxypropyl bis（N-hydroxyethyl-p-phenylenediamine）HCl 羥丙基雙 (N-羥乙基-對-苯二胺)鹽酸;一種煤焦油衍生物.用途:染髮劑.

Hydroxypropylcellulose 羥丙基纖維素;纖維素之合成衍生物.用途:1. 增稠 劑 2. 結合劑 3. 乳劑穩定劑 4. 成膜劑.

Hydroxypropyl guar hydroxy propyltrimonium chloride 羥丙基瓜爾羥丙基 氯化銨;見銨鹽（見 Quaternary ammonium compounds).用途:抗靜電劑.

Hydroxypropyl methylcellulose 羥丙基甲基纖維素;纖維素之合成衍生物. 用途:1. 增稠劑 2. 乳劑穩定劑 3. 結合劑 4. 成膜劑.

Hydroxy-8-quinoline and its sulfates 羥基-8-喹啉及其硫酸鹽;衛生署公告 化粧品禁用成分.

Hypericum perforatum 金絲桃;亦稱 St. john's wort;葉具芳香味,可用於調 沙拉或甜酒等,花頭的萃取物據稱具有抗感染、收斂和鎮靜作用.注意事項:會 引起皮膚發炎.用途:植物添加物.

Hypericum perforatum extract 金絲桃萃取物;見 Hypericum perforatum.

I

Imidazolidinyl urea 咪唑啉基尿素,亦稱 Imidurea;常使用在化粧品做為防 腐劑;注意事項:美國 CIR 專家認為,以現有動物及臨床資料仍是安全之化粧 品成分;在化粧品防腐劑引起之過敏性接觸皮膚炎,僅次於 Quaternarium-15. 用途:防腐劑.

3,3'-Iminodiphenol 3,3'-亞胺基二苯酚;一種煤焦油色素（見 Coal tar).用 途:染髮劑.

Indole 吲哚, 亦稱 2,3-Benzopyrrole; 天然存在茉莉精油、煤焦油及糞便中, 可從煤焦油萃取獲得或由化學合成製備, 用在香水工業, 吲哚不悅之氣味在高度稀釋的溶液中具有香味. 用途:香料.

Inositol 肌醇, 亦稱 Cyclohexanehexol、Cyclohexitol (環己六醇); 維生素 B 群之一員, 廣泛分佈於植物與動物中, 工業來源來自玉米. 用途: 1. 抗靜電劑 2. 保濕劑.

Iodopropynyl butylcarbamate 碘丙胺基甲酸丁酯; 亦稱 3-Iodo-2-propynylbutyl carbamate、IPBC (簡稱); 用途:防腐劑.

3-Iodo-2-propynylbutyl carbamate 3-碘-2 丙丁基胺基甲酸酯; 見 Iodopro pynyl butylcarbamate.

β-Ionone β-紫羅蘭酮; 一種脂環式之酮類, 天然存在澳洲植物 Boronia 中, 具紫羅蘭香, 化粧品添加之 β-紫羅蘭酮成分為合成香料(見〈化粧品成分用途說明〉, 香料). 注意事項:可能會引起過敏反應. 用途:香料.

IPA 見 Isopropyl alcohol.

IPBC 見 3-Iodo-2-propynylbutyl carbamate.

Irgasan CF3 見 Halocarban.

Irgasan DP300 見 Triclosan.

Irish moss 見 Carrageenan.

Iron oxide black 黑氧化鐵; 是一種氧化鐵化合物, 存在磁鐵礦, 成分為四氧化三鐵 Fe_3O_4. 見 Iron oxides.

Iron oxide CI 77491 CI 色號 77491; 見 Iron oxides. 用途:色素.

Iron oxide CI 77492 CI 色號 77492; 見 Iron oxides. 用途:色素.

Iron oxide CI 77499 CI 色號 77499; 見 Iron oxides. 用途:色素.

Iron oxide red 紅氧化鐵; 亦稱鐵丹, 是一種氧化鐵化合物, 存在赤鐵礦, 成分為三氧化二鐵 Fe_2O_3. 見 Iron oxides.

Iron oxide yellow 黃氧化鐵;是一種氧化鐵化合物,存在針鐵礦,成分為羥氧化鐵 FeO(OH). 見 Iron oxides.

Iron oxides 氧化鐵色素,亦稱 CI 77491、CI 77492、CI 77499;無機色素,顏色因化合物含水度高低而有不同顏色差異,包括鐵丹、黃氧化鐵與黑氧化鐵等氧化鐵,顏色分別是紅、黃、黑色 (見 Iron oxide red、Iron oxide yellow、Iron oxide black),常加在彩粧品.這些氧化鐵色素,以前是直接取自天然礦石研磨燒製而成的無機色素,但因顏色不鮮豔、不安定、有雜質,因此現今均以合成法製造該無機化合物.用途:色素.

Isobutane 異丁烷;低級碳氫化合物,天然氣之成分,易燃,用作噴霧產品之推進劑.注意事項:使用含此成分之噴霧產品時,應遠離火源、高溫場所及不可抽菸.用途:(化粧品噴霧品) 推進劑.

Isobutylparaben 羥苯異丁酯,亦稱 Isobutyl 4- hydroxybenzoate (4-羥基苯甲酸異丁酯)、Isobutyl parahydroxybenzoate (對羥基苯甲酸異丁酯);一種對羥基苯甲酸酯.見 Parabens.用途:防腐劑.

Isobutyl parahydroxybenzoate 對羥基苯甲酸異丁酯;見 Isobutylparaben.

Isocetyl stearate 硬脂酸異鯨蠟基酯,亦稱 Isohexadecyl stearate;由脂肪酸衍生之半合成化合物.用途: 1. 柔軟劑 2. 保濕劑.

Isododecane 異十二烷;獲自石油或由脂肪酸化學合成之烴質油狀化合物 (碳氫化合物).用途: 1. 柔軟劑 2. 保濕劑 3. 溶劑.

Isohexadecane 異十六烷;獲自石油或由脂肪酸化學合成之烴質油狀化合物 (碳氫化合物).用途: 1. 柔軟劑 2. 保濕劑 3. 溶劑.

Isononyl isononanoate 異壬酸異壬酯;一種合成酯, 見 Fatty acid esters. 用途: 1. 抗靜電劑 2. 柔軟劑 3. 保濕劑.

Isoparaffin 異石蠟;見 C_{7-8} Isoparaffin、C_{8-9} Isoparaffin、C_{9-11} Isoparaffin、C_{9-13} Isoparaffin、C_{9-14} Isoparaffin、C_{10-11} Isoparaffin、C_{10-13} Isoparaffin、C_{11-12} Isoparaffin、C_{11-13} Isoparaffin、C_{12-14} Isoparaffin、C_{13-14} Isoparaffin、C_{13-16} Isoparaffin 及 C_{20-40}

Isoparaffin；用途：溶劑.

Isopentane 異戊烷, 亦稱 2-Methylbutane；低級碳氫化合物, 獲自石油天然氣, 易燃性強. 注意事項：會引起皮膚刺激；高濃度下會使人麻醉；使用含異戊烷噴霧產品時, 應遠離火源、高溫場所；美國 CIR 專家認爲是安全性化粧品成分. 用途：1. 溶劑 2. 推進劑.

4-Isopentyl-4-methoxycinnamate（mixed isomers） 4-異戊基-4-甲氧基肉桂酸酯（混合異構體）, 亦稱異戊基-對-甲氧基肉桂酸酯（Isoamyl p-methoxycinnamate 或 Isopentyl p-methoxycinnamate）；合成肉桂酸酯衍生物, 爲一化學性紫外線吸收劑. 注意事項：截至本書完成, 國內衛生署未准許之防曬劑. 用途：防曬劑.

Isopropanolamine 異丙醇胺, 亦稱 1-Amino-2-propanol、IPA；爲一弱酸性有機溶劑, 當作酸鹼值調整劑. 用途：1. pH 值調整劑 2. 緩衝劑.

Isopropanol 見 Isopropyl alcohol.

Isopropyl alcohol 異丙醇, 亦稱 Isopropanol、2-Propanol、Propan-2-ol、IPA（簡稱）；無色易燃液體, 由丙烯製備, 用於化粧品作爲抗菌劑、溶劑或變性劑, 亦用爲精油的溶劑, 以及用於其他工業作爲抗凍成分. 注意事項：可經由吸入、食入、眼睛、皮膚接觸吸收引起傷害；曝露在異丙醇可引起眼、黏膜刺激以及麻醉之可能性；食入或大量吸入蒸氣會引起腸胃痛、噁心、嘔吐、頭痛、頭暈, 以及昏迷及死亡之可能性等, 食入約一液盎斯可危及生命. 用途：1. 抗菌劑 2. 溶劑 3. 變性劑 4. 消泡劑.

Isopropylbenzyl salicyclate 水楊酸異丙苄酯, 亦稱〔4-（1- Methylethyl）phenyl〕methyl salicylate；合成之水楊酸酯衍生物, 紫外線波段 B 吸收劑. 用途：1. 防曬劑 2. 保護劑.

Isopropyl isostearate 異硬脂酸異丙酯, 亦稱 Isopropyl isodecanoate；一種低分子量合成酯（見 Fatty acid esters）. 用途：1. 柔軟劑 2. 保濕劑 3. 結合劑.

Isopropyl lanolate 羊毛脂酸異丙酯；羊毛脂之合成衍生物, 常用在面霜、口紅等增加產品潤滑及光澤.注意事項:對羊毛脂過敏的人,亦可能會有皮膚過敏.用途: 1. 抗靜電劑 2. 柔軟劑 3. 保濕劑.

Isopropyl methoxycinnamate 甲氧基肉桂酸異丙酯, 亦稱 Isopropyl-p-methoxycinnamate; 見 Isopropyl-p-methoxycinnamate & Diisopropyl cinnamate ester mixture.

Isopropyl-p-methoxycinnamate & Diisopropyl cinnamate ester mixture 異丙基-對-甲氧基肉桂酸酯及肉桂酸二異丙基酯混合物;合成之肉桂酸酯衍生物, 用在防曬品作紫外線波段 B 吸收劑.用途: 1. 防曬劑 2. 保護劑.

Isopropyl methylphenol 異丙基甲基酚;酚類之合成物.用途: 1. 抗菌劑 2. 保存劑.

Isopropyl myristate 肉豆蔻酸異丙酯;一種油脂化學產物, 獲自肉豆蔻酸 Myristic acid 和異丙醇合成酯化製成 (見 Fatty acid esters).注意事項:會引起粉刺;會大量增加亞硝基胺之吸收 (見 Nitrosamines).用途: 1. 柔軟劑 2. 保濕劑 3. 結合劑 4. 溶劑.

Isopropyl palmitate 棕櫚酸異丙酯;一種低分子量合成酯 (見 Fatty acid esters).用途: 1. 柔軟劑 2. 保濕劑 3. 結合劑 4. 抗靜電劑 5. 溶劑.

Isopropylparaben 羥苯異丙酯, 亦稱 Isopropyl 4-hydroxybenzoate;一種對羥基苯甲酸酯.見 Parabens.用途:防腐劑.

Isopropyl stearate 硬脂酸異丙酯;一種低分子量合成酯 (見 Fatty acid esters).用途: 1. 柔軟劑 2. 保濕劑 3. 結合劑.

Isostearic acid 異硬脂酸;碳數 18 具支鏈的飽和脂肪酸.用途:1 乳化劑 2. 界面活性劑 3. 結合劑.

Isostearyl alcohol 異硬脂醇;一種合成之高級醇 (高級醇泛指碳數在 6 以上的一元醇類).用途: 1. 柔軟劑 2. 保濕劑 3. 增稠劑 4. 消泡劑.

Isostearyl isostearate 異硬脂酸異硬脂酸酯, 亦稱 Isooctadecyl isooctadecanoate;一種低分子量合成酯 (見 Fatty acid esters).用途: 1. 柔軟劑

2. 保濕劑 3. 結合劑.

Isostearyl stearoyl stearate 硬脂醯硬脂酸異硬脂酯；一種低分子量合成酯（見 Fatty acid esters）. 用途：1. 柔軟劑 2. 保濕劑 3. 增稠劑 4. 界面活性劑.

J

Jasmin(e) 茉莉花；因種類不同而有黃色、白色花朵, 花香濃郁可萃取茉莉油. 茉莉油爲一精油, 內含百種以上成分, 其中許多成分是香水工業重要香料之一. 可加在化粧品作爲天然香料, 亦爲芳香療法之重要精油. 見 Jasminum officinale 與 Jasminum sambac. 用途：製造茉莉精油.

Jasmin(e) extract 茉莉萃取物；見 Jasmin(e). 用途：(天然) 香料.

Jasmin(e) oil 茉莉油；一種精油. 見 Jasmin(e). 用途：(天然) 香料.

Jasminum officinale 茉莉花, 亦稱秀英花、摩洛哥茉莉；茉莉花之一種, Jasminum officinale 爲學名, 產於摩洛哥、印度及埃及, 可萃取茉莉精油 (內含 100 種以上成分), 作爲香水主要成分, 亦爲芳香療法之重要精油. 用途：製造茉莉精油.

Jasminum sambac 茉莉花, 亦稱 Arabian jasmine (阿拉伯茉莉)、中國茉莉；茉莉花之一種, Jasminum sambac 爲學名, 產於中國、印度及東南亞, 可製成茉莉花茶, 亦可萃取茉莉精油 (內含 170 種以上成分), 作爲香水主要成分, 亦爲芳香療法之重要精油. 見 Jasmin(e). 用途：製造茉莉精油.

Jatropha curcas 淳堅果；一種有毒茱用植物, Jatropha curcas 爲其學名, 種子油可製作肥皂. 用途：植物添加物.

Jatropha manihot 木薯, 亦稱 Cassara (地方名)、Tapioca (巴西當地印地安人用語)、Manioc (地方名)、Manihot utilissima (學名)；Jatropha manihot 爲學名, 生長在巴西及其他熱帶氣候之中南美洲, 塊根肥大, 富含澱粉, 磨碎可得木薯澱粉,甜木薯根可食無妨,但苦木薯根含劇毒氫氰酸,不可食用,此有毒成分可經水浸泡等處理除去.用途:植物添加物.

Jojoba 荷荷葩,亦稱油栗、山羊堅果(地方名)、Simmondsia chinensis(學名)、Simmondsia californica(學名);見 Jojoba oil.用途:製造荷荷葩油.

Jojoba alcohol 荷荷葩醇;獲自荷荷葩油(見 Jojoba oil).用途:柔軟劑.

Jojoba butter 荷荷葩脂;一種油脂化學物,由荷荷葩油加工處理.用途:柔軟劑.

Jojoba(Buxus chinensis)oil 荷荷葩油;提取自 Buxus chinensis 種子之荷荷葩油.見 Jojoba oil.

Jojoba esters 荷荷葩酯;獲自荷荷葩油.見 Jojoba butter.

Jojoba oil 荷荷葩油,亦稱油栗油;提取自美洲沙漠灌木植物磨壓碎之種子,如黃楊科植物西蒙得木 Simmondsia chinensis、加利福尼亞西蒙得木 Simmondsia californica 以及 Buxus chinensis,是一種清明無味之液體蠟,主要成分由 C_{20} 和 C_{22} 不飽和脂肪酸和不飽和高級醇類形成之酯的混合物.荷荷葩油具抗氧化與抗腐敗的作用,早已被當地人用在潤滑皮膚和護膚,現廣泛用在化粧品,如洗髮精、護髮品、防曬品、去皺紋、按摩霜等,在護膚保養品中可用為易氧化成分(例如維生素 A)之載體.注意事項:可能引起過敏反應.用途:1.製造洗髮精 2.(天然)柔軟劑 3.(天然)保濕劑 4.(天然)頭髮調理劑.

Jojoba wax 荷荷葩蠟;製自荷荷葩油之一種油脂化學物,見 Jojoba oil.用途:柔軟劑.

Juglans regia 胡桃,亦稱核桃、俗名 Walnut;見 Walnut extract.用途:製造胡桃萃取物.

Juniperus berry 圓柏漿果;見 Juniperus commmunis.

Juniperus communis 圓柏,亦稱 Juniper;柏科植物圓柏 Juniperus communis(學名)之成熟漿果 Juniper berry 可用來製琴酒和利尿劑,富含維生素 C,歐美常用在有機化粧品中.用途:植物添加物.

K

Kaolin 見 China clay.

Kefiran solution 克菲爾乳酸；乳酸菌之一種. 用途：生物添加物.

Kelp extract 海帶萃取物, 亦稱昆布萃取物；見 Algae 及 Algae extract.

Keratin amino acids 角蛋白胺基酸；角蛋白完全水解後之胺基酸混合物, 角蛋白 Keratin 是動物毛髮、角、指甲、爪等的一種蛋白質. 用途：抗靜電劑.

Kinetin 激動素, 亦稱 *N6*-Furfuryladenine（科學名）、6-Furfurylaminopurine（科學名）、*N*-(2-Furanymethyl)-1H-purin-6-amine（科學名）、Kinerase；一種化學結構類似植物細胞分裂素 Cytokinins 的腺嘌呤衍生物, 天然存在植物中, 可刺激細胞分裂, 促進植物生長, 亦在人體發現, 跟 DNA 修補有關. 科學研究發現, 激動素可減緩培養皿中人類皮膚細胞老化. 激動素亦是強氧化劑, 有助於保護皮膚免於日光造成之傷害, 常添加在抗老化之護膚品中. 用途：皮膚調理劑.

Kiwi extract 奇異果萃取物；得自水果奇異果 Actinidia chinensis（學名）果實之萃取物, 用在化粧品作爲矯味及柔軟皮膚成分. 用途：1.（天然）矯味劑 2.（天然）柔軟劑.

Kojic acid 麴酸；由微生物產生, 在日本, 應用很廣之皮膚美白成分. 用途：1. 美白劑 2. 抗氧化劑.

L

Lactamide DEA 乳醯胺 DEA, 亦稱乳醯胺二乙醇胺; 用途: 1. 保濕劑 2. 抗靜電劑.

Lactamide MEA 乳醯胺 MEA, 亦稱乳醯胺單乙醇胺; 用途: 1. 保濕劑 2. 抗靜電劑.

***D*-Lactic acid** *D*-乳酸, 亦稱右旋乳酸; 見 Lactic acid.

***DL*-Lactic acid** *DL*-乳酸, 亦稱消旋乳酸; 見 Lactic acid.

***L*-Lactic acid** *L*-乳酸, 亦稱左旋乳酸; 見 Lactic acid.

Lactic acid 乳酸; 是一種果酸 Alpha-hydroxy acid, 天然以 L 型乳酸存在於動物體內, DL 型乳酸存在於經乳酸桿菌發酵之食物中, 如酸奶等, 亦存在於蔗糖轉化之食物如糖蜜、蘋果、啤酒、甜酒等, 無天然存在之 D 型乳酸. 在人體以 L-Lactic acid 存在血液、肌肉組織及汗液中, 是新陳代謝之產物, 在皮膚以鹽類存在, 是皮膚保濕成分之一 (見 NMF). 在工業上用發酵法生產乳酸: 製自碳水化合物 (如葡萄糖、蔗糖、乳糖) 以乳酸桿菌或相關的乳桿菌進行發酵, 亦製自乳清、玉米澱粉、馬鈴薯等之發酵. 乳酸用在化粧品作爲果酸成分. 注意事項: 見 Alpha-hydroxy acid. 用途: 1. 化學性剝離劑 2. 緩衝劑.

Lactobacillus 乳酸桿菌; 乳酸桿菌屬之菌種. 見 Lactic acid. 用途: 生物添加物.

Lactobacillus ferment 乳酸桿菌發酵物; 優酪乳或酸奶即爲一種乳酸桿菌發酵物. 見 Lactic acid. 用途: 生物添加物.

Lactoferrin 乳鐵蛋白; 一種與鐵結合之蛋白質, 存在哺乳類之乳汁中, 生理功能上跟鐵之運輸至紅血球有關. 用途: 添加物.

Lactoperoxidase 乳酸過氧化酶; 一種存在乳汁中之酵素. 用途: 生物添加物.

Lactose 乳糖, 亦稱 Milk sugar; 存在哺乳動物乳汁中, 廣泛用在食品與製藥工業作爲稀釋劑, 在化粧品則添加在乳液中, 作一般性原料. 用途: 保濕劑.

Lakes 沈澱色素, 亦稱胭脂紅; 是一群有機合成色素 (煤焦油色素) (見 Coal tar), 由可溶性色素與金屬鹽相互作用形成不溶性沈澱顏料. 用途: 色素.

Laminaria 昆布屬；海帶屬的海藻．見 Algae．

Laminaria digitata 海帶的一種；見 Algae．

Laminaria digitata（Algae extract） 見 Algae．

Laminaria saccharina 糖海帶，亦稱糖昆布、Sweet wrack；Kelp 家族之一員．見 Algae．

Laneth Laneth-n（n 代表尾隨附加數）是羊毛脂醇類混合物 Lanolin alcohols 之聚乙二醇醚系列化合物，由羊毛脂醇類混合物 Lanolin alcohols 以環氧乙烷進行乙氧基化，即羊毛脂醇類混合物與聚乙二醇附加聚合反應製得，附加數表示聚乙二醇鍵段中環氧乙烷單位的平均數，即尾隨附加數愈大，代表合成化合物之分子量愈大，黏度亦增大．本類化合物為 POE fatty alcohols 型之非離子型界面活性劑（見 Polyoxyethylene fatty alcohols），具有優越的乳化力與溶解力，可作為乳液、乳霜等之乳化劑或溶液中香料之溶解助劑．

Laneth-4 phosphate 羊毛脂-4 磷酸酯鹽；羊毛脂醇類混合物 Lanolin alcohols、聚乙二醇 Polyethylene glycol 及磷酸 Phosphoric acid 反應製備，其過程是由 Laureth 與磷酸酯化後，再以鹼中和製成，為一陰離子界面活性劑（見 Laneth 與 Polyoxyethylene alkyl ether phosphate）．用途：乳化劑．

Laneth-5 羊毛脂-5；見 Laneth．用途：1. 乳化劑 2. 增稠劑．

Laneth-9 acetate 羊毛脂-9 醋酸酯，亦稱羊毛脂-9 乙酸酯；羊毛脂醇類混合物 Lanolin alcohols、聚乙二醇 Polyethylene glycol 及醋酸 Acetic acid 反應製備．用途：乳化劑．

Laneth-10，Laneth-15，Laneth-20 羊毛脂-10, 羊毛脂-15, 羊毛脂-20；見 Laneth．用途：1. 乳化劑 2. 增稠劑．

Laneth-10 acetate 羊毛脂-10 醋酸酯，亦稱羊毛脂-10 乙酸酯；羊毛脂醇類混合物 Lanolin alcohols、聚乙二醇 Polyethylene glycol 及醋酸 Acetic acid 反應製備．用途：乳化劑．

Laneth-16，Laneth-25，Laneth-60 羊毛脂-16, 羊毛脂-25, 羊毛脂-60; 見 Laneth. 用途：乳化劑.

Laneth-40，Laneth-50，Laneth-75 羊毛脂-40, 羊毛脂-50, 羊毛脂-75; 見 Laneth. 用途： 1. 乳化劑 2. 界面活性劑.

Lanolin 羊毛脂, 亦稱 Wool fat 或 Wool wax; 取自羊之皮脂腺分泌物, 爲淡 黃色軟膏狀蠟 (見 Waxes), 由 36 種脂肪酸及 33 種高分子醇形成之酯類混合 物, 以物理方式處理, 可分離出富含小分子支鍵脂肪酸和高分子醇之液體羊毛 脂, 以及富含高分子支鍵脂肪酸和高分子醇之蠟狀羊毛脂. 羊毛脂對皮膚之親 和性與附著性均佳, 用在各類化粧品如眼霜、潤膚品、護髮品、脣膏、彩粧品中. 注意事項：純羊毛脂是皮膚致敏感原, 會引起皮膚過敏, 如接觸性皮膚紅疹, 羊 毛脂衍生物雖較不會引起過敏反應, 但仍爲過敏原; 有些羊毛脂可能有戴奧辛 污然物, 戴奧辛爲致癌物 (見 Dioxane). 用途： 1. (天然) 柔軟劑 2. (天然) 抗 靜電劑 3. (天然) 乳化劑 4. (天然) 固化劑.

Lanolin acid 羊毛脂肪酸; 羊毛脂之脂肪酸. 注意事項：見 Lanolin. 用途： 1. 柔軟劑 2. 乳化劑.

Lanolin alcohols 羊毛脂醇類; 組成羊毛脂的高分子醇類 (見 Lanolin) 分爲 三類：脂肪醇 Aliphatic alcohols、固醇 Sterols 及三萜烯醇 Triterpene alcohols, 其中以膽固醇 Cholesterol 與異膽固醇 Isocholesterol 佔大部分. 獲自羊毛脂之 水解, 廣泛用在護膚霜和乳液中. 注意事項：仍是敏感原, 但較不易引起過敏反 應 (見 Lanolin). 用途： 1. 乳化劑 2. 柔軟劑 3. 抗靜電劑.

Lanolin cera 羊毛脂蠟; 見 Lanolin wax.

Lanolin linoleate 羊毛脂亞油酸酯; 羊毛脂與亞油酸反應之酯類 (見 Lanolin 與 Linoleic acid). 用途： 1. 柔軟劑 2. 抗靜電劑.

Lanolin oil 羊毛脂油; 羊毛脂之液體部分(液體羊毛脂, 見 Lanolin). 注意事 項：見 Lanolin. 用途： 1. (天然) 抗靜電劑 2. (天然) 柔軟劑 3. (天然) 溶劑.

Lanolin ricinoleate 羊毛脂蓖麻酸酯;羊毛脂與蓖麻油之脂肪酸反應之酯類 (見 Lanolin 與 Castor oil). 用途: 1. 柔軟劑 2. 抗靜電劑.

Lanolin USP 羊毛脂, 高度純化符合 USP 規格之羊毛脂. 用途:同 Lanolin.

Lanolin wax 羊毛脂蠟;羊毛脂之半固體部分(蠟狀羊毛脂, 見 Lanolin). 注意事項:見 Lanolin. 用途: 1. (天然) 抗靜電劑 2. (天然) 柔軟劑 3. (天然) 乳化劑 4. (天然) 成膜劑.

Lard 豬脂, 亦稱 Adeps;得自豬之腸脂, 容易滲透皮膚. 用途: 1. 製造肥皂原料 2. 天然潤滑劑 3. 天然柔軟劑.

Lauramine 月桂胺, 亦稱 Dodecylamine;洗髮精成分. 用途:抗靜電劑.

Lauramine oxide 月桂胺氧化物, 亦稱 Dodecyldimethylamine oxide;用在頭髮產品作為清潔劑或抗靜電劑. 注意事項:會形成亞硝基胺;動物實驗顯示濃度高至 40％, 會經由皮膚吸收;美國 CIR 專家認為用在沖洗產品或非沖洗產品濃度不超過 5％, 仍為安全之化粧品成分. 用途: 1. 抗靜電劑 2. 界面活性劑 3. 黏度調節劑.

Lauraminopropionic acid 月桂胺基丙酸, 亦稱 3- Dodecylaminopropionic acid;用途:抗靜電劑.

Laureth Laureth-n (n 代表尾隨附加數) 是月桂醇之聚乙二醇醚系列化合物, 由月桂醇以環氧乙烷進行乙氧基化, 即月桂醇與聚乙二醇附加聚合反應製得, 附加數表示聚乙二醇鍵段中環氧乙烷單位的平均數, 即尾隨附加數愈大, 代表合成化合物之分子量愈大, 黏度亦增大. 本類化合物為 POE fatty alcohols 型之非離子型界面活性劑 (見 Polyoxyethylene fatty alcohols), 具有優越的乳化力與溶解力, 可作為乳液、乳霜等之乳化劑或溶液中香料之溶解助劑. 將 Laureth-n 與磷酸進行酯化, 再以鹼中和, 即可製得 Laureth-n phosphate, 為陰離子型界面活性劑 (見 Polyoxyethylene alkyl ether phosphate).

Laureth-1 月桂-1, 亦稱 2- (Dodecyloxy)ethanol (化學名);見 Laureth. 用途:

1. 乳化劑 2. 界面活性劑.

Laureth-2 月桂-2, 亦稱 2-〔2-（Dodecyloxy）ethoxy〕ethanol（化學名）；見 Laureth. 用途: 1. 乳化劑 2. 界面活性劑.

Laureth-2 acetate 月桂-2 醋酸酯；月桂醇 Lauryl alcohol、聚乙二醇 Polyethylene glycol 及醋酸 Acetic acid 反應製備. 見 Laureth. 用途:柔軟劑.

Laureth-2 benzoate 月桂-2 苯甲酸酯；月桂醇 Lauryl alcohol、聚乙二醇 Polyethylene glycol 及苯甲酸 Benzoci acid 反應製備. 見 Laureth. 用途:柔軟 劑.

Laureth-2 octanoate 月桂-2 辛酸酯；月桂醇 Lauryl alcohol、聚乙二醇 Polyethylene glycol 及辛酸 Octanoic acid 反應製備. 見 Laureth. 用途:柔軟劑.

Laureth-3 月桂-3；化學名為 2-〔2-〔2-（Dodecyloxy）ethoxy〕ethoxy〕 ethanol. 見 Laureth. 用途: 1. 乳化劑 2. 界面活性劑.

Laureth-3 carboxylic acid 月桂-3 羧酸；月桂醇 Lauryl alcohol、聚乙二醇 Polyethylene glycol 及羧酸 Carboxylic acid 反應製備. 見 Laureth. 用途:界面 活性劑.

Laureth-3 phosphate 月桂-3 磷酸酯鹽；月桂醇 Lauryl alcohol、聚乙二醇 Polyethylene glycol 及磷酸 Phosphoric acid 反應製備, 其過程是由 Laureth 與 磷酸酯化後, 再以鹼中和製成, 為一陰離子界面活性劑（見 Lauret 與 Polyoxyethylene alkyl ether phosphate）. 用途:界面活性劑.

Laureth-4 月桂-4；化學名為 3, 6, 9, 12- Tetraoxatetracosan-1- ol, 見 Laureth. 用途: 1. 乳化劑 2. 界面活性劑.

Laureth-4 carboxylic acid 月桂-4 羧酸；月桂醇 Lauryl alcohol、聚乙二醇 Polyethylene glycol 及羧酸 Carboxylic acid 反應製備. 見 Laureth. 用途:界面 活性劑.

Laureth-4 phosphate 月桂-4 磷酸酯鹽；月桂醇 Lauryl alcohol、聚乙二醇

Polyethylene glycol 及磷酸 Phosphoric acid 反應製備, 其過程是由 Laureth 與磷酸酯化後, 再以鹼中和製成, 爲一陰離子界面活性劑（見 Lauret 與 Polyoxyethylene alkyl ether phosphate）. 用途：乳化劑.

Laureth-5 月桂-5；見 Laureth. 用途：1. 乳化劑 2. 界面活性劑.

Laureth-5 carboxylic acid 月桂-5 羧酸；月桂醇 Lauryl alcohol、聚乙二醇 Polyethylene glycol 及羧酸 Carboxylic acid 反應製備. 見 Laureth. 用途：1. 乳化劑 2. 界面活性劑.

Laureth-6 月桂-6；見 Laureth. 用途：1. 乳化劑 2. 界面活性劑.

Laureth-6 carboxylic acid 月桂-6 羧酸；月桂醇 Lauryl alcohol、聚乙二醇 Polyethylene glycol 及羧酸 Carboxylic acid 反應製備. 見 Laureth. 用途：界面活性劑.

Laureth-6 citrate 月桂-10 檸檬酸酯；月桂醇 Lauryl alcohol、聚乙二醇 Polyethylene glycol 及檸檬酸 Citric acid 反應製備. 見 Laureth. 用途：界面活性劑.

Laureth-7 月桂-7；Laureth. 用途：1. 乳化劑 2. 界面活性劑.

Laureth-7 citrate 月桂-7 檸檬酸酯；月桂醇 Lauryl alcohol、聚乙二醇 Polyethylene glycol 及檸檬酸 Citric acid 反應製備. 見 Laureth. 用途：界面活性劑.

Laureth-7 phosphate 月桂-7 磷酸酯鹽；月桂醇 Lauryl alcohol、聚乙二醇 Polyethylene glycol 及磷酸 Phosphoric acid 反應製備, 其過程是由 Laureth 與磷酸酯化後, 再以鹼中和製成, 爲一陰離子界面活性劑（見 Lauret 與 Polyoxyethylene alkyl ether phosphate）. 用途：乳化劑.

Laureth-7 tartrate 月桂-7 酒石酸酯；月桂醇 Lauryl alcohol、聚乙二醇 Polyethylene glycol 及酒石酸 Tararic acid 反應製備. 見 Laureth. 用途：界面活性劑.

Laureth-8 月桂-8；見 Laureth. 用途：乳化劑.

Laureth-8 phosphate 月桂-8 磷酸酯鹽；月桂醇 Lauryl alcohol、聚乙二醇 Polyethylene glycol 及磷酸 Phosphoric acid 反應製備, 其過程是由 Laureth 與 磷酸酯化後, 再以鹼中和製成, 爲一陰離子界面活性劑（見 Lauret 與 Polyoxyethylene alkyl ether phosphate）. 用途：界面活性劑.

Laureth-9 月桂-9, 亦稱聚多卡醇 Polidocanol、Polyethylene glycol（9） monododecyl ether、 Dodecyl alcohol polyoxyethylene Ether、 Hydroxypolyethoxydodecane、Polyoxyethylene lauryl ether；見 Laureth. 用途： 1. 乳化劑 2. 界面活性劑.

Laureth-10～Laureth-16 月桂-10, 月桂-11, 月桂-12, 月桂-13, 月桂-14, 月桂-15, 月桂-16；見 Laureth. 用途: 1. 乳化劑 2. 界面活性劑.

Laureth-10 carboxylic acid 月桂-10 羧酸；月桂醇 Lauryl alcohol、聚乙二醇 Polyethylene glycol 及羧酸 Carboxylic acid 反應製備. 見 Laureth. 用途：界面 活性劑.

Laureth-11 carboxylic acid 月桂-11 羧酸；月桂醇 Lauryl alcohol、聚乙二醇 Polyethylene glycol 及羧酸 Carboxylic acid 反應製備. 見 Laureth. 用途：界面 活性劑.

Laureth-13 carboxylic acid 月桂-13 羧酸；月桂醇 Lauryl alcohol、聚乙二醇 Polyethylene glycol 及羧酸 Carboxylic acid 反應製備. 見 Laureth. 用途：界面 活性劑.

Laureth-14 carboxylic acid 月桂-14 羧酸；月桂醇 Lauryl alcohol、聚乙二醇 Polyethylene glycol 及羧酸 Carboxylic acid 反應製備. 見 Laureth. 用途：界面 活性劑.

Laureth-17 carboxylic acid 月桂-17 羧酸；月桂醇 Lauryl alcohol、聚乙二醇 Polyethylene glycol 及羧酸 Carboxylic acid 反應製備. 見 Laureth. 用途：界面 活性劑.

Laureth-20, Laureth-23, Laureth- 25, Laureth-30, Laureth-40 月桂-20, 月桂-23, 月桂-25, 月桂-30, 月桂-40; 見 Laureth. 用途: 1. 乳化劑 2. 界面活性劑.

Lauric acid 月桂酸, 亦稱十二酸、Dodecoic acid、n-Dodecanoic acid (n-十二酸); 一種稍帶月桂油氣味之高級脂肪酸 (見 Fatty acids), 是植物油脂 (例如可可油與月桂油) 之組成分, 將可可油或月桂油經皂化分解可得月桂酸, 用於製造皂類、去污清潔劑及月桂醇. 注意事項: 稍具刺激性但不是致過敏原. 用途: 1. 製造香皂原料 2. 製造合成清潔劑原料.

Lauric acid diethanolamide 月桂酸二乙醇醯胺, 亦稱 Lauramide DEA; 用途: 1. 泡沫安定劑 2. 增稠劑.

Lauric myristic DEA 月桂酸肉豆蔻二乙醇醯胺; 用途: 起泡劑.

Lauroyl lysine 月桂醯賴胺酸; 一種胺基酸之合成衍生物. 用途: 黏度調整劑.

Lauryl alcohol 月桂醇, 亦稱 1-Dodecanol (1-十二醇)、Dodecan- 1- ol; 提取自 Coconut oil. 用途: 1. 柔軟劑 2. 乳劑穩定劑 3. 黏度調整劑.

Lauryl aminopropylglycine 月桂胺基丙甘油, 亦稱 N- [3- (Dodecylamino) propyl] glycine (十二烷基胺丙甘油); 用途: 抗靜電劑.

Lauryl behenate 山蓊酸月桂酯, 亦稱 Docosanoic acid, dodecyl ester (山蓊酸, 十二烷基酯); 用途: 柔軟劑.

Lauryl betaine 月桂基甜菜鹼, 亦稱 (Carboxylatomethyl) dodecyldimethylammonium; 一種甜菜鹼之合成衍生物. 用途: 1. 抗靜電劑 2. 泡沫增進劑 3. 界面活性劑.

Lauryl diethylenediaminoglycine 月桂二乙烯二胺基甘油, 亦稱 Dodicin; 用途: 抗靜電劑.

Lauryl dimethylaminoacetic acid betaine 月桂基二甲胺基乙酸甜菜素; 用途: 界面活性劑.

Lauryl isoquinolinium bromide 月桂基異喹啉銨溴, 亦稱 2-Dodecylisoquinolinium Bromide (2-十二烷基異喹啉銨溴);一種四級銨之陽離子界面活性劑 (見 Quaternary ammonium compounds), 可抑制細菌和黴菌活性, 常用在頭髮產品可抗頭皮屑. 注意事項:濃度 0.1％或以下不會引起皮膚刺激或敏感. 用途: 1. 抗微生物劑 2. 抗靜電劑 3. 界面活性劑.

Lauryl methacrylate 甲基丙烯酸月桂酯, 亦稱 Dodecyl methacrylate (甲基丙烯酸十二烷基酯);用途:黏度調整劑.

Laurylmethicone copolyol 月桂聚甲基矽氧烷共聚物;一種聚矽氧烷衍生物 (見 Silicones). 用途: 1. 乳化劑 2. 柔軟劑.

Lauryl PCA 吡咯烷酮羧酸月桂酯, 亦稱 1- Dodecyl- 5- oxopyrrolidine- 3- carboxylic acid;一種吡咯烷酮羧酸之合成衍生物 (見 PCA). 見 Proline. 用途:保濕劑.

Lavandula angustifolia 英國薰衣草, 亦稱 Lavandula angustifolia Mill. (學名)、薰衣草 Lavender (英文名稱)、原生薰衣草 True Lavender、英國薰衣草 English lavender、狹葉薰衣草 Garden lavender;見 Lavender. 用途:天然香料原料.

Lavandula hybrida 雜薰衣草, 亦稱 Lavandula hybrida Rev (學名)、薰衣草 Lavender (英文名稱);二種薰衣草之混種. 見 Lavender. 用途:天然香料原料.

Lavandula officinalis 薰衣草屬薰衣草, 亦稱 Lavandula officinalis Chaix. (學名)、薰衣草 Lavender (英文名稱);見 Lavender.

Lavender 薰衣草;有二十餘種, 常見種類唇形花科薰衣草屬 Lavandula officinalis (學名) 及英國薰衣草 Lavandula angustifolia (學名) 及雜薰衣草 Lavandula hybrida (學名), 產自地中海區, 常見野生或栽培, 其花序葉莖皆可蒸餾得薰衣草油 Lavender oil, 但以花含精油最多. 該精油可用於蒸薰及香料, 芳香療法認為薰衣草油可舒緩情緒、安眠、解除疲勞及減輕壓力, 亦常用薰衣草油調節皮脂分泌、改善 T 字部泛油、促進表皮細胞更新、改善面皰、抑制黴菌、修復痘痕及刺激毛髮生長等, 其中又以從法國薰衣草 Lavandula stoechas 和英國薰衣草 L. angustifolia 提取的精油品質最好. 另外薰衣草之花除可製成花茶, 可舒緩焦慮、頭痛、腸胃脹氣, 其汁液被用來作爲天然之皮膚調理劑, 認爲可促進皮膚表皮細胞更新及對面皰有療效. 用途: 1. 製造薰衣草油 2. 製造薰衣草萃取液.

Lavender extract　薰衣草萃取物; 見 Lavender. 用途: 天然皮膚調理劑.

Lavender oil　薰衣草油, 亦稱薰衣草精油; 一種精油, 薰衣草精油被認爲可紓解壓力、有益入睡. 見 Lavender. 注意事項: 會引起過敏反應; 塗抹薰衣草油應避免曝露在陽光下. 用途: 1. (天然) 香料 2. 精油.

Lawsone with dihydroxyacetone　散沫花素與二羥基丙酮, 亦稱 Lawsone with DHA; 化學合成物, 加在防曬品作紫外線吸收劑. 用途: 1. 防曬劑 2. 產品保護劑.

***L*-Carrvone**　查閱字母 C 之 *L*-Carrvone.

***L*-Cysteine**　查閱字母 C 之 *L*-Cysteine.

***L*-Cysteine HCl**　查閱字母 C 之 *L*-Cysteine HCl.

Lead acetate　醋酸鉛, 亦稱乙酸鉛; 帶有醋酸味之無色或白色晶體, 可作爲染髮劑之色素. 注意事項: 是一種致癌物; 可經由皮膚吸收, 導致鉛中毒, 有體內鉛累積之可能性; 用在染髮時, 不應用在有傷口或擦傷之頭皮. 用途: 染髮劑.

Lecithin　卵磷脂; 一種磷脂, 分佈於所有動植物中, 工業原料一般來自蛋黃及大豆, 是一種天然抗氧化劑、乳化劑及柔軟劑, 常用在護膚品、眼霜、唇膏及香皂等, 是一天然無毒化粧品成分. 用途: 1. (天然) 抗靜電劑 2. (天然) 乳化劑 3. (天然) 柔軟劑 4. (天然) 抗氧化劑.

Lemon　檸檬, 亦稱 Citrus limonum RISSO (學名)、Citrus limon (學名)、Citrus lemon、Citrus medica var. limon (學名)、Limon; 檸檬爲芳香科柑桔屬植物, 可利用之部位爲果實, 其新鮮成熟果實外皮可壓榨或萃取檸檬油

Lemon oil, 其果實壓榨之檸檬汁是天然抗菌劑、收斂劑和潤髮光澤劑, 見 Lemon oil 及 Lemon juice. 注意事項:可增加皮膚對光敏感度, 塗後避免日曬; 可引起過敏反應. 用途: 1. 製造檸檬油 2. 製造檸檬汁.

Lemon balm oil 蜜蜂草油, 亦稱香蜂草油、滇荊芥油、Lemon balm oil、 Melissa balm oil、Melissa oil、Balm oil; 一種精油, 取自唇形科香蜂草屬蜜蜂草 Melissa officinalis L. (學名) 之葉. 蜜蜂草常見於法國及地中海區, 但因萃油率低致精油價格昂貴, 在芳香療法認蜜蜂草油有利安撫神經、睡眠、強心、降血壓、消炎、抗過敏等. 注意事項:可調節月經, 宜避用於受孕期, 可能刺激敏感性皮膚. 用途: 1. 天然香料 2. 精油.

Lemon (Citrus medica limonum) extract 檸檬萃取物; 見 Lemon.

Lemon extract 檸檬萃取物; 一般指檸檬精油, 見 Lemon oil.

Lemon juice 檸檬汁; 取自新鮮檸檬果肉之汁液, 富含檸檬酸與維生素 C, 稀釋後可用在安撫日曬、調理油性肌膚、油性髮質以及作天然美白肌膚, 亦可拿來當天然潤絲精, 可洗淨洗髮精泡沫及使頭髮有光澤. 見 Lemon. 用途: 1. (天然) 收斂劑 2. 天然皮膚調理成分.

Lemon peel 檸檬皮; 芸香科檸檬 Citrus limon 成熟新鮮果實之外皮, 可萃取檸檬油, 用作化粧品香料. 見 Lemon oil. 用途:製造檸檬油.

Lemon oil 檸檬油; 一種精油, 具新鮮檸檬果皮之芳香, 取自芸香科檸檬 Citrus limon 新鮮果實外皮, 經壓榨或蒸餾而得, 但以壓榨方式獲取氣味更芳香及品質更佳, 常使用在食品當調味料及香水當香料. 芳香療法認為檸檬油有抗刺激、抑制病毒、細菌感染及刺激淋巴腺之性質, 因此常用在按摩油或用在芳香蒸汽, 期達到療法中認為的提高免疫系統活性. 見 Lemon. 注意事項:致過敏可能性; 直接以未適當稀釋之精油塗抹皮膚會有刺激性; 已被懷疑是引起癌症之共犯成分. 用途: 1. 天然香料 2. 精油.

Lemon verbena 檸檬馬鞭草, 亦稱防臭木、Lippia citriodora Kunth; 葉片表面有腺毛, 有很濃檸檬香氣, 可提取精油. 注意事項:國際香料研究協會 The

International Fragrance Research Associateion（IFRA）於香料研究學會 The Research Institute for Fragrance Materials（RIFM）研究結果顯示, 獲自 Lippia citriodora Kunth 之檸檬馬鞭草油具過敏與光毒性等可能性, 建議不應使用爲香料. 用途：1. 天然香料 2. 精油.

Lemon verbena oil 檸檬馬鞭草油, 亦稱 Verbena oil；見 Lemon verbena.

Levomenthol 左旋薄荷醇；見 Menthol.

Licorice 甘草, 亦稱 Glycyrrhiza、Liquorice、Sweet root；豆科植物, 中藥所用之甘草爲豆科甘草 Glycyrrhiza uralensis 及同屬近緣植物之乾燥根及根莖, 其甘草萃取物具有藥理作用包括：抑制胃液分泌、鎮痙及潰瘍修復作用, 而其所含成分甘草甜素 Glycyrrhizin 之藥作用包括腎上腺素皮質類似作用、鎮咳、抗炎症、抗菌及抗過敏. 用在食品作矯味劑或香味及化粧品之甘草萃取物, 來自光果甘草 Glycyrrhiza glabra 或其變種, 例如歐亞甘草 Glycyrrhiza glabra L., var. typica、俄國甘草 Glycyrrhiza glabra L., var. glandulifera、黃甘草 Glycyrrhiza eurycarpa 等之乾根及根莖. 光果甘草 Glycyrrhiza glabra 之萃取物被認爲具抗刺激、消炎作用. 一些研究結果認爲, 光果甘草萃取物具去黑色素效應與抑制黑色素形成, 但在國內甘草萃取物尚未被認可爲去斑美白劑. 甘草組成成分因種類不同而有差異, 常用在化粧品之甘草成分包括甘草甜素 Glycyrrhizin、甘草酸 Glycyrrhizic acid、Glycyrrhetinic acid、甘草次酸 Glycyrrhetic acid. 用途：1. 製造甘草萃取物 2. 甘草成分的原料.

Licorice extract 甘草萃取物；見 Licorice. 用途：(天然) 消炎劑.

Licorice（Glycyrrhiza glabra）extract 甘草（光果甘草）萃取物；見 Licorice. 用途：(天然) 消炎劑.

Licorice juice 甘草汁；見 Licorice extract.

Licorice root extract 甘草根萃取物；甘草根萃取物即甘草萃取物 Licorice extract, 見 Licorice extract.

Lilial 百合醛, 亦稱 2-Methyl-3-(4-tert-butylphenyl)propanal（化學名）；具

菩提花 Linden-blossom、仙客來 Cyclamen 花朵香味之合成香料. 用途:香料.

Lime, common 見 Tilia vulgaris.

Lime water 石灰水;氫氧化鈣之鹼性水溶液. 用途:鹼化劑.

Lime oil, Expressed 壓榨之萊姆油, 亦稱 Lime oil 萊姆油;一種精油,獲取自壓榨萊姆 Citrus limetta 之果實外皮. 萊姆是柑橘家族之成員;注意事項:國際香料研究協會 The International Fragrance Research Associateion (IFRA) 基於香料研究學會 The Research Institute for Fragrance Materials (RIFM)之光毒性研究結果建議,產品用在塗抹曝露陽光下的皮膚部位,應限制壓榨萊姆油最高含量濃度在 0.7%,但沐浴產品、香皂及其他沖洗產品則無含量限制. 用途:(天然) 香料.

Limnanthes alba 北美藥草, 亦稱泡沫草地 Meadowfoam (英文名稱); Limnanthes alba 為學名,其成熟種子可壓榨出北美藥草子油 Limnanthes alba seed oil,為目前對氧化最穩定之植物油. 用途:製造藥草子油原料.

Limnanthes alba (seed) oil 北美藥草 (子) 油, 亦稱泡沫草地油 Meadowfoam (seed) oil;見 Limnanthes alba. 用途: 1. (天然) 柔軟劑 2. (天然) 保濕劑 3. (天然) 潤滑劑 4. (天然) 頭髮調理劑.

Limonene 檸檬烯,亦稱萱烯;為一種單萜烯類之碳水化合物,有三種異構體:右旋型 (D 型)、左旋型 (L 型) 及消旋型 (DL 型), 右旋-檸檬烯 D-Limonene 天然存在於許多精油中,例如檸檬油、柑橘皮油、葡萄柚皮油及香檸檬油等 (為檸檬油、香橙油、薰衣草油、肉豆蔻油、佛手柑油之主成分), 具檸檬香,易於在儲存過程中劣化而使精油品質降低;後二者 (L 型與 DL 型) 為化學合成製備, 化粧品添加之檸檬烯成分為合成之香料 (見〈化粧品成分用途說明〉,香料).注意事項:皮膚刺激性;接觸性過敏原;國際香料研究協會 The International Fragrance Research Associateion (IFRA) 基於致過敏性與過氧化物、氧化產品之研究結果,建議 D-, L-, DL-Limonene 和天然產品含檸檬烯應添加抗氧化劑,以抑制過氧化物至最低程度,且該類產品之過氧化值應合於規定.用途: 1. 溶劑 2. 香料.

***d*-Limonene，*D*-Limonene** 右旋-檸檬烯;見 Limonene.

***dl*-Limonene，*DL*-Limonene** 消旋-檸檬烯;化學合成製備.見 Limonene.

***l*-Limonene，*L*-Limonene** 左旋-檸檬烯;化學合成製備.見 Limonene.

Linalool 里哪醇,亦稱 Linalol;花芳香無色液體,爲一種單萜烯之醇類,存在於許多精油中,例如香檸檬油 Bergamot oil 及依蘭油 Ylang Ylang oil 等,尤爲里哪油 Linaloe oil 之主要成分,因其類似佛手柑油及法國薰衣草油之香氣及香氣穩定,常用在香水與香皀中替代前二者精油,添加在化粧品之里哪醇成分爲合成香料(見〈化粧品成分用途說明〉,香料).注意事項:可能引起過敏反應.用途:香料.

Linalyl acetate 乙酸里哪酯,亦稱 Bergamol;一種萜烯系之酯類,無色芳香液體,薰衣草油及佛手柑油最有價值之成分,亦存在於許多其他精油中,添加在化粧品之乙酸里哪酯爲合成香料(見〈化粧品成分用途說明〉,香料).用途:香料.

Linoleic acid 亞油酸,亦稱 9,12-Linoleic acid (亞麻油酸)、Linolic acid、(Z, Z)-9, 12-Octadecadienoic acid;一種必需脂肪酸,許多植物油如大豆油、花生油、亞麻子油、玉米油等爲主要成分,以甘油酯形式存在,工業上製自油脂化學之產物.用途: 1. (天然)抗靜電劑 2. (天然) 柔軟劑.

Linoleic acid ethylester 見 Ethyl linoleate.

Linolenic acid 亞麻酸,亦稱 9,12,15 Linolenic acid、α-Linolenic acid、(Z, Z, Z)-9, 12, 15-Octadecatrienoic acid;一種必需脂肪酸,以甘油酯形式存在.用途: 1. 天然抗靜電劑 2. 天然柔軟劑.

Linoleyl diethanolamide 亞油酸基二乙醇醯胺,亦稱 Amidex LN (商品名);用途:界面活性劑.

Linoleyl lactate 乳酸亞油酸酯;用途:皮膚調理劑 (柔軟劑).

Linseed acid 亞麻子酸;亞麻子油之脂肪酸.見 Linseed oil.用途: 1. 柔軟劑

2. 乳化劑.

Linseed extract 亞麻子萃取物;見 Linseed oil.

Linseed oil 亞麻子油;一種植物油,成分含有亞油酸、亞麻酸、油酸、硬脂酸、棕櫚酸和肉豆蔻酸,獲自壓榨或萃取亞麻成熟種子 Flaxseed(亞麻子),常用在護膚品、藥用香皂及刮鬍膏,可舒緩皮膚.注意事項:會引起過敏反應.用途:天然柔軟劑.

Linum usitatissimum 亞麻,亦稱 Flax;亞麻科亞麻 Linum usitatissimum 為其學名,其乾燥成熟種子亞麻子 Linseed 亦稱 Flaxseed、Linum.用途:亞麻子油原料.

Lipoic acid 硫辛酸,亦稱 Alpha-lipoic acid、ALA、Thioctic acid;一種含硫之脂肪酸,天然存在食物中,如肉類、肝臟、酵母、菠菜等,亦存在人體細胞中,參與細胞能量生成,供身體需要使用.硫辛酸另一主要功能是增進穀胱甘肽 Glutathione 之生成.此外硫辛酸亦是一抗氧化劑,可中和體內產生之自由基,保護細胞免於自由基造成的傷害,但不同於油溶性抗氧化劑之維生素 E 只能作用於脂肪組織,與水溶性抗氧化劑之維生素 C 只能作用水溶性環境,硫辛酸之抗氧化可作用在油溶性組織及水溶性組織.在皮膚美容方面,研究發現皮膚老化是一種發炎現象,會導致細紋及皺紋生成,硫辛酸之抗氧化作用不但本身具抗氧化力,亦可協助加強維生素 C 和 E 之抗氧化力,硫辛酸有效率之抗氧化作用,可防止細胞產生發炎物質傷害細胞及膠原蛋白,並可促進可溶解受損膠原蛋白之物質生成,有助於去除皺紋及疤痕,因此在化粧品應用中,硫辛酸常加在抗老化及抗皺紋的護膚品中.用途:抗氧化劑.

Liquid paraffin 液態石蠟,亦稱 Paraffin;由原油高溫精製而成(原油高溫蒸餾除去固態石蠟即得液態石蠟),是一種飽和碳氫混合物(非蠟質),無色無臭,化學性質穩定,不易變質,能減少表皮水分蒸發及改進產品的觸感,是化粧品常用的一種原料.用途:1. 抗靜電劑 2. 柔軟劑 3. 溶劑.

Liquorice 甘草;見 Licorice.

L-Menthol　查閱字母 M 之 *L*-Menthol.

Lonicera caprifolium　忍冬, 亦稱 Honeysuckle; 管狀花朵之芳香植物, 與中醫所用之忍冬 Lonicera japonica 同屬忍冬科忍冬屬但種類不同. 用途: 1. 香料 2. 植物添加物.

L-**Phenylalanine**　查閱字母 P 之 *L*-Phenylalanine.

L-**Threonine**　查閱字母 T 之 *L*-Threonine.

Luffa cylindrica　絲瓜 (子), 亦稱菜瓜 (子)、水瓜 Sponge gourd、Loofah; 爲葫蘆科絲瓜屬植物絲瓜 Luffa cylindrica (L.) Roem. (學名), 嫩果供食用, 老熟的果中有強韌纖維, 可做絲瓜布用來去除粗糙皮膚角質, 老藤可汲取絲瓜水, 具有黏性是極佳皮膚保濕效果, 可當保濕化粧水. 用途: 1. 天然物理性去角質 (絲瓜纖維) 2. (天然) 保濕劑 (絲瓜水).

Lupin　羽扇豆, 亦稱 Lupine、多葉羽扁豆 Lupinus polyphyllus (學名); 和白羽扇豆 Lupinus albus 種子研成粉末用於皮膚, 有益於毛細孔清潔, 加到面膜可減少皮膚油脂. 用途: 1. 天然清潔成分 2. 面膜原料.

Lupine amino acids　羽扇豆胺基酸; 得自羽扇豆, 據聲稱是極佳保濕成分. 用途: 天然皮膚調節劑.

Lupine extract　羽扇豆萃取物; 得自羽扇豆 Lupinus albus (學名) 種子, 聲稱可促進皮膚更新, 改善皮膚保濕. 用途: 護膚品添加物.

Lupine protein　羽扇豆蛋白質; 見 Lupin.

Lupinus albus　白羽扇豆; 見 Lupin.

Lyral　商品名; 一芳香合成物, 具新鮮百合花香, 廣泛用爲香精製造香水或用於化粧品當香料, 是非常經濟之原料. 注意事項: 過敏原. 用途: 1. 合成香料 2. 製造香水.

Lysine　離胺酸, 亦稱賴胺酸、*L*-Lysine; 人體生長之必需的胺基酸, 存在動植物體中; 加在產品可改善產品性質, 常加在頭髮產品具消除靜電, 防止頭髮糾結. 業者亦加入護膚品中, 但其訴求未獲科學研究證實, 只能稱作添加物. 用途: 1. 抗靜電劑 2. 添加劑.

DL- Lysine　*DL*-離胺酸, 亦稱 *DL*-賴胺酸; 合成型態之離胺酸, 加在產品可改善產品性質, 常加在頭髮產品可消除靜電防止頭髮糾結. 業者亦加入護膚品中, 但其訴求未獲科學研究證實, 只能稱作添加物. 用途: 同 Lysine.

L- Lysine　見 Lysine.

Lysine HCL　見 Lysine hydrochloride.

Lysine hydrochloride　離胺酸鹽酸鹽, 亦稱賴胺酸鹽酸鹽; 合成之胺基酸鹽類. 用途: 1. 抗氧化劑 2. 還原劑.

Lysine lauroyl methionate　離胺酸月桂醯蛋胺酸酯; 合成之胺基酸鹽類, 常加在抗老化粧品. 用途: 生物添加物.

Lysine PCA　吡咯烷酮羧酸離胺酸, 亦稱吡咯酮羧酸賴胺酸; 賴胺酸和 PCA 反應製成 (見 Lysine 與 PCA), 存在三種化學結構: 5- Oxo- *DL*- proline, compound with *L*- lysine (1:1)、5- Oxo- *DL*- proline, compound with *DL*- lysine (1:1) 和 5- oxo- *L*- proline, compound with *DL*- lysine (1:1), 可改善皮膚濕潤度, 用在護膚品作為中和劑和酸鹼性調節劑. 用途: 1. 保濕劑 2. 抗靜電劑 3. pH 值調節劑 4. 中和劑.

M

***m*-Aminophenol, *m*-Aminophenol sulfate**　查閱字母 A 之 *m*-Aminophenol、*m*-Aminophenol sulfate.

***m*-, *o*- and *p*- Phenylenediamines, their *N*-substituted derivatives and their salts**　查閱字母 P 之 *m*-, *o*- and *p*-Phenylenediamines, their *N*-substituted derivatives and their salts.

Macadamia nut oil　澳洲堅果油; 獲自生長於澳洲、夏威夷的常綠樹

Macadamia 所結堅果之植物油, 澳洲堅果油在皮膚的觸感比一般植物油佳, 因此被添加在許多護膚品或口紅中. 用途: 1. (天然) 柔軟劑 2. (天然) 保濕劑.

Macassar oil 馬卡髮油, 亦稱 Paka oil、Kusum oil、Kon oil; 植物油, 得自無患子科馬卡髮的核仁, 產自南洋區域. 用途:髮油原料.

Magnesium aluminum silicate 矽酸鎂鋁; 天然蘊藏豐富之金屬, 常和其他化合物合用在粉狀彩粧品作爲塡料, 具收斂性質, 爲一細緻的化粧品成分. 注意事項:1976 年美國藥物食品管理局 (FDA) 重新評估其安全性, 認爲在目前使用濃度沒有傷害性, 但世界衛生組織 (WHO) 以動物實驗顯示, 會損害腎而建議進一步研究. 用途: 1. 塡料 2. 吸收劑 3. 不透明劑 4. 黏度調整劑.

Magnesium ascorbate 抗壞血酸鎂, 亦稱 Magnesium di-L-ascorbate; 由維生素 C 和鎂反應合成, 爲一種維生素 C 之緩衝形式, 不具酸之刺激. 用途:抗氧化劑.

Magnesium ascorbyl phosphate 磷酸抗壞血酸鎂, 亦稱 Magnesium-1-ascorbyl-2-phosphate; 維生素 C 之化學合成衍生物, 性質安定 (見 Ascorbic acid). 用途: 1. 美白劑 2. 抗氧化劑.

Magnesium carbonate 碳酸鎂, 亦稱 Magnesium carbonate(CI 77713); 天然存在之鹽, 亦可化學合成, 主用在粉末狀產品, 包括嬰兒用粉、面膜、彩粧品用粉等, 作爲抗粉末結塊及色素. 注意事項:對完整皮膚不具毒性, 但對擦傷皮膚有刺激性. 用途: 1. 抗結塊劑 2.色素 3. 吸收劑 4. 不透明劑.

Magnesium carbonate (CI 77713) 見 Magnesium carbonate.

Magnesium chloride 氯化鎂; 用途:添加物.

Magnesium digluconate 見 Magnesium gluconate.

Magnesium distearate 見 Magnesium stearate.

Magnesium fluoride 氟化鎂; 用於牙膏中. 用途:口腔護理劑.

Magnesium fluorosilicate 氟矽酸鎂, 亦稱矽氟化鎂、Magnesium

hexafluorosilicate;用於牙膏中.用途:口腔護理劑.

Magnesium gluconate 葡萄糖酸鎂,亦稱 Magnesium digluconate;用途:添加物.

Magnesium laureth sulfate 月桂醚硫酸鎂;為陰離子界面活性劑(見 Polyoxyethylene fatty alcohols 與 Polyoxyethylene alkyl ether sulfate),刺激性較低,具洗淨力與發泡力,廣泛用在洗髮精.用途:界面活性劑.

Magnesium laureth-5 sulfate, Magnesium laureth-8 sulfate, Magnesium laureth-11 sulfate, Magnesium laureth-16 sulfate 月桂醚-5 硫酸鎂,月桂醚-8 硫酸鎂,月桂醚-11 硫酸鎂,月桂醚-16 硫酸鎂;一種陰離子型界面活性劑(見 Polyoxyethylene alkyl ether sulfate 與 Polyoxyethylene alcohols),具洗淨力與發泡力,常用在洗髮精.用途:界面活性劑.

Magnesium lauryl sulfate 月桂(基)硫酸鎂,亦稱 Magnesium dodecylsulphate(十二烷(基)硫酸鎂);為陰離子界面活性劑(見 Polyoxyethylene alkyl ether sulfate 與 Polyoxyethylene alcohols),具洗淨力與發泡力,常用在洗髮精.用途: 1. 界面活性劑 2. 去污清潔劑.

Magnesium myreth sulfate 肉豆蔻硫酸鎂,亦稱十四醇硫酸鎂;為陰離子界面活性劑(見 Polyoxyethylene alkyl ether sulfate 與 Polyoxyethylene alcohols),具洗淨力與發泡力,常用在洗髮精.用途:界面活性劑.

Magnesium myristate 肉豆蔻酸鎂;用途: 1. 不透明劑 2. 增稠劑.

Magnesium nitrate 硝酸鎂;易吸潮之白色晶體,天然以水合物形式存在於鎂硝石礦,常用於洗髮精.注意事項:為一種硝酸鹽類(見 Nitrosamines).用途:添加劑.

Magnesium oleth sulfate 油醇硫酸鎂;為一陰離子界面活性劑(見 Polyoxyethylene alcohols 與 Polyoxyethylene alkyl ether sulfate).用途:界面活性劑.

Magnesium oxide 氧化鎂,亦稱 CI 77711;天然存在於方鎂石礦,成品分為疏

鬆型「輕質」及稠密型「重質」，輕質者較重質者更易從空氣中吸收二氧化碳及水.用途：1. 吸收劑 2. 緩衝劑 3. 不透明劑 4. 色素.

Magnesium palmitate 棕櫚酸鎂, 亦稱 Magnesium dipalmitate；用途：1. 不透明劑 2. 增稠劑.

Magnesium PCA 吡咯烷酮羧酸鎂, 亦稱 Magnesium 2- oxopyrrolidine- 5- carboxylate；吡咯烷酮羧酸之鎂鹽, PCA 爲 Pyrrolidone carboxylic acid (吡咯烷酮羧酸) 之縮寫, Magnesium PCA 是一種細胞代謝產物 (見 NMF), 是皮膚與頭髮保濕因子之重要組成成分, 存在細胞間, 保持皮膚與頭髮濕潤之重要因子.一般工業來源爲合成之 Magnesium PCA, 具良好之吸水性及自空氣吸濕之性質, 常用在皮膚及頭髮產品, 用作保持皮膚及頭髮濕潤之保濕劑.注意事項：美國 CIR 專家認爲不應和亞硝基化劑合用, 否則會形成亞硝基胺, 有安全性之顧慮 (見 Nitrosamines).用途：保濕劑.

Magnesium PEG-3 cocamide sulfate 聚乙二醇-3 椰脂醯胺硫酸鎂；爲一陰離子性界面活性劑 (見 Polyoxyethylene fatty alcohols 與 Polyoxyethylene alkyl ether sulfate).用途：1. 界面活性劑 2. 乳化劑.

Magnesium peroxide 過氧化鎂；用途：氧化劑.

Magnesium stearate 硬脂酸鎂, 亦稱 Magnesium distearate；藥品工業打錠常用之賦形劑, 在化粧品界常用於嬰兒爽身粉與彩粧粉餅當作色素.用途：色素.

Magnesium sulfate 硫酸鎂, 亦稱 Magnesium sulphate、Epsom salts；一種無機鹽, 天然以水合物形式存在於硫鎂礬礦, 一般加在洗澡產品.用途：增稠劑.

Magnesium sulfide 硫化鎂, 亦稱 Magnesium sulphide；用途：除毛劑.

Magnesium sulphate 見 Magnesium sulfate.

Magnesium sulphide 見 Magnesium sulfide.

Magnesium tallowate 脂酸鎂鹽；來自動物脂肪之脂肪酸與鎂反應形成的鹽.用途：1. 乳化劑 2. 界面活性劑.

Magnesium thioglycolate 氫硫基醋酸鎂, 亦稱巰基乙酸鎂; 用途: 1. 除毛劑 2. 還原劑.

Magnesium trisilicate 三矽酸鎂; 一般用在粉狀產品, 可用作氣味吸收劑. 用途: 1. 吸收劑 2. 黏度調整劑 3. 色素 4. 研磨劑 5. 不透明劑.

Magnolia 木蘭, 亦稱辛夷 Magnolia liliiflora Desr. (學名)、紫玉蘭、紫木蘭 Violet magnolia、Lily magnolia; 芳香植物, 原產於中國南部, 其花朵可萃取香精. 用途: 1. 香料 2. 植物添加物.

Maleic acid 順丁烯二酸, 亦稱馬來酸; 自苯製備, 微量即可防止油脂類酸敗, 用在脂肪或油類產品當抗氧化劑. 注意事項: 皮膚刺激; 攝入有毒. 用途: 1. 抗氧化劑 2. 緩衝劑 3. 防腐劑.

Malic acid 蘋果酸, 亦稱羥基丁二酸、L-Malic acid; 天然存在於許多水果與植物中, 例如櫻桃、蘋果等, 有二種合成異構體, D-型與 DL-型. 蘋果酸是一種小分子果酸 (一般果酸常加在抗老化產品, 但蘋果酸對皮膚之益處尚未如其他果酸如甘醇酸、乳酸廣泛受到研究), 因此常與其他果酸成分合用, 少見單獨用在果酸配方. 蘋果酸常用在化粧品中當酸化劑、抗氧化劑. 注意事項: 見 α-hydroxy acid. 用途: 1. 抗氧化劑 2. 緩衝劑 3. 酸化劑 4. 化學性剝離劑.

Malonic acid 丙二酸; 天然以鈣鹽存在甜菜及其他植物, 亦少量存在人類尿液, 工業上來自化學合成製成酯類形式使用, 添加在化粧品作為抗氧化劑. 注意事項: 強刺激性; 大劑量注射實驗動物會致命. 用途: 抗氧化劑.

Malt extract 麥芽萃取液, 亦稱麥芽糖漿; 一種黑色糖漿, 獲取自大麥種子發芽萃取液經蒸發等處理, 含糖類、蛋白質、鹽類及酵母, 常用作營養食品, 在化粧品工業則加在面膜與護膚品當產品之織地劑. 用途: 1. 織地劑 2. 添加物.

Maltroot extract 見 Malt extract.

Mandarin essential oil 柑橘油; 見 Citrus nobilis. 用途: 香料.

Mandarin oil 見 Mandarin orange oil.

Mandarin (orange) extract 橘子萃取物; 提取自橘子皮, 性質與橙萃取液相似. 見 Orange extract.

Mandarin orange oil 柑橘油, 亦稱桔油、Mandarin oil；一種精油, Mandarin 亦稱 Mandarin orange, 壓榨自芸香科柑橘屬橘(Citrus reticulata)之果皮, 香味 與性質皆類似橙油, 用在食品、飲料當調味劑, 化粧品當香料, 芳香療法認爲橘 油之鎮定與抗痙攣性質比橙油更顯著. 注意事項: 國際香料研究協會 The International Fragrance Research Associateion (IFRA) 基於光毒性考量, 建議 小粒柑橘油 Petitgrain mandarin oil 用在塗抹曝露陽光下皮膚部位的產品, 不 應超過濃度 0.165％, 但沐浴產品、香皂及其他沖洗產品則無含量限制. 用途: 1. (天然) 香料 2. 精油.

Manganese gluconate 葡萄糖酸錳；常用在食品當營養添加物, 在化粧品工 業加在護膚品. 用途: 生物添加物.

Mannitol 木密醇, 亦稱甘露醇、*D*-Mannitol、Manna sugar；廣泛存在植物中, 天然來源可得自甘露木、海藻等, 亦可由葡萄糖還原製備, 廣泛用在食品工業 當食品添加物, 如甜味劑、增稠劑等；在化粧品工業則主要加在護膚品當保濕 劑, 亦可加在脣膏作矯味劑. 注意事項: 當食品添加物時會引起胃腸問題, 但用 在化粧品則無此顧慮. 用途: 1. 保濕劑 2.結合劑 3. 矯味劑.

Mannuronate methylsilanol 見 Methylsilanol mannuronate.

Matricaria（Chamomilla recutita）extract 見 Chamomile 和 Chamomile extract.

Matricaria extract 見 Chamomile extract 和 Chamomile.

Matricaria oil 母菊油, 亦稱母菊精油、German chamomile oil；見 Chamomilla recutita. 用途: 1. 香料 2. 精油.

Mayonnaise 美乃滋；做各種沙拉醬之主料, 由蛋、植物油與醋或檸檬汁混合 製成, 天然之頭髮護理品, 尤適乾性頭髮, 將其搓揉在髮絲上, 熱毛巾包覆 10 －15 分鐘後徹底洗淨. 用途: 天然護髮成分.

MEA 單乙醇胺；Monoethanolamine 之縮寫. 見 Ethanolamine.

Meadow sweet 歐洲合歡子, 亦稱 Filioendula ulmaria;薔薇科植物產於歐洲、西亞,花朵具杏仁香味可加入酒、果醬、水果增添杏仁風味,亦可做成藥草茶可溫和止痛與消炎,茶湯可收斂皮膚;花芽中可萃取精油及水楊酸,前者可製成香料,後者用於合成藥物阿司匹靈.用途:1. 萃取物原料 2. 香料原料 3. 植物添加物.

Meadow sweet（Filioendula ulmaria）extract 歐洲合歡子萃取物;見 Meadow sweet.用途:1. 植物添加物 2. 香料.

Mea-laureth sulfate 單乙醇胺-月桂醚硫酸酯鹽;一種陰離子型界面活性劑（見 Polyoxyethylene alkyl ether sulfate 與 Polyoxyethylene alcohols）,具洗淨力與發泡力,常用在洗髮精.用途:界面活性劑.

Mea-lauryl sulfate 單乙醇胺-月桂硫酸酯鹽;一種陰離子型界面活性劑（見 Polyoxyethylene alkyl ether sulfate 與 Polyoxyethylene alcohols）,具洗淨力與發泡力,常用在洗髮精.用途:界面活性劑.

Melaleuca alternifolia 互葉白千層;見 Tea tree oil.

Melaleuca alternifolia（Tea tree oil） 互葉白千層(茶樹油);見 Tea tree oil.

Melaleuca leucadendron 白千層,亦稱 Cajuput、White tea tree、White wood;見 Tea tree oil.

Melaleuca viridiflora 綠花白千層,亦稱 Niauli;見 Tea tree oil.

Melanin 黑色素;存在動物皮膚、毛髮、羽毛等促其呈現黑色之色素,是決定人類皮膚膚色的主要因素.黑色素為人體皮膚天然之防曬劑,亦存在於黴菌、細菌,工業上來源有天然提取自墨魚墨汁與合成製備,研究顯示黑色素具自由基清除之能力,亦發現防曬配方如加入黑色素,可增加紫外線 A 波段之防曬保護.注意事項:美國禁用之化粧品成分.用途:生物添加物.

Melissa officinalis 滇荊芥,亦稱蜜蜂草 Bee balm、香蜂草、Melissa（俗名）、Lemon balm、Balm、Balsam（略稱）、Sweet balm、Balm mint;唇形科香蜂草屬

植物 Melissa officinalis (學名), 葉具檸檬香味, 產於地中海區, 當地人將新鮮葉片用於菜餚、泡茶以及泡澡, 認爲蜜蜂草可減輕舒緩頭痛、噁心、失眠、鎮定神經、降血壓等, 亦用來驅除昆蟲, 紓解昆蟲、蠍子螫叮, 蜜蜂草葉可取精油 (見蜜蜂草油). 用途: 1. 製造蜜蜂草油 2. 植物添加物.

Mentha aquatica 水薄荷, 亦稱 Water mint (俗名); 水薄荷 Mentha aquatica (學名) 之葉、花、莖及整株植物可萃取薄荷油. 見 Mint. 用途: 1. 天然香料原料 2. 植物添加物.

Mentha arvensis 野薄荷, 亦稱 Wild mint (俗名) Mentha arvensis (學名); 乾葉可作爲收斂之藥用途, 葉及嫩莖可萃取野薄荷汁液 Wild mint extract 或野薄荷油 Wild mint oil, 早期美國印第安人用野薄荷汁液來預防暈船, 野薄荷油用途同其他品種之薄荷油 Mint oil. 見 Mint. 用途: 1. 天然香料原料 2. 植物添加物.

Mentha piperita 歐薄荷, 亦稱 Peppermint、Brandy mint、Lamb mint、Balm mint; 歐薄荷 Mentha piperita (學名) 可用在食品當矯味劑, 亦可泡茶幫助消化及舒緩頭痛、嘔吐、失眠等問題, 與加在熱水浴消除身體痠痛. 歐薄荷葉、花、莖及整株植物可萃取薄荷油. 見 Peppermint oil. 用途: 1. 天然香料原料 2. 植物添加物.

Mentha Spicata 荷蘭薄荷, 亦稱綠薄荷、Green mint、Spearmint; 乾葉可用在烹飪當調味品, 葉、花、莖及整株植物可萃取薄荷油. 荷蘭薄荷除了和歐薄荷相同可用在食品當調味外, 亦可加入藥草茶幫助消化, 兩者許多作用類似, 但荷蘭薄荷較溫和. 用途: 1. 天然香料原料 2. 植物添加物.

Menthol 薄荷醇, 亦稱薄荷腦、L-Menthol、Peppermint camphor; 天然存在各種薄荷的薄荷油中, 如 Peppermint oil、Spearmint oil. 薄荷醇可從薄荷油以層析法分離出, 或自麝香草酚 Thymol 合成製備, 薄荷醇具薄荷香氣味, 可給予皮膚清涼感, 常用於各類化粧品如香水、柔膚霜、清潔產品、頭髮產品、刮鬍產品、身體清新產品、漱口水等等, 亦是食品工業常用的添加物, 用於糖果、香煙、咳嗽糖漿當矯味劑或香料,在醫用上作局部止癢劑、弱局部麻醉劑等.注意事項:薄荷醇在低劑量時無毒性,但高濃度時(3%及以上)對皮膚尤其是黏膜可能具刺激性,長期使用會引起黏膜變化;美國藥物食品管理局(FDA)在1992年發佈公告:薄荷醇並非如 OTC 產品上所標示那樣的安全及有效.用途:1. 香料 2. 變性劑.

DL-Menthol 消旋-薄荷醇,亦稱 DL-薄荷醇;化學合成形式.用途:見Menthol.

L-Menthol 左旋-薄荷醇,亦稱 L-薄荷醇;天然形式.見 Menthol.

Menthol extract 薄荷醇萃取物;見 Menthol.

Menthoxypropanediol 薄荷丙二醇;薄荷醇和丙二醇之合成物,一種口腔產品清涼成分.用途:添加劑.

Menthyl o-aminobenzoate 見 Menthyl anthranilate.

Menthyl anthranilate 胺基苯甲酸薄荷酯;用在防曬品作紫外線波段 A 吸收劑.用途:1. 防曬劑 2. 產品保護劑.

Menthyl PCA 吡咯酮羧酸蓋酯;PCA 之合成酯類(見 PCA).用途:保濕劑.

Mercury, Mercury compounds 汞及汞化合物;汞亦稱水銀,一種金屬元素,在室溫下為很重且內聚力很強之銀色液體.其蒸汽有劇毒,吸入少量即可致命,天然以游離態(Hg)或化合態(原礦 HgS)存在,工業中常用在製造科學儀器等.在美國禁用前,汞曾廣泛加在各類化粧品,如雀斑面霜當漂白劑和眼部彩粧品當防腐劑,後來發現含汞成分的雀斑面霜與某些相關產品在長期使用下,會累積汞在體內而引發各種汞毒性,因而美國在 1973 年 7 月公告禁用汞在皮膚產品,但汞化合物(例如 Phenylmercuric acetate、Phenylmercuric nitrate)在無其他有效防腐劑適合使用情況下,可限制使用在眼部產品作為抑菌劑、防腐劑,且濃度不得超過 65ppm 或 0.0065%(以汞計).注意事項:汞應用在身體任何部位皆有危險性,可引起各種症狀如唇部、牙齦發炎、皮膚病變、高燒、瘍腫及其他等.汞化合物可經由皮膚塗抹完全吸收,且會累積在體內,可引起過敏、皮膚刺激或神經毒性等症狀.汞及汞化合物在國內爲衛生署公告化粧品禁用之成分.用途:防腐劑.

Methacrylate 見 Methyl acrylate.

Methacrylic acid 甲基丙烯酸,亦稱 2- Methacrylic acid、α- Methacrylic acid、2- Methylpropenoic acid、2- Methyl-2-propenoic acid、2- Methylacrylic acid、α-Methylacrylic acid;化學結構式爲 $CH_2 = CCH_3COOH$, 無色液體氣味刺鼻, 一種單體用來製造聚合物或共聚物, 在化粧品工業用在製造指甲產品.注意事項:過度接觸可能引起眼、黏膜、皮膚刺激、皮膚炎、皮膚灼傷.用途:製造甲基丙烯酸樹脂 (指甲油原料).

Methanol 甲醇,亦稱 Methyl alcohol、Wood alcohol;天然得自木材乾餾製成,工業上所用來源爲化學製備,在化粧品工業用作變性劑或溶劑.注意事項:有毒液體, 由吸入、飲入或經皮膚吸收皆可發生中毒;國內衛生署公告化粧品禁用成分,且規定含乙醇製品每 100mL 不得含超過 0.2mL 之甲醇.用途: 1.變性劑 2.溶劑.

Methenamine 六甲亞基四胺,亦稱胱胺 (Cystamine)、烏洛托品 (商品名)、Hexamethylenetetramine、HMT、HMTA;由甲醛與氨反應製備, 一般加在化粧品如漱口水、除臭制汗之身體芳香產品等當防腐、抑菌使用,亦是食品與藥品之防腐抑菌劑 (但國內食品未准添加).注意事項;最常引起皮膚紅疹的化粧品成分之一,敏感性皮膚應避用之.用途:防腐劑.

Methenamine 3-chloroallylo-chloride 3-烯丙基氯烏洛托品氯化物;見 Methenamine.用途:防腐劑.

Methenammonium chloride 甲亞氯化銨;用途:殺菌劑.

Methicone 聚甲基矽氧烷,亦稱矽酮、Poly〔oxy(methylsilylene)〕;一種聚矽氧烷,廣泛用在化粧品,常加在彩粧品如粉底、眼影、口紅等增加產品滑動性能,亦可防止皮膚表面水分蒸發而使皮膚保持濕潤柔軟,故亦常加在護膚配方.見 Silicones.用途: 1.抗靜電劑 2.柔軟劑 3.保濕劑.

Methionine 蛋胺酸, 亦稱甲硫胺酸、Methionin、*L*-Methionine；存在蛋白質中, 人類發育必需之胺基酸, 生理上功能可使皮脂腺分泌正常, 爲食品營養添加物, 用在護膚產品其營養功效未獲科學研究證實, 只能作爲添加劑或織地劑, 亦可用於頭髮產生消除靜電. 用途: 1. 抗靜電劑 2. (護膚品) 添加物.

DL-Methionine *DL*-蛋胺酸, 亦稱消旋-蛋胺酸；合成型態, 化粧品工業一般用合成形式. 用途: 見 Methionine.

4-Methoxy-*m*-phenylenediamine, 4-Methoxy-*m*-phenylenediamine HCl, 4-Methoxy-*m*-phenylenediamine sulfate 4-甲氧基-間-苯二胺, 4-甲氧基-間-苯二胺鹽酸鹽, 4-甲氧基-間-苯二胺硫酸鹽. 注意事項: 因其致癌可能性, 美國 CIR 專家認爲用爲染髮劑爲不安全成分. 用途: 染髮劑.

Methyl acetate 醋酸甲酯, 亦稱爲乙酸甲酯；無色芳香液體. 注意事項: 過度接觸可引起輕微至嚴重之症狀, 直接和原料接觸可致皮膚和眼刺激. 用途: 溶劑.

Methyl acetophenone 甲基苯乙酮, 亦稱 Para methyl acetophenone、*p*-Methyl acetophenoneara、4-Methyl acetophenone；合成物, 用作香料. 用途: 香料.

4-Methyl acetophenone 4-甲基苯乙酮；見 Methyl acetophenone.

p-Methyl acetophenone 對-甲基苯乙酮；見 Methyl acetophenone.

Methyl acrylate 丙烯酸甲酯, 亦稱 2-Propanoic acid methyl ester、Acrylic acid methyl ester；化學結構式爲 $CH_2 = CHCOOCH_3$, 無色液體氣味刺鼻. 一種單體用來製造聚合物或共聚物, 在化粧品工業用在製造指甲相關產品. 注意事項: 食入少量即具傷害性；皮膚刺激性強, 避免直接接觸皮膚. 用途: 製造甲基丙烯酸樹脂 (指甲油原料).

2- Methylacrylic acid 見 Methacrylic acid.

Methyl methacrylate crosspolymer 聚甲基丙烯酸甲酯；甲基丙烯酸之甲酯,

易於聚合成透明塑膠.注意事項：見 Methacrylic acid.用途：成膜劑.

Methyl methacrylate monomer 甲基丙烯酸甲酯單體；甲基丙烯酸之甲酯，有毒物質.注意事項：在美國曾造成消費者指甲傷害、變形及接觸性皮膚炎，因此受到美國 FDA 調查與法院管制製造者的事件，雖然並無禁用法令管理此化學物，但美國 FDA 認為甲基丙烯酸甲酯單體為一有毒物質，不應使用在指甲產品.用途：指甲產品原料.

Methyl alcohol 見 Methanol.

Methyl phenylpolysiloxane 見 Phenyl trimethicone.

***p*-Methylaminophenol** 對-甲胺基酚；用途：染髮劑.

***p*-Methylaminophenol sulfate** 硫酸對甲胺基酚；注意事項：可能引起皮膚刺激，致過敏反應及血液缺氧.用途：染髮劑.

Methyl anthranilate 胺基苯甲酸甲酯，亦稱胺茴酸甲酯、Methyl 2-aminobenzoate、2-Aminobenzoic acid methyl ester；天然存在苦橙油、茉莉油、依蘭油和其他精油以及葡萄汁中，散發水果香味，亦可從煤焦油化學合成製備，用在化粧品作香料與香水工業製造合成香精.注意事項：刺激皮膚.用途：香料.

Methylbenzylidene camphor 甲基亞苄基樟腦，亦稱 4-甲基亞苄基樟腦（4-Methylbenzylidene camphor）、3-(4'-Methyl Benzylidene)-d-1-camphor、Eusolex 6300（商品名）；樟腦之合成衍生物，一種紫外線 B 波段吸收劑，在國內未被允許當防曬劑.用途：防曬劑.

3-(4'-Methylbenzylidene)-d-1-camphor 3-(4-甲基亞苄基)-d-l-樟腦；見 Methylbenzylidene camphor.

Methylcellulose 甲基纖維素，亦稱 Methocel（商品名）；纖維素之半合成物（見 Cellulose）.用途：1. 增稠劑 2. 結合劑 3. 乳劑穩定劑 4. 懸浮劑.

Methylchloroisothiazolinone 甲基氯異塞唑啉酮，亦稱 MCI（簡稱）；廣泛和 Methylisothiazolinone 合用當防腐劑，一般用在香皂、洗髮精等沖洗之產品.注意事項:皮膚致敏感原,但用在沖洗產品尚未發現致敏感性,因此建議只用在沖洗之產品.用途:防腐劑.

6-Methyl coumarin 6-甲基香豆素;合成香料.注意事項:致光敏感;衛生署公告化粧品禁用成分;國際香料學會 The International Fragrance Association (IFRA)因其致光敏感而建議避免使用.用途:香料.

Methyldibromo glutaronitrile 甲基二溴戊二腈;常用在清潔用品、頭髮產品.注意事項:美國 CIR 專家認為用在沖洗產品為安全化粧品成分,一般加在留置皮膚產品不超過 0.025%.用途:防腐劑.

Methyl dihydrojasmonate 茉莉酸甲酯;一種芳香化合物,具茉莉花香味,天然存在茉莉、茶等植物中,工業上常用化學合成製備,該合成香料物在調配各種香料例如茉莉、梔子、紫丁香等,可使花香具豐郁之效果,因此是工業上重要及常用之香料.用途:香料.

Methyl-2,4- diisopropyl cinnamate 見 Isopropyl-*p*-methoxycinnamate & Diisopropyl cinnamate ester mixture.

Methyl-2,5- diisopropyl cinnamate 見 Isopropyl-*p*-methoxycinnamate & Diisopropyl cinnamate ester mixture.

2,2' Methylene-bis-6-(2H-benzotriazol-2-yl)-4-(tetramethyl-butyl)1,1,3,3-phenol 2,2' 亞甲基-雙-6-(2H-苯三唑-2-基)-4-(四甲基-丁基)1,1,3,3-酚,亦稱 Methylene bis-Benzotriazolyl tetramethylbutyl-phenol;加在防曬品作紫外線吸收劑.用途:1. 防曬劑 2. 產品保護劑.

Methylene chloride 亞甲基二氯,亦稱二氯甲烷;在工業上用作壓縮機冷凍劑.注意事項:許多國家禁止使用;動物實驗顯示致癌性與可能影響人類健康,因此美國 FDA 禁止用於化粧品;國內衛生署公告化粧品禁用成分.

Methyl ethyl ketone 甲基乙基酮,亦稱 MEK（縮寫)、2-Butanone、Ethyl methyl ketone、2-Oxobutane;無色易燃液體,類似丙酮氣味,化學合成製備,常用在指甲油當作溶劑.注意事項:皮膚刺激（比丙酮強);蒸汽可引起眼、鼻、刺激,過度吸入可致頭痛、頭暈、嘔吐.用途:溶劑.

Methyl gluceth-10 甲基葡萄糖醚-10;用途: 1. 保濕劑 2. 乳化劑.

Methyl gluceth-20 甲基葡萄糖醚-20;用途:保濕劑.

Methyl glucose sesquisterate 甲基葡萄糖倍半硬脂肪酸酯;甲基葡萄糖苷之合成酯.用途: 1. 乳化劑 2. 柔軟劑.

2-Methyl-5-hydroxyethylaminophenol 2-甲基-5 羥乙基, 亦稱 5-〔(2-Hydroxyethyl)amino〕-o-cresol;煤焦油化合物.注意事項:動物實驗顯示, 微量可經由皮膚吸收.用途:染髮劑.

Methylisothiazolinone 甲基異噻唑啉酮, 亦稱 MI (簡稱); 見 Methylchloroisothiazolinone. 注意事項:同 Methylchloroisothiazolinone. 用途:防腐劑.

Methyl methacrylate monomer

Methyl methacrylate crosspolymer

Methylparaben 羥苯甲酯,亦稱對-羥基苯甲酸甲酯、4-Hydroxybenzoic acid methyl ester、Methyl 4-hydroxybenzoate、Methyl p-hydroxybenzoate;一種對羥基苯甲酸酯 (見 Parabens),具有優點如廣效抗菌性、非刺激性、無致敏感性,在酸性與鹼性均安定,因此是最常使用之化粧品防腐劑之一.注意事項:見 Parabens.用途: 1. 防腐劑 2. 保存劑.

Methyl parahydroxybenzoate 見 Methylparaben.

2-Methyl-2,4-pentanediol 2-甲基-2,4-戊二醇, 亦稱 Hexylene glycol (己二醇)、2- Methylpentane- 2, 4- diol;多元醇類.用途:溶劑.

Methyl phenylenediamines, their *N*-substituted derivatives and their salts 甲基苯二胺及 N-官能基衍生物及其鹽類;煤焦油化合物.用途:染髮劑.

Methylphenyl polysiloxane 甲苯基聚矽氧烷;一種聚矽氧烷 (見 Silicones),賦予產品潤滑度.見 Silicones.用途:潤滑劑.

2-Methylpropenoic acid 見 Methacrylic acid.

Methylresorcinol 甲酯雷瑣辛, 亦稱 2-Methylresorcinol; 注意事項: 微刺激皮膚. 用途: 染髮劑.

2-Methylresorcinol 見 Methylresorcinol.

Methyl salicylate 水楊酸甲酯, 亦稱柳酸甲酯、2-Hydroxybenzoic acid methyl ester、冬綠油 (Wintergreen oil); 天然存在冬綠樹之樹葉、晚香玉油等中, 化粧品工業使用化學合成製備, 用在防曬品作紫外線波段 B 吸收劑. 注意事項: 10 公斤重小孩食入一單位劑量水楊酸甲酯, 即有致命可能性. 用途: 1. 防曬劑 2. 產品保護劑 3. 變性劑.

Methylsilanol carboxymethyl theophylline alginate 甲矽醇羧甲茶鹼海藻膠; 茶鹼之合成衍生物, 經茶鹼海藻酸與甲基矽醇物合成, 用在塑身產品業者聲稱可改善橘皮組織, 但在化粧品科學上, 尚未建立有力數據支持. 用途: 添加物.

Methylsilanol hydroxyproline aspartate 甲矽醇羥基脯胺酸天冬胺酸酯; 胺基酸混合物 (羥基脯胺酸與天冬胺酸) 與甲矽醇之合成衍生物 (見 Hydroxyproline 與 Aspartic acid), 常用在頭髮產品. 用途: 抗靜電劑.

Methylsilanol mannuronate 甲矽醇甘露糖醛酸酯; 甘露糖醛酸與甲基矽醇 Methylsilanol 合成製備, 常用在護膚品當保濕劑. 用途: 抗靜電劑.

Methylsilanol theophylline acetate alginate 甲矽醇茶鹼乙酸海藻膠; 見 Methylsilanol carboxymethyl theophylline alginate.

Methyl stearate 硬脂酸甲酯; 用途: 柔軟劑.

Mexenone 見 Benzophenone-10.

Mexoryl SX 商品名; 見 Terephthalylidene dicamphor sulfonic acid.

Mexoryl XL 商品名; 見 Drometrizole trisiloxane.

Mica 見 MICA.

MICA 雲母;一種天然黏土礦石,爲水合矽酸鹽礦物,一般以白雲母代表,將雲母礦物加以研磨成大小、形狀、厚度一致的粒子作爲顏料,由於雲母粒子彈性佳,對皮膚具優越的附著性,不易結塊等性質,常用作爲蜜粉、粉餅的色素成分.用途: 1. 色素 2. 不透明劑.

Mica CI 77019 見 Mica- group minerals（CI 77019）.

Mica- group minerals（CI 77019） 雲母;一系列具不同顏色之雲母矽酸鹽礦物色素總稱,見 MICA.注意事項:塗抹皮膚上,尚無刺激反應案例,但吸入可引起刺激.用途: 1. 色素 2. 不透明劑.

Microcrystalline cellulose 微晶型纖維素;見 Cellulose（microcrystalline）.

Microcrystalline wax 微晶蠟;衍生自石油（由凡士林經脫油所得之結晶性固體）,如其名具有細緻之晶體,與同是石油衍生物之石蠟 Paraffin wax 類似,但具有較細緻晶體、較大黏性及較高熔點,這些特性使得微晶蠟加在粉餅狀彩粧品時,可賦予產品更佳品質.微晶蠟常加在指甲產品與粉餅狀彩粧品,可取代成本較高之蜂蠟.用途:乳化劑.

Mineral oil 礦油,亦稱凡士林油、液體石蠟 Liquid paraffin、石蠟油 Paraffin oil、White mineral oil、White oil;油性物質,一種來自石油經過精煉之液態碳氫化合物的混合物,礦油無色、無臭、無味,化學性質穩定,長久以來被視爲安全無毒性與不引起皮膚過敏之外用成分,廣泛用在各類化粧品如嬰兒產品、保濕霜、清潔霜、頭髮產品、唇部產品、眼睫毛膏、彩粧品、卸粧品等.當礦油留置在皮膚上時,其封合（封閉）效應可防止或減少皮膚所含之水分蒸發,而達到皮膚濕潤保濕功效,可能此封合效應亦益表皮之保護層功能.礦油亦可將毛孔中之油污溶解可當溫和之卸粧油,但在美國,礦油被認爲致粉刺,但原料供應商則認爲精製之礦油沒有此問題.注意事項:可能致粉刺.用途: 1.柔軟劑 2.保濕劑 3. 抗靜電劑 4. 溶劑 5. 潤滑劑.

Mink oil 貂油;獲自貂之皮下脂肪,能有效地使皮膚柔軟,貂油在皮膚上之封合效應可使皮膚濕潤平滑(封合效應之作用見 Mineral oil),此效應亦增進其調理皮膚的作用,常用在護膚品尤適乾性皮膚.用途: 1. 柔軟劑 2. 保濕劑.

Mint 薄荷,亦稱 Mentha;紫蘇科植物,用在化粧品常見之植物種類,包括歐薄荷 Peppermint、荷蘭薄荷 Spearmint、野薄荷 Wild Mint、水薄荷 Water mint 等,皆可萃取薄荷油加在化粧品當香料.藥草領域中,常用歐薄荷製成薄荷草助消化或加入泡澡水止癢、舒緩頭痛、失眠等,製成按摩油可舒緩頭痛.用途: 1. 天然香料原料 2. 植物添加物.

MIPA 單異丙醇胺,亦稱 Monoisopropanolamine;MIPA 為 Monoisopropanolamine 之縮寫, Isopropanolamine 一般指 Monoisopropanolamine（見 Isopropanolamine）.

D-Mixed-tocopherols（α-tocopherol, β-tocopherol, γ-tocopherols & δ tocopherol） D-混合生育醇類,亦稱右旋-混合生育醇類;為四種維生素 E 異構體之混合物.用途:見 VitaminE.

Monoalkanolamines 單烷醇胺類;為烷醇胺類 Alkanolamines 之一種.見 Alkanolamines.

Monoethanolamine 單乙醇胺;見 Ethanolamine 與 Alkanolamines.

Montmorillonite 蒙脫石;一種矽酸鹽,為構成皂土 Bentonite 和漂白土 Fuller's earth 的主要成分,常用作面膜原料可吸收油脂,亦被使用增加乳液之黏度及穩定性.注意事項:吸入其粉塵可造成呼吸道刺激.用途: 1. 吸收劑 2. 乳劑穩定劑 3. 增稠劑.

m-Phenylenediamine, m-Phenylenediamine hydrochloride, m-Phenylene-diamine sulfate 查閱字母 P 之 m-Phenylenediamine、m-Phenylenediamine hydrochloride、m-Phenylenediamine sulfate.

Mulberry extract 桑樹萃取物;萃取自桑科桑樹之嫩枝,可抑制酪胺酸酶 Tyrosinase 與氧化反應,而阻斷皮膚變黑反應,是化粧品常用之植物美白劑.常見之桑樹種類包括桑樹（英文名稱:White mulbery, 學名 Morus alba）與黑桑樹（英文名稱:Black mulbery, 學名 Morus nigra）.

Mulberry（Morus alba）extract 見 Mulberry extract.

Musk ambrette 合成麝香, 亦稱 4-tert-Butyl-3-methoxy 2,6-dinitrotoluene （化學名）;合成香料, 加在男性用化粧品當香料.注意事項:有損害神經纖維之報導,亦可致皮膚炎、光敏感, 因此美國於 1978 年禁示用在化粧品;國內衛生署公告爲化粧品禁用成分;國際香料學會 The International Fragrance Association（IFRA）因其致光敏感而建議避免使用.用途:香料.

Musk(s) 麝香;雄性之麝鹿、靈貓、麝鼠的之生殖器分泌物, 具特殊芳香氣味（麝香）之物質, 爲吸引雌性而分泌.天然麝香爲大環類化合物, 現今化粧品麝香來源是合成之苯類、萘類等之化合物.注意事項:天然麝香可引起過敏反應.用途: 1. 香料 2. 定香劑.

Myreth Myreth-n （n 代表尾隨附加數）是肉豆蔻醇之聚乙二醇醚系列化合物, 由肉豆蔻醇以環氧乙烷進行乙氧基化, 亦即肉荳蔻醇與聚乙二醇附加聚合反應製得, 附加數表示聚乙二醇鏈段中環氧乙烷單位的平均數, 即尾隨附加數愈大, 代表合成化合物之分子量愈大, 黏度亦增大. 本類化合物爲 POE alcohols 型之非離子型界面活性劑（見 Polyoxyethylene alcohols）, 具有優越的乳化力與溶解力, 可作爲乳液、乳霜等之乳化劑, 或溶液中香料之溶解助劑.

Myreth-2, Myreth -3, Myreth -4, Myreth -5, Myreth -10 肉豆蔻-2（亦稱十四醇-2）、肉豆蔻-3（亦稱十四醇-3）、肉豆蔻-4（亦稱十四醇-4）、肉豆蔻-5（亦稱十四醇-5）, 肉豆蔻-10（亦稱十四醇-10）;見 Myreth.用途:乳化劑.

Myreth-2 myristate, Myreth-3 myristate 肉豆蔻-2 肉豆蔻酸酯（亦稱十四醇-2-肉豆蔻酸酯）、肉豆蔻-3 肉豆蔻酸酯（亦稱十四醇-3 肉豆蔻酸酯）;聚乙二醇 Polyethylene glycol 與肉豆蔻酸 Myristic acid 及肉豆蔻醇 Myristyl alcohol 反應製備.用途: 1. 界面活性劑 2. 柔軟劑.

Myreth-3 caprate 肉豆蔻-3 癸酸酯, 亦稱十四醇-3 癸酸酯;聚乙二醇 Polyethylene glycol、癸酸 Capric acid 及肉豆蔻醇 Myristyl alcohol 反應製備.用途:柔軟劑.

Myreth-3 carboxylic acid，Myreth-5 carboxylic acid 肉豆蔻-3 羧酸 (亦稱十四醇-3 羧酸)、肉豆蔻-5 羧酸 (亦稱十四醇-5 羧酸)；聚乙二醇 Polyethylene glycol、羧酸 carboxylic acid 及肉豆蔻醇 Myristyl alcohol 反應製備. 用途:界面活性劑.

Myreth-3 laurate 肉豆蔻-3 月桂酸酯, 亦稱十四醇-3 月桂酸酯；聚乙二醇 Polyethylene glycol、月桂酸 Lauric acid 及肉豆蔻醇 Myristyl alcohol 反應製備. 用途:柔軟劑.

Myreth-3 octanoate 肉豆蔻-3-辛酸酯；用途:柔軟劑.

Myreth-3 palmitate 肉豆蔻-3 棕櫚酸酯, 亦稱十四醇-3 棕櫚酸酯；聚乙二醇 Polyethylene glycol、棕櫚酸 Palmitic acid 及肉豆蔻醇 Myristyl alcohol 反應製備. 用途:柔軟劑.

Myristic acid 肉豆蔻酸, 亦稱十四酸；一種脂肪酸 (見 Fatty acids), 天然存在動物脂肪與植物油中, 或得自棕櫚仁油經皀化作用製成 (油脂化學產物), 使用在洗髮精、香皀、面霜等, 與鉀結合可製造肥皀產生許多泡沫, 具很好之清潔力. 注意事項:可能會引起面皰. 用途: 1. 界面活性劑 2. 乳化劑 3. 皀類原料.

Myristica fragrans 肉豆蔻, 亦稱 Nutmeg (俗稱)、Mace (俗稱)；Myristica fragrans 爲學名, 其種子可壓榨或水蒸汽蒸餾獲取肉豆蔻油, 前法獲得之肉荳蔻油主要成分爲三肉豆蔻酸甘油酯 (植物油) 及一些精油, 後法獲得之肉荳蔻油成分則爲精油 (見 Nutmeg oil, Expressed 與 Nutmeg oil, Volatile). 在芳香療法中肉豆蔻油可促進血液循環, 有益於皮膚及毛髮. 用途: 1. 天然香料原料 2. 植物添加物.

Myristyl alcohol 肉豆蔻醇, 亦稱 Tetradecanol、1-Tetradecanol、Tetradecyl alcohol；一種合成高級醇, 可賦予產品柔滑感, 常用在護膚品當柔軟劑. 用途: 1. 柔軟劑 2. 乳劑穩定劑 3. 黏度調節劑.

Myristyl myristate　肉豆蔻酸肉豆蔻酯, 亦稱 Tetradecyl myristate；一種合成酯, 賦予產品很好之延展性, 給予皮膚服貼感. 用途：柔軟劑.

Myrtrimonium bromide　肉豆蔻三甲基溴化銨, 亦稱 Tetradoniam bromide、Tetradecyltrimethyl ammonium bromide、Trimethyl myristyl ammonium bromide (三甲基肉豆蔻基溴化銨)、Quaternium 13 (季銨-13 或四級銨-13)；一種四級銨鹽 (見 Quaternium 15). 用途：防腐劑.

Myrtus communis　甜香桃木, 亦稱 Sweet myrtle、姚金孃 (俗稱)；姚金孃科常綠樹, 花與葉都有芳香氣味, 花可製成天然花露水, 葉可萃取精油 (姚金孃油), 芳香療法認為可治齒齦炎. 用途：1. 精油原料　2. 天然香水原料.

N

N-Acetyl-L-cysteine　查閱字母 A 之 N-Acetyl-L-cysteine.

N-Acylamino acid salt，N-Acyl-glutamate，N -Acyl-N -methyl-β-alanine，N-Acylsarcosinate　查閱字母 A 之 N-Acylamino acid salt、N-Acyl-glutamate、N -Acyl-N -methyl-β-alanine、N -Acylsarcosinate.

NaPCA　見 Sodium PCA.

α-Naphthol　α-萘酚, 亦稱 1- Naphthol (1-萘酚)、CI 76605；煤焦油衍生物, 製造染髮劑、合成香料, 亦作為防止油脂原料酸敗之抗氧化劑. 注意事項：可經皮膚吸收及攝入有毒, 但染髮劑含此成分, 尚未有致癌或致畸胎發現；可能導致過敏性接觸皮膚炎；過多接觸可能症狀包括嚴重之內臟損傷及眼睛病變. 用途：1. 染髮劑 (國內未准之染髮劑)　2. 抗氧化劑.

β-Naphthol　β-萘酚, 亦稱 2- Naphthol (2-萘酚)、CI 37500；煤焦油衍生物, 製造染髮劑、合成香料, 亦作為防止油脂原料酸敗之抗氧化劑. 注意事項：見 α-Naphthol. 用途：1. 染髮劑 (國內未准之染髮劑)　2. 抗氧化劑.

1- Naphthol，2- Naphthol 見 α-Naphthol，β-Naphthol.

n-Butyl acetate，n-Butyl alcohol 查閱字母 B 之 n-Butyl acetate、n-Butyl alcohol.

Nerol 橙花醇；具類似玫瑰的花香,天然存在橙花葉、玫瑰油、橙花油、薰衣草油、金盞菊油與其他數種植物精油中,常用在玫瑰或橙花香味的香水當香料. 用途:香料.

Niacin 菸鹼酸；一般指 Nicotinic acid (菸酸),但亦可指 Nicotinamide (菸醯胺). 見 Nicotinamide 與 Nicotinic acid.

Niacinamide 見 Nicotinamide.

Nicomethanol hydrofluoride 尼可甲醇氟化氧,亦稱 3-Pyridine methanal、hydrofluoride；用途:口腔護理劑.

Nicotinamide 菸 (鹼) 醯 胺, 亦 稱 Nicotinic acid amide、Nicotamide、Niacinamide；維生素 B 群之一種. 用途:抗靜電劑.

Nicotinic acid 菸(鹼)酸；肝臟、魚、酵母和穀物含量豐富,人體營養維生素,可生物合成或化學反應製備. 用途:抗靜電劑.

Nitrocellulose 硝化纖維素；植物來源的纖維素經化學反應硝酸化製成,常加在指甲油作爲成膜劑.注意事項:易燃物質. 用途:成膜劑.

2- Nitro-1,4-diaminobenzone 見 Nitro-p-phenylenediamine.

Nitrogen (gas) 氮氣；一種無色、無臭、不可燃氣體,天然存在於空氣、火山噴泉或礦岩氣體中,亦可化學反應製成,常在壓縮下被填充在容器中,作爲噴霧化粧品之壓縮氣體型推進劑.注意事項:高濃度的氮氣爲一單純的窒息劑.用途:推進劑.

Nitro-p-phenylenediamine 硝 基 對 苯 二 胺, 亦 稱 2-Nitro-1,4-diaminobenzone、2-Nitro-p-phenylenediamine (2-硝基-對-苯二胺)、2- Nitro-p- phenylenediamine (CI 76070)；一種煤焦油色素 (見 Coal tar). 見 m-, o-

and p- Phenylenediamines, their *N*-substituted derivatives and their salts. 用途:染髮劑.

2-Nitro-*p*-phenylenediamine 見 Nitro-*p*-phenylenediamine.

2- Nitro-*p*- phenylenediamine（CI 76070） 見 Nitro-*p*-phenylenediamine.

4-Nitro-*m*-phenylenediamine 4-硝 基 間 苯 二 胺, 亦 稱 4-Nitro-*m*-phenylenediamine（CI 76030）、*p*-Nitro-*m*-phenylenediamine;一種煤焦油色素（見 Coal tar）. 見 *m-, o- and p-* Phenylenediamines, their *N*-substituted derivatives and their salts. 用途:染髮劑.

4-Nitro-*o*-phenylenediamie 4-硝 基 鄰 苯 二 胺, 亦 稱 4-Nitro-*o*-phenylenediamie（CI 76020）、*p*-Nitro-*o*-phenylenediamine（對硝基鄰苯二胺）、4-Nitro-1,2-pheynylenediamine（4-硝基-1,2-苯二胺）、1,2-Diamino-4-mitrobenzene、4-Nitro-1,2-diaminobenzene;一種煤焦油色素（見 Coal tar）. 見 *m-, o- and p-* Phenylenediamines, their *N*-substituted derivatives and their salts. 用途:染髮劑.

Nitro-*p*-phenylenediamine hydrochloride 鹽酸硝基對苯二胺;一種煤焦油色素（見 Coal tar）. 見 *m-, o- and p-* Phenylenediamines, their *N*-substituted derivatives and their salts. 用途:染髮劑.

Nitro-*p*-phenylenediamine sulfate 硫酸硝基對苯二胺;一種煤焦油衍生物（見 Coal tar）. 見 *m-, o- and p-* Phenylenediamines, their *N*-substituted derivatives and their salts. 用途:染髮劑.

***p*-Nitro-*m*-phenylenediamine sulfate** 硫酸對硝基間苯二胺;一種煤焦油色素（見 Coal tar）. 見 *m-, o- and p-* Phenylenediamines, their *N*-substituted derivatives and their salts. 用途:染髮劑.

***p*-Nitro-*o*-phenylenediamine sulfate** 硫酸對硝基鄰苯二胺;一種煤焦油色素（見 Coal tar）. 見 *m-, o- and p-* Phenylenediamines, their *N*-substituted derivatives and their salts. 用途:染髮劑.

Nitrosamines 亞硝基胺類;非化粧品成分或原料,而是化粧品雜質,可經由受污染之原料或製造過程而研入產品.當配方含有胺類或胺基衍生物之成分(尤其是 Diethanolamine 成分, 或衍生自 Diethanolamine 之成分, 或是受 Diethanolamine 污染而含有 DEA 之成分)時,又同時含具有硝基化劑作用之成分(例如 Bronopol、5-Bromo-5-nitro-1,3-dioxane、Tris(hydroxymethyl)nitromethane 等含硝基之化合物)或蒙受硝基化劑(例如亞硝酸鈉 Sodium nitrite)污染之成分即會反應生成亞硝基胺,許多種亞硝基胺類已被發現可引起實驗動物癌症且具皮膚滲透力.化粧品中亞硝基胺的形成可以不在同一配方使用前述兩類原料:胺類與硝基化劑,且以試驗確認在一般使用情況下無亞硝基胺產生而有效避免之.

NMF 保濕因子;NMF 是 Natural Moisturizing Factor 之略稱,皮膚角質層中存在一些水溶性溶質,總稱為天然保濕因子 Natural Moisturizing Factor,是角質層能保持水分的主要原因.保濕功能良好的角質層,可使角質層能同時兼具堅韌度與柔軟性,這對皮膚的保濕、柔軟性扮演重要的角色.天然保濕因子的主要組成分包括:胺基酸類、PCA、乳酸鹽、尿素、尿酸、葡萄醣胺(見 Glucosamine)、離子(鈉 Na^+、鉀 K^+、鈣 Ca^{2+}、鎂 Mg^{2-}、磷酸根 PO_4^{3-}、氯 Cl^-)及醣等,一些化粧水模擬這種人體保濕機制,而將配方吸濕性的水溶性成分亦稱為 NMF.用途:保濕劑.

N,N'-Bis(4-aminophenyl)-2,5-diamino-1,4-quino-diamine 查閱字母 B 之 N,N'-Bis(4-aminophenyl)-2,5-diamino-1,4-quino-diamine.

N,N'-Bis-(4-aminophenyl)-2,5-diamino-1,4-quinonediamine 查閱字母 B 之 N,N'-Bis-(4-aminophenyl)-2,5- diamino-1,4-quinonediamine.

Nonadienol 二烯壬醇,亦稱 Nona-2,6-dienol(化學名)、trans, cis-2,6-Nonadienol(化學名);為一種脂肪族之醇類,天然存在紫色葉植物及小黃瓜,化粧品添加之二烯壬醇為合成香料(見〈化粧品成分用途說明〉,香料).用途:香料.

Nonoxynol 壬苯醇醚, 亦稱 Macrogol nonylphenyl ether、Nonoxinol；本系列化合物由壬基酚 Nonylphenol 經環氧乙烷 Ethylene oxide 反應製備之非離子型界面活性劑. 以後綴之數字表示每分子的環氧乙烷單位(n)的平均數, 數字愈大表示化合物黏性愈大. 其中 Nonoxynol-9 與 Nonoxynol -11 爲殺精子藥, Nonoxynol-4、Nonoxynol -8, 至 Nonoxynol-100 用爲界面活性劑及乳化劑. 注意事項：在美國, 本系列化合物被視爲使用濃度低於 5％ 或使用在沖洗產品爲安全化粧品成分. 用途：1. 界面活性劑 2. 乳化劑.

Nonoxynol-2 壬苯醇醚-2, 亦稱 Polyoxyethylene（2）nonyl phenyl ether；一種非離子型界面活性劑. 見 Nonoxynol. 用途：1. 界面活性劑 2. 乳化劑.

Nonoxynol-3，Nonoxynol-4，Nonoxynol-8，Nonoxynol-14～Nonoxynol-100 壬苯醇醚-3、壬苯醇醚-4、壬苯醇醚-8、壬苯醇醚-14～壬苯醇醚-100；一種非離子型界面活性劑. 見 Nonoxynol. 注意事項：美國 CIR 專家列爲限制性安全化粧品成分, 即用在沖洗產品及用在非沖洗掉產品之濃度少於 5％爲安全成分. 用途：1. 界面活性劑 2. 乳化劑.

Nonoxynol-9 Iodine 壬苯醇醚-9 碘；見 Nonoxynol. 用途：抗菌劑.

Nonoxynol-12 Iodine 壬苯醇醚-12 碘；見 Nonoxynol. 用途：抗菌劑.

Nordihydroguaiaretic acid 去甲二氫癒創木酸, 亦稱 NDGA（簡稱）；天然存在植物滲出物, 亦可由化學反應製備, 用作脂肪和油的抗氧化劑, 可防止油脂酸敗. 在化粧品界常加在以油狀化粧品如美髮油當抗氧化劑. 注意事項：動物實驗顯示, 大量攝入對膀胱及腎臟會造成傷害, 有些國家已禁止用爲食品添加物. 用途：抗氧化劑.

N-Phenyl-*p*-phenylenediamine 查閱字母 P 之 *N*-Phenyl-*p*-phenylene-diamine.

N-Phenyl-*p*-phenylenediamine acetate，N-Phenyl-*p*-phenylenediamine hydrochloride 查閱字母 P 之 *N*-Phenyl-*p*-Phenylenediamine acetate、*N*-

Phenyl-*p*-phenylenediamine hydrochloride.

Nutmeg oil 見 Nutmeg oil, Expressed 與 Nutmeg oil, Volatile.

Nutmeg oil，Expressed 肉豆蔻油, 亦稱 Nutmeg butter（肉豆蔻脂）、Mace oil; 由肉豆蔻科芳香肉豆蔻 Myristica fragrans 成熟種子壓榨出之油, 主要成分爲三肉豆蔻酸甘油酯（植物油）及一些精油, 用在護膚保養品中. 用途:柔軟劑.

Nutmeg oil，Volatile 肉豆蔻精油, 亦稱 Myristica oil; 由肉豆蔻科芳香肉豆蔻 Myristica fragrans 以水蒸汽蒸餾出的精油. 用途: 1. 香料 2. 精油.

Nylon 尼龍; 一種聚醯胺化合物之合成纖維, 後接單一數字表單體中之碳原子數, 在化粧品工業, 尼龍用於製造假睫毛與可刷長眼睫毛之睫毛膏等. 注意事項:可引起過敏反應. 用途: 1. 黏度調整劑 2. 不透明劑.

Nylon -6，Nylon -11，Nylon -12，Nylon -66 尼龍-6、尼龍-11、尼龍-12、尼龍-66; 見 Nylon. 用途: 1. 黏度調整劑 2. 不透明劑.

O

Oak moss 橡樹苔, 亦稱懈苔; 長在橡樹上之青苔, 會產生樹脂, 可萃取物質（橡樹苔萃取物）多用在男性香水當香料與定香劑, 見 Oak moss extract. 用途:天然香料原料.

Oak moss extract 橡樹苔萃取物; 見 Oak moss. 注意事項:常見化粧品過敏原; 國際香料研究協會 The International Fragrance Research Associateion（IFRA）基於橡樹苔萃取物 Oak moss extract 和樹苔萃取物 Tre moss extract 之致過敏性研究, 建議獲自 Evernia prunastri 種類之橡樹苔萃取物（包括無水物、固結體等）, 使用在皮膚塗抹產品與非皮膚塗抹產品之含量不應超出 0.1%, 如有樹苔萃取物存在下, 二者產品總和不應超出 0.1%, IFRA 並建議使用在香水之橡樹苔萃取物,不應添加樹苔萃取物.用途:(天然) 香料.

_o_-Aminophenol, _o_-Aminophenol sulfate　查閱字母 A 之 _o_-Aminophenol、_o_-Aminophenol sulfate.

_o_-Chloro-p-phenylenediamine sulfate　查閱字母 C 之 _o_-Chloro-_p_-phenylenediamine sulfate.

Octabenzone　奧他苯酮;見 Benzophenone-12.

Octadecenyl-ammonium fluoride　十八烯基氟化銨,亦稱 9- Octadecenamine, hydrofluoride (9-十八烯胺, 氟化氫);一種銨鹽, 見 Quaternary ammonium compounds. 注意事項:歐洲化粧品管理法, 限制 Octadecenyl-ammonium fluoride 使用在化粧品之最高濃度爲 0.15%.用途:口腔護理劑.

Octocrylene　歐托奎雷 (商品名); 見 2-Ethylhexyl 2-cyano-3,3-diphenylacrylate.

Octoxyglycerin　辛羥甘油,亦稱 Ethylhexylglycerin (乙基己基甘油)、Sensiva SC 50 (商品名)、2-Ethylhexyl Glycerylether;一種高純度甘油醚, 可抑制造成體臭味細菌的生長與繁殖.用途:除臭劑.

Octyl cocoate　椰酸辛酯;油脂化學之產物, 製自椰子之脂肪酸的合成酯. 用途:柔軟劑.

Octyl dimethyl PABA　辛基二甲基對胺基苯甲酸, 亦稱 Octyl dimethyl _p_-aminobenzoate、Padimate-O (商品名);PABA 之衍生物 (見 _p_-Aminobenzoic acid),作爲紫外線波段 B 吸收劑.在 1970 年代 Octyl dimethyl PABA 因對紫外線波段 B 之防曬有效,是當時最常被使用之防曬劑之一,現今由於對 PABA 之一些顧慮,已避免加在防曬產品.注意事項:防曬劑 PABA 及其衍生物會引起皮膚刺激及光過敏.用途: 1. 防曬劑　2. 產品保護劑.

Octyldodecanol　辛基十二烷醇,亦稱 2-Octyl dodecanol (2-辛基十二烷醇);化學合成物,常用之化粧品成分,作爲油溶性物質之溶劑.用途: 1. 溶劑　2. 柔軟劑.

2-Octyl dodecanol 2-辛基十二烷醇;見 Octyl dodecanol.

Octyldodecyl myristate 肉豆蔻酸辛基十二酯, 亦稱 2-Octyldodecyl myristate (2-辛基十二基肉豆蔻酸酯);取自肉豆蔻酸 Myristic acid 和 2-辛基十二烷醇 合成之酯類 (見 Myristic acid 與 Octyldodecanol). 用途:柔軟劑.

2-Octyldodecyl myristate 見 Octyldodecyl myristate.

Octyldodecyl neopentanoate 新戊烷酸辛基十二酯;用途:柔軟劑.

Octyl methoxycinnamate 甲氧肉桂酸辛酯, 亦稱 2-Ethylhexyl *p*-methoxycinnamate、Ethylhexyl methoxycinnamate、Parsol MCX (商品名); Parsol 系列產品, 合成肉桂酸酯衍生物, 作為紫外線波段 B 吸收劑. 由於紫外線吸收能力強、安全性高、防水性佳、無致粉刺性以及尚無光過敏確定報告等, 成為最受歡迎防曬劑之一, 常用於彩粧品、引曬產品、防曬品及頭髮防曬品. 用途: 1. 防曬劑 2. 產品保護劑.

Octyl palmitate 棕櫚酸辛酯;一種合成酯, 廣泛用在護膚品、彩粧品、唇膏及刮鬍鬚當作潤膚柔軟劑. 用途:柔軟劑.

Octyl salicylate 水楊酸辛酯, 亦稱 2-Ethylhexyl salicylate、2-Ethylhexyl 2-hydroxybenzoate;水楊酸之合成衍生物, 紫外線波段 B 吸收劑, 無致粉刺性. 廣泛用在防曬產品、彩粧、防曬唇膏及頭髮防曬產品, 作為紫外線吸收成分. 用途: 1. 防曬劑 2. 產品保護劑.

Octyl stearate 硬脂酸辛酯;一種合成酯, 廣泛用在護膚品、彩粧品、唇膏及刮鬍鬚, 當作潤膚柔軟劑. 用途:柔軟劑.

o-Cymen-5-ol 查閱字母 C 之 o-Cymen-5-ol.

Oenothera biennis 月見草;見 Evening primrose oil. 用途: 1. 製造月見草油 2. 植物添加物.

Oenothera biennis (Evening primrose oil) 見 Evening primrose oil.

Olea europae 橄欖, 亦稱 Olive (俗稱);主產地為西班牙、義大利等地中海地區, 未成熟的綠橄欖及成熟的黑橄欖經鹽水處理後均可食用. 橄欖油 (Olive oil) 則得自熟橄欖核果, 上等品質橄欖油可作沙拉, 中等品質橄欖油可烹飪、貯藏食品、作輕瀉藥、護膚品載體等, 下等品質橄欖油可製造香皂、肥皂、潤滑油等. 在化粧品原料, 橄欖油加工處理如得自冷壓法榨取 (非皂化), 是作為潤膚之柔軟劑, 如經由萃取取油 (油脂化學), 則可作為二種用途: 柔軟劑與溶劑. 用途: 1. 橄欖油原料 2. 植物添加物..

Oleamide 油醯胺, 亦稱 Oleylamide; 用途: 1. 增稠劑 2. 不透明劑.

Oleamide DEA 油醯胺 DEA, 亦稱 Oleic diethanolamine (油醯胺二乙醇胺)、*N, N-* Bis(2- hydroxyethyl)oleamide; 廣泛用在泡泡浴產品與頭髮產品, 可使產生更多泡沫, 亦有增稠之效. 注意事項: 本成分會和硝基類化合物形成亞硝基胺之致癌物 (見 Nitrosamines), 因此配方中不應和含硝基的成分或硝基化劑作用之成分研合. 在美國仍視為安全成分, 但規定不可和硝基化物 (含硝基或硝基化劑作用的成分) 合用 (見 Nitrosamines). 用途: 1. 抗靜電劑 2. 增稠劑 3. 泡沫促進劑.

Oleamide MEA 油醯胺 MEA, 亦稱 N- (2- Hydroxyethyl)oleamide; 廣泛用在泡泡浴產品與頭髮產品, 可使產生更多泡沫, 亦有增稠之效. 注意事項: 見 Diethanolamine. 用途: 1. 抗靜電劑 2. 增稠劑.

Oleamide MIPA 油醯胺 MIPA, 亦稱 N- (2- Hydroxypropyl)oleamide; 注意事項: 見 Diethanolamine. 用途: 1. 抗靜電劑 2. 增稠劑.

2-Oleamido-1,3-octadecanediol 2-油醯胺-1,3-十八烷二醇; 用在身體產品、彩粧品之添加成分. 用途: 添加物.

Oleamine 油胺, 亦稱 Oleyl amine、(Z)- Octadec- 9- enylamine; 油酸之衍生物; 用於乳霜、乳液及香水當穩定劑與增塑劑, 具不油膩之優點. 用途: 1. 穩定劑 2. 增塑劑 3. 抗靜電劑.

Olefin sulfonate 烯烴磺酸鹽; 一種油脂化學物, 由 C_nH_{2n} (一個碳二個氫雙鏈的不飽和烴) 和磺酸反應製備, 廣泛用在各類產品作界面活性劑. 見

Sodium C₁₄₋₁₆ olefin sulfonate. 用途:界面活性劑.

Oleic acid 油酸, 亦稱 9-Octadecenoic acid; 獲自動物與植物之油脂 (例如橄欖油含 65%85% 之油酸成分) 經水解製備. 純油酸爲無色液體, 與空氣接觸易變色酸敗, 具有優於植物油之皮膚滲透, 可改善植物油配方之皮膚滲透力. 注意事項:輕度刺激皮膚與黏膜;食入低毒性. 用途: 1. 製造皂類、面霜產品及唇膏之原料 2. 柔軟劑 3. 乳化劑.

Oleic acid decyl ester 見 Decyl oleate.

Oleth Oleth-n (n 代表尾隨附加數) 是油醇之聚乙二醇醚系列化合物, 亦稱聚氧乙烯油醚 Polyoxyethylene oleyl ethers, 由油醇以環氧乙烷進行乙氧基化, 即油醇與聚乙二醇附加聚合製得, 附加數表示聚乙二醇鍵段中環氧乙烷單位的平均數, 即尾隨附加數愈大, 代表合成化合物之分子量愈大, 黏度亦增大. 本類化合物爲 POE alcohols 型之非離子型界面活性劑 (見 Polyoxyethylene alcohols), 具有優越的乳化力與溶解力, 可作爲乳液、乳霜等之乳化劑或溶液中香料之溶解助劑.

Oleth-2 油醇-2, 亦稱 Polyoxyethylene (2) oleyl ether (聚氧乙烯(2)油醚); 見 Oleth. 用途: 1. 乳化劑 2. 界面活性劑.

Oleth-3 油醇-3, 亦稱 Polyoxyethylene (3) oleyl ether (聚氧乙烯(3)油醚); 見 Oleth. 用途:乳化劑.

Oleth-5 油醇-5, 亦稱 Polyoxyethylene (5) oleyl ether (聚氧乙烯(5)油醚); 見 Oleth. 用途:乳化劑.

Oleth-10 油醇-10, 亦稱 Polyoxyethylene (10) oleyl ether (聚氧乙烯(10)油醚); 見 Oleth. 用途: 1. 乳化劑 2. 界面活性劑.

Oleth-15 油醇-15, 亦稱 Polyoxyethylene (15) oleyl ether (聚氧乙烯(15)油醚); 見 Oleth. 用途: 1. 乳化劑 2. 界面活性劑.

Oleth-20 油醇-20, 亦稱 Polyoxyethylene (20) oleyl ether (聚氧乙烯(20)油醚); 見 Oleth. 用途: 1. 乳化劑 2. 界面活性劑.

Oleth-30 油醇-30, 亦稱 Polyoxyethylene (30) oleyl ether (聚氧乙烯(30)油醚); 見 Oleth. 用途: 1. 乳化劑 2. 界面活性劑.

Oleyl alcohol 油醇, 亦稱 9-Octadecen-1-ol、Ocenol (商品名); 淺黃色油狀物, 一種不飽和脂肪醇, 存在魚油中, 亦可化學合成. 用途: 1. 柔軟劑 2. 增稠劑 3. 乳化劑 4. 不透明劑.

Oleyl erucate 油醇芥酸酯, 亦稱 Erucic acid oleyl ester (芥酸油醇酯); 用途: 柔軟劑.

Olive extract 橄欖萃取物; 見 Olive leaf extract.

Olive leaf extract 橄欖葉萃取物; 萃取自橄欖 Olea europaea (學名)之葉, 橄欖葉萃取物具收斂、抗菌、抗氧化等性質, 常加在抗老化護膚產品. 用途: 植物添加物.

Olive oil 橄欖油; 成熟橄欖 Olea europaea (學名) 之果實可食, 橄欖油即壓榨或萃取自成熟果實, 爲一種植物油, 冷壓獲取的橄欖油, 含豐富維生素 E (皮膚抗氧化劑) 品質優於萃取獲取. 橄欖油能減少皮膚水分蒸散, 常被用來製造髮油、髮霜、護膚品、唇膏、香皂、洗髮精、按摩油等, 橄欖油亦爲一優質之載體油, 尤其作爲精油之載體, 皮膚滲透力勝於礦物油. 注意事項: 對有些人可能引起過敏反應. 見 Olive europae. 用途: 1. 柔軟劑 2. 載體油 3. 溶劑.

o-**Phenylenediamine** 查閱字母 P 之 *o*-Phenylenediamine.

o-**Phenylphenol** 查閱字母 P 之 *o*-Phenylphenol.

Orange 見 Citrus aurantium 及 Citrus dulcis.

Orange (Citrus aurantium dulcis) extract 見 Citrus aurantium extract 及 Citrus dulcis extract.

Orange peel oil, Bitter (Citrus aurantium) 見 Bitter orange peel oil, Expressed.

Orange roughy oil 深海魚油; 獲自深海魚 Hoplostethus atlanticus 之脂肪. 用

途:柔軟劑 (皮膚調節劑).

Orchid extract 蘭花萃取物;獲取自蘭花植物之球根,據稱對皮膚有修護作用,對乾性皮膚有益,但缺乏科學研究支持.用途:植物添加物.

Orchis morio 紫蘭花,亦稱 Orchid (俗名);蘭花品種之一,其球根可萃取蘭花萃取液.見 Orchid extract.用途: 1. 製造蘭花物 2. 植物添加物.

Orthophenylphenol 見 *o*-Phenylphenol.

***o*-Toluene diamine** 查閱字母 T 之 *o*-Toluene diamine.

Oxalic acid, its esters and alkaline salts 草酸、草酸酯及其鹼性鹽類;草酸天然存在於許多植物中,人體亦會形成草酸,草酸亦以鉀鹽、鈣鹽或其他鹽類存在於許多植物與蔬菜中,是黴菌代謝產物,工業來源為化學反應製備.注意事項:對皮膚及黏膜有腐蝕性;食入可引起腎、腸道損傷及其他等嚴重後果.用途:螯合劑.

Oxybenzone 羥苯甲酮,亦稱羥苯宗、奧西苯宗;見 Benzophen-3.

Oxybenzone sulfonic acid 羥苯甲酮磺酸;羥苯甲酮衍生物 (見 Oxybenzone),用在防曬品作紫外線波段 A 吸收劑.注意事項: 見 Oxybenzone.用途:防曬劑.

Oxybenzone sulfonic acid trihydrate 羥苯甲酮磺酸三水合物;羥苯甲酮衍生物 (見 Oxybenzone),用在防曬品作紫外線波段 A 吸收劑.注意事項: 見 Oxybenzone.用途:防曬劑.

Oxyquinoline 羥基喹啉,亦稱 8-Hydroxyquinoline (8-羥基喹啉)、8-Quinolinol、Oxine;注意事項:動物實驗顯示致癌性;美國 CIR 專家認為尚未有足夠數據證實用在化粧品之安全性;歐洲法規規定,用在沖洗之頭髮產品作為過氧化氫之安定劑,最高允許濃度為 0.3%.用途:添加物.

Oxyquinoline sulfate 羥基喹啉硫酸鹽;由酚類合成.注意事項:美國 CIR 專家認為尚未有足夠數據證實用在化粧品之安全性;歐洲法規規定,用在沖洗之頭髮產品作為過氧化氫之安定劑,最高允許濃度為 0.3%.用途: 1. 防腐劑 2.

制黴菌劑 3. 螯合劑.

Oyster shell extract 牡蠣殼萃取物;食品工業常將牡蠣殼粉當作鈣來源,在化粧品工業萃取牡蠣殼之成分用作保濕. 用途: 見 Hydrolyzed conchiorin protein.

Ozokerite 地蠟;一種天然存在之蠟樣碳氫化合物混合物,將 Ozokerite 精製後之微晶蠟即爲 Ceresin,廣泛用在粉類產品、與唇膏. 用途: 1. 結合劑 2. 乳劑穩定劑 3. 不透明劑 4. 增稠劑.

P

PABA 見 *p*-Aminobenzoic acid.

Padimate A 帕第美 A;見 Amyl *p*-dimethylaminobenzoate.

Padimate O 帕第美 O;見 Octyl dimethyl PABA.

Paeonia albiflora 芍藥,亦稱 Paeonia lactiflora（與 Paeonia albiflora 爲學名同義詞）;毛茛科植物,根部爲藥用部位,根據研究,根部可激活免疫系統、降血壓、減少疼痛.在中醫上有白芍、赤芍之分,中醫認爲白芍根（白色芍藥根）補而收,是血液營養劑,能滋補肝臟美容肌膚;赤芍根（紅色芍藥根）是血液清涼劑,有益血液順暢.用在化粧品原料的製品包括芍藥萃取物、芍藥酊等,均無外用皮膚功效的研究根據. 用途:植物添加物.

Palmamide DEA 棕櫚醯胺 DEA,亦稱棕櫚醯胺二乙醇胺;棕櫚油經分解等化學加工處理,由棕櫚油的脂肪酸與二乙醇胺反應生成的化合物.注意事項:見 Diethanolamine. 用途: 1. 乳化劑 2. 乳劑穩定劑 3. 界面活性劑 4. 增稠劑.

Palmamide MEA 棕櫚醯胺 MEA,亦稱棕櫚醯胺單乙醇胺、棕櫚醯胺乙醇胺;棕櫚油經分解等化學加工處理,由棕櫚油的脂肪酸與單乙醇胺反應生成的化合物.注意事項:見 Diethanolamine.用途: 1. 乳化劑 2. 乳劑穩定劑 3. 界面活性劑 4. 增稠劑.

Palmamide MIPA 棕櫚醯胺 MIPA,亦稱棕櫚醯胺單異丙醇胺、棕櫚醯胺異丙醇胺;棕櫚油經分解等化學加工處理,由棕櫚油的脂肪酸與單異丙醇胺反應生成的化合物.注意事項:見 Diethanolamine.用途: 1. 乳化劑 2. 乳劑穩定劑 3. 界面活性劑 4. 增稠劑.

Palmamidopropyl betaine 棕櫚胺基丙基內銨鹽;棕櫚油經分解等化學加工處理之合成衍生物,一種兩性型界面活性劑,可使毛髮濕潤、柔順並防止靜電,可作爲洗髮精、潤絲精原料.用途: 1. 抗靜電劑 2. 界面活性劑.

Palm（Elaeis guineensis）oil 見 Palm oil.

Palm glyceride，Palm glycerides 見 Palm oil glyceride, Palm oil glycerides.

Palmidrol 見 Palmitamide MEA.

Palmitamide DEA 棕櫚酸醯胺 DEA,亦稱棕櫚酸醯胺二乙醇胺、N, N- Bis (2- hydroxyethyl)hexadecan- 1- amide;棕櫚酸與二乙醇胺反應生成的化合物.見 Palmitic acid.注意事項:見 Diethanolamine.用途: 1. 增稠劑 2. 抗靜電劑.

Palmitamide MEA 棕櫚酸醯胺 MEA,亦稱棕櫚酸醯胺單乙醇胺、棕櫚酸醯胺乙醇胺、Palmidrol、N-(2-hydroxyethyl) Palmitamide、N-(2-Hydroxyethyl)-hexadecanamide;得自棕櫚酸與單乙醇胺反應生成的化合物.見 Palmitic acid.注意事項:見 Diethanolamine.用途: 1. 增稠劑 2. 抗靜電劑.

Palmitamidopropylamine oxide 棕櫚酸胺基丙胺氧化物,亦稱 N- 〔(3- Dimethylamino)propyl〕hexadecanamide N- oxide;見 Palmitic acid.用途: 1. 抗靜電劑 2. 界面活性劑.

Palmitamidopropyl betaine 棕櫚酸胺基丙基內銨鹽,亦稱 Pendecamaine;棕櫚酸之衍生物,一種兩性型界面活性劑,可使毛髮濕潤、柔順並防止靜電,可作爲洗髮精、潤絲精原料.見 Palmitic acid.用途: 1. 抗靜電劑 2. 界面活性劑.

Palmitamidopropyl diethylamine 棕櫚酸胺基丙基二乙胺, 亦稱 *N*-〔3-(Diethylamino) propyl〕-hexadecanamide；棕櫚酸之合成衍生物. 見 Palmitic acid. 用途：抗靜電劑.

Palmitamidopropyl dimethylamine 棕櫚酸胺基丙基二甲胺, 亦稱 *N*-〔3-(Dimethylamino) propyl〕hexadecan- 1- amide；棕櫚酸之合成衍生物. 見 Palmitic acid. 用途：抗靜電劑.

Palmitamidopropyl dimethylamine lactate 棕櫚酸胺基丙基二甲胺乳酸鹽, 亦稱 *N*- (3- Dimethylamino)propyl- , 2-hydroxypropanoate hexadecanamide；棕櫚酸之合成衍生物. 見 Palmitic acid. 用途：抗靜電劑.

Palmitamidopropyl dimethylamine propionate 棕櫚酸胺基丙基二甲胺丙酸鹽, 亦稱 *N*- (3- Dimethylamino) propylpropanoate hexadecanamide；見 Palmitic acid. 用途：抗靜電劑.

Palmitamine 棕櫚酸胺, 亦稱 Hexadecylamine (十六胺)；棕櫚酸之合成衍生物 (見 Palmitic acid). 用途：抗靜電劑.

Palmitamine oxide 棕櫚酸胺氧化物, 亦稱 Hexadecyldimethylamine *N*-oxide、Palmityl dimethylamine oxide；棕櫚酸之合成衍生物. 見 Palmitic acid. 用途：1. 抗靜電劑 2. 界面活性劑.

Palmitic acid 棕櫚酸, 亦稱 Hexadecanoic acid (十六酸)、*n*-Hexadecanoic acid、*n*-Hexadecoic acid、Hexadecylic acid；天然以甘油酯型態存在許多植物及動物油脂的一種脂肪酸 (見 Fatty acids), 亦存在皮膚中, 化粧品來源主要獲自棕櫚油經油脂皂化分解製成 (油脂化學產物). 用途：1. 洗面皂原料 2 乳化劑 3. 柔軟劑.

Palmitoleamidopropyl dimethylamine lactate 棕櫚油酸胺基丙基二甲胺乳酸鹽, 亦稱 *N*- (3- Dimethylaminopropyl)- 2- hydroxypropanoate 7-hexadecenamide；棕櫚酸之合成衍生物. 見 Palmitic acid. 用途：抗靜電劑.

Palmitoleamidopropyl dimethylamine propionate 棕櫚油酸胺基丙基二甲胺丙酸鹽, 亦稱 *N*- (3- Aminopropyl)- propanoate 7- hexadecenamide; 棕櫚酸之合成衍生物. 見 Palmitic acid. 用途:抗靜電劑.

Palmitoyl collagen amino acids 縮膠原胺基酸;來自動物膠原蛋白質的胺基酸群與棕櫚酸縮合製成. 用途:抗靜電劑.

Palmitoyl hydrolyzed collagen 縮水解膠原;水解的動物膠原蛋白質與棕櫚酸縮合製成. 用途: 1. 抗靜電劑 2. 柔軟劑 3. 界面活性劑.

Palmitoyl hydrolyzed milk protein 縮水解奶蛋白質;水解的牛乳蛋白質與棕櫚酸縮合製成. 用途:界面活性劑.

Palmitoyl hydrolyzed wheat protein 縮水解小麥蛋白質;水解之小麥蛋白質與棕櫚酸縮合製成. 用途:界面活性劑.

Palmitoyl keratin amino acids 縮角蛋白胺酸;來自動物表皮的胺基酸與棕櫚酸縮合製成. 用途:抗靜電劑.

Palmitoyl oligopeptide 縮肽酸;棕櫚酸與寡胜肽縮合製成. 用途:添加物.

Palmitoyl pg-trimonium chloride 縮三氯銨酸; 一種四級銨鹽 (見 Quaternary ammonium compounds), 季銨氯化物與棕櫚酸縮合製成. 用途:抗靜電劑.

Palmityl dimethylamine oxide 見 Palmitamine oxide.

Palmityl trihydroxyethyl propylenediamine dihydrofluoride 棕櫚基三羥乙基丙二胺二氫氟化物;棕櫚酸之合成衍生物. 見 Palmitic acid. 用途:口腔護理劑.

Palm kernel acid 棕櫚仁酸;天然存在棕櫚仁油的一種脂肪酸, 在化粧品工業, 將棕櫚仁油經分解等化學加工處理得到之油脂化學物. 用途:柔軟劑.

Palm kernel alcohol 棕櫚仁醇;將棕櫚仁油經化學加工處理得到之油脂化學物. 用途: 1. 乳化劑 2. 柔軟劑.

Palm kernelamide DEA 棕櫚仁醯胺 DEA,亦稱棕櫚仁醯胺二乙醇胺;得自棕櫚仁油的脂肪酸與二乙醇胺反應生成的化合物. 見 Palm kernel acid. 注意事項:見 Diethanolamine. 用途: 1. 乳化劑 2. 乳劑穩定劑 3. 界面活性劑 4. 增稠劑.

Palm kernelamide MEA 棕櫚仁醯胺 MEA,亦稱棕櫚仁醯胺單乙醇胺、棕櫚仁醯胺乙醇胺;得自棕櫚仁油的脂肪酸與單乙醇胺反應生成的化合物. 見 Palm kernel acid. 注意事項:見 Diethanolamine. 用途: 1. 乳化劑 2. 乳劑穩定劑 3. 界面活性劑 4. 增稠劑.

Palm kernelamide MIPA 棕櫚仁醯胺 MIPA,亦稱棕櫚仁醯胺單異丙醇胺、棕櫚仁醯胺異丙醇胺;得自棕櫚仁油的脂肪酸與單異丙醇胺反應生成的化合物. 見 Palm kernel acid. 注意事項:見 Diethanolamine. 用途: 1. 乳化劑 2. 乳劑穩定劑 3. 界面活性劑 4. 增稠劑.

Palm kernelamidopropyl betaine 棕櫚仁胺基丙基內銨鹽;棕櫚仁酸之合成衍生物. 見 Palm kernel acid. 用途: 1. 抗靜電劑 2. 界面活性劑.

Palm kernel glycerides 棕櫚仁甘油酯類;得自棕櫚仁油, 由單甘油酯、雙甘油酯及三甘油酯混合. 用途: 1. 乳化劑 2. 柔軟劑.

Palm kernel glycerides（hydrogenated） 氫化棕櫚仁甘油酯類;將棕櫚仁甘油酯加氫飽和化處理, 氫化後之棕櫚仁甘油酯更安定. 用途:見 Palm kernel glycerides.

Palm kernel oil 棕櫚仁油;淺黃色天然植物油脂, 得自棕櫚科油棕櫚 Elaeis guineensis J.（學名）種子, 常用於製造香皂、面霜、乳液等. 用途: 1.（天然）柔軟劑 2. 製造香皂原料.

Palm kernel wax 棕櫚仁蠟;將棕櫚仁油經化學加工處理得到之油脂化學物. 用途:柔軟劑.

Palm oil 棕櫚油,亦稱 Palm butter、Palm tallow;暗紅黃色天然植物油, 得自棕櫚科油棕櫚 Elaeis guineensis J.（學名）果實, 常用於製造香皂、嬰兒香皂、面霜、乳液等,亦用作製造蠟燭與潤滑劑.用途: 1. 製造香皂原料 2.(天然)柔軟劑.

Palm oil (hydrogenated) 氫化棕櫚油;將棕櫚油加氫飽和化處理,氫化後之棕櫚油更安定.用途:見 Palm oil.

Palm oil glyceride 棕櫚油甘油酯,亦稱 Palm glyceride (棕櫚甘油酯);製品由棕櫚油單甘油酯製成.用途: 1. 乳化劑 2. 柔軟劑.

Palm oil glycerides 棕櫚油甘油酯類,亦稱 Palm glycerides (棕櫚甘油酯類);製品是棕櫚油單甘油酯、棕櫚油雙甘油酯及棕櫚油三甘油酯之混合物.用途: 1. 乳化劑 2. 柔軟劑.

p-Aminobenzoic acid 查閱字母 A 之 p-Aminobenzoic acid.

p-Aminodiphenylamine 查閱字母 A 之 p-Aminodiphenylamine.

p-Amino-o-cresol 查閱字母 A 之 p-Amino-o-cresol.

p-Aminophenol, p-Aminophenol HCl, p-Aminophenol sulfate 查閱字母 A 之 p-Aminophenol、p-Aminophenol HCl、p-Aminophenol sulfate.

Panax ginseng 見 Ginseng.

Pancreatin 胰酶,亦稱 Pancreatic enzymes;可分解澱粉、蛋白質及脂肪的酵素群,天然存在於豬、牛胰臟.最初的製品為助消化藥,以協助澱粉、蛋白質及脂肪之消化;在化粧品加入皮膚去角質產品,可協助去除角質層細胞,另亦開發加入皮膚保養品作為血管擴張成分,利用使細胞滲透性增加之作用,促進細胞對營養物及氧氣之吸收,因而業者宣稱其可增進細胞更新和改善受傷組織癒合等.用途:生物添加物.

Pantethine 泛硫乙胺;乳桿菌 Lactobacillus bulgaricus 之生長因子,多用在噴霧頭髮產品及保濕產品.用途:柔軟劑.

Panthenol 泛醇,亦稱 Provitamin B_5(維生素原 B_5)、Dexpanthenol (右泛醇)、Vitamin B Complex Factor、Panthenylol、Panthenyl alcohol;為維生素 B_5(泛酸) 的前體,食物來源可得自動、植物,亦可由腸道有益細菌合成.在體內活細

胞泛醇轉化爲泛酸,在頭髮與指甲則仍爲泛醇,至今雖然對泛醇在皮膚之作用機轉仍不十明確,但研究發現泛醇可刺激皮膚細胞增生、促進正常角質過程及有助輕微傷口癒合,可能與其在體內可轉換成泛酸有關(見 Pantothenic acid).此外,亦發現泛醇的其他性質,如具滲透力、吸引水分能力及可自空氣中吸濕.泛醇被認爲可能和皮膚、頭髮與指甲之含水度有關,含水度佳可使皮膚濕潤柔軟、頭髮光澤柔韌與指甲堅韌有彈性,因而業者常用於頭髮產品、護膚品、指甲保養品.此外亦開發泛醇加入產品如防曬品、日曬後護理品、引曬品等.泛醇不具滋養頭髮作用,而是覆蓋在頭髮表面上,使頭髮滑潤、光澤、不易糾結.用途:1.抗靜電劑 2.添加物.

D-Panthenol D-泛醇,亦稱右旋-泛醇;天然來源之泛醇,有研究顯示右旋型泛醇比消旋型泛醇較易研入配方,以及滲透入皮膚.用途:見 Panthenol.

DL- Panthenol DL-泛醇,亦稱消旋-泛醇;合成之泛醇.用途:見 Panthenol.

Panthenyl alcohol 見 Panthenol.

Panthenyl ethyl ether 泛醇乙醚;泛酸之合成衍生物.見 Pantothenic acid.用途:抗靜電劑.

Panthenyl ethyl ether acetate 乙酸泛醇乙醚酯;泛酸之合成衍生物.見 Pantothenic acid.用途:抗靜電劑.

Panthenyl hydroxypropyl steardimonium chloride 泛醇羥丙基氯化硬脂銨;一種四級銨鹽(見 Quaternary ammonium compounds 及 Pantothenic acid).用途:抗靜電劑.

Panthenylol 見 Panthenol.

Panthenyl triacetate 三乙酸泛醇酯;合成之泛醇衍生物.見 Panthenol.用途:抗靜電劑.

D-Pantothenic acid 見 Pantothenic acid.

Pantothenic acid 泛酸,亦稱本多酸、D-Pantothenic acid(右旋型泛酸)、Vitamin B₅;維生素 B 群成分之一,普遍存在動植物中,但僅天然之右旋型有維生素活性,食物來源包括動物肝臟、蜂王漿、米糠及糖蜜,亦可由腸道有益細菌合成,爲構成輔酶 A 之主要成分輔酶 A 是碳水化合物、脂肪及蛋白質代謝之重要因子,因此泛酸參與皮膚代謝過程,促進細胞增生及身體組織更新,缺乏泛酸時可產生的皮膚症狀包括白髮症、皮膚炎及口唇炎,亦是健康頭髮必需之維生素,泛酸與其製品例如泛酸鈣 Calcium pantothenate 與泛醇三醋酸酯 Panthenyl triacetate 等,常用在頭髮產品,具抗靜電作用. 科學文獻認爲維生素 B 群無法通過皮膚,因此沒有功效在外用上,但現今研究發現可能有其應用在皮膚上之價值,例如維生素 B_5 加入護膚品可能有益於皮膚與頭髮濕潤與柔軟. 用途:1. 抗靜電劑 2. 護膚品添加物.

Pantothenic acid polypeptide 泛酸多胜肽;泛酸與胜肽之合成物. 見 Pantothenic acid 與 Peptides. 用途:抗靜電劑.

Papain 木瓜蛋白酵素,亦稱木瓜酵素、木瓜蛋白酶;一種可將蛋白質水解之酵素,得自番木瓜科番木瓜 Carica papaya L. (學名) 未成熟綠色果實和葉子的乳汁中,化粧品工業利用其分解蛋白質的能力,可溶解表皮角蛋白使皮膚柔軟之特性,添加在面膜和清潔產品作爲溫和去角質劑;木瓜亦加在潤絲精、護髮品可調理頭髮濕潤、柔順不糾結. 木瓜酵素對敏感性或乾性皮膚可能有刺激性,但低於鳳梨酵素引起之程度. 注意事項:可能引起過敏反應. 用途:1. 天然皮膚清潔成分 2. (天然) 頭髮調理成分.

Papaver orientale 東方罌粟;罌粟科植物的一種,勿與製造鴉片的罌粟混淆. 化粧品工業應用其植物汁液、萃取物等作爲化粧品成分, 見 Papaver orientale extract. 用途:製造東方罌粟萃取物.

Papaver orientale extract 東方罌粟萃取物;見 Papaver orientale. 用途:1. 柔軟劑 2. 溶劑.

Papaver rhoeas 虞美人,亦稱麗春花、玉米罌粟 Corn poppy (俗稱);虞美人 Papaver rhoeas (學名) 雖亦爲罌粟科植物,但與製造止痛藥品及毒品鴉片的罌粟 Opium poppy (學名 Papaver somniferum) 不同,在西方藥草領域,虞美人花常用在化痰、失眠及舒緩疼痛,化粧品工業應用其植物汁液、萃取物等作爲化粧品成分,見 Papaver rhoeas extract. 用途:植物添加物.

Papaver rhoeas extract 虞美人,亦稱麗春花萃取物;見 Papaver rhoeas. 用途:植物添加物.

Papaya 木瓜,亦稱番木瓜;學名爲番木瓜科番木瓜 Carica papaya L.,其成熟果肉可用做洗面乳、洗髮精,未成熟果實乳汁含木瓜酵素,應用在各種化粧品中(見 Papain 及 Papaya extract). 用途: 1. 製造木瓜酵素 2. 製造木瓜萃取液.

Papaya(Carica papaya) 見 Papaya.

Papaya extract 木瓜萃取液;富含木瓜蛋白酶、維生素 C 及 β 胡蘿蔔素,常用在面皰皮膚當清潔成分. 見 Papain. 用途: 1. (天然) 頭髮調節劑 2. (天然) 皮膚清潔成分.

Para-aminobenzoic acid 見 p-Aminobenzoic acid.

Parabens 對羥基苯甲酸酯,亦稱 p-Hydroxybenzoate、4-Hydroxybenzoate;化學合成之防腐劑,具廣效性之抗菌活性,是美國化粧品最常添加的防腐劑,最常見的種類包括 Ethyl paraben、Methyl paraben 及 Propyl paraben,近來因其皮膚吸收、積聚器官之可能性及影響身體酵素活性而備受爭議. 見 Para-hydroxybenzoic acid. 用途:防腐劑.

Paraffin 石蠟,亦稱 Paraffin wax、Hard paraffin;得自石油的無色或白色固體,是一種飽和碳氫混合物,無色無臭,化學性質穩定,不易變質,例如口紅、美髮油,除毛蠟、睫毛膏、乳霜等爲固態產品常用的一種原料,是蜂蠟經濟之取代物. 見液態石蠟 Liquid paraffine. 注意事項:優質石蠟爲不含雜質之純石蠟,劣質石蠟可能引起皮膚刺激與過敏. 用途: 1. 柔軟劑 2. 增稠劑.

Paraffin oil 見 Petrolatum, liquid.

Paraffinum liquidum 見 Petrolatum, liquid.

Paraffin wax 見 Paraffin.

Paraformaldehyde　對甲醛；甲醛衍生物, 具殺菌及殺黴菌作用. 見 Formaldehyde. 注意事項：吸入與食入有毒；動物實驗顯示吸入對甲醛氣體可致癌；衛生署禁止加在化粧品中. 用途： 1. 殺菌劑　2. 防腐劑.

Para-hydroxybenzoic acid　對-羥基苯甲酸, 亦稱 p-Hydroxybenzoic acid、4-Hydroxybenzoic acid；苯甲酸的三種衍生物之一：鄰、間和對-羥基苯甲酸. 對-羥基苯甲酸用在製造染料、製藥及殺蟲劑, 而其酯類（常稱爲 Parabens）用作爲抗菌劑, 其中 Methyl p-hydroxybenzoate、Ethyl p-hydroxybenzoate、Propyl p-hydroxybenzoate 及 Butyl p-hydroxybenzoate 用在食品、藥品及化粧品之抗菌劑或防腐劑. 見 Parabens. 用途：製造防腐劑.

Para-hydroxybenzoic acid ester　對-羥基苯甲酸酯；見 Parabens.

Pareth-2　合成脂肪醇-2；見 $C_{12\text{-}15}$ Pareth-2.

Pareth-2 phosphate　合成脂肪醇-2 磷酸酯鹽；見 $C_{12\text{-}15}$ Pareth-2 phosphate.

Pareth-3　合成脂肪醇-3；見 $C_{9\text{-}11}$ Pareth-3.

Pareth-4　合成脂肪醇-4；見 $C_{12\text{-}15}$ Pareth-4.

Pareth-5　合成脂肪醇-5；見 $C_{11\text{-}15}$ Pareth-5.

Pareth-6　合成脂肪醇-6；見 $C_{9\text{-}11}$ Pareth-6.

Pareth-7　合成脂肪醇-7；見 $C_{11\text{-}15}$ Pareth-7.

Pareth-7 carboxylic acid　合成脂肪醇-7 羧酸；見 $C_{11\text{-}15}$ Pareth-7 羧酸.

Pareth-8　合成脂肪醇-8；見 $C_{9\text{-}11}$ Pareth-8.

Pareth-9　合成脂肪醇-9；見 $C_{11\text{-}15}$ Pareth-9.

Pareth-11　合成脂肪醇-11；見 $C_{14\text{-}15}$ Pareth-11.

Pareth-12　合成脂肪醇-12；見 $C_{11\text{-}15}$ Pareth-12.

Pareth-12 stearate　合成脂肪醇-12 硬脂酸酯；見 $C_{11\text{-}15}$ Pareth-12 stearate.

Pareth-13　合成脂肪醇-13；見 $C_{14\text{-}15}$ Pareth-13.

Pareth-20　合成脂肪醇-20；見 C_{11-15} Pareth-20.

Pareth-30　合成脂肪醇-30；見 C_{11-15} Pareth-30.

Pareth-40　合成脂肪醇-40；見 C_{11-15} Pareth-40.

Parfum　香料 (亦稱香精)、香水；香水 Perfume 與香料 Fragrance 之法文名稱出現在歐洲產品，英語系國家用 Fragrance 指香料或香精，而 Perfume 指香水，見 Perfume.

Parsol MCX　見 Octyl methoxycinnamate.

Parsol SLX　見 Dimethicodiethylbenzal malonate.

Passiflora incarnata　西番蓮，亦稱 Passion flower (俗稱)；草本植物，果實芳香可食外，藥用部位包括整株植物、根及葉，外敷則可治灼傷及皮膚發炎. 見 Passionflower extract. 用途：植物添加物.

Passiflora quadrangularis　大果西番蓮；見 Passionflower extract. 用途：植物添加物.

Passionflower extract　西番蓮萃取物；來自西番蓮科 Passifloracea 種類如西番蓮 Passiflora incarnata (學名)、百香果 Passiflora Edulis 及大果西番蓮 Passiflora quadrangularis 之萃取物. 見 Passiflora incarnata. 用途：植物添加物.

Paullinia cupana　果拉那，亦稱 Guarana (俗稱)；原產巴西的植物 (Paullinia cupana 爲其學名)，其種子富含咖啡因用來生產刺激性飲料，近年化粧品界開發用應在抗老化、身體及瘦身產品. 用途：植物添加物.

Pb　鉛，亦稱 Lead；注意事項：化粧品不得加入之原料，衛生署規定化粧品重金屬鉛檢測限量爲 20ppm，燙髮劑檢測限量爲 5ppm.

PCA　吡咯烷酮羧酸，亦稱 P.C.A.、Pyrrolidone carboxylic acid、2-Pyrrolidone-5-carboxylic acid (2-吡咯酮-5-羧酸)、Pidolic acid；PCA 爲 Pyrrolidone carboxylic acid 之縮寫，爲天然皮膚保濕物質，是天然保濕因子之主要組成成分之一，爲含量最多的麩胺酸以及脯胺酸等胺基酸之生理代謝衍

生物 (見 NMF). PCA 工業上由麩胺酸(Glutamine)脫水反應形成, 需在鹽類的狀態下才能發揮其高吸濕、保濕之功效, 因此工業上製品都是 PCA 之鹽類 (鈉鹽、鉀鹽、鈣鹽、鎂鹽等). 注意事項: 美國 CIR 專家認為不應和亞硝基化劑合用, 否則會形成亞硝基胺, 有安全性之顧慮 (見 Nitrosamines). 用途: 保濕劑.

PCA ethyl cocoyl arginate　PCA 椰基精胺酸乙酯, 亦稱吡咯烷酮羧酸椰基精胺酸乙酯; PCA 之合成衍生物. 見 PCA. 用途: 1. 抗靜電劑 2. 表面活性劑.

PCA glyceryl oleate　PCA 油酸甘油酯, 亦稱吡咯烷酮羧酸油酸甘油酯; PCA 之合成衍生物. 見 PCA. 用途: 柔軟劑.

Pea palmitate　豌豆棕櫚酸酯; 豌豆萃取物與棕櫚酸之合成酯. 用途: 柔軟劑.

Pea (Pisum sativum) extract　見 Pisum sativum extract.

Peach kernel oil　桃仁油, 亦稱 Persic oil; 植物油, 得自薔薇科桃 Prunus persica 種子壓榨而來, 香味類似杏仁, 雖非精油但具鎮靜與舒緩性質, 常用作潤膚品、美髮油、睫毛霜之原料, 亦用在食品工業作矯味料. 用途: 1. (天然)柔軟劑 2. (天然) 頭髮調理劑 3. (天然) 載體油.

Peach oil　桃子油; 植物油, 得自薔薇科桃 Prunus persica 果實, 用作載體油, 加入皮膚及頭髮產品當作調理劑. 見 Peach Kernel oil. 用途: 1. (天然) 柔軟劑 2. (天然) 頭髮調理劑 3. (天然) 載體油.

Peanutamide MEA　花生醯胺單乙醇胺, 亦稱花生醯胺乙醇胺; 花生油脂肪酸及單乙醇胺反應生成的衍生物 (見 Peanut oil 與 MEA). 注意事項: 見 Diethanolamine. 用途: 1. 乳化劑 2. 乳劑穩定劑 3. 界面活性劑 4. 增稠劑.

Peanutamide MIPA　花生醯胺單異丙醇胺, 亦稱花生醯胺異丙醇胺; 花生油脂肪酸及單異丙醇胺反應生成的衍生物 (見 Peanut oil 與 MIPA). 注意事項: 見 Diethanolamine. 用途: 1. 乳化劑 2. 乳劑穩定劑 3. 界面活性劑 4. 增稠劑.

Peanut (Arachis hypogaea) oil　見 Peanut oil.

Peanut glycerides 花生甘油酯類;花生油之混合酯類衍生物,包括單甘油酯、雙甘油酯及三甘油酯.用途:乳化劑.

Peanut oil 花生油,亦稱 Aarachis oil、Groundnut oil、Earthnut oil、Katchung oil;得自豆科花生 Arachis hypogaea L.（學名）成熟種子壓榨而來,本冷榨油含豐富維生素 A 及維生素 E,在化粧品界爲代替杏仁油或橄欖油更經濟之原料.用途: 1. 柔軟劑 2. 溶劑.

Peanut oil PEG-6 esters 花生油聚乙二醇-6 酯,亦稱 Ethoxylated peanut oil;乙氧基化的花生油（見 Peanut oil 與 PEG）.用途:柔軟劑.

Pear extract 梨汁;獲取自梨之果實,梨爲薔薇科多年生落葉小喬木植物,果實因品種而差異大,分東方梨系及西方梨系,東方梨原產於中國大陸,西方梨原產於歐洲,在化粧品界用來製備梨汁之 Pyrus communis 屬西方梨系.見 Pyrus communis.用途:天然保濕劑.

Pear juice 梨汁;見 Pear extract.

Pectin 果膠;存在於植物細胞壁的一種多醣物質,檸檬皮及柑橘皮是果膠含量豐富的來源之一.用途: 1. （天然）增稠劑 2. （天然）結合劑 3. （天然）乳劑穩定劑.

PEG 見 Polyethylene glycol.

PEG-2 castor oil 聚乙二醇-2 蓖麻油;乙氧基化的蓖麻油,爲一種非離子性界面活性劑（見 Castor oil 與 PEG）.用途: 1. 乳化劑 2. 界面活性劑.

PEG -2 ceteareth 聚乙二醇-2 鯨蠟/硬脂;見 Polyethylene glycol.用途:乳化劑.

PEG-2 cocamine 聚乙二醇-2 椰胺;椰子之胺類衍生物,經乙氧基化處理.見 Polyethylene glycol.用途:乳化劑.

PEG-2 coco-benzonium chloride 聚乙二醇-2 椰氯苯銨;一種四級銨鹽之陽離子性界面活性劑,具洗淨、軟化毛髮、防止靜電效果.見 Polyethylene glycol.

用途：1. 抗靜電劑 2. 界面活性劑.

PEG-2 cocomonium chloride 聚乙二醇-2 椰氯銨；一種四級銨鹽之陽離子性界面活性劑,具洗淨、軟化毛髮、防止靜電效果. 見 Polyethylene glycol. 用途：1. 乳化劑 2. 界面活性劑 3. 抗靜電劑.

PEG-2 diisononanoate 聚乙二醇-2 二異壬酸酯；見 Polyethylene glycol. 用途：乳化劑.

PEG-2 dilaurate 聚乙二醇-2 二月桂酸酯；見 Polyethylene glycol. 用途：乳化劑.

PEG-2 dioctanoate 聚乙二醇-2 二辛酸酯；見 Polyethylene glycol. 用途：乳化劑.

PEG-2 distearate 聚乙二醇-2 二硬脂酸酯,亦稱 Oxydiethane- 1, 2- diyl distearate；見 Polyethylene glycol. 用途：乳化劑.

PEG-2 hydrogenated castor oil 聚乙二醇-2 氫化蓖麻油；經乙氧基化之氫化蓖麻油（見 Hydrogenated castor oil 與 Polyethylene glycol）. 用途：乳化劑.

PEG-2 hydrogenated tallow amine 聚乙二醇-2 氫化脂胺；乙氧基化的動物脂衍生物. 見 Polyethylene glycol. 用途：1. 乳化劑 2. 界面活性劑.

PEG-2 lactamide 聚乙二醇-2 乳酸醯胺；見 Polyethylene glycol. 用途：保濕劑.

PEG-2 laurate 聚乙二醇-2 月桂酸酯,亦稱 2-(2- Hydroxyethoxy)ethyl laurate；見 Polyethylene glycol. 注意事項：對月桂酸鹽類或酯類敏感的人,可能會引起過敏反應. 用途：乳化劑.

PEG-2 laurate SE 聚乙二醇-2 月桂酸酯；SE 為 Self-emulsifying 之略稱. 見 Polyethylene glycol. 注意事項：見 PEG-2 lamurate. 用途：乳化劑.

PEG-2M 聚乙二醇-2M；一種聚乙氧化合物. 見 Polyethylene glycol. 用途：1. 結合劑 2. 乳劑安定劑 3. 增稠劑.

PEG-2 methyl ether 聚乙二醇-2 甲醚, 亦稱 Dipropylene glycol monomethyl ether；見 Polyethylene glycol. 用途：溶劑.

PEG-2 milk solids 聚乙二醇-2 牛乳固體；見 Polyethylene glycol. 用途：1. 抗靜電劑 2. 柔軟劑.

PEG-2 oleamide 聚乙二醇-2 油酸醯胺；見 Polyethylene glycol. 用途：1. 乳化劑 2. 乳劑穩定劑.

PEG-2 oleamine 聚乙二醇-2 油酸胺；見 Polyethylene glycol. 用途：乳化劑.

PEG-2 oleammonium chloride 聚乙二醇-2 油酸氯化銨, 亦稱 Bis (hydroxyethyl)methyloleylammonium chloride；四級銨鹽之陽離子界面活性劑. 見 Polyethylene glycol. 用途：1. 乳化劑 2. 界面活性劑 3. 抗靜電劑.

PEG-2 oleate 聚乙二醇-2 油酸酯, 亦稱 2-（2- Hydroxyethoxy）ethyl monooleate；見 Polyethylene glycol. 用途：乳化劑.

PEG-2 oleate SE 聚乙二醇-2 油酸酯；SE 為 Self-emulsifying 之略稱. 見 Polyethylene glycol. 用途：乳化劑.

PEG-2 ricinoleate 聚乙二醇-2 蓖麻油酸酯, 亦稱聚乙二醇-2 十二羥基油酸酯；為蓖麻油酸與 PEG-2 附加聚合之化合物, 蓖麻油酸為蓖麻油之主要脂肪酸. 見 Polyethylene glycol. 用途：乳化劑.

PEG-2 sorbitan isostearate 聚乙二醇-2 脫水山梨〔糖〕醇異硬脂酸酯；見 Polyethylene glycol 與 Sorbitan esters. 用途：1. 乳化劑 2. 界面活性劑.

PEG-2 soyamine 聚乙二醇-2 大豆胺；大豆之胺類衍生物經乙氧基化處理. 見 Polyethylene glycol. 用途：1. 乳化劑 2. 界面活性劑.

PEG-2 stearamide carboxylic acid 聚乙二醇-2 硬脂醯胺羧酸；見 Polyethylene glycol. 用途：界面活性劑.

PEG-2 stearamine 聚乙二醇-2 硬脂胺, 亦稱 2, 2'- (Octadecylimino)bis-ethanol；見 Polyethylene glycol. 用途：1. 乳化劑 2. 抗靜電劑.

PEG-2 stearate 聚乙二醇-2 硬脂酸酯, 亦稱 2- (2- Hydroxyethoxy) ethyl stearate;見 Polyethylene glycol. 用途: 1. 乳化劑 2. 不透明劑.

PEG-2 stearate SE 聚乙二醇-2 硬脂酸酯;SE 為 Self-emulsifying 之略稱. 見 Polyethylene glycol. 用途:乳化劑.

PEG-2 stearmonium chloride 聚乙二醇-2 硬脂氯化銨;四級銨鹽之陽離子界 面活性劑. 見 Polyethylene glycol. 用途: 1. 乳化劑 2. 抗靜電劑.

PEG -2 tallow amine 聚乙二醇-2 脂胺;動物脂之胺類衍生物經乙氧基化處 理. 見 Polyethylene glycol. 用途:乳化劑.

PEG-3 castor oil 聚乙二醇-3 蓖麻油; 蓖麻油經乙氧基化處理. 見 Polyethylene glycol 與 PEG-2 castor oil. 用途: 1. 乳化劑 2. 界面活性劑.

PEG-3 cocamide 聚乙二醇-3 椰醯胺;椰子脂肪酸之醯胺衍生物經乙氧基化 處理. 見 Polyethylene glycol. 用途: 1. 乳化劑 2. 界面活性劑.

PEG-3 cocamine 聚乙二醇-3 椰胺;見 PEG-2 cocamine. 用途:乳化劑.

PEG-3 dipalmitate 聚乙二醇-3 二棕櫚酸酯;見 Polyethylene glycol. 用途:乳 化劑.

PEG-3 distearate 聚乙二醇-3 二硬脂酸酯;見 Polyethylene glycol. 用途:乳 化劑.

PEG-3 lanolate 聚乙二醇-3 羊毛脂酸酯;乙氧基化的羊毛脂脂肪酸. 見 Polyethylene glycol. 用途:乳化劑.

PEG-3 lauramide 聚乙二醇-3 月桂醯胺;見 Polyethylene glycol. 用途:乳化 劑.

PEG-3 lauramine oxide 聚乙二醇-3 月桂胺氧化物;見 Polyethylene glycol. 用途: 1. 抗靜電劑 2. 表面活性劑.

PEG-3 laurate 聚乙二醇-3 月桂酸酯;見 Polyethylene glycol. 注意事項:見 PEG-2 laurate. 用途:乳化劑.

PEG-3 oleamide 聚乙二醇-3 油酸醯胺;見 Polyethylene glycol. 用途: 1. 乳化劑 2. 界面活性劑 3. 乳劑穩定劑.

PEG-3 oleate 聚乙二醇-3 油酸酯、亦稱 2-[2- (2- Hydroxyethoxy)ethoxy] ethyl oleate;廣泛用在洗髮產品. 見 Polyethylene glycol. 用途:乳化劑.

PEG-3/PPG-2 glyceryl/sorbitol hydroxystearate/isostearate 聚乙二醇-3/聚丙二醇-2 甘油基/山梨(糖)醇羥硬脂酸酯/異硬脂酸酯;見 Polyethylene glycol 與 Sorbitol. 用途:乳化劑.

PEG-3 sorbitan oleate 聚乙二醇-3 脫水山梨(糖)醇油酸酯;見 Polyethylene glycol 與 Sorbitan esters. 用途:乳化劑.

PEG3 sorbitan stearate 聚乙二醇-3 脫水山梨(糖)醇硬脂酸酯;見 Polyethylene glycol 與 Sorbitan esters. 用途:乳化劑.

PEG-3 stearate 聚乙二醇-3 硬脂酸酯;見 Polyethylene glycol. 用途: 1. 保濕劑 2. 乳化劑.

PEG-3 tallow amine 聚乙二醇-3 脂胺;見 PEG-2 tallow amine. 用途:乳化劑.

PEG-3 tallow aminopropylamine 聚乙二醇-3 脂胺基丙胺;見 PEG-2 tallow amine. 用途:乳化劑.

PEG-3 tallow propylenedimonium dimethosulfate 聚乙二醇-3 脂丙烯二銨二甲硫酸酯;見 Polyethylene glycol. 用途:抗靜電劑.

PEG-4 聚乙二醇-4, 亦稱 Macrogol 200、3, 6, 9- Trioxaundecane- 1, 11-diol;見 Polyethylene glycol. 用途: 1. 保濕劑 2. 溶劑.

PEG-4 castor oil 聚乙二醇-4 蓖麻油;見 PEG-2 castor oil. 用途: 1. 乳化劑 2. 界面活性劑.

PEG-4 cocamide 聚乙二醇-4 椰醯胺;見 PEG-3 cocamide. 用途:乳化劑.

PEG-4 cocamine 聚乙二醇-4 椰胺, 見 PEG-2 cocamine. 用途:乳化劑.

PEG-4 diheptanoate 聚乙二醇-4 二庚酸酯;見 Polyethylene glycol. 用途:乳化劑.

PEG-4 dilaurate 聚乙二醇-4 二月桂酸酯;見 Polyethylene glycol. 用途:乳化劑.

PEG-4 dioleate 聚乙二醇-4 二油酸酯;見 Polyethylene glycol. 用途:乳化劑.

PEG-4 distearate 聚乙二醇-4 二硬脂酸酯;見 Polyethylene glycol. 用途:乳化劑.

PEG-4 isostearate 聚乙二醇-4 異硬脂酸酯;見 Polyethylene glycol. 用途:乳化劑.

PEG-4 lanolate 聚乙二醇-4 羊毛脂酸酯;乙氧基化的羊毛脂酸酯. 見 Polyethylene glycol. 用途:乳化劑.

PEG-4 laurate 聚乙二醇-4 月桂酸酯;見 Polyethylene glycol. 注意事項:見 PEG-2 laurate. 用途:乳化劑.

PEG-4 octanoate 聚乙二醇-4 辛酸酯;見 Polyethylene glycol. 用途:乳化劑.

PEG-4 oleamide 聚乙二醇-4 油酸醯胺;見 Polyethylene glycol. 用途: 1. 乳化劑 2. 乳劑穩定劑.

PEG-4 oleate 聚乙二醇-4 油酸酯,亦稱 2- [2- [2- (2- Hydroxyethoxy) ethoxy]ethoxy]ethyl oleate;廣泛用在洗髮產品. 見 Polyethylene glycol. 用途: 1. 乳化劑 2. 製造清髮精.

PEG-4 polyglyceryl-2 stearate 聚乙二醇-4 聚甘油基-2 硬脂酸酯;見 Polyethylene glycol. 用途:乳化劑.

PEG-4-PPG-7 C13/C15 alcohol 聚乙二醇-4-聚丙二醇 7 十三碳/十五碳醇;見 Polyethylene glycol. 用途:表面活性劑.

PEG-4 proline linoleate 聚乙二醇-4 脯胺酸亞油酸酯;見 Polyethylene glycol 與 Proline. 用途:柔軟劑.

PEG-4 proline linolenate 聚乙二醇-4 脯胺酸亞麻酸酯；見 Polyethylene glycol 與 Proline. 用途：柔軟劑.

PEG-4 rapeseedamide 聚乙二醇-4 茱子油醯胺；茱子油之胺類衍生物經乙氧基化處理. 見 Polyethylene glycol. 用途：增稠劑.

PEG-4 stearamide 聚乙二醇-4 硬脂醯胺；見 Polyethylene glycol. 用途：表面活性劑.

PEG-4 stearate 聚乙二醇-4 硬脂酸酯；化學名 2- 〔2- 〔2- (2-Hydroxyethoxy) ethoxy〕ethoxy〕ethyl stearate. 見 Polyethylene glycol. 用途：乳化劑.

PEG-4 tallate 聚乙二醇-4 妥爾油酯；乙氧基化的妥爾油脂肪酸酯. 見 Polyethylene glycol. 用途：乳化劑.

PEG-4 tallow amine 聚乙二醇-4 脂胺；見 PEG-2 tallow amine. 用途：乳化劑.

PEG-5 castor oil 聚乙二醇-5 蓖麻油；見 PEG-2 castor oil. 用途：1. 乳化劑 2. 表面活性劑.

PEG -5-ceteth-20 聚乙二醇-5-鯨蠟 20；見 Polyethylene glycol. 用途：乳化劑.

PEG-5 cocamide 聚乙二醇-5 椰子醯胺；見 PEG-3 cocamide. 用途：1. 乳化劑 2. 界面活性劑.

PEG-5 cocamine 聚乙二醇-5 椰胺；見 PEG-2 cocamine. 用途：乳化劑.

PEG-5 cocoate 聚乙二醇-5 椰酸酯；乙氧基化的椰子脂肪酸酯. 見 Polyethylene glycol.

PEG-5 cocomonium methosulfate 聚乙二醇-5 椰銨甲硫酸銨. 見 Polyethylene glycol. 用途：抗靜電劑.

PEG-5 DEDM hydantoin 聚乙二醇-5 DEDM 乙內醯脲, 亦稱聚乙二醇-15

二羥乙基二甲基乙內醯脲；DEDM 為 Diethylol Dimethyl 之縮寫. 見 Polyethylene glycol. 用途:抗微生物劑.

PEG-5 DEDM hydantoin oleate 聚乙二醇-5DEDM 乙內醯脲油酸酯, 亦稱 聚乙二醇-5 二羥乙基二甲基乙內醯脲油酸酯；DEDM 為 Diethylol dimethyl 之縮寫. 見 Polyethylene glycol. 用途:抗微生物劑.

PEG-5 dilaurate 聚乙二醇-5 二月桂酸酯；見 Polyethylene glycol. 用途:乳化 劑.

PEG-5 distearate 聚乙二醇-5 二硬脂酸酯；見 Polyethylene glycol. 用途:乳 化劑.

PEG-5 ditridecylmonium chloride 聚乙二醇-5 雙十三氯化銨；一種銨鹽. 見 Polyethylene glycol. 用途: 1. 抗靜電劑 2. 界面活性劑.

PEG-5 glyceryl sesquioleate 聚乙二醇-5 倍半油酸甘油酯, 亦稱聚乙二醇-5 甘油基倍半油酸酯；見 Polyethylene glycol. 用途:乳化劑.

PEG-5 glyceryl stearate 聚乙二醇-5 硬脂酸甘油酯, 亦稱聚乙二醇-5 甘油基 硬脂酸酯；見 Polyethylene glycol. 用途: 1. 乳化劑 2. 界面活性劑.

PEG-5 glyceryl triisostearate 聚乙二醇-5 三異硬脂酸甘油酯, 亦稱聚乙二醇 -5 甘油基三異硬脂酸酯；見 Polyethylene glycol. 用途: 1. 乳化劑 2. 柔軟劑.

PEG-5 hydrogenated castor oil 聚乙二醇-5 氫化蓖麻油；一種乙氧化的氫化 蓖麻油. 見 Polyethylene glycol. 用途: 1. 乳化劑 2. 界面活性劑.

PEG-5 hydrogenated corn glycerides 聚乙二醇-5 氫化玉米甘油酯；見 Polyethylene glycol. 用途: 1. 乳化劑 2. 表面活性劑.

PEG-5 hydrogenated lanolin 聚乙二醇-5 氫化羊毛脂；一種乙氧化的氫化羊 毛脂. 見 Polyethylene glycol. 用途: 1. 乳化劑 2. 柔軟劑.

PEG-5 hydrogenated tallow amine 聚乙二醇-5 氫化脂胺；動物脂合成胺類 衍生物經氫化與乙氧化處理. 見 Polyethylene glycol. 用途:乳化劑.

PEG-5 lanolate 聚乙二醇-5 羊毛脂酸酯；羊毛脂酸酯經乙氧基化處理. 見 Polyethylene glycol. 用途：乳化劑.

PEG-5 lanolin 聚乙二醇-5 羊毛脂；乙氧基化的羊毛脂. 見 Polyethylene glycol. 用途：乳化劑.

PEG-5 lanolinamide 聚乙二醇-5 羊毛脂醯胺；見 Polyethylene glycol. 用途：乳化劑.

PEG-5 lauramide 聚乙二醇-5 月桂醯胺；見 Polyethylene glycol. 用途：乳化劑.

PEG-5M 聚乙二醇-5M；一種聚合物. 見 Polyethylene glycol. 用途：1. 乳劑穩定劑 2. 結合劑 3. 增稠劑.

PEG-5 octanoate 聚乙二醇-5 辛酸酯；見 Polyethylene glycol. 用途：乳化劑.

PEG-5 oleamide 聚乙二醇-5 油酸醯胺；見 Polyethylene glycol. 用途：1. 乳化劑 2. 乳劑穩定劑.

PEG-5 oleamide dioleate 聚乙二醇-5 油酸醯胺二油酸酯；見 Polyethylene glycol. 用途：乳化劑.

PEG-5 oleamine 聚乙二醇-5 油酸胺；見 Polyethylene glycol. 用途：乳化劑.

PEG-5 oleate 聚乙二醇-5 油酸酯；廣泛用在洗髮產品. 見 Polyethylene glycol. 用途：1. 乳化劑 2. 洗髮精.

PEG-5 pentaerythrityl ether 聚乙二醇-5 季戊四醇醚；見 Polyethylene glycol. 用途：柔軟劑.

PEG-5 sorbitan isostearate 聚乙二醇-5 脫水山梨（糖）醇異硬脂酸酯；見 Polyethylene glycol 與 Sorbitan esters. 用途：乳化劑.

PEG-5 soyamine 聚乙二醇-5 大豆胺；來自大豆的衍生物與聚乙二醇結合的一種胺類化合物. 見 Polyethylene glycol. 用途：1. 乳化劑 2. 界面活性劑.

PEG-5 soya sterol 聚乙二醇-5 大豆固醇；PEG-5 soya sterol 和 PEG-10 soya

sterol 皆爲大豆油固醇以氧基化之合成衍生物, 但後者有增稠作用. 見
Polyethylene glycol. 用途: 1. 乳化劑 2. 柔軟劑 3. 乳劑穩定劑.

PEG-5 stearamine 聚乙二醇-5 硬脂胺; 見 Polyethylene glycol. 用途: 1. 乳化
劑 2. 抗靜電劑.

PEG-5 stearate 聚乙二醇-5 硬脂酸酯; 見 Polyethylene glycol. 用途: 1. 乳化
劑 2. 界面活性劑.

PEG-5 stearyl ammonium chloride 聚乙二醇-5 硬脂氯化銨; 四級銨化合物
之陽離子界面活性劑 (見 Polyethylene glycol 與 Quaternary ammonium
compounds). 用途: 1. 界面活性劑 2. 抗靜電劑.

PEG-5 stearyl ammonium lactate 聚乙二醇-5 硬脂乳酸銨; 四級銨化合物.
見 Polyethylene glycol. 用途: 1. 界面活性 2. 抗靜電劑.

PEG-5 tallate 聚乙二醇-5 妥爾油酯; 見 PEG-4 tallate. 用途: 乳化劑.

PEG-5 tall oil sterol ether 聚乙二醇-5 妥爾油固醇醚; 見 Polyethylene
glycol. 用途: 抗靜電劑.

PEG-5 tallow amide 聚乙二醇-5 脂醯胺; 一種乙氧化與氫化的動物脂之醯
胺化合物. 見 Polyethylene glycol. 用途: 乳化劑.

PEG-5 tallow benzonium chloride 聚乙二醇-5 脂氯苯銨; 一種銨鹽之陽離子
界面活性劑 (見 Polyethylene glycol 與 Quaternary ammonium compounds).
用途: 1. 抗靜電劑 2. 界面活性劑.

PEG-5 tricaprylyl citrate 聚乙二醇-5 檸檬酸三辛酯, 亦稱聚乙二醇-5 三乙
基己基檸檬酸酯; 見 Polyethylene glycol. 用途: 乳化劑.

PEG-5 tricetyl citrate 聚乙二醇-5 檸檬酸三鯨蠟酯, 亦稱聚乙二醇-5 三鯨蠟
基檸檬酸酯; 見 Polyethylene glycol. 用途: 柔軟劑.

PEG-5 tridecyl citrate 聚乙二醇-5 檸檬酸十三酯, 亦稱聚乙二醇-5 十三烷
基檸檬酸酯; 見 Polyethylene glycol. 用途: 柔軟劑.

PEG-5 trilauryl citrate 聚乙二醇-5 檸檬酸三月桂酯, 亦稱聚乙二醇-5 三月桂基檸檬酸酯; 見 Polyethylene glycol. 用途: 柔軟劑.

PEG-5 trimethylolpropane trimyristate 聚乙二醇-5 三肉豆蔻酸三羥甲基丙烷酯, 亦稱聚乙二醇-5 三羥甲基丙烷三肉豆蔻酸酯; 見 Polyethylene glycol. 用途: 乳化劑.

PEG-5 trimyristyl citrate 聚乙二醇-5 檸檬酸三肉豆蔻酯, 亦稱聚乙二醇-5 三肉豆蔻基檸檬酸酯; 見 Polyethylene glycol. 用途: 柔軟劑.

PEG-5 tristearyl citrate 聚乙二醇-5 檸檬酸三硬脂酯, 亦稱聚乙二醇-5 三硬脂基檸檬酸酯; 見 Polyethylene glycol. 用途: 柔軟劑.

PEG-6 聚乙二醇-6, 亦稱 3, 6, 9, 12, 15- Pentaoxaheptadecane- 1, 17- diol (化學名); 見 Polyethylene glycol. 注意事項: 美國 CIR 專家列為有限制安全的成分, 如使用在有傷口的皮膚則為不安全的成分. 用途: 1. 保濕劑 2. 溶劑.

PEG-6 beeswax 聚乙二醇-6 蜂蠟; 見 Polyethylene glycol. 用途: 乳化劑.

PEG-6 caprylic/capric glycerides 聚乙二醇-6 辛酸/癸酸甘油酯; 見 Polyethylene glycol. 用途: 1. 乳化劑 2. 柔軟劑.

PEG-6 cocamide 聚乙二醇-6 椰醯胺; 見 PEG-3 cocamide. 用途: 1. 乳化劑 2. 界面活性劑.

PEG-6 cocamine 聚乙二醇-6 椰胺; 見 PEG-2 cocamine. 用途: 乳化劑.

PEG-6 dilaurate 聚乙二醇-6 二月桂酸酯; 見 Polyethylene glycol. 用途: 乳化劑.

PEG-6 dioleate 聚乙二醇-6 二油酸酯; 見 Polyethylene glycol. 用途: 1. 乳化劑 2. 界面活性劑.

PEG-6 distearate 聚乙二醇-6 二硬脂酸酯; 見 Polyethylene glycol. 用途: 乳化劑.

PEG-6 glyceryl stearate 聚乙二醇-6 硬脂酸甘油酯, 亦稱聚乙二醇-6 甘油基硬脂酸酯;見 Polyethylene glycol. 用途：1. 乳化劑 2. 界面活性劑.

PEG-6 hydrogenated castor oil 聚乙二醇-6 氫化蓖麻油;見 Polyethylene glycol. 用途:乳化劑.

PEG-6 hydrogenated lanolin 聚乙二醇-6 氫化羊毛脂;見 Polyethylene glycol. 用途：1. 乳化劑 2. 柔軟劑.

PEG-6 isolauryl thioether 聚乙二醇-6 異月桂硫醚;見 Polyethylene glycol. 用途:乳化劑.

PEG-6 isopalmitate 聚乙二醇-6 異棕櫚酸酯;見 Polyethylene glycol. 用途:乳化劑.

PEG-6 isostearate 聚乙二醇-6 異硬脂酸酯;見 Polyethylene glycol. 用途:乳化劑.

PEG-6 lanolate 聚乙二醇-6 羊毛脂酸酯;見 PEG-5 lanolate. 用途:乳化劑.

PEG-6 lanolin 聚乙二醇-6 羊毛脂;見 PEG-5 lanolin. 用途:乳化劑.

PEG-6 lauramide 聚乙二醇-6 月桂醯胺;見 Polyethylene glycol. 用途:乳化劑.

PEG-6 laurate 聚乙二醇-6 月桂酸酯;見 Polyethylene glycol. 注意事項:見 PEG-2 laurate. 用途:乳化劑.

PEG-6 laurate/tartarate 聚乙二醇-6 月桂酸酯/酒石酸酯;見 Polyethylene glycol. 用途:乳化劑.

PEG-6 methyl ether 聚乙二醇-6 甲醚;見 Polyethylene glycol. 用途:溶劑.

PEG-6 oleamide 聚乙二醇-6 油酸醯胺;用途：1. 乳化劑 2. 乳劑穩定劑.

PEG-6 oleamine 聚乙二醇-6 油酸胺;見 Polyethylene glycol. 用途:乳化劑.

PEG-6 oleate 聚乙二醇-6 油酸酯;廣泛用在洗髮品. 見 Polyethylene glycol. 用途：1. 乳化劑 2. 界面活性劑.

PEG-6 palmitate 聚乙二醇-6 棕櫚酸酯;一種聚合物. 見 Polyethylene glycol.

用途: 1. 乳化劑 2. 界面活性劑.

PEG-6 sorbitan beeswax 聚乙二醇-6 脫水山梨(糖)醇蜂蠟；見 Polyethylene glycol. 用途: 1. 乳化劑 2. 界面活性劑.

PEG-6 sorbitan oleate 聚乙二醇-6 脫水山梨(糖)醇油酸酯；脫水山梨(糖)醇酯之乙氧基化衍生物. 見 Polyethylene glycol 與 Sorbitan esters. 用途:乳化劑.

PEG-6 sorbitan stearate 聚乙二醇-6 脫水山梨(糖)醇硬脂酸酯；脫水山梨(糖)醇酯之乙氧基化之合成衍生物（見 Polyethylene glycol 與 Sorbitan esters）. 用途:乳化劑.

PEG-6 soyamine 聚乙二醇-6 大豆胺；見 Polyethylene glycol. 用途: 1. 乳化劑 2. 界面活性劑.

PEG-6 stearate 聚乙二醇-6 硬脂酸酯；見 Polyethylene glycol. 用途:乳化劑.

PEG-6 tallow amine 聚乙二醇-6 脂胺；見 PEG-2 tallow amine. 用途:乳化劑.

PEG-6 undecylenate 聚乙二醇-6 十一(碳)烯酸酯；見 Polyethylene glycol. 用途:乳化劑.

PEG-7 betanaphthol 聚乙二醇-7 β-萘酚；見 Polyethylene glycol. 用途:增稠劑.

PEG-7 castor oil 聚乙二醇-7 蓖麻油；見 PEG-2 castor oil. 用途: 1. 乳化劑 2. 界面活性劑.

PEG-7 cocamide 聚乙二醇-7 椰醯胺；見 PEG-3 cocamide. 用途: 1. 乳化劑 2. 界面活性劑.

PEG-7 cocamine 聚乙二醇-7 椰胺；見 PEG-2 cocamine. 用途:乳化劑.

PEG-7 dilaurate 聚乙二醇-7 二月桂酸酯；見 Polyethylene glycol. 用途:乳化劑.

PEG-7 dioleate 聚乙二醇-7 二油酸酯；見 Polyethylene glycol. 用途:乳化劑.

PEG-7 distearate　聚乙二醇-7 二硬脂酸酯；見 Polyethylene glycol. 用途：乳化劑.

PEG-7 glyceryl cocoate　聚乙二醇-7 椰酸甘油酯, 亦稱聚乙二醇-7 甘油基椰酸酯；乙氧化的椰子單雙甘油酯類. 見 Polyethylene glycol. 用途：1. 乳化劑　2. 界面活性劑.

PEG-7 glyceryl stearate　聚乙二醇-7 硬脂酸甘油酯, 亦稱聚乙二醇-7 甘油基硬脂酸酯；見 Polyethylene glycol. 用途：1. 乳化劑　2. 界面活性劑.

PEG-7 hydrogenated castor oil　聚乙二醇-7 氫化蓖麻油；一種乙氧化與氫化蓖麻油之合成物. 見 Polyethylene glycol. 用途：1. 乳化劑　2. 界面活性劑.

PEG-7 hydrogenated lanolin　聚乙二醇-7 氫化羊毛脂；見 Polyethylene glycol. 用途：1. 乳化劑　2. 柔軟劑.

PEG-7 isolauryl thioether　聚乙二醇-7 異月桂硫醚；見 Polyethylene glycol. 用途：乳化劑.

PEG-7 lanolate　聚乙二醇-7 羊毛脂酸酯；見 PEG-5 lanolate. 用途：乳化劑.

PEG-7 lanolin　聚乙二醇-7 羊毛脂；見 PEG-5 lanolin. 用途：乳化劑.

PEG-7M　聚乙二醇-7M；一種聚合物. 見 Polyethylene glycol. 用途：1. 結合劑　2. 乳劑安定劑　3. 增稠劑.

PEG-7 oleamide　聚乙二醇-7 油酸醯胺；見 Polyethylene glycol. 用途：1. 乳化劑　2. 乳劑穩定劑.

PEG-7 oleate　聚乙二醇-7 油酸酯；廣泛用在洗髮精. 見 Polyethylene glycol. 用途：1. 乳化劑　2. 界面活性劑　3. 洗髮精.

PEG-7 ricinoleate　聚乙二醇-7 順蓖麻酸酯；見 Polyethylene glycol. 用途：乳化劑.

PEG-7 soyamine　聚乙二醇-7 大豆胺；見 Polyethylene glycol. 用途：1. 乳化劑　2. 界面活性劑.

PEG-7 stearate 聚乙二醇-7 硬脂酸酯；見 Polyethylene glycol. 用途：乳化劑.

PEG-7 tallow amine 聚乙二醇-7 脂胺；見 PEG-2 tallow amine. 用途：乳化劑.

PEG-8 聚乙二醇-8, 亦稱 3, 6, 9, 12, 15, 18, 21- Heptaoxatricosane- 1, 23-diol (化學名)；見 Polyethylene glycol. 用途：1. 保濕劑 2. 溶劑.

PEG-8 beeswax 聚乙二醇-8 蜂蠟；見 Polyethylene glycol. 用途：乳化劑.

PEG-8 behenate 聚乙二醇-8 二十二酸酯, 亦稱山葍酸酯；見 Polyethylene glycol. 用途：乳化劑.

PEG-8 C$_{12-18}$ ester 聚乙二醇-8 十二碳～十八碳酯；見 Polyethylene glycol. 用途：乳化劑.

PEG-8 caprate 聚乙二醇-8 癸酸酯；見 Polyethylene glycol. 用途：乳化劑.

PEG-8 caprylate 聚乙二醇-8 辛酸酯；見 Polyethylene glycol. 用途：乳化劑.

PEG-8 caprylate/caprate 聚乙二醇-8 辛酸酯/癸酸酯；見 Polyethylene glycol. 用途：乳化劑.

PEG-8 caprylic/capric glycerides 聚乙二醇-8 辛酸/癸酸甘油酯；見 Polyethylene glycol. 用途：乳化劑.

PEG-8 castor oil 聚乙二醇-8 蓖麻油；見 PEG-2 castor oil. 用途：1. 乳化劑 2. 界面活性劑.

PEG-8 cocamide 聚乙二醇-8 椰醯胺；見 PEG-3 cocamide. 用途：乳化劑.

PEG-8 cocamine 聚乙二醇-8 椰胺；見 PEG-2 cocamine. 用途：乳化劑.

PEG-8 cocoate 聚乙二醇-8 椰酸酯；見 PEG-5 cocoate. 用途：乳化劑.

PEG-8 dicocoate 聚乙二醇-8 二椰酸酯；見 Polyethylene glycol. 用途：乳化劑.

PEG-8 diisostearate 聚乙二醇-8 二異硬脂酸酯；見 Polyethylene glycol. 用途：乳化劑.

PEG-8 dilaurate 聚乙二醇-8 二月桂酸酯；一種聚合物. 見 Polyethylene glycol. 用途：乳化劑.

PEG-8 dioleate 聚乙二醇-8 二油酸酯；一種聚合物. 見 Polyethylene glycol. 用途：乳化劑.

PEG-8 distearate 聚乙二醇-8 二硬脂酸酯；一種聚合物. 見 Polyethylene glycol. 用途：乳化劑.

PEG-8 ditallate 聚乙二醇-8 二妥爾油酯；來自妥爾油脂肪酸與聚乙二醇結合的酯化合物. 見 Polyethylene glycol. 用途：乳化劑.

PEG-8 di/triricinoleate 聚乙二醇-8 二/三順蓖麻酸酯；見 Polyethylene glycol. 用途：乳化劑.

PEG-8 glyceryl laurate 聚乙二醇-8 月桂酸甘油酯, 亦稱聚乙二醇-8 甘油基月桂酸酯；一種聚合物. 見 Polyethylene glycol. 用途：乳化劑.

PEG-8 glyceryl stearate 聚乙二醇-8 硬脂酸甘油酯, 亦稱聚乙二醇-8 甘油基硬脂酸酯；見 Polyethylene glycol. 用途：1. 乳化劑 2. 界面活性劑.

PEG-8 hydrogenated castor oil 聚乙二醇-8 氫化蓖麻油；見 Polyethylene glycol. 用途：乳化劑.

PEG-8 hydrogenated fish glycerides 聚乙二醇-8 氫化魚甘油酯；見 Polyethylene glycol. 用途：1. 乳化劑 2. 柔軟劑.

PEG-8 hydrogenated lanolin 聚乙二醇-8 氫化羊毛脂；見 Polyethylene glycol. 用途：1. 乳化劑 2. 柔軟劑.

PEG-8 hydrogenated tallow amine 聚乙二醇-8 氫化脂胺；一種乙氧化的動物脂胺類化合物. 見 Polyethylene glycol. 用途：乳化劑.

PEG-8 isolauryl thioether 聚乙二醇-8 異月桂硫醚；見 Polyethylene glycol. 用途：乳化劑.

PEG-8 isostearate 聚乙二醇-8 異硬脂酸酯；見 Polyethylene glycol. 用途：乳

化劑.

PEG-8 lanolate 聚乙二醇-8 羊毛脂酸酯；見 PEG-5 lanolate. 用途：乳化劑.

PEG-8 lanolin 聚乙二醇-8 羊毛脂；見 PEG-5 lanolin. 用途：乳化劑.

PEG-8 laurate 聚乙二醇-8 月桂酸酯；見 Polyethylene glycol. 注意事項：見 PEG-2 laurate. 用途：1. 乳化劑 2. 界面活性劑.

PEG-8 linoleate 聚乙二醇-8 亞油酸酯；見 Polyethylene glycol. 用途：柔軟劑.

PEG-8 linolenate 聚乙二醇-8 亞麻酸酯；見 Polyethylene glycol. 用途：柔軟劑.

PEG-8 myristate 聚乙二醇-8 肉豆蔻酸酯；見 Polyethylene glycol. 用途：乳化劑.

PEG-8 oleate 聚乙二醇-8 油酸酯；廣泛用在洗髮產品. 見 Polyethylene glycol. 用途：乳化劑.

PEG-8 palmitoyl methyl diethonium methosulfate 聚乙二醇-8 棕櫚醯甲二乙銨；四級銨化物. 見 Polyethylene glycol. 用途：抗靜電劑.

PEG-8 propylene glycol cocoate 聚乙二醇-8 丙二醇椰酸酯；一種乙氧化的椰子脂肪酸化合物. 見 Polyethylene glycol. 用途：1. 乳化劑 2. 界面活性劑.

PEG-8 ricinoleate 聚乙二醇-8 順蓖麻酸酯；見 Polyethylene glycol. 用途：界面活性劑.

PEG-8 sesquilaurate 聚乙二醇-8 倍半月桂酸酯；見 Polyethylene glycol. 用途：乳化劑.

PEG-8 sesquioleate 聚乙二醇-8 倍半油酸酯；見 Polyethylene glycol. 用途：乳化劑.

PEG-8/SMDI copolymer 聚乙二醇-8/飽和亞甲基聯異硫酸鹽共聚物；SMDI 為 Saturated methylene diisothionate 之縮寫. 見 Polyethylene glycol. 用

途:成膜劑.

PEG-8 sorbitan beeswax　聚乙二醇-8 脫水山梨(糖)醇蜂蠟;見 Polyethylene glycol. 用途: 1. 乳化劑　2. 界面活性劑.

PEG sorbitan esters　見 Sorbitan esters.

PEG-8 soyamine　聚乙二醇-8 大豆胺;一種乙氧化大豆衍生物的胺類化合物.見 Polyethylene glycol. 用途: 1. 乳化劑　2. 界面活性劑.

PEG-8 stearate　聚乙二醇-8 硬脂酸酯;一種聚合物. 見 Polyethylene glycol. 用途: 1. 乳化劑　2. 界面活性劑　3. 保濕劑.

PEG-8 tallate　聚乙二醇-8 妥爾油酯;見 PEG-4 tallate. 用途:乳化劑.

PEG-8 tallow amide　聚乙二醇-8 脂醯胺;一種乙氧化與氫化的動物脂醯胺化合物. 見 Polyethylene glycol. 用途:乳化劑.

PEG-8 tallow amine　聚乙二醇-8 脂胺;見 PEG-2 tallow amine. 用途:乳化劑.

PEG-8 undecylenate　聚乙二醇-8 十一 (碳) 烯酸酯;見 Polyethylene glycol. 用途:乳化劑.

PEG-9　聚乙二醇-9;一種聚合物. 見 Polyethylene glycol. 用途: 1. 保濕劑　2. 溶劑.

PEG-9 castor oil　聚乙二醇-9 蓖麻油;見 PEG-2 castor oil. 用途: 1. 乳化劑　2. 界面活性劑.

PEG-9 cocamide　聚乙二醇-9 椰醯胺;見 PEG-3 cocamide. 用途:乳化劑.

PEG-9 cocamine　聚乙二醇-9 椰胺;見 PEG-2 cocamine. 用途:乳化劑.

PEG-9 cocoate　聚乙二醇-9 椰酸酯;見 PEG-5 cocoate. 用途:乳化劑.

PEG-9 diethylmonium chloride　聚乙二醇-9 二乙基氯銨;一種胺鹽(見 Polyethylene glycol 與 Quaternary ammonium compounds). 用途:乳化劑.

PEG-9 distearate　聚乙二醇-9 二硬脂酸酯;一種聚合物. 見 Polyethylene

glycol. 用途：乳化劑.

PEG-9 laurate　聚乙二醇-9 月桂酸酯；見 Polyethylene glycol. 注意事項：見 PEG-2 laurate. 用途：乳化劑.

PEG-9M　聚乙二醇-9M；一種聚合物. 見 Polyethylene glycol. 用途：1. 結合劑 2. 乳劑安定劑 3. 增稠劑.

PEG-9 oleamide　聚乙二醇-9 油酸醯胺；見 Polyethylene glycol. 用途：乳化劑.

PEG-9 oleate　聚乙二醇-9 油酸酯；見 Polyethylene glycol. 用途：1. 乳化劑 2. 乳劑穩定劑.

PEG-9 ricinoleate　聚乙二醇-9 順蓖麻酸酯；見 Polyethylene glycol. 用途：界面活性劑.

PEG-9 stearamide carboxylic acid　聚乙二醇-9 硬脂醯胺羧酸；見 Polyethylene glycol. 用途：乳化劑.

PEG-9 stearate　聚乙二醇-9 硬脂酸酯, 亦稱 26- Hydroxy- 3, 6, 9, 12, 15, 18, 21, 24- octaoxahexacos- 1- yl stearate (化學名)；廣泛用於洗髮產品. 見 Polyethylene glycol. 用途：乳化劑.

PEG-10　聚乙二醇-10；見 Polyethylene glycol. 用途：1. 保濕劑 2. 增稠劑.

PEG-10 castor oil　聚乙二醇-10 蓖麻油；見 PEG-2 castor oil. 用途：1. 乳化劑 2. 界面活性劑.

PEG-10 cocamine　聚乙二醇-10 椰子胺；見 PEG-2 cocamine. 用途：1. 乳化劑 2. 界面活性劑.

PEG-10 cocoate　聚乙二醇-10 椰酸酯；見 PEG-5 cocoate. 用途：乳化劑.

PEG-10 coco-benzonium chloride　聚乙二醇-10 椰氯苯銨；見 Polyethylene glycol. 用途：1. 抗靜電劑 2. 界面活性劑.

PEG-10 coconut oil esters　聚乙二醇-10 椰子油酯；見 Polyethylene glycol. 用

途: 1. 抗靜電劑 2. 柔軟劑.

PEG-10 dioleate 聚乙二醇-10 二油酸酯; 見 Polyethylene glycol. 用途: 乳化劑.

PEG-10 glyceryl oleate 聚乙二醇-10 油酸甘油酯, 亦稱聚乙二醇-10 甘油基油酸酯; 見 Polyethylene glycol. 用途: 乳化劑.

PEG-10 glyceryl PIBSA tallate 聚乙二醇-10 甘油基 PIBSA 妥爾油酯, 亦稱聚乙二醇-10 甘油基聚異丁烯基琥珀酸酐妥爾油酯; PIBSA 是 Polyisobutenyl succinic anhydride 之縮寫. 見 Polyethylene glycol. 用途: 乳化劑.

PEG-10 glyceryl stearate 聚乙二醇-10 硬脂酸甘油酯, 亦稱聚乙二醇-10 甘油基硬脂酸酯; 見 Polyethylene glycol. 用途: 乳化劑.

PEG-10 hydrogenated lanolin 聚乙二醇-10 氫化羊毛脂; 一種乙氧化與氫化的羊毛脂. 見 Polyethylene glycol. 用途: 1. 乳化劑 2. 柔軟劑.

PEG-10 hydrogenated tallow amine 聚乙二醇-10 氫化脂胺; 一種乙氧化動物脂衍生物之胺類化合物. 見 Polyethylene glycol. 用途: 乳化劑.

PEG-10 isolauryl thioether 聚乙二醇-10 異月桂硫醚; 見 Polyethylene glycol. 用途: 乳化劑.

PEG-10 isostearate 聚乙二醇-10 異硬脂酸酯; 見 Polyethylene glycol. 用途: 1. 乳化劑 2. 表面活性劑.

PEG-10 lanolate 聚乙二醇-10 羊毛脂酸酯; 見 PEG-5 lanolate. 用途: 乳化劑.

PEG-10 lanolin 聚乙二醇-10 羊毛脂; 見 PEG-5 lanolin. 用途: 1. 乳化劑 2. 柔軟劑.

PEG-10 laurate 聚乙二醇-10 月桂酸酯; 見 Polyethylene glycol. 注意事項: 見 PEG-2 laurate. 用途: 乳化劑.

PEG-10 oleate 聚乙二醇-10 油酸酯; 廣泛用於洗髮產品. 見 Polyethylene

glycol. 用途：乳化劑.

PEG-10 olive glycerides 聚乙二醇-10 橄欖甘油酯；見 Polyethylene glycol. 用途：乳化劑.

PEG-10 polyglyceryl-2 laurate 聚乙二醇-10 聚甘油基-2 月桂酸酯；見 Polyethylene glycol. 注意事項：見 PEG-2 laurate. 用途：柔軟劑.

PEG-10 propylene glycol 聚乙二醇-10 丙二醇；見 Polyethylene glycol. 用途：保濕劑.

PEG-10 sorbitan laurate 聚乙二醇-10 脫水山梨(糖)醇月桂酸酯；一種脫水山梨(糖)醇酯乙氧基化衍生物（見 Polyethylene glycol 與 Sorbitan esters). 注意事項：見 PEG-2 laurate. 用途：1. 乳化劑 2. 助溶劑.

PEG-10 soyamine 聚乙二醇-10 大豆胺；一種乙氧化大豆衍生物的胺類化合物. 見 Polyethylene glycol. 用途：1. 乳化劑 2. 界面活性劑.

PEG-10 soya sterol 聚乙二醇-10 大豆固醇；見 PEG-5 soya sterol. 用途：1. 乳化劑 2. 柔軟劑 3. 乳劑穩定劑 4. 增稠劑.

PEG-10 stearamine 聚乙二醇-10 硬脂胺；見 Polyethylene glycol. 用途：1. 乳化劑 2. 抗靜電劑.

PEG-10 stearate 聚乙二醇-10 硬脂酸酯；見 Polyethylene glycol. 用途：1. 乳化劑 2. 界面活性劑.

PEG-10 stearyl benzonium chloride 聚乙二醇-10 硬脂氯苯銨；一種胺鹽之陽離子界面活性劑（見 Polyethylene glycol 與 Quaternary ammonium compounds). 用途：1. 抗靜電劑 2. 表面活性劑.

PEG-10 tallate 聚乙二醇-10 妥爾油酯；見 PEG-4 tallate. 用途：乳化劑.

PEG-10 tallow aminopropylamine 聚乙二醇-10 脂胺基丙胺；見 PEG-2 tallow amine. 用途：乳化劑.

PEG-11 avocado glycerides 聚乙二醇-11 酪梨甘油酯；見 Polyethylene

glycol. 用途:乳化劑.

PEG-11 babassu glycerides 聚乙二醇-11 巴巴樹油甘油酯;見 Polyethylene glycol. 用途:乳化劑.

PEG-11 castor oil 聚乙二醇-11 蓖麻油;見 PEG-2 castor oil. 用途：1. 柔軟劑 2. 乳化劑.

PEG-11 cocamide 聚乙二醇-11 椰醯胺;見 PEG-3 cocamide. 用途：1. 乳化劑 2. 界面活性劑.

PEG-11 oleate 聚乙二醇-11 油酸酯;廣泛用於洗髮產品. 見 Polyethylene glycol. 用途:乳化劑.

PEG-11 tallow amine 聚乙二醇-11 脂胺;見 PEG-2 tallow amine. 用途:乳化劑.

PEG-12 聚乙二醇-12;化學名.3, 6, 9, 12, 15, 18, 21, 24, 27, 30, 33, - Undecaoxapentatriacontane- 1, 35- diol. 見 Polyethylene glycol. 用途：1. 保濕劑 2. 溶劑.

PEG-12 beeswax 聚乙二醇-12 蜂蠟;見 Polyethylene glycol. 用途:乳化劑.

PEG-12 dilaurate 聚乙二醇-12 二月桂酸酯;見 Polyethylene glycol. 用途:乳化劑.

PEG-12 dioleate 聚乙二醇-12 二油酸酯;見 Polyethylene glycol. 用途:乳化劑.

PEG-12 distearate 聚乙二醇-12 二硬脂酸酯;見 Polyethylene glycol. 用途:乳化劑.

PEG-12 ditallate 聚乙二醇-12 二妥爾油酯;一種妥爾油脂肪酸與聚乙二醇結合的酯化合物. 見 Polyethylene glycol. 用途:乳化劑.

PEG-12 glyceryl dioleate 聚乙二醇-12 二油酸甘油酯,亦稱聚乙二醇-12 甘油基二油酸酯;見 Polyethylene glycol. 用途:乳化劑.

PEG-12 glyceryl laurate 聚乙二醇-12 月桂酸甘油酯,亦稱聚乙二醇-12 甘油基月桂酸酯;一種聚合物. 見 Polyethylene Glycol. 用途:乳化劑.

PEG-12 isostearate 聚乙二醇-12 異硬脂酸酯;見 Polyethylene glycol. 用途:乳化劑.

PEG-12 laurate 聚乙二醇-12 月桂酸酯;見 Polyethylene glycol. 注意事項:過敏原. 用途: 1. 乳化劑 2. 清潔劑.

PEG-12 oleate 聚乙二醇-12 油酸酯;廣泛用於洗髮精. 見 Polyethylene glycol. 用途: 1. 乳化劑 2. 清潔劑.

PEG-12 palm kernel glycerides 聚乙二醇-12 棕櫚仁甘油酯;見 Polyethylene glycol. 用途:乳化劑.

PEG-12 stearate 聚乙二醇-12 硬脂酸酯;見 Polyethylene glycol. 用途:乳化劑.

PEG-12 tallate 聚乙二醇-12 妥爾油酯;見 PEG-4 tallate. 用途:乳化劑.

PEG-13 diphenylol propane 聚乙二醇-13 二苯醯丙烷;見 Polyethylene glycol. 用途:乳化劑.

PEG-13 hydrogenated tallow amide 聚乙二醇-13 氫化脂醯胺;見 Polyethylene glycol. 用途:乳化劑.

PEG-13 mink glycerides 聚乙二醇-13 貂甘油酯;見 Polyethylene glycol. 用途:乳化劑.

PEG-13 octanoate 聚乙二醇-13 辛酸酯;見 Polyethylene glycol. 用途:乳化劑.

PEG-14 聚乙二醇-14;見 Polyethylene glycol. 用途: 1. 保濕劑 2. 溶劑.

PEG-14 avocado glycerides 聚乙二醇-14 酪梨甘油酯;見 Polyethylene glycol. 用途:乳化劑.

PEG-14 laurate 聚乙二醇-14 月桂酸酯;見 Polyethylene glycol. 注意事項:見

PEG-2 laurate. 用途：乳化劑.

PEG-14M 聚乙二醇-14M；見 Polyethylene glycol. 用途： 1. 結合劑 2. 乳劑安定劑 3. 增稠劑.

PEG-14 oleate 聚乙二醇-14 油酸酯；廣泛用於洗髮精. 見 Polyethylene glycol. 用途： 1. 乳化劑 2. 清潔劑.

PEG-14 stearate 聚乙二醇-14 硬脂酸酯；見 Polyethylene glycol. 用途：乳化劑.

PEG-14 tallate 聚乙二醇-14 妥爾油酯；見 PEG-4 tallate. 用途：乳化劑.

PEG-15 butanediol 聚乙二醇-15 丁二醇；見 Polyethylene glycol. 用途：乳化劑.

PEG-15 castor oil 聚乙二醇-15 蓖麻油；見 PEG-2 castor oil. 用途： 1. 乳化劑 2. 界面活性劑.

PEG-15 cocamine 聚乙二醇-15 椰胺；一種乙氧化椰子衍生物胺類化合物. 見 Polyethylene glycol. 用途： 1. 乳化劑 2. 表面活性劑.

PEG-15 cocamine oleate/phosphate 聚乙二醇-15 椰胺油酸酯/磷酸酯；見 Polyethylene glycol. 用途：乳化劑.

PEG-15 cocoate 聚乙二醇-15 椰子酸酯；見 PEG-5 cocoate. 用途：乳化劑.

PEG-15 cocomonium chloride 聚乙二醇-15 椰氯化銨；一種銨鹽（見 Polyethylene glycol 與 Quaternary ammonium compounds）. 用途： 1. 乳化劑 2. 表面活性劑 3. 抗靜電劑.

PEG-15 cocopolyamine 聚乙二醇-15 椰聚胺；見 Polyethylene glycol. 用途： 1. 乳化劑 2. 抗靜電劑.

PEG-15 DEDM hydantoin 聚乙二醇-15 DEDM 乙內醯脲，亦稱聚乙二醇-15 二羥乙基二甲基乙內醯脲；DEDM 為 Diethylol Dimethyl 之縮寫. 見 Polyethylene glycol. 用途：抗微生物劑.

PEG-15 DEDM hydantoin stearate 聚乙二醇-15 DEDM 乙內醯脲硬脂酸酯,亦稱聚乙二醇-15 二羥乙基二甲基乙內醯脲硬脂酸酯;見 PEG-15 DEDM hydantoin. 用途:抗微生物劑.

PEG-15 glyceryl isostearate 聚乙二醇-15 異硬脂酸甘油酯,亦稱聚乙二醇-15 甘油基異硬脂酸酯;見 Polyethylene glycol. 用途:乳化劑.

PEG-15 glyceryl laurate 聚乙二醇-15 月桂酸甘油酯,亦稱聚乙二醇 15 甘油基月桂酸酯;見 Polyethylene glycol. 用途:乳化劑.

PEG-15 glyceryl oleate 聚乙二醇-15 油酸甘油酯,亦稱聚乙二醇-15 甘油基油酸酯;見 Polyethylene glycol. 用途:乳化劑.

PEG-15 glyceryl ricinoleate 聚乙二醇-15 順蓖麻酸甘油酯,亦稱聚乙二醇-15 甘油基順蓖麻酸酯;一種聚合物. 見 Polyethylene glycol. 用途:乳化劑.

PEG-15 hydrogenated tallow amine 聚乙二醇-15 氫化脂胺;一種乙氧化動物脂衍生物之胺類化合物. 見 Polyethylene glycol. 用途:1. 乳化劑 2. 界面活性劑.

PEG-15 hydroxystearate 聚乙二醇-15 羥基硬脂酸酯;見 Polyethylene glycol. 用途:乳化劑.

PEG-15 jojoba acid 聚乙二醇-15 荷荷芭酸;見 Polyethylene glycol. 用途:乳化劑.

PEG-15 jojoba alcohol 聚乙二醇-15 荷荷芭醇;見 Polyethylene glycol. 用途:乳化劑.

PEG-15 lanolate 聚乙二醇-15 羊毛脂酸酯;見 PEG-5 lanolate. 用途:乳化劑.

PEG-15 oleamine 聚乙二醇-15 油酸胺. 用途:乳化劑.

PEG-15 oleammonium chloride 聚乙二醇-15 油酸氯化銨;一種銨鹽之陽離子界面活性劑（見 Polyethylene glycol 與 Quaternary ammonium compounds). 用途:1. 抗靜電劑 2. 表面活性劑.

PEG-15 oleate 聚乙二醇-15 油酸酯;廣泛用於洗髮精. 見 Polyethylene glycol. 用途:乳化劑.

PEG-15 soyamine 聚乙二醇-15 大豆胺;一種乙氧化大豆衍生物之胺類化合物. 見 Polyethylene glycol. 用途: 1. 乳化劑 2. 界面活性劑.

PEG-15 stearamine 聚乙二醇-15 硬脂胺;見 Polyethylene glycol. 用途: 1. 乳化劑 2. 抗靜電劑.

PEG-15 stearmonium chloride 聚乙二醇 15 硬脂氯化銨;四級胺化合物之陽離子界面活性劑. 見 Polyethylene glycol 與 Quaternary ammonium compounds. 用途: 1. 抗靜電劑 2. 界面活性劑.

PEG-15 tallow aminopropylamine 聚乙二醇-15 脂胺基丙胺;一種乙氧化動物脂衍生物之胺類化合物. 見 Polyethylene glycol. 用途:乳化劑.

PEG-15 tallow polyamine 聚乙二醇-15 脂聚胺;見 PEG-2 tallow amine. 用途: 1. 乳化劑 2. 抗靜電劑.

PEG-16 聚乙二醇-16;一種聚合物. 見 Polyethylene glycol. 用途: 1. 保濕劑 2. 溶劑.

PEG-16 hydrogenated castor oil 聚乙二醇-16 氫化蓖麻油;一種乙氧化與氫化的蓖麻油. 見 Polyethylene glycol. 用途: 1. 乳化劑 2. 界面活性劑.

PEG-16 macadamia glycerides 聚乙二醇-16 馬卡達米亞甘油酯;來自馬卡達米亞果核油（Macadamia nut oil）之甘油酯經乙氧基化處理合成. 見 Polyethylene glycol. 用途:柔軟劑.

PEG-16 oleate 聚乙二醇-16 油酸酯;廣泛用於洗髮精. 見 Polyethylene glycol. 用途: 1. 乳化劑 2. 製造洗髮精.

PEG-16 soya sterol 聚乙二醇-16 大豆固醇;見 Polyethylene glycol. 用途:乳化劑.

PEG-16 tallate 聚乙二醇-16 妥爾油酯;見 PEG-4 tallate. 用途:乳化劑.

PEG-18 聚乙二醇-18;一種聚合物. 見 Polyethylene glycol. 用途: 1. 保濕劑 2. 溶劑.

PEG-18 castor oil dioleate 聚乙二醇-18 蓖麻油二油酸酯;見 Polyethylene glycol. 用途: 1. 乳化劑 2. 增稠劑.

PEG-18 glyceryl oleate/cocoate 聚乙二醇-18 油酸甘油酯/椰子酸酯;見 Polyethylene glycol. 用途:乳化劑.

PEG-18 palmitate 聚乙二醇-18 棕櫚酸酯;見 Polyethylene glycol. 用途:乳化劑.

PEG-18 stearate 聚乙二醇-18 硬脂酸酯;見 Polyethylene glycol. 用途:乳化劑.

PEG-20 聚乙二醇-20, 亦稱 Macrogol 1000;見 Polyethylene glycol. 用途: 1. 保濕劑 2. 溶劑.

PEG-20 almond glycerides 聚乙二醇-20 杏仁甘油酯;見 Polyethylene glycol. 用途:乳化劑.

PEG-20 beeswax 聚乙二醇-20 蜂蠟;見 Polyethylene glycol. 用途:乳化劑.

PEG-20 castor oil 聚乙二醇-20 蓖麻油;見 PEG-2 castor oil. 用途: 1. 乳化劑 2. 表面活性劑.

PEG-20 cocamide 聚乙二醇-20 椰醯胺;見 PEG-3 cocamide. 用途:乳化劑.

PEG-20 cocamine 聚乙二醇-20 椰子胺;見 PEG-2 cocamine. 用途: 1. 乳化劑 2. 界面活性劑.

PEG-20 corn glycerides 聚乙二醇-20 玉米甘油酯;見 Polyethylene glycol. 用途:乳化劑.

PEG-20 dilaurate 聚乙二醇-20 二月桂酸酯;見 Polyethylene glycol. 用途:乳化劑.

PEG-20 dioleate 聚乙二醇-20 二油酸酯;見 Polyethylene glycol. 用途:乳化

劑.

PEG-20 distearate 聚乙二醇-20 二硬脂酸酯；見 Polyethylene glycol. 用途：
乳化劑.

PEG-20 evening primrose glycerides 聚乙二醇-20 月見草甘油酯；見
Polyethylene glycol. 用途：乳化劑.

PEG-20 glyceryl isostearate 聚乙二醇-20 異硬脂酸甘油酯, 亦稱聚乙二醇-
20 甘油基異硬脂酸酯；見 Polyethylene glycol. 用途：界面活性劑.

PEG-20 glyceryl laurate 聚乙二醇-20 月桂酸甘油酯, 亦稱聚乙二醇-20 甘油
基月桂酸酯；一種聚合物. 見 Polyethylene glycol. 用途：乳化劑.

PEG-20 glyceryl oleate 聚乙二醇-20 油酸甘油酯, 亦稱聚乙二醇-20 甘油基
油酸酯；一種聚合物. 見 Polyethylene glycol. 用途：乳化劑.

PEG-20 glyceryl ricinoleate 聚乙二醇-20 順蓖麻酸甘油酯, 亦稱聚乙二醇-
20 甘油基順蓖麻酸酯；見 Polyethylene glycol. 用途：乳化劑.

PEG-20 glyceryl stearate 聚乙二醇-20 硬脂酸甘油酯, 亦稱聚乙二醇-20 甘
油基硬脂酸酯；見 Polyethylene glycol. 用途：乳化劑.

PEG-20 hydrogenated castor oil 聚乙二醇-20 氫化蓖麻油；一種乙氧化與氫
化的蓖麻油. 見 Polyethylene glycol. 用途：1. 乳化劑 2. 界面活性劑.

PEG-20 hydrogenated lanolin 聚乙二醇-20 氫化羊毛脂；一種乙氧化與氫化
的羊毛脂. 見 Polyethylene glycol. 用途：1. 乳化劑 2. 柔軟劑.

PEG-20 hydrogenated palm oil glycerides 聚乙二醇-20 氫化棕櫚油甘油酯；
見 Polyethylene glycol. 用途：乳化劑.

PEG-20 hydrogenated tallow amine 聚乙二醇-20 氫化脂胺；一種乙氧化動
物脂衍生物之胺類化合物. 見 Polyethylene glycol. 用途：1. 乳化劑 2. 界面活
性劑.

PEG-20 lanolate 聚乙二醇-20 羊毛脂酸酯；見 PEG-5 lanolate. 用途：乳化

劑.

PEG-20 lanolin 聚乙二醇-20 羊毛脂;見 PEG-5 lanolin. 用途:乳化劑.

PEG-20 laurate 聚乙二醇-20 月桂酸酯;見 Polyethylene glycol. 注意事項:見 PEG-2 laurate. 用途: 1. 乳化劑 2. 界面活性劑 3. 清潔劑.

PEG-20M 聚乙二醇-20M;見 Polyethylene glycol. 用途: 1. 結合劑 2. 乳劑 安定劑 3. 增稠劑.

PEG-20 mannitan laurate 聚乙二醇-20 甘露月桂酸酯;見 Polyethylene glycol. 用途:乳化劑.

PEG-20 methyl glucose distearate 聚乙二醇-20 甲基葡萄糖二硬脂酸酯;見 Polyethylene glycol. 用途:1. 柔軟劑 2. 乳化劑.

PEG-20 methyl glucose sesquicaprylate/sesquicaprate 聚乙二醇-20 甲基葡 萄糖倍半辛酸酯/倍半癸酸酯;見 Polyethylene glycol. 用途:乳化劑.

PEG-20 methyl glucose sesquilaurate 聚乙二醇-20 甲基葡萄糖倍半月桂酸 酯;見 Polyethylene glycol. 用途:乳化劑.

PEG-20 methyl glucose sesquistearate 聚乙二醇-20 甲基葡萄糖倍半硬脂酸 酯;見 Polyethylene glycol. 用途:乳化劑.

PEG-20 myristate 聚乙二醇-20 肉豆蔻酸酯;見 Polyethylene glycol. 用途: 1. 乳化劑 2. 表面活性劑.

PEG-20 oleate 聚乙二醇-20 油酸酯;廣泛用於洗髮精. 見 Polyethylene glycol. 用途: 1. 乳化劑 2. 界面活性劑.

PEG-20 palmitate 聚乙二醇-20 棕櫚酸酯;見 Polyethylene glycol. 用途: 1. 乳化劑 2. 界面活性劑.

PEG-20-PPG-10 glyceryl stearate 聚乙二醇-20 聚丙二醇-10 硬脂酸甘油酯; 見 Polyethylene glycol. 用途:乳化劑.

PEG-20 sorbitan beeswax 聚乙二醇-20 脫水山梨(糖)醇蜂蠟, 亦稱 G1726;

見 Polyethylene glycol. 用途：1. 乳化劑　2. 界面活性劑.

PEG-20 sorbitan cocoate　聚乙二醇-20 脫水山梨(糖)醇椰子酸酯；見
Polyethylene glycol. 用途：乳化劑.

PEG-20 sorbitan isostearate　聚乙二醇-20 脫水山梨(糖)醇異硬脂酸酯；一種
脫水山梨(糖)醇酯之乙氧基化衍生物 (即脫水山梨(糖)醇酯與 PEG 附加聚
合衍生物). 見 Polyethylene glycol 與 Sorbitan esters. 用途：1. 乳化劑　2. 界面
活性劑.

PEG-20 stearate　聚乙二醇-20 硬脂酸酯；見 Polyethylene glycol. 用途：1. 乳
化劑　2. 界面活性劑　3. 保濕劑.

PEG-20 tallate　聚乙二醇-20 妥爾油酯；見 PEG-4 tallate. 用途：1. 乳化劑　2.
界面活性劑.

PEG-20 tallow ammonium ethosulfate　聚乙二醇-20 脂乙硫酸銨；見 PEG-2
tallow amine. 用途：抗靜電劑.

PEG-20 tallowate　聚乙二醇-20 脂酸酯；一種乙氧化動物脂肪酸, 見
Polyethylene glycol. 用途：乳化劑.

PEG-22/dodecyl glycol copolymer　聚乙二醇-22/十二烷基二醇共聚物, 亦稱
聚乙二醇-22/月桂二醇共聚物；一種聚合物. 見 Polyethylene glycol. 用途：乳
化劑.

PEG-23 glyceryl laurate　聚乙二醇-23 月桂酸甘油酯、亦稱聚乙二醇-23 甘油
基月桂酸酯；見 Polyethylene glycol. 用途：乳化劑.

PEG-23M　聚乙二醇-23M；一種聚合物. 見 Polyethylene glycol. 用途：1. 結
合劑　2. 乳劑安定劑　3. 增稠劑.

PEG-23 oleate　聚乙二醇-23 油酸酯；廣泛用於洗髮精. 見 Polyethylene
glycol. 用途：1. 乳化劑　2. 界面活性劑.

PEG-23 stearate　聚乙二醇-23 硬脂酸酯；見 Polyethylene glycol. 用途：乳化
劑.

PEG-24 hydrogenated lanolin 聚乙二醇-24 羊毛脂；一種乙氧化與氫化的羊毛脂. 見 Polyethylene glycol. 用途：乳化劑.

PEG-24 lanolin 聚乙二醇-24 羊毛脂；一種乙氧化羊毛脂. 見 Polyethylene glycol. 用途：乳化劑.

PEG-25 castor oil 聚乙二醇-25 蓖麻油；見 PEG-2 castor oil. 用途： 1. 乳化劑 2. 表面活性劑.

PEG-25 diethylmonium chloride 聚乙二醇-25 二乙基氯化銨；見 Polyethylene glycol. 用途： 1. 界面活性劑 2. 抗靜電劑.

PEG-25 glyceryl oleate 聚乙二醇-25 油酸甘油酯, 亦稱聚乙二醇-25 甘油基油酸酯；見 Polyethylene glycol. 用途：乳化劑.

PEG-25 glyceryl stearate 聚乙二醇-25 硬脂酸甘油酯, 亦稱聚乙二醇-25 甘油基硬脂酸酯；見 Polyethylene glycol. 用途： 1. 乳化劑 2. 界面活性劑.

PEG-25 glyceryl trioleate 聚乙二醇-25 三油酸甘油酯, 亦稱聚乙二醇 25 甘油基三油酸酯；見 Polyethylene glycol. 用途：乳化劑.

PEG-25 hydrogenated castor oil 聚乙二醇-25 氫化蓖麻油；一種乙氧化與氫化的蓖麻油. 見 Polyethylene glycol. 用途： 1. 乳化劑 2. 界面活性劑.

PEG-25M 聚乙二醇-25M；見 Polyethylene glycol. 用途：保濕劑.

PEG-25 PABA 聚乙二醇-25；PABA 與聚乙二醇結合之酯類化合物, 但在國內非合法之防曬劑. 見 Polyethylene glycol. 用途：防曬劑.

PEG-25 phytosterol 聚乙二醇-25 植物脂醇；泛指植物分離出來的固醇物, 經乙氧基化處理合成物. 見 Polyethylene glycol. 用途：乳化劑.

PEG-25 propylene glycol stearate 聚乙二醇-25 丙二醇硬脂酸酯；見 Polyethylene glycol. 用途：乳化劑.

PEG-25 soya sterol 聚乙二醇-25 大豆固醇；見 Polyethylene glycol. 用途：乳化劑.

PEG-25 stearate 聚乙二醇-25 硬脂酸酯；見 Polyethylene glycol. 用途：乳化劑.

PEG-26 castor oil 聚乙二醇-26 蓖麻油；見 PEG-2 castor oil. 用途：乳化劑.

PEG-26 jojoba acid 聚乙二醇-26 荷荷芭酸；見 Polyethylene glycol. 用途：乳化劑.

PEG-26 jojoba alcohol 聚乙二醇-26 荷荷芭醇；見 Polyethylene glycol. 用途：乳化劑.

PEG-27 lanolin 聚乙二醇-27 羊毛脂；見 PEG-5 lanolin. 用途：乳化劑.

PEG-28 glyceryl tallowate 聚乙二醇-28 甘油基脂肪酸酯；乙氧化與氫化的動物脂單雙甘油酯類. 見 Polyethylene glycol. 用途：1. 乳化劑 2. 界面活性劑.

PEG-29 castor oil 聚乙二醇-29 蓖麻油；見 PEG-2 castor oil. 用途：1. 乳化劑 2. 界面活性劑.

PEG-30 castor oil 聚乙二醇-30 蓖麻油；見 PEG-2 castor oil. 用途：1. 乳化劑 2. 界面活性劑 3. 柔軟劑 4. 溶劑.

PEG-30 dipolyhydroxystearate 聚乙二醇-30 二聚羥硬脂酸酯；見 Polyethylene glycol. 用途：乳化劑.

PEG-30 glyceryl cocoate 聚乙二醇-30 椰酸甘油酯, 亦稱聚乙二醇-30 甘油基椰酸酯；乙氧化的椰子單雙甘油酯類. 見 Polyethylene glycol. 用途：1. 乳化劑 2. 界面活性劑.

PEG-30 glyceryl isostearate 聚乙二醇-30 異硬脂酸甘油酯, 亦稱聚乙二醇-30 甘油基異硬脂酸酯；見 Polyethylene glycol. 用途：界面活性劑.

PEG-30 glyceryl laurate 聚乙二醇-30 月桂酸甘油酯, 亦稱聚乙二醇-30 甘油基月桂酸酯；見 Polyethylene glycol. 用途：乳化劑.

PEG-30 glyceryl oleate 聚乙二醇-30 油酸甘油酯, 亦稱聚乙二醇-30 甘油基油酸酯；見 Polyethylene glycol. 用途：1. 乳化劑 2. 界面活性劑.

PEG-30 glyceryl stearate 聚乙二醇-30 硬脂酸甘油酯, 亦稱聚乙二醇-30 甘油基硬脂酸酯；見 Polyethylene glycol. 用途：1. 乳化劑 2. 界面活性劑.

PEG-30 hydrogenated castor oil 聚乙二醇-30 氫化蓖麻油；一種乙氧化與氫化蓖麻油. 見 Polyethylene glycol. 用途：1. 乳化劑 2. 界面活性劑 3. 柔軟劑 4. 助溶劑.

PEG-30 hydrogenated lanolin 聚乙二醇-30 氫化羊毛脂；一種乙氧化與氫化的的羊毛脂. 見 Polyethylene glycol. 用途：乳化劑.

PEG-30 hydrogenated tallow amine 聚乙二醇-30 氫化脂胺；一種乙氧化動物脂衍生物的動物脂之胺類化合物. 見 Polyethylene glycol. 用途：1. 乳化劑 2. 界面活性劑.

PEG-30 lanolin 聚乙二醇-30 羊毛脂；一種乙氧化羊毛脂. 見 Polyethylene glycol. 用途：乳化劑.

PEG-30 oleamine 聚乙二醇-30 油酸胺；見 Polyethylene glycol. 用途：1. 乳化劑 2. 界面活性劑.

PEG-30 sorbitan tetraoleate 聚乙二醇-30 脫水山梨(糖)醇四油酸酯；一種脫水山梨(糖)醇酯與 PEG 附加聚合衍生物, 見 Polyethylene glycol 與 Sorbitan esters. 用途：乳化劑.

PEG-30 sorbitol tetraoleate/laurate 聚乙二醇-30 山梨(糖)醇四油酸酯/月桂酸酯；見 Polyethylene glycol 與 Sorbitan esters. 用途：乳化劑.

PEG-30 soya sterol 聚乙二醇-30 大豆固醇；見 Polyethylene glycol. 用途：乳化劑.

PEG-30 stearate 聚乙二醇-30 硬脂酸酯；見 Polyethylene glycol. 用途：1. 乳化劑 2. 界面活性劑 3. 助溶劑.

PEG-32 聚乙二醇-32, 亦稱 Macrogol 1540；見 Polyethylene glycol. 用途：1. 保濕劑 2. 溶劑.

PEG-32 dilaurate 聚乙二醇-32 二月桂酸酯；見 Polyethylene glycol. 用途：乳化劑.

PEG-32 dioleate 聚乙二醇-32 二油酸酯；見 Polyethylene glycol. 用途：乳化劑.

PEG-32 distearate 聚乙二醇-32 二硬脂酸酯；見 Polyethylene glycol. 用途：乳化劑.

PEG-32 laurate 聚乙二醇-32 月桂酸酯；見 Polyethylene glycol. 注意事項：見 PEG-2 laurate. 用途：1. 界面活性劑 2. 乳化劑.

PEG-32 oleate 聚乙二醇-32 油酸酯；見 Polyethylene glycol. 用途：1. 乳化劑 2. 界面活性劑.

PEG-32 stearate 聚乙二醇-32 硬脂酸酯；見 Polyethylene glycol. 用途：1. 乳化劑 2. 界面活性劑.

PEG-33 castor oil 聚乙二醇-33 蓖麻油；見 PEG-2 castor oil. 用途：1. 乳化劑 2. 界面活性劑.

PEG-35 almond glycerides 聚乙二醇-35 杏仁甘油酯；見 Polyethylene glycol. 用途：乳化劑.

PEG-35 castor oil 聚乙二醇-35 蓖麻油；見 PEG-2 castor oil. 用途：1. 乳化劑 2. 表面活性劑.

PEG-35 hydrogenated castor oil 聚乙二醇-35 氫化蓖麻油；一種乙氧化與氫化的蓖麻油. 見 Polyethylene glycol. 用途：1. 乳化劑 2. 界面活性劑.

PEG-35 lanolin 聚乙二醇-35 羊毛脂；見 PEG-5 lanolin. 用途：乳化劑.

PEG-35 stearate 聚乙二醇-35 硬脂酸酯；見 Polyethylene glycol. 用途：1. 乳化劑 2. 界面活性劑.

PEG-36 castor oil 聚乙二醇-36 蓖麻油；見 PEG-2 castor oil. 用途：1. 乳化劑 2. 界面活性劑.

PEG-36 oleate 聚乙二醇-36 油酸酯;廣泛用於洗髮精. 見 Polyethylene glycol. 用途：1. 乳化劑　2. 界面活性劑.

PEG-36 stearate 聚乙二醇-36 硬脂酸酯;見 Polyethylene glycol. 用途：1. 乳化劑　2. 界面活性劑.

PEG-40 聚乙二醇-40;一種聚合物. 見 Polyethylene glycol. 用途：1. 保濕劑 2. 溶劑.

PEG-40 castor oil 聚乙二醇-40 蓖麻油;與液狀之 PEG-30 castor oil 類似但更稠密,爲軟糊狀乙氧化蓖麻油. 見 PEG-2 castor oil. 用途：1. 乳化劑　2. 界面活性劑　3. 柔軟劑　4. 助溶劑.

PEG-40 glyceryl cocoate 聚乙二醇-40 椰子酸甘油酯,亦稱聚乙二醇-40 甘油基椰子酸酯;乙氧化椰子單和雙甘油酯類. 見 Polyethylene glycol. 用途：乳化劑.

PEG-40 hydrogenated castor oil 聚乙二醇-40 氫化蓖麻油,亦稱乙氧化氫化蓖麻油 Ethoxylated hydrogenated castor oil;一種乙氧化與氫化的蓖麻油. 見 Polyethylene glycol. 用途：1. 乳化劑　2. 界面活性劑　3. 柔軟劑　4. 溶劑.

PEG-40 hydrogenated castor oil PCA isostearate 聚乙二醇-40 氫化蓖麻油 PCA 異硬脂酸酯,亦稱聚乙二醇-40 氫化蓖麻油吡咯酮羧酸異硬脂酸酯;見 Polyethylene glycol. 用途：乳化劑.

PEG-40 hydrogenated tallow amine 聚乙二醇-40 氫化脂胺;乙氧化動物脂衍生物之胺類化合物. 見 Polyethylene glycol. 用途：1. 乳化劑　2. 界面活性劑.

PEG-40 jojoba acid 聚乙二醇-40 荷荷芭酸;見 Polyethylene glycol. 用途：乳化劑.

PEG-40 jojoba alcohol 聚乙二醇-40 荷荷芭醇;見 Polyethylene glycol. 用途：乳化劑.

PEG-40 lanolin 聚乙二醇-40 羊毛脂;見 PEG-5 lanolin. 用途：乳化劑.

PEG-40 olive glycerides 聚乙二醇-40 橄欖甘油酯;見 Polyethylene glycol. 用途:乳化劑.

PEG-40 ricinoleamide 聚乙二醇-40 蓖麻油醯胺;見 Polyethylene glycol. 用途:乳化劑.

PEG-40 ricinoleyl ether 聚乙二醇-40 蓖麻油醚;見 Polyethylene glycol. 用途:乳化劑.

PEG-40 sorbitan diisostearate 聚乙二醇-40 脫水山梨(糖)醇二異硬脂酸酯;一種脫水山梨(糖)醇酯與 PEG 附加聚合衍生物, 見 Polyethylene glycol 與 Sorbitan esters. 用途: 1. 乳化劑 2. 表面活性劑.

PEG-40 sorbitan lanolate 聚乙二醇-40 脫水山梨(糖)醇羊毛脂酸酯, 亦稱 G1441;一種脫水山梨(糖)醇酯與 PEG 附加聚合衍生物, 見 Polyethylene glycol 與 Sorbitan esters. 用途: 1. 乳化劑 2. 溶劑.

PEG-40 sorbitan laurate 聚乙二醇-40 脫水山梨(糖)醇月桂酸酯;一種脫水山梨(糖)醇酯與 PEG 附加聚合衍生物, 見 Polyethylene glycol 與 Sorbitan esters. 用途:乳化劑.

PEG-40 sorbitan perisostearate 聚乙二醇-40 脫水山梨(糖)醇過異硬脂酸酯;一種脫水山梨(糖)醇酯與 PEG 附加聚合衍生物, 見 Polyethylene glycol 與 Sorbitan esters. 用途: 1. 乳化劑 2. 界面活性劑.

PEG-40 sorbitan peroleate 聚乙二醇-40 脫水山梨(糖)醇油酸酯過油酸酯;一種脫水山梨(糖)醇酯與 PEG 附加聚合衍生物, 見 Polyethylene glycol 與 Sorbitan esters. 用途: 1. 乳化劑 2. 界面活性劑.

PEG-40 sorbitan stearate 聚乙二醇-40 脫水山梨(糖)醇硬脂酸酯;一種脫水山梨(糖)醇酯與 PEG 附加聚合衍生物, 見 Polyethylene glycol 與 Sorbitan esters. 用途: 1. 乳化劑 2. 界面活性劑.

PEG-40 sorbitan tetraoleate 聚乙二醇-40 脫水山梨(糖)醇四油酸酯;一種脫

水山梨(糖)醇酯與 PEG 附加聚合衍生物, 見 Polyethylene glycol 與 Sorbitan esters. 用途：乳化劑.

PEG-40 sorbitol hexaoleate 聚乙二醇-40 山梨(糖)醇六油酸酯；見 Polyethylene glycol. 用途：界面活性劑.

PEG-40 soya sterol 聚乙二醇-40 大豆固醇；見 Polyethylene glycol. 用途：乳化劑.

PEG-40 stearate 聚乙二醇-40 硬脂酸酯, 亦稱 Macrogol ester 2000；見 Polyethylene glycol. 用途：1.乳化劑 2.界面活性劑 3.穩定劑.

PEG-42 babassu glycerides 聚乙二醇-42 巴巴樹油甘油酯；見 Polyethylene glycol. 用途：乳化劑.

PEG-44 castor oil 聚乙二醇-44 蓖麻油；見 PEG-2 castor oil. 用途：乳化劑.

PEG-44 sorbitan laurate 聚乙二醇-44 脫水山梨(糖)醇月桂酸酯；一種脫水山梨(糖)醇酯與 PEG 附加聚合衍生物, 見 Polyethylene glycol 與 Sorbitan esters. 用途：1. 界面活性劑 2. 溶劑.

PEG-45 hydrogenated castor oil 聚乙二醇-45 氫化蓖麻油；一種氫化與乙氧化的蓖麻油. 見 Polyethylene glycol. 用途：1. 乳化劑 2. 表面活性劑.

PEG-45M 聚乙二醇-45M；見 Polyethylene glycol. 用途：保濕劑.

PEG-45 palm kernel glycerides 聚乙二醇-45 棕櫚仁甘油酯；見 Polyethylene glycol. 用途：乳化劑.

PEG-45 safflower glycerides 聚乙二醇-45 紅花甘油酯；見 Polyethylene glycol. 用途：乳化劑.

PEG-45 stearate 聚乙二醇-45 硬脂酸酯；聚合物. 見 Polyethylene glycol. 用途：1. 乳化劑 2. 界面活性劑.

PEG-45 stearate/phosphate 聚乙二醇-45 硬脂酸酯/磷酸酯；見 Polyethylene glycol. 用途：1. 乳化劑 2. 界面活性劑.

PEG-50 castor oil 聚乙二醇-50 蓖麻油;見 PEG-2 castor oil. 用途: 1. 乳化劑 2. 界面活性劑.

PEG-50 hydrogenated castor oil 聚乙二醇-50 氫化蓖麻油;乙氧化與氫化的 蓖麻油. 見 Polyethylene glycol. 用途: 1. 乳化劑 2. 界面活性劑.

PEG-50 hydrogenated tallow amine 聚乙二醇-50 氫化脂胺;乙氧化動物脂 衍生物之胺類化合物. 見 Polyethylene glycol. 用途:乳化劑.

PEG-50 lanolin 聚乙二醇-50 羊毛脂;見 PEG-5 lanolin. 用途:乳化劑.

PEG-50 shea butter 聚乙二醇-50 乳油木果油;見 Polyethylene glycol. 用途: 乳化劑.

PEG-50 sorbitol hexaoleate 聚乙二醇-50 山梨(糖)醇六油酸酯;見 Polyethylene glycol. 用途:乳化劑.

PEG-50 stearamine 聚乙二醇-50 硬脂胺;見 Polyethylene glycol. 用途: 1. 乳 化劑 2. 表面活性劑 3. 抗靜電劑.

PEG-50 stearate 聚乙二醇-50 硬脂酸酯, 亦稱 Polyoxyl 50 stearate;聚合物. 見 Polyethylene glycol. 用途: 1. 乳化劑 2. 界面活性劑.

PEG-50 tallow amide 聚乙二醇-50 脂醯胺;氫化與乙氧化的動物脂醯胺化 合物. 見 Polyethylene glycol. 用途:乳化劑.

PEG-50 tallow amine 聚乙二醇-50 脂胺;見 PEG-2 tallow amine. 用途:乳化 劑.

PEG-54 castor oil 聚乙二醇-54 蓖麻油;見 PEG-2 castor oil. 用途:乳化劑.

PEG-54 hydrogenated castor oil 聚乙二醇-54 氫化蓖麻油;氫化與乙氧化的 蓖麻油. 見 Polyethylene glycol. 用途:乳化劑.

PEG-55 castor oil 聚乙二醇-55 蓖麻油;見 PEG-2 castor oil. 用途:乳化劑.

PEG-55 hydrogenated castor oil 聚乙二醇-55 氫化蓖麻油;氫化與乙氧化的 蓖麻油. 見 Polyethylene glycol. 用途:乳化劑.

PEG-55 lanolin 聚乙二醇-55 羊毛脂；見 PEG-5 lanolin. 用途：乳化劑.

PEG-55 propylene glycol oleate 聚乙二醇-55 丙二醇油酸酯；見 Polyethylene glycol. 用途：增稠劑.

PEG-60 聚乙二醇-60；見 Polyethylene glycol. 用途：保濕劑.

PEG-60 almond glycerides 聚乙二醇-60 杏仁甘油酯；見 Polyethylene glycol. 用途：乳化劑.

PEG-60 castor oil 聚乙二醇-60 蓖麻油；見 PEG-2 castor oil. 用途：1. 乳化劑 2. 界面活性劑.

PEG-60 corn glycerides 聚乙二醇-60 玉米甘油酯；見 Polyethylene glycol. 用途：乳化劑.

PEG-60 evening primrose glycerides 聚乙二醇-60 月見草甘油酯；見 Polyethylene glycol. 用途：乳化劑.

PEG-60 glyceryl isostearate 聚乙二醇-60 異硬脂酸甘油酯, 亦稱聚乙二醇-60 甘油基異硬脂酸酯；聚合物. 見 Polyethylene glycol. 用途：界面活性劑.

PEG-60 hydrogenated castor oil 聚乙二醇-60 氫化蓖麻油；乙氧化與氫化的蓖麻油. 見 Polyethylene glycol. 用途：1. 乳化劑 2. 界面活性劑.

PEG-60 lanolin 聚乙二醇-60 羊毛脂；見 PEG-5 lanolin. 用途：乳化劑.

PEG-60 sorbitan stearate 聚乙二醇-60 脫水山梨(糖)醇硬脂酸酯；一種脫水山梨(糖)醇酯與 PEG 附加聚合衍生物, 見 Polyethylene glycol 與 Sorbitan esters. 用途：界面活性劑.

PEG-60 sorbitan tetraoleate 聚乙二醇-60 脫水山梨(糖)醇四油酸酯；一種脫水山梨(糖)醇酯與 PEG 附加聚合衍生物, 見 Polyethylene glycol 與 Sorbitan esters. 用途：乳化劑.

PEG-60 sorbitan tetrastearate 聚乙二醇-60 脫水山梨(糖)醇四硬脂酸酯；一種脫水山梨(糖)醇酯與 PEG 附加聚合衍生物, (見 Polyethylene glycol 與

Sorbitan esters). 用途:乳化劑.

PEG-66 trihydroxystearin 聚乙二醇-66 三羥基三硬脂酸甘油酯;見 Polyethylene glycol. 用途: 1. 乳化劑 2. 界面活性劑.

PEG-70 hydrogenated lanolin 聚乙二醇-70 氫化羊毛脂;氫化與乙氧化的羊毛脂. 見 Polyethylene glycol. 用途:乳化劑.

PEG-70 mango glycerides 聚乙二醇-70 芒果甘油酯;見 Polyethylene glycol. 用途:乳化劑.

PEG-75 聚乙二醇-75, 亦稱 Macrogol 4000;聚合物. 見 Polyethylene glycol. 用途: 1. 保濕劑 2. 溶劑 3. 結合劑.

PEG-75 castor oil 聚乙二醇-75 蓖麻油;見 PEG-2 castor oil. 用途: 1. 乳化劑 2. 界面活性劑.

PEG-75 cocoa butter glycerides 聚乙二醇-75 可可油甘油酯;見 Polyethylene glycol. 用途:乳化劑.

PEG-75 dilaurate 聚乙二醇-75 二月桂酸酯;聚合物. 見 Polyethylene glycol. 用途:乳化劑.

PEG-75 dioleate 聚乙二醇-75 二油酸酯;聚合物. 見 Polyethylene glycol. 用途: 1. 乳化劑 2. 界面活性劑.

PEG-75 distearate 聚乙二醇-75 二硬脂酸酯;聚合物. 見 Polyethylene glycol. 用途:乳化劑.

PEG-75 lanolin 聚乙二醇-75 羊毛脂;見 PEG-5 lanolin. 用途: 1. 乳化劑 2. 界面活性劑 3. 柔軟劑.

PEG-75 lanolin oil 聚乙二醇-75 羊毛脂油; 乙氧化的羊毛脂油. 見 Polyethylene glycol. 用途: 1. 乳化劑 2. 界面活性劑.

PEG-75 lanolin wax 聚乙二醇-75 羊毛脂蠟;見 Polyethylene glycol. 用途: 1. 乳化劑 2. 界面活性劑.

PEG-75 laurate 聚乙二醇-75 月桂酸酯;聚合物. 見 Polyethylene glycol. 注意事項:見 PEG-2 laurate. 用途: 1. 界面活性劑 2. 乳化劑.

PEG-75 oleate 聚乙二醇-75 油酸酯; 聚合物, 廣泛用於洗髮產品. 見 Polyethylene glycol. 用途: 1. 界面活性劑 2. 乳化劑 3. 製造洗髮精.

PEG-75 propylene glycol stearate 聚乙二醇-75 丙二醇硬脂酸酯;見 Polyethylene glycol. 用途:乳化劑.

PEG-75 shea butter glycerides 聚乙二醇-75 乳油木果油甘油酯;得自乳油木種子所含之植物油經化學合成. 見 Polyethylene glycol. 用途:乳化劑.

PEG-75 shorea butter glycerides 聚乙二醇-75 黃果油甘油酯;得自 Shorea Stenoptera 種子所含植物油經乙氧基化處理. 見 Polyethylene glycol. 用途:乳化劑.

PEG-75 sorbitan lanolate 聚乙二醇-75 脫水山梨(糖)醇羊毛脂酸酯, 亦稱 G1471;脫水山梨(糖)醇酯與 PEG 附加聚合衍生物, 見 Polyethylene glycol 與 Sorbitan esters, 一種油脂化學物. 用途:乳化劑.

PEG-75 sorbitan laurate 聚乙二醇-75 脫水山梨 (糖) 醇月桂酸酯;脫水山梨(糖)醇酯與 PEG 附加聚合衍生物, 見 Polyethylene glycol 與 Sorbitan esters, 一種油脂化學物. 注意事項:過敏原. 用途: 1. 界面活性劑 2. 溶劑.

PEG-75 stearate 聚乙二醇-75 硬脂酸酯;見 Polyethylene glycol. 用途:界面活性劑.

PEG-78 glyceryl cocoate 聚乙二醇-78 椰酸甘油酯, 亦稱聚乙二醇-78 甘油基椰酸酯;乙氧化的椰子單和雙甘油酯類. 見 Polyethylene glycol. 用途: 1. 乳化劑 2. 界面活性劑.

PEG-80 glyceryl cocoate 聚乙二醇-80 椰酸甘油酯, 亦稱聚乙二醇-80 甘油基椰酸酯;乙氧化的椰子單和雙甘油酯類. 見 Polyethylene glycol. 用途: 1. 乳化劑 2. 界面活性劑.

PEG-80 glyceryl tallowate 聚乙二醇-80 脂酸甘油酯, 亦稱聚乙二醇-80 甘油

基脂酸;乙氧化與氫化的動物脂單和雙甘油酯類. 見 Polyethylene glycol. 用
途:乳化劑.

PEG-80 hydrogenated castor oil 聚乙二醇-80 氫化蓖麻油;乙氧化與氫化的
蓖麻油. 見 Polyethylene glycol. 用途: 1. 乳化劑 2. 界面活性劑.

PEG-80 jojoba acid 聚乙二醇-80 荷荷芭酸; 見 Polyethylene glycol. 用途:界
面活性劑.

PEG-80 jojoba alcohol 聚乙二醇-80 荷荷芭醇; 見 Polyethylene glycol. 用途:
界面活性劑.

PEG-80 methyl glucose laurate 聚乙二醇-80 甲基葡萄糖月桂酸酯; 見
Polyethylene glycol. 注意事項:見 PEG-2 laurate. 用途:乳化劑.

PEG-80 sorbitan lanolate 聚乙二醇-80 脫水山梨(糖)醇羊毛脂酸酯;脫水山
梨(糖)醇酯與 PEG 附加聚合衍生物, 見 Polyethylene glycol 與 Sorbitan
esters, 一種油脂化學物. 用途:乳化劑.

PEG-80 sorbitan laurate 聚乙二醇-80 脫水山梨(糖)醇月桂酸酯;脫水山梨
(糖)醇酯與 PEG 附加聚合衍生物, 見 Polyethylene glycol 與 Sorbitan esters,
一種油脂化學物. 注意事項:見 PEG-2 laurate. 用途:界面活性劑.

PEG-80 sorbitan palmitate 聚乙二醇-80 脫水山梨(糖)醇棕櫚酸酯;脫水山
梨(糖)醇酯與 PEG 附加聚合衍生物, 見 Polyethylene glycol 與 Sorbitan
esters, 一種油脂化學物. 用途: 1. 乳化劑 2. 界面活性劑.

PEG-85 lanolin 聚乙二醇-85 羊毛脂;乙氧化羊毛脂. 見 Polyethylene glycol.
用途: 1. 乳化劑 2. 界面活性劑.

PEG-90 聚乙二醇-90;聚合物. 見 Polyethylene glycol. 用途: 1. 保濕劑 2. 溶
劑.

PEG-90M 聚乙二醇-90M;聚合物. 見 Polyethylene glycol. 用途: 1. 結合劑
2. 乳劑穩定劑 3. 增稠劑.

PEG-90 stearate 聚乙二醇-90 硬脂酸酯;一種聚合物. 見 Polyethylene

glycol. 用途: 1. 界面活性劑 2. 乳化劑.

PEG-100 聚乙二醇-100;聚合物. 見 Polyethylene glycol. 用途:保濕劑.

PEG-100 castor oil 聚乙二醇-100 蓖麻油;見 PEG-2 castor oil. 用途: 1. 乳化劑 2. 界面活性劑.

PEG-100 hydrogenated castor oil 聚乙二醇-100 氫化蓖麻油;乙氧化與氫化的蓖麻油. 見 Polyethylene glycol. 用途: 1.乳化劑 2. 界面活性劑.

PEG-100 lanolin 聚乙二醇-100 羊毛脂;乙氧化羊毛脂. 見 Polyethylene glycol. 用途: 1. 乳化劑 2. 界面活性劑.

PEG-100 stearate 聚乙二醇-100 硬脂酸酯;聚合物. 見 Polyethylene glycol. 用途: 1. 乳化劑 2. 界面活性劑 3.乳劑穩定劑.

PEG-105 behenyl propylenediamine 聚乙二醇-105 山嵛基丙二胺;見 Polyethylene glycol. 用途:抗靜電劑.

PEG-115M 聚乙二醇-115M;聚合物. 見 Polyethylene glycol. 用途: 1. 結合劑 2. 乳劑安定劑 3. 增稠劑.

PEG-120 distearate 聚乙二醇-120 二硬脂酸酯;聚合物. 見 Polyethylene glycol. 用途:乳化劑.

PEG-120 glyceryl stearate 聚乙二醇-120 硬脂酸甘油酯,亦稱聚乙二醇-120 甘油基硬脂酸酯;聚合物. 見 Polyethylene glycol. 用途:界面活性劑.

PEG-120 jojoba acid 聚乙二醇-120 荷荷芭酸;見 Polyethylene glycol. 用途: 乳化劑.

PEG-120 jojoba alcohol 聚乙二醇-120 荷荷芭醇;Polyethylene glycol. 用途: 乳化劑.

PEG-120 methyl glucose dioleate 聚乙二醇-120 甲基葡萄糖二油酸酯;聚合物. 見 Polyethylene glycol. 用途:乳化劑.

PEG-120 propylene glycol stearate 聚乙二醇-120 丙二醇硬脂酸酯;見

Polyethylene glycol. 用途:乳化劑.

PEG-120 stearate 聚乙二醇-120 硬脂酸酯;聚合物. 見 Polyethylene glycol. 用途: 1. 界面活性劑 2. 乳化劑.

PEG-125 propylene glycol stearate 聚乙二醇-125 丙二醇硬脂酸酯; 見 Polyethylene glycol. 用途:乳化劑.

PEG-135 聚乙二醇-135;聚合物. 見 Polyethylene glycol. 用途: 1. 保濕劑 2. 溶劑.

PEG-140 glyceryl tristearate 聚乙二醇-140 三硬脂酸甘油酯,亦稱聚乙二醇-140 甘油基三硬脂酸酯;見 Polyethylene glycol. 用途:乳化劑.

PEG-150 聚乙二醇-150, 亦稱 Macrogol 6000; 聚合物. 見 Polyethylene glycol. 用途: 1. 保濕劑 2. 溶劑 3. 結合劑.

PEG-150 dilaurte 聚乙二醇-150 二月桂酸酯;聚合物. 見 Polyethylene glycol. 注意事項:見 PEG-2 laurate. 用途:乳化劑.

PEG-150 dioleate 聚乙二醇-150 二油酸酯;聚合物. 見 Polyethylene glycol. 用途:乳化劑.

PEG-150 distearate 聚乙二醇-150 二硬脂酸酯;聚合物. 見 Polyethylene glycol. 用途: 1. 乳化劑 2. 界面活性劑 3. 增稠劑.

PEG-150 lanolin 聚乙二醇-150 羊毛脂;乙氧基化羊毛脂. 見 Polyethylene glycol. 用途:乳化劑.

PEG-150 laurate 聚乙二醇-150 月桂酸酯;聚合物. 見 Polyethylene glycol. 注意事項:見 PEG-2 laurate. 用途:界面活性劑.

PEG-150 oleate 聚乙二醇-150 油酸酯;聚合物, 廣泛用在洗髮產品. 見 Polyethylene glycol. 用途: 1. 界面活性劑 2. 乳化劑 3. 製造洗髮精原料.

PEG-150 pentaerythrityl tetrastearate 聚乙二醇-150 季戊四醇醚四硬脂酸酯,亦稱 PEG-150 Pentaerythritol tetrastearate;見 Polyethylene glycol. 用途:

乳化劑.

PEG-150 stearate 聚乙二醇-150 硬脂酸酯;聚合物. 見 Polyethylene glycol.
用途:界面活性劑.

PEG-175 distearate 聚乙二醇-175 二硬脂酸酯;聚合物. 見 Polyethylene
glycol.用途: 1. 乳化劑 2. 界面活性劑 3. 增稠劑.

PEG-180 聚乙二醇-180;聚合物.見 Polyethylene glycol.用途:保濕劑.

PEG-180/laureth-50/TMMG copolymer 聚乙二醇-180/月桂 50/TMMG 共
聚物;TMMG 爲一種共聚物縮寫. 見 Polyethylene glycol. 用途: 1. 增稠劑 2.
乳化劑.

PEG-180/octoxynol-40/TMMG copolymer 聚 乙 二 醇-180/辛 苯 聚 醇/
TMMG 共聚物;見 Polyethylene glycol.用途: 1. 增稠劑 2. 乳化劑.

PEG-200 聚乙二醇-200;聚合物. 見 Polyethylene glycol. 用途: 1. 保濕劑 2.
溶劑.

PEG-200 castor oil 聚乙二醇-200 蓖麻油;見 PEG-2 castor oil. 用途: 1. 乳化
劑 2. 界面活性劑.

PEG-200 glyceryl stearate 聚乙二醇-200 硬脂酸甘油酯,亦稱聚乙二醇-200
甘油基硬脂酸酯;聚合物. 見 Polyethylene glycol. 用途:界面活性劑.

PEG-200 glyceryl tallowate 聚乙二醇-200 脂酸甘油酯,亦稱聚乙二醇-200
甘油基脂酸酯;乙氧化與氫化的動物脂單和雙甘油酯類, 見 Polyethylene
glycol.用途: 1. 乳化劑 2. 界面活性劑.

PEG-200 hydrogenated castor oil 聚乙二醇-200 氫化蓖麻油;乙氧化與氫化
的蓖麻油. 見 Polyethylene glycol. 用途: 1.乳化劑 2. 界面活性劑.

PEG-200 hydrogenated glyceryl palmitate 聚乙二醇-200 氫化棕櫚酸甘油
酯;見 Polyethylene glycol. 用途:柔軟劑.

PEG-200 trihydroxystearin 聚乙二醇-200 三羥基三硬脂酸甘油酯;見

Polyethylene glycol. 用途: 1. 乳化劑 2. 界面活性劑.

PEG-240 聚乙二醇-240;聚合物. 見 Polyethylene glycol. 用途:保濕劑.

PEG-350 聚乙二醇-350;聚合物. 見 Polyethylene glycol. 用途: 1. 結合劑 2. 溶劑.

PEG-400 dioleate 聚乙二醇-400 二油酸酯; 見 Polyethylene glycol. 用途:界面活性劑.

PEG-400 monolaurate 聚乙二醇-400 單月桂酸酯; 見 Polyethylene glycol. 注意事項: 見 PEG-2 laurate. 用途:界面活性劑.

PEG-400 monooleate 聚乙二醇-400 單油酸酯; 見 Polyethylene glycol. 用途:界面活性劑.

PEG-400 monostearate 聚乙二醇-400 單硬脂酸酯, 亦稱 Polyethylene glycol 400 monostearate、POE(8) stearate (聚氧乙烯(8)硬脂酸酯); 見 Polyethylene glycol. 用途:界面活性劑.

PEG-600 dioleate 聚乙二醇-600 二油酸酯; 見 Polyethylene glycol. 用途:界面活性劑.

PEG-600 monooleate 聚乙二醇-400 單油酸酯; 見 Polyethylene glycol. 用途:界面活性劑.

PEG crosspolymer 聚乙二醇/交聚合物; 見 Polyethylene glycol. 用途:成膜劑.

PEG fatty alcohol ethers 見 Polyoxyethylene alcohols.

PEG fatty alcohols 見 Polyoxyethylene alcohols.

PEG/PPG-17/6 copolymer 聚乙二醇/聚丙二醇-17/6 共聚物;環氧乙烷的聚合物. 見 Polyethylene glycol. 用途:溶劑.

PEG/PPG-18/4 copolymer 聚乙二醇/聚丙二醇-18/4 共聚物;環氧乙烷的聚合物. 見 Polyethylene glycol. 用途:溶劑.

PEG/PPG-23/50 copolymer 聚乙二醇/聚丙二醇-23/50 共聚物；環氧乙烷的聚合物. 見 Polyethylene glycol. 用途：溶劑.

PEG/PPG-35/9 copolymer 聚乙二醇/聚丙二醇-35/9 共聚物；環氧乙烷的聚合物. 見 Polyethylene glycol. 用途：柔軟劑.

PEG/PPG-125/30 copolymer 聚乙二醇/聚丙二醇-125/30 共聚物；環氧乙烷的聚合物. 見 Polyethylene glycol. 用途：柔軟劑.

PEG/PPG-296 /57 copolymer 聚乙二醇/聚丙二醇-296/57 共聚物；環氧乙烷的聚合物. 見 Polyethylene glycol. 用途：溶劑.

PEG/PPG-300/55 copolymer 聚乙二醇/聚丙二醇-300/55 共聚物；環氧乙烷的聚合物. 見 Polyethylene glycol. 用途：界面活性劑.

PEG sorbitan esters 見 Sorbitan esters.

Pelargonium graveoleus 香葉, 亦稱香天竺葵；其葉可萃取精油 (香葉油), 可用在製造香水及芳香療法, 香葉油在芳香療法中被視爲可調節皮膚油脂分泌及具抑菌作用. 用途：1. 製造香葉油 2. 植物添加物.

Pelargonium graveoleus extract 香葉萃取物；一般指香葉油 (一種精油). 用途：(天然) 香料.

Pelvetia canaliculata（Algae extract） 海藻萃取物；Rockweed 之一種. 見 Algae.

Pendecamaine 見 Palmitamidopropyl betaine.

Pentadecan-1-ol 見 Pentadecyl alcohol.

Pentadecyl alcohol 十五醇, 亦稱 Pentadecan- 1- ol；用途：1. 柔軟劑 2. 乳劑穩定劑.

Pentadesma butter 脂樹脂, 亦稱 Kanya butter；得自 Pentadesma butyracea (學名) 堅果之植物脂肪. 見 Pentadesma butyracea. 用途：柔軟劑.

Pentadesma butyracea 黑芒果, 亦稱 Black mango (俗稱)、脂樹 Tallow tree

（俗稱）；Pentadesma butyracea（學名）原產地非洲, 後引進英國的熱帶植物. 漿果可食用, 種子主要組成分是脂肪酸甘油酯, 脂樹名稱即得自富含油脂的種子. 其種子萃取物及衍生物用於皮膚保養品, 具柔軟皮膚功效. 用途：柔軟劑.

Pentadoxynol-200　十五苯聚醇-200；環氧乙烷衍生物. 用途：柔軟劑.

Pentaerythritol　季戊四醇；爲一合成多元醇, 用來製備樹脂, 或與酸類反應形成各種合成酯. 用途：1. 製造樹脂　2. 製造合成酯原料.

Pentaerythritol dioleate　見 Pentaerythrityl dioleate.

Pentaerythritol distearate　見 Pentaerythrityl distearate.

Pentaerythritol stearate　見 Pentaerythrityl stearate.

Pentaerythritol tetrabenzoate　見 Pentaerythrityl tetrabenzoate.

Pentaerythritol tetralaurate　見 Pentaerythrityl tetralaurate.

Pentaerythritol tetraoleate　見 Pentaerythrityl tetraoleate.

Pentaerythrityl dioleate　季戊四醇二油酸酯, 亦稱 Pentaerythritol dioleate；見 Pentaerythritol. 用途：柔軟劑.

Pentaerythrityl distearate　季戊四醇二硬脂酸酯, 亦稱 Pentaerythritol distearate；見 Pentaerythritol. 用途：乳化劑.

Pentaerythrityl hydrogenated rosinate　季戊四醇氫化松香酯；氫化季戊四醇松香酯及氫化季戊四醇樹脂酯之混合物. 用途：成膜劑.

Pentaerythrityl isostearate/caprate/caprylate/adipate　季戊四醇異硬脂酸酯/癸酸酯/辛酸酯/己二酸酯；季戊四醇異硬脂酸酯、季戊四醇癸酸酯、季戊四醇辛酸酯及季戊四醇己二酸酯等四種合成酯類之混合物. 見 Pentaerythritol. 用途：柔軟劑.

Pentaerythrityl rosinate　季戊四醇松香酯；松香及季戊四醇化學製備之混合物, 用於化粧品當皮膚膚質調理劑及處方之增稠劑. 注意事項：美國 CIR 專家列爲無足夠數據證實其安全性. 用途：成膜劑.

Pentaerythrityl stearate 季戊四醇硬脂酸酯, 亦稱 Pentaerythritol stearate；用途:柔軟劑.

Pentaerythrityl stearate/caprate/caprylate/adipate 季戊四醇硬脂酸酯/癸酸酯/辛酸酯/己二酸酯；季戊四醇硬脂酸酯、季戊四醇癸酸酯、季戊四醇辛酸酯與季戊四醇己二酸酯的混合酯類.用途:柔軟劑.

Pentaerythrityl tetraabietate 季戊四醇四松香酸酯；見 Pentaerythritol. 用途: 1. 柔軟劑 2. 增稠劑.

Pentaerythrityl tetracetate 季戊四醇四乙酸酯, 亦稱季戊四醇四醋酯、Pentaerythritol tetracetate；用途:柔軟劑.

Pentaerythrityl tetrabehenate 季戊四醇四山萮酸酯；用途: 1. 柔軟劑 2. 增稠劑.

Pentaerythrityl tetrabenzoate 季戊四醇四苯甲酸酸酯, 亦稱 Pentaerythritol tetrabenzoate；用途:柔軟劑.

Pentaerythrityl tetracaprylate/caprate 季戊四醇四辛酸酯/癸酸酯；季戊四醇四辛酸酯和季戊四醇四癸酸酯之混合酯類.用途:柔軟劑.

Pentaerythrityl tetracocoate 季戊四醇四椰酸酯；椰子脂肪酸的酯類衍生物.用途:柔軟劑.

Pentaerythrityl tetraisononanoate 季戊四醇四異壬酸酯；用途:柔軟劑.

Pentaerythrityl tetraisostearate 季戊四醇四異硬脂酸酯；用途: 1. 柔軟劑 2. 界面活性劑 3. 乳化劑.

Pentaerythrityl tetralaurate 季戊四醇四月桂酸酯, 亦稱 Pentaerythritol tetralaurate；用途:柔軟劑.

Pentaerythrityl tetramyristate 季戊四醇四肉豆蔻酸酯；用途:柔軟劑.

Pentaerythrityl tetraoctanoate 季戊四醇四辛酸酯；用途: 1. 柔軟劑 2. 增稠劑.

Pentaerythrityl tetraoleate 季戊四醇四油酸酯, 亦稱 Pentaerythritol tetraoleate;用途:1. 柔軟劑 2. 增稠劑.

Pentaerythrityl tetrapelargonate 季戊四醇四壬酸酯;用途:1. 柔軟劑 2. 增稠劑 3. 色素分散劑.

Pentaerythrityl tetrastearate 季戊四醇四硬脂酸酯, 亦稱 Pentaerythritol tetrastearate;用途:1. 柔軟劑 2. 增稠劑.

Pentaerythrityl trioleate 季戊四醇三油酸酯;用途:柔軟劑.

Pentahydrosqualene 五氫角鯊烯, 亦稱五氫鯊烯、2, 6, 10, 15, 19, 23-Hexamethyltetracosene;角鯊烯經飽和處理之氫化物. 見 Squalane. 用途:柔軟劑.

Pentane 戊烷, 亦稱 n-Pentane;低級碳氫化合物, 易燃液體, 存在石油天然氣中, 亦可得自化學生成, 常用作噴霧產品推進劑. 注意事項:過量吸入會昏睡;使用含此成分之噴霧產品時, 應遠離火源、高溫場所及抽煙. 用途:1. 溶劑 2. 推進劑.

Pentapotassium triphosphate 三磷酸五鉀;無機鹽類. 用途:1. 螯合劑 2. 緩衝劑.

Pentasodium aminotrimethylene phosphonate 胺基三亞甲基磷酸五鈉;用途:螯合劑.

Pentasodium diethylenetriamine pentaacetate 見 Pentasodium pentetate.

Pentasodium ethylenediamine tetramethylene phosphonate 乙二胺四亞甲基磷酸五鈉;用途:螯合劑.

Pentasodium pentetate 三胺五乙酸五鈉, 亦稱 Pentasodium diethylenetriamine pentaacetate;一種鹽類, 常作為螯合劑和水質軟化劑. 注意事項:皮膚與黏膜刺激. 用途:1. 乳化劑 2. 螯合劑 3. 分散劑 4. 水軟化劑.

Pentasodium triphosphate 三磷酸五鈉, 亦稱 Sodium tripolyphosphate (三聚磷酸鈉)、STPP (縮寫);用途:1. 螯合劑 2. 緩衝劑.

Pentetic acid 三胺五乙酸, 亦稱 Diethylenetriamine pentaacetic acid 、DTPA (縮寫); 常用在液狀化粧品, 可與鐵螯合去除鐵質. 用途:螯合劑.

Pentyl dimethyl PABA 見 Amyl p-dimethylaminobenzoate.

Pentylene glycol 戊二醇; 用途:保濕劑.

Peppermint (Mentha piperita) oil 見 Peppermint oil.

Peppermint oil 薄荷油; 由薄荷植物之葉提取, 含薄荷醇 Menthol 50％以上, 可舒緩皮膚癢與刺激, 賦予皮膚清新、清涼感. 用途:天然香料.

Pepsin 胃蛋白酵素, 亦稱胃蛋白酶; 胃液之主要消化酵素, 可使食物之蛋白質分解爲較小的分子, 如蛋白脎及蛋白腖, 常使用在頭髮潤絲產品, 作爲天然頭髮調理劑. 用途:生物添加物.

Peptides 肽, 亦稱胜肽; 蛋白質經消化分解後產生的較小分子, 常加在頭髮產品作天然頭髮調理劑. 見 Protein, Hydrolyzed. 用途:生物添加物.

Peptones 腖; 蛋白質經消化分解後產生的較小分子, 常加在頭髮產品作天然頭髮調理劑. 見 Protein, hydrolyzed. 用途:生物添加物.

Perfluorodimethylcyclohexane 十氟二甲基環己烷; 用途:溶劑.

Perfluoropolymethylisopropyl ether 聚氟甲異丙醚; 用途:柔軟劑.

Perfume 香水; 指將香料溶於酒精, 製成之芳香化粧品香料, 香料可分類爲植物性香料、動物性香料、單離香料、純合成香料與調合香料 (見〈化粧品成分用途說明〉, 香料), 見 Fragrance.

Perilla ocymoides 紫蘇, 亦稱 Perilla frutescens (學名); 唇形科藥用植物, 紫蘇葉用在治療咳嗽及流行性感冒, 但用作化粧品成分尚未發現有意義之功效. 用途:植物添加物.

Persea gratissima 見 Avocado.

Persea gratissima (Avocado oil) 見 Avocado oil.

Petrolatum 凡士林, 亦稱 Vaseline、Petroleum jelly、Paraffin jelly; 得自石油

經純化後的軟膏狀物質,幾無味無臭,化學性質穩定,但不同於液態石蠟與石蠟的單純混合物,凡士林是一種有外相、內相的飽和碳氫混合物. 凡士林廣泛使用在各種化粧品,如護膚霜、嬰兒護膚霜、除毛蠟、唇膏、彩粧膏、粉狀彩粧及頭髮產品等,具多重性質,用於口紅可使產品光澤、平滑,具潤滑劑之功效;用於護膚品可使皮膚柔軟潤滑,具柔軟劑功效;而其在皮膚可形成一封蓋薄膜,可防止皮膚水分蒸發與保護皮膚免於刺激. 注意事項:少數敏感性皮膚會有過敏反應. 用途:1. 霜狀產品原料 2. 抗靜電劑 3. 柔軟劑 4. 保濕劑 5. 潤滑劑 6.皮膚保護成分.

Petrolatum, liquid　見 Mineral oil.

Petroleum distillates　石油蒸餾物,亦稱 Hydroocarbons、Naphtha、Waxes;本類混合物包含輕質、中質及重質石油,得自原油蒸餾之混合烴,可能含有少量氮、氧及硫化合物. 用途:1. 抗泡沫劑 2. 溶劑.

Petroleum hydrocarbon　石油烴;亦稱石油碳氫化合物或混合烴,本類混合物包含輕質、中質及重質石油碳氫化合物,可能含有少量氮、氧及硫化合物. 用途:柔軟劑.

Petroselinum sativum　歐芹;一種繖形科洋芫荽屬植物,其葉可萃取精油,為芳香療法重要精油之一. 勿與食物西洋芹 Parsley 混淆, 二者同屬不同種,Parsley 學名為 Petroselinum crispum. 注意事項:可能引起子宮收縮,故懷孕及痛經期間不應使用,使用時需小心用量,否則可能發生暈眩. 用途:1. 製造精油 2. 植物添加物.

Phaseolus　四季豆;化粧品所用的成分 Phaseolus 一般獲自四季豆 Phaseolus vulgaris (學名, 一般名稱包括 Bean、Green Bean、French bean). 蝶形花科 Fabaceae 栽培的品種除四季豆 Phaseolus vulgaris L.(學名)外, 還有豌豆 Pisum sativum L.(學名)、扁豆 Dolichos lablab (學名)、茱豆 Vigna sesquipedalis (學名) 等,都是經濟富含纖維、維生素和蛋白質之食用蔬菜,藥用上 Phaseolus vulgaris 用於利尿及調節血糖,至於在皮膚潰瘍之治療功效,

尚未建立有利科學根據, 但化粧品工業開發的成分如 Green bean extract、Bean oil 及 Bean palmitate 據聲稱可舒緩皮膚癢及有益面皰皮膚. 用途:植物添加物.

Phenacetin 非那西丁, 亦稱 Acetophenetidin;醫學上使用為鎮痛藥及解熱藥, 在化粧品工業加在防曬產品及舒緩產品. 用途:添加物.

Phenethyl acetate 醋酸苯乙酯, 亦稱乙酸苯乙酯;用途:除臭劑.

Phenethyl alcohol 苯乙醇, 亦稱 Phenylethyl alcohol、2- Phenylethanol、β-Phenylethyl alcohol (β-苯基乙醇);一種芳香族之醇類, 天然存在於多種水果中, 化粧品添加之苯乙醇化合物為合成香料 (見〈化粧品成分用途說明〉, 香料), 用在製造水果香味香料. 用途:1. 除臭劑 2. 香料.

Phenethyl disiloxane 苯乙基二矽氧烷;一種低分子量矽酮油. 見 Silicone oil 與 Silicones. 用途:抗泡沫劑.

Phellodendron amurense 黃柏;芸香科黃柏屬植物, 全世界約有一百多種, 中醫學上黃柏具消炎、抗菌、解熱等功效, 化粧品業者聲稱黃柏植物萃取液 Phellodendron amurense extract 可促進血液循環、減輕水腫、消炎及舒緩緊繃肌肉, 但這些聲稱尚無足夠之研究根據. 見 Phellodendron amurense extract. 用途:植物添加物.

Phellodendron amurense extract 黃柏萃取液;得自芸香科黃柏屬黃柏 Phellodendron amurense (學名). 見 Phellodendron Amurense. 用途:植物添加物.

Phenol 苯酚, 亦稱 Carbolic acid、Phenylic acid、Phenic acid、Phenyl hydroxide、Hydroxybenzene、Oxybenzene;得自煤焦油, 無色晶體具特殊氣味, 含毒性和腐蝕性之物質, 在化粧品工業一般用於刮鬍霜及拭手液, 可清毒皮膚及止癢(皮膚搔癢時作局部麻醉劑). 市售品含 1% 濃度苯酚用作昆蟲叮咬之止癢劑, 但已發現如連續使用數小時, 可滲透皮膚引起皮下病變壞死. 注意事項:可迅速經皮膚、胃或吸收, 不論經皮膚吸收、攝入溶液或吸入蒸汽, 可致全身中毒,造成輕微至危及生命傷害.用途: 1. 防腐劑 2. 抗微生物劑 3. 變性劑 4. 除臭劑.

Phenolphthalein 酚酞;用途:口腔護理劑.

Phenoxyethanol 苯氧乙醇,亦稱 2-Phenoxyethanol (2-苯氧乙醇);香味油狀 液體,由苯酚製備,廣泛添加於各種化粧品,用於洗澡、洗髮、頭髮噴霧、卸粧及 彩粧等.注意事項:未稀釋前是眼睛之強刺激劑,稀釋至 2.2％則不具刺激性; 美國 CIR 專家認為以目前使用方法及限制,為安全之化粧品成分;尚未有皮 膚刺激及過敏反應報導.用途: 1. 殺菌劑 2. 防腐劑 3. 定香劑 4. 香料 5. 溶 劑.

Phenoxyethylparaben 苯氧尼泊金乙酯,亦稱 2- Phenoxyethyl *p*-hydroxybenzoate;一種對羥基苯甲酸酯.見 Parabens.用途: 1.防腐劑 2. 抗微 生物劑.

Phenoxyisopropanol 苯氧異丙醇,亦稱 1- Phenoxypropan- 2- ol;用途: 1. 防 腐劑 2. 溶劑.

1-Phenoxypropan-2-ol 見 Phenoxyisopropanol.

Phenyl acetaldehyde 苯乙醛;油質無色液體,化學合成製備之化合物,具丁 香和風信子香味,用於製造香水,因具刺激性,一般已不加在嬰兒用化粧品中. 注意事項:具刺激性.用途:香料.

Phenylacetic acid 苯基乙酸,亦稱苯乙酸 Benzeneacetic acid;天然存在日本 薄荷,工業來源亦可由化學合成用在製造香水.用途:香料.

***DL*-Phenylalanine** *DL*-苯丙胺酸,亦稱消旋型苯丙胺酸;合成製備之苯丙胺 酸.用途:見 *L*-Phenylalanine.

***L*-Phenylalanine** 苯丙胺酸,亦稱 Phenylalanine;一種人體生長必需胺基酸; 用在頭髮產品可防止頭髮糾結、易梳理,及加在護膚品改善柔軟劑之滲透性. 用途:抗靜電劑.

Phenylbenzimidazole sulfonic acid 苯基苯駢咪唑磺酸,亦稱 2-Phenyl-5-

benzimidazolesulfonic acid（2-苯基-5-苯駢咪唑磺酸）、2-Phenylbenzimidazole-5-sulfonic acid（2-苯基苯駢咪唑-5-磺酸）；苯駢咪唑之衍生物，加在防曬品作紫外線波段 B 吸收劑. 用途：1. 防曬劑 2. 產品保護劑.

2-Phenylbenzimidazole-5-sulfonic acid, salts 2-苯基苯駢咪唑-5-磺酸鹽類；包括鉀鹽 2-Phenylbenzimidazole-5-sulfonic acid, potassium salt、鈉鹽 2-Phenylbenzimidazole-5-sulfonic acid, sodium salt 及三乙醇胺鹽 2-Phenylbenzimidazole-5-sulfonic acid, triethanolamine. 合成苯駢咪唑衍生物，加在防曬品作紫外線波段 B 吸劑. 用途：1. 防曬劑 2. 產品保護劑.

Phenyl benzoate 苯甲酸苯酯，亦稱 Benzoic acid phenyl ester；一種合成的苯甲酸衍生物（見 Benzoic acid）. 用途：防腐劑.

Phenyl dimethicone 苯基二甲矽油，亦稱 1, 1, 3, 3- Tetramethyl- 1, 3-diphenyldisiloxane；一種矽油（見 Dimethicone 與 Silicones）. 用途：柔軟劑.

***m*-Phenylenediamine** 間-苯二胺，亦稱 *m*-苯二胺、1,3-Benzene diamine、*m*-Diaminobenzene；見 *m-, o- and p-* Phenylenediamines, their *N*-substituted derivatives and their salts. 用途：染髮劑.

***o*-Phenylenediamine** 鄰-苯二胺，亦稱 *o*-苯二胺、1,2-Benzene diamine、*o*-Diaminobenzene；本化合物爲截至本書付印前，國內衛生署尙未允許之染髮劑. 見 *m-, o- and p-* Phenylenediamines, their *N*-substituted derivatives and their salts. 用途：染髮劑.

***p*-Phenylenediamine** 對-苯二胺，亦稱 *p*-苯二胺、1,4-Benzene diamine、*p*-Diaminobenzene、*p*-Aminoaniline；見 *m-, o- and p-* Phenylenediamines, their *N*-substituted derivatives and their salts. 用途：染髮劑.

***m*-Phenylenediamine hydrochloride** 鹽酸間苯二胺，亦稱間苯二胺鹽酸鹽；苯二胺之鹽類，本化合物爲截至本書付印前，國內衛生署尙未允許之染髮劑. 見 *m-, o-and p-* Phenylenediamines, their *N*-substituted derivatives and their salts. 用途：染髮劑.

***p*-Phenylenediamine hydrochloride** 鹽酸對苯二胺,亦稱對苯二胺鹽酸鹽;苯二胺之鹽類. 見 *m-*, *o-* *and* *p-* Phenylenediamines, their *N*-substituted derivatives and their salts. 用途:染髮劑.

***m*-Phenylenediamine sulfate** 硫酸間苯二胺,亦稱間苯二胺硫酸鹽;苯二胺之鹽類.見 *m-*, *o-* *and* *p-* Phenylenediamines, their *N*-substituted derivatives and their salts. 用途:染髮劑.

***p*-Phenylenediamine sulfate** 硫酸對苯二胺,亦稱對苯二胺硫酸鹽;苯二胺之鹽類.見 *m-*, *o-* *and* *p-* Phenylenediamines, their *N*-substituted derivatives and their salts. 用途:染髮劑.

***m-*, *o-* and *p-* Phenylenediamines, their *N*-substituted derivatives and their salts** 間苯二胺,鄰苯二胺、對苯二胺及其 *N*-取代衍生物以及其鹽類;煤焦油化合物 (見 Coal tar).注意事項:*p-* Phenylenediamine 可能會引起皮膚紅疹、水泡、胃炎、光敏感;動物研究顯示,某些煤焦油染髮劑會引起癌症;長期使用煤焦油染髮劑,會使乳癌罹患率增高;煤焦油染髮劑會經由皮膚吸收,其吸收量依化合物種類與停留頭皮時間長短而定;美國 CIR 專家及科學界正在研究本類化合物之分子量.用途:染髮劑.

3,3'-(1,4-Phenylenedimethylene) bis (7,7-dimethyl-2-oxo-bicyclo-[2,2,1] hept-1-yl-methanesulphonic acid) and its salt 3,3'-(1,4-苯二亞甲基)雙(7,7-二甲基-2-氧-二環-[2,2,1]庚基-甲烷磺酸)及其鹽類,亦稱磺酸對酞酸二樟腦 Terephthalylidene dicamphor sulfonic acid;用途:防曬劑.

2- Phenylethanol 見 Phenethyl alcohol.

Phenylethyl alcohol, β-Phenylethyl alcohol 見 Phenethyl alcohol.

Phenylmercuric acetate 醋酸苯汞,亦稱 Phenylmercury acetate、(Acetato)-phenylmercury、Acetoxyphenylmercury;注意事項:毒性物質, 勿攝入. 見 Mercury, Mercury conpourds. 見 Mercury, Mercury compounds. 用途: 1. 防

腐劑 2. 殺黴菌劑.

Phenylmercuric benzoate 苯甲酸苯汞, 亦稱 Phenylmercury benzoate; 一種有毒合成物, 汞類化合物中毒性最小. 注意事項: 見 Phenylmercuric acetate. 用途: 防腐劑.

Phenylmercuric borate 硼酸苯汞, 亦稱 Phenylmercury borate; 一種有毒合成物. 注意事項: 見 Phenylmercuric acetate. 用途: 防腐劑.

Phenylmercuric bromide 苯基溴化汞, 亦稱 Bromophenylmercury; 一種有毒合成物. 注意事項: 見 Phenylmercuric acetate. 用途: 防腐劑.

Phenylmercuric chloride 苯基氯化汞, 亦稱 Phenylmercury chloride、Chlorophenylmercury; 一種有毒合成物. 注意事項: 見 Phenylmercuric acetate. 用途: 防腐劑.

Phenylmercuric salts 見 Phenylmercuric acetate.

Phenylmercury acetate 見 Phenylmercuric acetate.

Phenylmercury benzoate 見 Phenylmercuric benzoate.

Phenylmercury borate 見 Phenylmercuric borate.

Phenylmercury chloride 見 Phenylmercuric chloride.

Phenyl methicone 苯基甲矽油; 一種低分子量的矽油 (見 Silicones). 用途: 柔軟劑.

Phenylmethyl pyrazolone 苯甲吡唑啉酮, 亦稱 3- Methyl- 1- phenyl- 5- pyrazolone; 一種煤焦油色素 (見 Coal tar), 國內衛生署未允許之染髮劑. 用途: 染髮劑.

o-**Phenylphenol** 鄰-苯基苯酚, 亦稱 *o*-苯基苯酚、2-Biphenylol (2-雙苯酚)、*o*-Biphenylol(鄰雙苯酚)、2- Phenylphenol (2-苯基苯酚)、Orthophenylphenol (鄰苯基苯酚); 自二苯醚 Phenyl ether 製備, 用在醫院、家庭清潔等作為消毒和殺菌劑, 在化粧品工業用作為防腐劑. 注意事項: 加熱受破壞時會放出辛辣

和刺激性煙氣;鄰-苯基苯酚與其鈉鹽會刺激眼、皮膚及呼吸道;致癌性尙未確定.用途: 1. 殺菌與殺黴菌劑 2. 防腐劑 3. 保存劑.

N-Phenyl-p-phenylenediamine　N-苯基-對-苯二胺, 亦稱 4-Amino diphenylamine、p- Amino diphenylamine、p-Anilinoaniline;見 m-, o- and p-Phenylenediamines, their N-substituted derivatives and their salts.注意事項:可能引起皮膚刺激、水泡.用途:染髮劑.

N-Phenyl-p-phenylenediamine acetate　乙酸 N-苯基對-苯二胺, 亦稱 N-苯基對-苯二胺乙酸鹽;見 m-, o- and p- Phenylenediamines, their N-substituted derivatives and their salts.用途:染髮劑.

N-Phenyl-p-phenylenediamine HCl　見 N-Phenyl-p-phenylenediamine hydrochloride.

N-Phenyl-p-phenylenediamine hydrochloride　鹽酸 N-苯基對苯二胺, 亦稱 N-苯基對苯二胺鹽酸鹽、N-Phenyl-p-phenylenediamine HCl;見 m-, o- and p- Phenylenediamines, their N-substituted derivatives and their salts.注意事項:可能引起皮膚紅疹.用途:染髮劑.

Phenyl salicylate　水楊酸苯酯, 亦稱柳酸苯酯、2-Hydroxybenzoic acid phenyl ester、Salol;合成之水楊酸衍生物 (見 Salicylic acid), 用在防曬品作紫外線波段 B 吸收劑.用途: 1. 防曬劑 2. 產品保護劑 3. 抗菌劑 4. 變性劑.

Phenyl trimethicone　苯基三甲矽油, 亦稱 Methyl phenylpolysiloxane;一種矽油 Silicone oil 衍生物 (見 Silicones).用途: 1. 抗泡沫劑 2. 抗靜電劑 3. 柔軟劑.

Phloroglucinol　間苯三酚, 亦稱藤黃酚、1,3,5-Trihydroxybenzene、1,3,5-Benzenetriol;一種酚類之煤焦油色素 (見 Coal tar).注意事項:作爲染髮劑之染料及抗氧化劑作用, 美國 CIR 專家列爲尙無足夠數據證實其安全性;截至本書付印, 國內衛生署尙未允許之染髮劑.用途: 1. 染髮劑 2. 抗氧化劑.

Phosphatides　見 Phospholipids.

Phospholipids 磷脂質,亦稱磷脂、Phosphatides;含磷酸的脂肪物質,天然存在動物細胞中如卵磷脂.磷脂質可與水結合而保留水分,因此常添加在保濕產品.用途:生物添加物.

Phosphoric acid 磷酸;一種無機酸,得自磷酸鹽岩石或化學反應生成.注意事項:未稀釋之濃液會刺激皮膚.用途: 1. 抗氧化劑 2. 螯合劑 3. 緩衝劑.

Phthalates 酞酸酯類,亦稱 Phthalate esters;酞酸之酯類,用在化粧品包括 Dibutyl phthalate、Diethyl phthalate 及 Phthalic acid dioctyl ester. 注意事項:某些酞酸酯類可能致癌、致突變及對男性精子具傷害性.用途: 1. 成膜劑 2. 溶劑.

Phthalic acid 酞酸,亦稱鄰苯二甲酸、1,2-Benzenedicarboxylic acid;化學合成物.注意事項:皮膚與黏膜刺激.用途:製造化粧品原料.

Phthalic acid dioctyl ester 酞酸二辛酯,亦稱鄰苯二甲酸二辛酯、Dioctyl phthalate、Diethylhexyl phthalate;一種酞酸酯.注意事項:見 Phthalates、Diethyl phthalate. 用途:成膜劑.

Phthalic anhydride 鄰苯二甲酸酐;注意事項:皮膚與黏膜刺激.用途:製造染料.

Phytic acid 植酸,亦稱 Inositolhexaphosphoric acid (肌醇六磷酸);存在植物種子、豆科植物及穀粒中,常用在處理硬水.用途: 1. 螯合劑 2. 抗氧化劑.

Picramic acid 還原苦味酸,亦稱苦胺酸、2-Amino-4,6-dinitrophenol、CI 76540、4,6-Dinitro-2-aminophenol;毒性物質,易經由皮膚吸收,蒸汽經由呼吸道會產生明顯之代謝和體溫升高、虛脫、死亡.可能引起皮膚紅疹、白內障及體重減輕.用途:染髮劑.

Pidolic acid 見 PCA.

Pilocarpine 毛果芸香鹼;衛生署公告化粧品禁用成分.

Pineapple extract 鳳梨萃取物;見 Pineapple juice.

Pineapple juice　鳳梨萃取液,亦稱鳳梨汁 Pineapple juice;汁液含蛋白質消化酵素 (鳳梨酵素),具抗炎性質,可溶解角質蛋白,故常加入面膜或皮膚去角質產品,以除去表皮角質.高濃度鳳梨酵素對特定皮膚,如某些乾敏感性皮膚或做果酸換膚不久,可能引起刺激反應.用途:天然去角質成分.

Pine bark extract　松樹皮萃取物;得自松樹樹皮之萃取物,化粧品所用之松樹皮萃取物作為溶劑或消毒成分,與食品界所用之松樹皮萃取物 (商品名 Pycnogenol) 為不同萃取物.Pycnogenol 是從某特定松樹品種提取之生物類黃酮,作為保護細胞之抗氧化劑.用途: 1. 溶劑　2. 天然消毒成分.

Pine needles extract　松針萃取物;見 Pine needles oil.

Pine needles oil　松針油;獲自松科長葉松 Pinus palustris M. 和其他屬松樹針葉之精油,常使用在浴油、浴鹽等用做天然香料.注意事項:皮膚、黏膜刺激.用途:天然香料.

Pine oil　松油,亦稱松樹油;萃取自松科長葉松 Pinus palustris M. 和其他屬松樹之松木,包含二種萃取物:得自松材之松油 (見 Pine tar) 及得自針葉或樹枝之松油 (見 Pine needles oil).注意事項:小劑量無毒,大劑量引起中樞神經抑制;未稀釋之松油刺激皮膚、黏膜.用途: 1. 溶劑　2. 天然消毒成分　3. 天然除臭成分.

Pine tar　松焦油;黑棕色黏稠液體,乾餾自松科長葉松 Pinus palustris M. 和其他屬松樹之松材,傳統使用為慢性皮膚病之消毒劑.注意事項:皮膚弱刺激.用途: 1. 溶劑　2. 天然消毒成分　3. 天然除臭劑.

Pinus sylvestris　見 Pinus sylvestris oil.

Pinus sylvestris oil　赤松油,亦稱歐洲赤松油;萃取自松科松屬歐洲赤松 Pinus sylv0estris L. (學名)針葉之精油,歐洲赤松主產地北歐,是芳香療法重要精油之一.注意事項:少量即可能會刺激敏感性皮膚,保存不當造成氧化,則可能刺激正常膚質之皮膚.用途: 1. 天然香料　2. 精油.

Piper nigrum　胡椒,亦稱黑胡椒 Black pepper (俗名)、胡椒 Piper (俗名);

Piper nigrum L 爲其學名, 其未成熟漿果可萃取胡椒油. 見 Piper nigrum extract. 用途:天然香料原料.

Piper nigrum extract 胡椒萃取物;化粧品成分胡椒萃取物 Piper nigrum extract 泛指胡椒油 Pepper oil 或黑胡椒油 Black Pepper oil. 見 Piper nigrum. 用途:(天然) 香料.

Piper oil 胡椒油, 亦稱 Pepper oil、黑胡椒油 Black pepper oil;一種精油. 見 Piper nigrum. 用途:(天然) 香料.

Piperonal 胡椒醛, 亦稱洋茉莉醛、1,3-Benzodioxole-5-carboxaldehyde、Heliotropin;一種天然芳香物質黃樟腦 Safrole 之衍生物, 可直接自黃樟腦製備, 或自洋擦木 Sassafras 精油中萃取製備. 黃樟腦 Safrole 是一些精油之成分, 尤以洋擦木 Sassafras 之精油含量最豐, 可含黃樟腦 75％. 胡椒醛常加在皂類和香水中作爲香料, 在芳香療法具鎮定作用. 注意事項:黃樟腦具抗菌、抗病毒活性, 但因具致癌性及肝毒性已禁用在食品, 因此黃樟腦衍生物也不被認爲是一種植物性營養物, 但作爲化粧品香料使用, 尚未有致癌性報導;大量食入可能會致中樞神經損害;具皮膚刺激性, 已有報導會引起皮膚紅疹, 用在脣膏疑與皮膚斑痕有關. 用途:香料.

Pipper oil 見 Piper oil.

Piroctone and its monoethanolamine salt 吡羅克酮及其單乙醇胺鹽;見 Piroctone olamine.

Piroctone olamine 吡羅克酮乙醇胺鹽;Piroctone 爲一種吡啶酮衍生物, 用作抗皮脂漏藥, 與乙醇胺結合之化合物 Piroctone olamine 作爲化粧品之防腐劑. 用途:防腐劑.

Piscum iecur 魚肝油, 亦稱 Fish liver oil;動物油脂, 主要組成分爲 C14-C18 及 C16-C22 不飽和脂肪酸之甘油酯. 用途:(天然) 柔軟劑.

Pistachio nut 見 Pistacia vera.

Pistacia vera 開心果, 亦稱 Pistachio nut;獲自漆樹科 Anacardiaceae 黃連木

屬之 Pistacia vera L.（學名）之堅果, 可榨取油脂 Pistachio nut oil 具潤膚功效. 用途:製造開心果油（Pistachio nut oil）原料.

Pisum sativum 豌豆, 亦稱靑豆、荷蘭豆、Garden pea、Snow pea; Pisum sativum 爲其學名. 見 Pisum sativum extract. 用途:豌豆萃取物原料.

Pisum sativum extract 豌豆萃取物, 亦稱 Pea extract; 見 Pisum sativum. 用途:植物添加物.

Pitera 活細胞酵素精華（中文商品名）, 亦稱天然活膚酵母精華（中文商品名）; Pitera 是日本化粧品業者開發及註冊專利的化粧品成分, 得自日本米酒經天然酵母菌發酵後產生之代謝物, 具滋潤及保濕效果. 開發者聲稱能同時改善多種不同皮膚問題, 但目前在歐美尙無研究支持. 用途:（天然）皮膚調理劑.

Placental enzymes 胎盤酵素; 得自哺乳類胎盤. 用途:天然保濕劑.

Placental extract 胎盤萃取物; 得自哺乳類胎盤之萃取物, 含豐富之維生素及雌性荷爾蒙, 化粧品業者推崇有助於改善老化之皮膚及回春功效（如除皺紋）, 但因缺乏有力研究數據證明其產品訴求, 也缺乏歐美科學界之支持. 用途:生物添加劑.

Placental lipids 胎盤脂質; 得自哺乳類胎盤之脂質, 化粧品業者推崇功效同 Placental extract, 但缺乏科學研究數據支持. 用途:（天然）柔軟劑.

Placental protein 胎盤蛋白質; 得自由哺乳類胎盤之蛋白質, 化粧品業者推崇功效同 Placental extract, 但缺乏科學研究數據支持. 用途:（天然）保濕劑.

Plankton extract 海藻萃取物; 綠藻或海藻之萃取物. 用途:（天然）保濕劑.

Pluronic 商品名; 見 Poloxamer 101, Poloxamer 105......Poloxamer 407.

p-**Methyl acetophenone** 查閱字母 M 之 *p*-Methyl acetophenone .

p-**Methylaminophenol** 查閱字母 M 之 *p*-Methylaminophenol.

p-**Methylaminophenol sulfate** 查 閱 字 母 M 之 *p*-Methylaminophenol sulfate.

***p*-Nitro-*m*-phenylenediamine sulfate**　查閱字母 N 之 *p*-Nitro-*m*-
phenylenediamine sulfate.

***p*-Nitro-*o*-phenylenediamine**　查閱字母 N 之 *p*-Nitro-*o*-phenylenediamine.

***p*-Nitro-*o*-phenylenediamine　sulfate**　查 閱 字 母 N 之 *p*-Nitro-*o*-
phenylenediamine sulfate.

POE alcohol ethers, POE fatty alcohol ethers　見 Polyoxyethylene alcohols.

POE alcohols, POE fatty alcohols　見 Polyoxyethylene alcohols.

POE alkyl ether phosphate　見 Polyoxyethylene alkyl ether phosphate.

POE alkyl ether sulfate　見 Polyoxyethylene alkyl ether sulfate.

POE fatty acid esters　見 Polyoxyethylene fatty acid esters.

POE 40 stearate　見 Polyoxyethylene 40 stearate.

POE sorbitan esters　見 Sorbitan esters.

POE sorbitan monopalmite　見 Polysorbate 40.

POE sorbitan monostearate　見 Polysorbate 60.

Pogostemon cablin　東印度薄荷,亦稱 Patchouli (俗名);其葉可萃取東印度
薄荷精油 Patchouli oil. 見 Pogostemon cablin extract. 用途:製造東印度薄荷
精油原料.

Pogostemon cablin extract　東印度薄荷油,亦稱東印度薄荷精油 Patchouli
oil;見 Pogostemon cablin. 用途:天然香料.

Poloxamer 101、Poloxamer 105、……Poloxamer 407　波洛莎姆 101、波洛
莎姆 105、…… 波洛莎姆 407;由環氧乙烷及環氧丙烷共聚而成之聚合物,
為液體、糊狀及固體之非離子界面活性劑系列,後面所連接之數目愈大,分子
量愈大,愈堅硬, Pluronic 為本系列之商品名.本類界面活性劑之分子量較其
他型非離子型界面活性劑為大,對皮膚刺激性較小,可作為乳液、乳霜之乳化

劑. 用途：1. 乳化劑 2. 界面活性劑.

Poloxamer 182LF 波洛莎姆 182 LF, 亦稱 Pluronic L62LF（商品名）；見 Poloxamer 101、Poloxamer 105、......Poloxamer 407.

Poloxamer 188 波洛莎姆 188, 亦稱 Pluronic F68（商品名）；見 Poloxamer 101、Poloxamer 105、......Poloxamer 407.

Poloxamer 331 波洛莎姆 331, 亦稱 Pluronic L101（商品名）；見 Poloxamer 101、Poloxamer 105、......Poloxamer 407.

Poloxamer 105 benzoate 波洛莎姆 105 苯甲酸鹽；波洛莎姆 105 Poloxamer 105 之衍生物. 用途：乳化劑.

Poloxamer 182 dibenzoate 波洛莎姆 182 二苯甲酸鹽；波洛莎姆 182 Poloxamer 182 之衍生物. 用途：乳化劑.

Poloxamine 304、504、......Poloxamine 1508 波洛莎明 304、504、......, 1508；聚合物. 用途：1. 界面活性劑 2. 乳化劑.

Polyacrylamide 聚丙烯醯胺；2-丙烯醯胺 2- Propenamide 之同質聚合物（即由丙烯醯胺 Acrylamide 單體聚合而成），劇毒物質, 可經由完整皮膚吸收, 常用於製造指甲油. 注意事項：會引起皮膚刺激性與中樞神經傷害；美國 CIR 專家列為使用在濃度低於 0.01% 為安全化粧品成分. 用途：1. 結合劑 2. 成膜劑 3. 抗靜電劑.

Polyacrylamidomethyl benzylidene camphor 聚丙烯醯胺甲基亞樟腦苄；合成之樟腦衍生物. 用途：防曬劑.

Polyacrylamidomethylpropane sulfonic acid 聚丙烯醯胺甲基丙烷磺酸；用途：成膜劑.

Polyacrylate 聚丙烯酸鹽；見 Polyacrylic acid salt.

Polyacrylic acid 聚丙烯酸, 亦稱 Carbomer 910；2-丙烯酸 2- Propenoic acid 之同質聚合物（即由丙烯酸 Acrylic acid 單體聚合而成）. 用途：1. 結合劑 2. 乳劑穩定劑 3. 成膜劑 4. 增稠劑.

Polyacrylic acid salt 聚丙烯酸鹽;丙烯酸鹽之聚合物.見 Polyacrylate.用途：
1. 結合劑 2. 乳劑穩定劑 3. 成膜劑 4. 增稠劑.

Polyanthes tuberosa 晚香玉;其花可萃取晚香玉精油;見 Polyanthes tuberosa
extract.用途：1. 製造晚香玉萃取物 2. 製造晚香玉油.

Polyanthes tuberosa extract 晚香玉萃取物,一般指晚香玉油（亦稱晚香玉
精油）;見 Polyanthes tuberosa.用途：天然香料.

Polydecene 聚癸烯;由癸烯聚合而成之聚合物.用途：結合劑.

Polyethylacrylate 聚丙烯乙酯;丙烯酸乙酯之同質聚合物,由丙烯酸乙酯之
單體聚合而成.用途：1. 結合劑 2. 抗靜電劑 3. 成膜劑.

Polyethylene 聚乙烯;乙烯之同質聚合物,由液體乙烯聚合而成.注意事項：
大量攝入會引起腎、肝傷害,尚未發現皮膚毒性.用途：1. 結合劑 2. 抗靜電劑
3. 成膜劑 4. 乳劑穩定劑 5. 增稠劑.

Polyethylene glycol 聚乙(烯)二醇,亦稱 PEG(縮寫)、Carbowax、Macrogol、
Polyglycol E;具有環氧乙烷結構之系列化合物,通式為 $H(OCH_2CH_2)nOH$,
由環氧乙烷與乙二醇附加聚合反應製得之非離子型界面活性劑.PEG 非單聚
合而是數種不同聚合度的分子所組成的混合物,後接之數字代表 PEG 之平均
分子量或 mole 數,平均分子量介於 200 至 600 的 PEG (即 PEG 200～PEG
600) 為黏性液體,超過 600 者逐漸轉為半固體,聚乙二醇之保濕力隨分子量
的增加而逐漸降低 (分子量 500 以上保濕效果遞減),其致敏感性亦隨分子量
而不同 (見注意事項).在界面活性劑工業,PEG 被用來當作親水基,與親油
基(見註 1) 產生附加聚合反應,製造更多不同之非離子型界面活性劑(見註
2),若將乙氧基化之親油基(見註 3) 再進一步經硫酸化或磷酸酯化並以鹼中
和,則可製得陰離子型界面活性劑 (見 Polyoxyethylene alkyl ether sulfate、
Polyoxyethylene alkyl ether phosphate 或 Polyoxyethylene alkyl phenylether
phosphate 等),或經加成反應生成四級銨鹽,則製得陽離子型界面活性劑.注
意事項：PEG 為低毒性化合物;分子量介於 200 至 400 之間 (PEG 200～PEG

400）可能引起敏感反應,分子量大於 PEG 400 則不會引起敏感反應.用途: 1.
保濕劑 (低分子量之 PEG) 2. 界面活性劑.

註 1:常用來當作親油基者包括動植物油脂、高級脂肪醇、高級脂肪酸、烷基
酚、高級脂肪酸酯或多元醇酯類等 (例如甘油酯、山梨糖醇酯、山梨糖醇酐酯、
聚甘油酯等).

註 2:PEG 與動、植物油脂附加聚合製成之非離子型界面活性劑,通稱為乙氧
基化油脂(例如 PEG-8 castor oil、Polyoxyethylene castor oil 等);與高級脂肪
醇附加聚合製成之非離子型界面活性劑, 稱為聚氧乙烯醇 (見
Polyoxyethylene alcohols);與高級脂肪酸附加聚合製成之非離子型界面活性
劑,稱為聚氧乙烯脂肪酸酯 (見 Polyoxyethylene fatty acid esters);與烷基酚
附加聚合製成之非離子型界面活性劑, 稱為聚氧乙烯烷基苯基醚 (例如
Polyoxyethylene octyl phenylether);與甘油酯附加聚合製成之非離子型界面
活性劑, 稱為 PEG-n-甘油基脂肪酸酯 (例如 PEG-5-glyceryl stearate) 或聚氧
乙烯甘油基脂肪酸酯 (例如 Polyoxyethylene glyceryl monostearate);與山梨
糖醇酯附加聚合製成之非離子型界面活性劑, 稱為 PEG-n-sorbitol esters (例
如 PEG-30 sorbitol tetraoleate/laurate) 或聚氧乙烯山梨糖醇酯脂肪酸酯 (例
如 Polyoxyethylene sorbitol hexastearate);與山梨糖醇酐酯附加聚合製成之非
離子型界面活性劑, 稱為 PEG-n-sorbitan esters (例如 PEG-20 sorbitan
cocoate)、POE sorbirtan esters (例如 Polysorbate 20, 見 Sorbitan esters);與聚
甘油酯附加聚合製成之非離子型界面活性劑,稱為聚甘油基脂肪酸酯 (例如
Polyglyceryl-4-PEG-2 cocamide).

註 3:乙氧基化反應或稱乙氧化反應,是將聚乙二醇 (一種環氧乙烷物) 直接
加成反應,與油脂、脂肪醇、脂肪酸、烷基酚或多元醇酯類等親油基形成附加聚
合鏈結.

Polyethylene glycol 400 dioleate　見 PEG 400 dioleate.

Polyethylene glycol 400 monostearate　見 PEG 400 monostearate.

Polyethylene terephthalate 聚對苯二甲酸乙酯, 亦稱聚對酞酸乙二酯、PET（縮寫）；聚合物. 用途：成膜劑.

Polyethylglutamate 聚麩胺酸乙酯；麩胺酸之合成衍生物（見 Glutamic acid）. 用途：結合劑.

Polyethylmethacrylate 聚甲基丙烯乙酯；丙烯酸乙酯之聚合物. 用途：結合劑.

Polyglycerin 聚甘油；甘油合成之多元醇, 具有 8 個以上氫氧基（氫氧基數）之甘油合成物通稱, 用作保濕劑, 亦可與脂肪酸酯化形成脂肪酸聚甘油酯, 製得各種不同之非離子型界面活性劑. 另外如將脂肪酸聚甘油酯剩餘之氫氧基與聚乙二醇附加聚合（即將脂肪酸聚甘油酯乙氧基化）, 可進一步製得不同之非離子型界面活性劑. 用途：1. 保濕劑 2. 製造界面活性劑.

註：乙氧基化反應或稱乙氧化反應, 是將聚乙二醇（一種環氧乙烷物）直接加成反應, 與油脂、脂肪醇、脂肪酸或多元醇類等親油基形成附加聚合鏈結.

Polyglycerin-3 聚甘油-3, 亦稱 Triglycerol；三個甘油合成之甘油合成物（見 Polyglycerin）. 用途：保濕劑.

Polyglyceryl-2 caprate 聚甘油基-2 癸酸酯；一種脂肪酸聚甘油酯之非離子型界面活性劑（見 Polyglycerin）. 用途：乳化劑.

Polyglyceryl-2 caprylate 聚甘油基-2 辛酸酯；一種脂肪酸聚甘油酯之非離子型界面活性劑（見 Polyglycerin）. 用途：乳化劑.

Polyglyceryl-2 diisostearate 聚甘油基-2 二異硬脂酸酯；一種脂肪酸聚甘油酯之非離子型界面活性劑（見 Polyglycerin）. 用途：乳化劑.

Polyglyceryl-2 dioleate 聚甘油基-2 二油酸酯；一種脂肪酸聚甘油酯之非離子型界面活性劑（見 Polyglycerin）. 用途：乳化劑.

Polyglyceryl-2 distearate 聚甘油基-2 二硬脂酸酯；一種脂肪酸聚甘油酯之非離子型界面活性劑（見 Polyglycerin）. 用途：乳化劑.

Polyglyceryl-2 isopalmitate 聚甘油基-2 異棕櫚酸酯；一種脂肪酸聚甘油酯

之非離子型界面活性劑 (見 Polyglycerin). 用途:乳化劑.

Polyglyceryl-2 isostearate 聚甘油基-2 異硬脂酸酯;一種脂肪酸聚甘油酯之非離子型界面活性劑 (見 Polyglycerin). 用途:乳化劑.

Polyglyceryl-2 lanolin alcohol ether 聚甘油基-2 羊毛脂醇醚;一種脂肪酸聚甘油酯 (見 Polyglycerin). 用途:乳化劑.

Polyglyceryl-2 laurate 聚甘油基-2 月桂酸酯;一種脂肪酸聚甘油酯之非離子型界面活性劑 (見 Polyglycerin). 用途:乳化劑.

Polyglyceryl-2 oleate 聚甘油基-2 油酸酯;一種脂肪酸聚甘油酯之非離子型界面活性劑 (見 Polyglycerin). 用途:乳化劑.

Polyglyceryl-2 oleyl ether 聚甘油基-2 油醚;一種脂肪酸聚甘油酯 (見 Polyglycerin). 甘油之衍生物. 用途:乳化劑.

Polyglyceryl-2-PEG-4 stearate 聚甘油基-2-聚乙二醇-4 硬脂酸酯;一種乙氧基化脂肪酸聚甘油酯之非離子型界面活性劑 (見 Polyglycerin). 用途:乳化劑.

Polyglyceryl-2 sesquiisostearate 聚甘油基-2 倍半異硬脂酸酯;一種脂肪酸聚甘油酯之非離子型界面活性劑 (見 Polyglycerin). 用途:乳化劑.

Polyglyceryl-2 sesquioleate 聚甘油基-2 倍半油酸酯;一種脂肪酸聚甘油酯之非離子型界面活性劑 (見 Polyglycerin). 用途:乳化劑.

Polyglyceryl-2 sesquistearate 聚甘油基-2 倍半硬脂酸酯;一種脂肪酸聚甘油酯之非離子型界面活性劑 (見 Polyglycerin). 用途:乳化劑.

Polyglyceryl-2 sorbitan pentacaprylate 聚甘油基-2 脫水山梨醇戊辛酸酯;一種脂肪酸聚甘油酯之非離子型界面活性劑 (見 Polyglycerin). 用途:乳化劑.

Polyglyceryl-2 sorbitan tetracaprylate 聚甘油基-2 脫水山梨醇四辛酸酯;一種脂肪酸聚甘油酯之非離子型界面活性劑 (見 Polyglycerin). 用途:乳化劑.

Polyglyceryl-2 stearate 聚甘油基-2 硬脂酸酯;一種脂肪酸聚甘油酯之非離

子型界面活性劑 (見 Polyglycerin). 用途：乳化劑.

Polyglyceryl-2 tetraisostearate 聚甘油基-2 四異硬脂酸酯；一種脂肪酸聚甘油酯之非離子型界面活性劑 (見 Polyglycerin). 用途：乳化劑.

Polyglyceryl-2 tetrastearate 聚甘油基-2 四硬脂酸酯；一種脂肪酸聚甘油酯之非離子型界面活性劑 (見 Polyglycerin). 用途：乳化劑.

Polyglyceryl-2 triisostearate 聚甘油基-2 三異硬脂酸酯；一種脂肪酸聚甘油酯之非離子型界面活性劑 (見 Polyglycerin). 用途：乳化劑.

Polyglyceryl-3 beeswax 聚甘油基-3 蜂蠟；一種脂肪酸聚甘油酯 (見 Polyglycerin). 用途：乳化劑.

Polyglyceryl-3 caprate 聚甘油基-3 癸酸酯；一種脂肪酸聚甘油酯之非離子型界面活性劑 (見 Polyglycerin). 用途：乳化劑.

Polyglyceryl-3 cetyl ether 聚甘油基-3 鯨蠟醚；一種脂肪酸聚甘油酯 (見 Polyglycerin). 用途：乳化劑.

Polyglyceryl-3 decyltetradecanol 聚甘油基-3 癸基十四醇, 亦稱聚甘油基-3 癸基肉豆蔻醇；一種脂肪酸聚甘油酯 (見 Polyglycerin). 用途：乳化劑.

Polyglyceryl-3 dicaprate 聚甘油基-3 二癸酸酯；一種脂肪酸聚甘油酯 (見 Polyglycerin). 用途：乳化劑.

Polyglyceryl-3 diisostearate 聚甘油基-3 二異硬脂酸酯；一種脂肪酸聚甘油酯 (見 Polyglycerin). 用途：乳化劑.

Polyglyceryl-3 dioleate 聚甘油基-3 二油酸酯；一種脂肪酸聚甘油酯 (見 Polyglycerin). 用途：乳化劑.

Polyglyceryl-3 distearate 聚甘油基-3 二硬脂酸酯；一種脂肪酸聚甘油酯 (見 Polyglycerin). 用途：乳化劑.

Polyglyceryl-3 hydroxy lauryl ether 聚甘油基-3 羥基月桂醚；一種脂肪酸聚甘油酯 (見 Polyglycerin). 用途：乳化劑.

Polyglyceryl-3 isostearate 聚甘油基-3 異硬脂酸酯;一種脂肪酸聚甘油酯 (見 Polyglycerin).用途:乳化劑.

Polyglyceryl-3 laurate 聚甘油基-3 月桂酸酯;一種脂肪酸聚甘油酯 (見 Polyglycerin).用途:乳化劑.

Polyglyceryl-3-methyl glucose distearate 聚甘油基-3 甲基葡萄糖二硬脂酸 酯;一種脂肪酸聚甘油酯 (見 Polyglycerin).用途:乳化劑.

Polyglyceryl-3 myristate 聚甘油基-3 肉豆蔻酸酯;一種脂肪酸聚甘油酯 (見 Polyglycerin).用途:乳化劑.

Polyglyceryl-3 oleate 聚甘油基-3 油酸酯;一種脂肪酸聚甘油酯 (見 Polyglycerin).用於食品、藥品及化粧品當乳化劑,可使油脂成分乳化製成乳 霜、乳液型產品.用途:乳化劑.

Polyglyceryl-3 ricinoleate 聚甘油基-3 蓖麻油酸酯;一種脂肪酸聚甘油酯 (見 Polyglycerin).用途:乳化劑.

Polyglyceryl-3 stearate 聚甘油基-3 硬脂酸酯;一種脂肪酸聚甘油酯 (見 Polyglycerin).用途:乳化劑.

Polyglyceryl-3 stearate SE 聚甘油基-3 硬脂酸酯;一種脂肪酸聚甘油酯 (見 Polyglycerin).SE 是 Self emulsifying 縮寫.用途:乳化劑.

Polyglyceryl-4 caprate 聚甘油基-4 癸酸酯;一種脂肪酸聚甘油酯 (見 Polyglycerin).用途:乳化劑.

Polyglyceryl-4 cocoate 聚甘油基-4 椰酸酯;一種脂肪酸聚甘油酯 (見 Polyglycerin).用途: 1. 柔軟劑 2. 乳化劑

Polyglyceryl-4 isostearate 聚甘油基-4 異硬脂酸酯;一種脂肪酸聚甘油酯 (見 Polyglycerin).用途:乳化劑.

Polyglyceryl-4 laurate 聚甘油基-4 月桂酸酯;一種脂肪酸聚甘油酯 (見 Polyglycerin).用途:乳化劑.

Polyglyceryl-4 lauryl ether 聚甘油基-4 月桂醚;一種脂肪酸聚甘油酯（見 Polyglycerin）. 用途:乳化劑.

Polyglyceryl-4 oleate 聚甘油基-4 油酸酯;一種脂肪酸聚甘油酯（見 Polyglycerin）. 用途:乳化劑.

Polyglyceryl-4 oleyl ether 聚甘油基-4 油醚;一種脂肪酸聚甘油酯（見 Polyglycerin）. 用途:乳化劑.

Polyglyceryl-4-PEG-2 cocamide 聚甘油基-4-聚乙二醇-2 椰醯胺;一種脂肪 酸聚甘油酯（見 Polyglycerin）. 用途: 1. 表面活性劑 2. 乳化劑.

Polyglyceryl-4 stearate 聚甘油基-4 硬脂酸酯;一種脂肪酸聚甘油酯（見 Polyglycerin）. 甘油之聚合物. 用途:乳化劑.

Polyglyceryl-5 isostearate 聚甘油基-5 異硬脂酸酯;一種脂肪酸聚甘油酯 （見 Polyglycerin）. 用途:乳化劑.

Polyglyceryl-5 laurate 聚甘油基-5 月桂酸酯;一種脂肪酸聚甘油酯（見 Polyglycerin）. 用途:乳化劑.

Polyglyceryl-5 oleate 聚甘油基-5 油酸酯;一種脂肪酸聚甘油酯（見 Polyglycerin）. 用途:乳化劑.

Polyglyceryl-6 dioleate 聚甘油基-6 二油酸酯;一種脂肪酸聚甘油酯（見 Polyglycerin）. 用途:乳化劑.

Polyglyceryl-6 distearate 聚甘油基-6 二硬脂酸酯;一種脂肪酸聚甘油酯（見 Polyglycerin）. 用途:乳化劑.

Polyglyceryl-6 hexaoleate 聚甘油基-6 己油酸酯;一種脂肪酸聚甘油酯（見 Polyglycerin）. 用途:乳化劑.

Polyglyceryl-6 isostearate 聚甘油基-6 異硬脂酸酯;一種脂肪酸聚甘油酯 （見 Polyglycerin）. 用途:乳化劑.

Polyglyceryl-6 laurate 聚甘油基-6 月桂酸酯;用途:一種脂肪酸聚甘油酯

（見 Polyglycerin）.乳化劑.

Polyglyceryl-6 oleate　聚甘油基-6 油酸酯；一種脂肪酸聚甘油酯（見 Polyglycerin）.十八烯酸甘油之同質聚合物.用途：乳化劑.

Polyglyceryl-6 pentaoleate　聚甘油基-6 戊油酸酯；一種脂肪酸聚甘油酯（見 Polyglycerin）.用途：乳化劑.

Polyglyceryl-6 pentastearate　聚甘油基-6 戊硬脂酸酯；一種脂肪酸聚甘油酯（見 Polyglycerin）.用途：乳化劑.

Polyglyceryl-6 ricinoleate　聚甘油基-6 蓖麻油酸酯；一種脂肪酸聚甘油酯（見 Polyglycerin）.用途：乳化劑.

Polyglyceryl-6 tristearate　聚甘油基-6 三硬脂酸酯；一種脂肪酸聚甘油酯（見 Polyglycerin）.用途：乳化劑.

Polyglyceryl-8 oleate　聚甘油基-8 油酸酯；一種脂肪酸聚甘油酯（見 Polyglycerin）.用途：乳化劑.

Polyglyceryl-8 stearate　聚甘油基-8 硬脂酸酯；一種脂肪酸聚甘油酯（見 Polyglycerin）.用途：乳化劑.

Polyglyceryl-10 decalinoleate　聚甘油基-10 癸亞油酸酯；一種脂肪酸聚甘油酯（見 Polyglycerin）.用途：乳化劑.

Polyglyceryl-10 decaoleate　聚甘油基-10 癸油酸酯；一種脂肪酸聚甘油酯（見 Polyglycerin）.用途：乳化劑.

Polyglyceryl-10 decastearate　聚甘油基-10 癸硬脂酸酯；一種脂肪酸聚甘油酯（見 Polyglycerin）.用途：1. 乳化劑 2. 不透明劑.

Polyglyceryl-10 diisostearate　聚甘油基-10 二異硬脂酸酯；一種脂肪酸聚甘油酯（見 Polyglycerin）.用途：乳化劑.

Polyglyceryl-10 dioleate　聚甘油基-10 二油酸酯；一種脂肪酸聚甘油酯（見 Polyglycerin）.用途：乳化劑.

Polyglyceryl-10 distearate 聚甘油基-10 二硬脂酸酯；一種脂肪酸聚甘油酯（見 Polyglycerin）. 用途：乳化劑.

Polyglyceryl-10 heptaoleate 聚甘油基-10 庚油酸酯；一種脂肪酸聚甘油酯（見 Polyglycerin）. 用途：乳化劑.

Polyglyceryl-10 heptastearate 聚甘油基-10 庚硬脂酸酯；一種脂肪酸聚甘油酯（見 Polyglycerin）. 用途：乳化劑.

Polyglyceryl-10 isostearate 聚甘油基-10 異硬脂酸酯；一種脂肪酸聚甘油酯（見 Polyglycerin）. 用途：乳化劑.

Polyglyceryl-10 laurate 聚甘油基-10 月桂酸酯；一種脂肪酸聚甘油酯（見 Polyglycerin）. 用途：乳化劑.

Polyglyceryl-10 mono/dioleate 聚甘油基-10 單/雙油酸酯；一種脂肪酸聚甘油酯（見 Polyglycerin）. 用途：乳化劑.

Polyglyceryl-10 myristate 聚甘油基-10 肉豆蔻酸酯；一種脂肪酸聚甘油酯（見 Polyglycerin）. 用途：乳化劑.

Polyglyceryl-10 oleate 聚甘油基-10 油酸酯；一種脂肪酸聚甘油酯（見 Polyglycerin）. 用途：乳化劑.

Polyglyceryl-10 pentaoleate 聚甘油基-10 戊油酸酯；一種脂肪酸聚甘油酯（見 Polyglycerin）. 用途：乳化劑.

Polyglyceryl-10 pentastearate 聚甘油基-10 戊硬脂酸酯；一種脂肪酸聚甘油酯（見 Polyglycerin）. 用途：乳化劑.

Polyglyceryl-10 stearate 聚甘油基-10 硬脂酸酯；一種脂肪酸聚甘油酯（見 Polyglycerin）. 用途：乳化劑.

Polyglyceryl-10 tetraoleate 聚甘油基-10 四油酸酯；一種脂肪酸聚甘油酯（見 Polyglycerin）. 用途：乳化劑.

Polyglyceryl-10 trioleate 聚甘油基-10 三油酸酯；一種脂肪酸聚甘油酯（見

Polyglycerin). 用途:乳化劑.

Polyglyceryl-10 tristearate 聚甘油基-10 三硬脂酸酯;一種脂肪酸聚甘油酯 (見 Polyglycerin). 用途:乳化劑.

Polyglyceryl methacrylate 甲基丙烯酸聚甘油酯;一種合成的甘油衍生物. 用途:成膜劑.

Polyglyceryl sorbitol 聚甘油基山梨糖醇;一種合成的甘油衍生物. 用途:保濕劑.

Polyglycol 400 monostearate 聚乙二醇 400 單硬脂酸酯;一種多元醇酯型非離子性界面活性劑. 用途:清潔劑.

Polymer JR 400 聚合物 JR400;見 Polyquaternium-10.

Polymethylsilsesquioxane 聚甲基矽倍半氧烷;矽氧烷衍生物 (見 Siloxane). 用途:添加物.

Polyoxyethylene alcohol ethers, Polyoxyethylene fatty alcohol ethers 見 Polyoxyethylene alcohols.

Polyoxyethylene alcohols 聚氧乙烯醇, 亦稱聚氧乙烯脂肪醇 Polyoxyethylene fatty alcohols、POE alcohols、POE fatty alcohols、Polyoxyethylene alcohol ethers、Polyoxyethylene fatty alcohol ethers、POE alcohol ethers、POE fatty alcohol ethers、Polyethylene glycol alcohols、Polyethylene glycol fatty alcohols、PEG alcohols、PEG fatty alcohols、Polyethylene glycol alcohol ethers、Polyethylene glycol fatty alcohol ethers、PEG alcohol ethers、PEG fatty alcohol ethers;具有環氧乙烷結構之系列化合物, 通式爲 $R(OCH_2CH_2)nOH$, 由脂肪醇 (或混合脂肪醇) 以環氧乙烷進行乙氧基化反應製得, 亦即脂肪醇 (或混合脂肪醇) 和聚乙二醇附加聚合反應製得 (見 Polyehtylene glycol). 附加數表示聚乙二醇鍵段中環氧乙烷單位的平均數, 即尾隨附加數愈大, 代表合成化合物之分子量愈大, 黏度亦增大. 本類化合物依所用之脂肪醇命名包括: Ceteth、Laureth、Myreth、Oleth、Steareth、

Trideth、Ceteareth、Laneth 等, 均為非離子型界面活性劑, 具有優越的乳化力
與溶解力, 常作為乳狀產品之乳化劑或化粧水中香料等之溶解助劑. 如將
Polyoxyethylene alcohols 再進一步硫酸化或磷酸酯化並以鹼中和, 則製得陰
離子型界面活性劑 (見 Polyoxyethylene alkyl ether sulfate 與 Polyoxyethylene
alkyl ether phosphate). 用途:界面活性劑.

Polyoxyethylene alkyl ether phosphate　聚氧乙烯烷醚磷酸酯鹽, 亦稱 POE
alkyl ether phosphate;乙氧基化脂肪醇之磷酸酯鹽, 由脂肪醇以環氧乙烷進行
乙氧基化反應 (即脂肪醇與聚乙二醇產生附加聚合反應), 後再將其磷酸酯
化, 並進一步以鹼中和製得. 本類化合物溶解性與洗淨力強, 可作為洗面霜、洗
髮精之原料. 用途:陰離子型界面活性劑.
註:乙氧基化反應或稱乙氧化反應, 是將聚乙二醇 (一種環氧乙烷物) 直接加
成反應, 與油脂、脂肪醇、脂肪酸或多元醇類等親油基形成附加聚合鏈結.

Polyoxyethylene alkyl ether sulfate　聚氧乙烯烷醚硫酸酯鹽, 亦稱 POE alkyl
ether sulfate;乙氧基化脂肪醇之硫酸酯鹽, 由脂肪醇以以環氧乙烷進行乙氧基
化反應 (即脂肪醇與聚乙二醇產生附加聚合反應), 後再將其硫酸化並進一步
以鹼中和製得. 本類化合物溶解性優、洗淨力及發泡力強, 可作為洗髮精之原
料. 用途:陰離子型界面活性劑.
註:乙氧基化反應或稱乙氧化反應, 是將聚乙二醇 (一種環氧乙烷物) 直接加
成反應, 與油脂、脂肪醇、脂肪酸或多元醇類等親油基形成附加聚合鏈結.

Polyoxyethylene alkyl phenylether phosphate　聚氧乙烯烷苯基醚磷酸酯鹽;
本類化合物為陰離子界面活性劑 (見 Polyethylene glycol 與 Polyoxyethylene
alkyl ether phosphate). 用途:界面活性劑.

Polyoxyethylene esters　見 Polyoxyethylene fatty acid esters.

Polyoxyethylene castor oil　聚氧乙烯蓖麻子油;為一非離子型界面活性劑.
見 Polyoxyethylene alcohols 與 Polyethylene glycol. 用途: 1. 界面活性劑 2. 乳
化劑.

Polyoxyethylene cetylether　聚氧乙烯十六烷醚, 亦稱聚氧乙烯鯨蠟醚;為一非離子型界面活性劑. 見 Polyoxyethylene alcohols. 用途:界面活性劑.

Polyoxyethylene cetylether phosphate　聚氧乙烯十六烷醚磷酸酯鹽, 亦稱聚氧乙烯鯨蠟醚磷酸酯鹽;為陰離子界面活性劑（見 Polyoxyethylene alkyl ether phosphate). 用途:界面活性劑.

Polyoxyethylene fatty acid esters　聚氧乙烯脂肪酸酯, 亦稱 POE fatty acid esters、Polyetheylene glycol fatty acid esters、PEG fatty acid esters;具有環氧乙烷結構之系列化合物, 通式為 $RCOO(OCH_2CH_2)$ nH, 由脂肪酸以環氧乙烷進行乙氧基化反應製得, 亦即脂肪酸和聚乙二醇附加聚合反應製得（見 Polyehtylene glycol), 附加數表示聚乙二醇鍵段中環氧乙烷單位的平均數, 即尾隨附加數愈大, 代表合成化合物之分子量愈大, 黏度亦增大. 本類化合物為非離子型界面活性劑, 具有優越的乳化力與與溶解力, 常作為乳狀產品之乳化劑或化粧水中香料等之溶解助劑. 用途:非離子型界面活性劑.

Polyoxyethylene fatty alcohols　見 Polyoxyethylene alcohols.

Polyoxyethylene glyceryl monostearate　聚氧乙烯單硬脂酸甘油酯;為一非離子型界面活性劑. 見 Polyoxyethylene alcohols 與 Polyethylene glycol. 用途:界面活性劑.

Polyoxyethylene hydrogenated castor oil　聚氧乙烯氫化蓖麻子油;為一非離子型界面活性劑. 見 Polyoxyethylene alcohols、Polyethylene glycol 與 Hydrogenated castor oils. 用途:界面活性劑.

Polyoxyethylene lanolin　聚氧乙烯羊毛脂;為非離子界面活性劑. 用途:界面活性劑.

Polyoxyethylene (5) lanolin alcohol　聚氧乙烯(5)羊毛脂醇;為一非離子型界面活性劑. 見 Polyoxyethylene alcohols. 用途:乳化劑.

Polyoxyethylene (10) lanolin alcohol　聚氧乙烯(10)羊毛脂醇;為一非離子型界面活性劑. 見 Polyoxyethylene alcohols. 用途:乳化劑.

Polyoxyethylene (15) lanolin alcohol 聚氧乙烯(15)羊毛脂醇;爲一非離子型界面活性劑.見 Polyoxyethylene alcohols.用途:乳化劑.

Polyoxyethylene (20) lanolin alcohol 聚氧乙烯(20)羊毛脂醇;爲一非離子型界面活性劑.見 Polyoxyethylene alcohols.用途:乳化劑.

Polyoxyethylene (25) lanolin alcohol 聚氧乙烯(25)羊毛脂醇;爲一非離子型界面活性劑.見 Polyoxyethylene alcohols.用途:乳化劑.

Polyoxyethylene (40) lanolin alcohol 聚氧乙烯(40)羊毛脂醇;爲一非離子型界面活性劑.用途:見 Polyoxyethylene alcohols.用途:乳化劑.

Polyoxyethylene laurylether 聚氧乙烯月桂醚;爲一非離子型界面活性劑.見 Polyoxyethylene alcohols.用途:界面活性劑.

Polyoxyethylene laurylether phosphate 聚氧乙烯月桂醚磷酸酯鹽;爲陰離子界面活性劑 (見 Polyoxyethylene alkyl ether phosphate).用途:界面活性劑.

Polyoxyethylene nonylphenylether 聚氧乙烯壬苯基醚, 亦稱壬苯醇醚 Nonoxynol;爲一非離子型界面活性劑.見 Polyethylene glycol.用途: 1. 界面活性劑 2. 乳化劑.

Polyoxyethylene octylphenylether 聚氧乙烯辛苯基醚;爲一非離子型界面活性劑.見 Polyoxyethylene glycol.用途: 1. 界面活性劑 2. 乳化劑.

Polyoxyethylene oleylether 聚氧乙烯油醚;爲一非離子型界面活性劑.見 Polyoxyethylene alcohols.用途:界面活性劑.

Polyoxyethylene-3-oleyl ether 聚氧乙烯-3-油醚;爲一非離子型界面活性劑.見 Polyoxyethene alcohols.用途:界面活性劑.

Polyoxyethylene oleylether phosphate 聚氧乙烯油醚酯磷酸鹽;爲陰離子界面活性劑 (見 Polyoxyethylene alkyl ether phosphate).用途:界面活性劑.

Polyoxyethylene sorbitan monolaurate (20 E.O.) 單月桂酸山梨(糖)醇酐聚氧乙烯(20 E. O.),亦稱聚氧乙烯山梨(糖)醇酐單月桂酸酯見 Polysorbates

與 Polyoxyethylene alcohols.

Polyoxyethylene sorbitan monooleate（6 E.O.） 單油酸山梨（糖）醇酐聚氧乙烯(6 E. O.),亦稱聚氧乙烯山梨(糖)醇酐單油酸酯;為一非離子型界面活性劑（見 Polysorbates 與 Polyoxyethylene alcohols).用途:界面活性劑.

Polyoxyethylene sorbitan monooleate（20 E.O.） 單油酸山梨（糖）醇酐聚氧乙烯(20 E. O.),亦稱聚氧乙烯山梨(糖)醇酐單油酸酯;為一非離子型界面活性劑（見 Polysorbates 與 Polyoxyethylene alcohols).

Polyoxyethylene sorbitan monopalmitate（20 E.O.） 單棕櫚酸山梨（糖）醇酐聚氧乙烯(20 E. O.),亦稱聚氧乙烯山梨(糖)醇酐單棕櫚酯;為一非離子型界面活性劑（見 Polysorbates 與 Polyoxyethylene alcohols).

Polyoxyethylene sorbitan monostearate（6 E.O.） 單硬脂酸山梨（糖）醇酐聚氧乙烯(6 E. O.),亦稱聚氧乙烯山梨(糖)醇酐單硬脂酸酯;為一非離子型界面活性劑（見 Polysorbates 與 Polyoxyethylene alcohols).用途:界面活性劑.

Polyoxyethylene sorbitan monostearate（20 E.O.） 單硬脂酸山梨（糖）醇酐聚氧乙烯(20 E. O.),亦稱聚氧乙烯山梨(糖)醇酐單硬脂酸酯;為一非離子型界面活性劑（見 Polysorbates 與 Polyoxyethylene alcohols).

Polyoxyethylene sorbitan trioleate（20 E.O.） 三油酸山梨（糖）醇酐聚氧乙烯(20 E. O.),亦稱聚氧乙烯山梨(糖)醇酐三油酸酯;為一非離子型界面活性劑（見 Polyoxyethylene alkyl ether phosphate).用途:界面活性劑.

Polyoxyethylene sorbitol hexastearate 聚氧乙烯六硬脂酸山梨（糖）醇酯,亦稱聚氧乙烯山梨（糖）醇六硬脂酸酯;為一非離子界面活性劑（見 Polyoxyethylene alkyl ether phosphate).用途:界面活性劑.

Polyoxyethylene sorbitol tetraoleate 聚氧乙烯四油酸山梨醇酯,亦稱聚氧乙烯山梨醇四油酸酯;為非離子界面活性劑（見 Polyoxyethylene alkyl ether phosphate).用途:界面活性劑.

Polyoxyethylene（40）stearate 聚氧乙烯-40-硬脂酸酯,亦稱 POE stearate;

爲一非離子型界面活性劑（見 Polysorbates 與 Polyoxyethylene alcohols）. 用途：界面活性劑

Polyoxyethylene stearoylamide 聚氧乙烯硬脂酸醯胺；爲一非離子型界面活性劑（見 Polyoxyethylene alkyl ether phosphate）. 用途：界面活性劑.

Polyoxyethylene stearylether 聚氧乙烯硬脂醚；爲一非離子型界面活性劑（見 Polyoxyethylene alcohols）. 用途：界面活性劑.

Polyoxyethylene stearylether phosphate 聚氧乙烯硬脂醚磷酸酯鹽；爲一陰離子型界面活性劑（見 Polyoxyethylene alkyl ether phosphate）. 用途：界面活性劑.

Polyoxypropylene glycol 見 PPG.

Polyoxypropylene glycol (36) monooleate 見 PPG-36 oleate.

Polypropylene glycol 聚丙二醇, 亦稱 PPG；環氧丙烷合成衍生物, 具吸濕性, 可作爲保濕劑, 但其吸濕力會隨分子量增加而逐漸降低, 亦可在鹼的催化下製成一系列化合物, 作爲界面活性劑（見 PPG）. 注意事項：毒性比聚乙二醇高. 用途：1. 保濕劑（低分子量之聚丙二醇）2. 界面活性劑.

Polyquaternium-1 聚季銨-1；一種四級銨鹽（見 Quaternary ammonium compounds）. 用途：1. 抗靜電劑 2. 成膜劑.

Polyquaternium-2 聚季銨-2；一種四級銨鹽（見 Quaternary ammonium compounds）. 用途：1. 抗靜電劑 2. 成膜劑 3. 柔軟劑.

Polyquaternium-10 聚季銨-10, 亦稱 Polymer JR400；一種四級銨鹽（見 Quaternary ammonium compounds）. 用途：1. 抗靜電劑 2. 成膜劑.

Polyquaternium-4～ Polyquaternium-20 聚季銨-4～聚季銨-20；四級銨鹽（見 Quaternary ammonium compounds）. 用途：1. 抗靜電劑 2. 成膜劑.

Polyquaternium-22, Polyquaternium-24 聚季銨-22, 聚季銨-24；四級銨鹽（見 Quaternary ammonium compounds）. 用途：1. 抗靜電劑 2. 成膜劑.

Polyquataernium-27～Polyquaternium-37 聚季銨-27～聚季銨-37;四級銨鹽 (見 Quaternary ammonium compounds). 用途: 1. 抗靜電劑 2. 成膜劑.

Polyquaternium-39, Polyquaternium-42 聚季銨-39, 聚季銨-42;四級銨鹽 (見 Quaternary ammonium compounds). 用途: 1. 抗靜電劑 2. 成膜劑.

Polysilicone-1, Polysilicone-2 聚矽酮-1, 聚矽酮-2;矽酮衍生物 (見 Silicones). 用途:保濕劑.

Polysilicone-3～Polysilicone-5 聚矽酮-3、聚矽酮-4、聚矽酮-5;矽酮衍生物 (見 Silicones). 用途:柔軟劑.

Polysilicone-6 聚矽酮-6;矽酮衍生物 (見 Silicones). 用途:成膜劑.

Polysilicone-7 聚矽酮-7;矽酮衍生物 (見 Silicones). 用途: 1. 抗泡沫劑 2. 抗靜電劑.

Polysorbate 20 聚山梨酯 20, 亦稱聚山梨醇酐酯月桂酸酯 20、Tween 20 (商品名)、Polyoxyethylene sorbitan monolaurate(20 E.O.) (單月桂酸山梨醇酐聚氧乙烯(20 個環氧乙烯))、Polyoxyethylene(20)sorbitan monolaurate、POE (20)sorbitan monolaurate;見 Polysorbates. 用途: 1. 界面活性劑 2. 乳化劑 3. 穩定劑.

Polysorbate 21 聚山梨酯 21;見 Polysorbates. 用途: 1. 乳化劑 2. 穩定劑.

Polysorbate 40 聚山梨酯 40, 亦稱聚山梨醇酐酯棕櫚酸酯 40、Tween 40 (商品名)、Polyoxyethylene sorbitan monopalmitate(20 E.O.) (單棕櫚酸山梨醇酐聚氧乙烯(20 個環氧乙烯))、Polyoxyethylene(20)sorbitan monopalmitate、POE (20) sorbitan monopalmitate;見 Polysorbates. 用途:同 Polysorbate 20.

Polysorbate 60 聚山梨酯 60, 亦稱聚山梨醇酐酯硬脂酸酯 60、Tween 60 (商品名)、Polyoxyethylene sorbitan monostearate(20 E.O.)(單硬脂酸山梨醇酐聚氧乙烯(20 個環氧乙烯))、Polyoxyethylene(20)sorbitan monostearate、POE (20)sorbitan monostearate;一種蠟樣聚山梨酯, 廣泛用在各類化粧品, 包括嬰兒用產品, 見 Polysorbates. 用途: 1. 界面活性劑 2. 乳化劑.

Polysorbate 61, Polysorbate 65 聚山梨酯 60,聚山梨酯 65;見 Polysorbates.
用途:乳化劑.

Polysorbate 80 聚山梨酯 80,亦稱聚山梨醇酐酯油酸酯 80、Tween 80（商品
名）、Polyoxyethylene sorbitan monooleate（20 E.O.）（單油酸山梨醇酐聚氧
乙烯(20 個環氧乙烯)）、Polyoxyethylene(20)sorbitan monooleate、POE(20)
sorbitan monooleate;一種黏質液體聚山梨酯,廣泛用在各類化粧品,包括嬰兒
用產品,見 Polysorbates.用途：1. 界面活性劑 2. 乳化劑.

Polysorbate 80 acetate 聚山梨酯 80 醋酸;用途:乳化劑.

Polysorbate 81, Polysorbate 85 聚山梨酯 81,聚山梨酯 85;見 Polysorbates.
用途:乳化劑.

Polysorbates 聚山梨酯,亦稱 Polyoxyethylene sorbitan esters、POE sorbitan
esters; Sorbitan esters 之衍生物,爲一非離子型界面活性劑（見 Sorbitan
esters）.用途:乳化劑.

Polystyrene 聚苯乙烯;苯乙烯 Ethenylbenzene 之同質聚合物,用在製造化粧
品樹脂及成膜劑.注意事項:可能會刺激眼睛與黏膜.用途:成膜劑.

Polyurethane 聚胺基甲酸乙酯,亦稱聚胺酯、Polyurethane foam;用途:成膜
劑.

Polyvinyl acetate 聚乙酸乙烯酯,亦稱聚醋酸乙烯酯、醋酸聚乙烯樹脂、PVA
(縮寫);乙酸乙烯酯之同質聚合物.用途:1. 成膜劑 2. 乳劑穩定劑 3. 結合劑
4. 抗靜電劑.

Polyvinyl alcohol 聚乙烯醇,亦稱 PVA (縮寫);乙烯醇之同質聚合物,一種
合成樹脂,具有形成薄膜作用,用於口紅、整髮產品與乳霜等.用途:1. 成膜劑
2. 增稠劑.

Polyvinyl butyral 聚乙烯縮丁醛;乙烯縮乙醛與乙烯縮丁醛之聚合物,用在
製造合成樹脂、增塑劑等.注意事項:可能具刺激性.用途:1. 成膜劑 2. 結合

劑 3. 抗靜電劑 4. 增稠劑.

Polyvinyl imidazolinium acetate 聚乙酸咪唑銨乙烯酯;亦稱聚咪唑銨醋酸乙烯酯;用途: 1. 成膜劑 2. 抗靜電劑.

Polyvinyl laurate 聚月桂酸乙烯酯;月桂酸之合成酯衍生物.用途: 1. 成膜劑 2. 結合劑 3. 增稠劑.

Polyvinyl methyl ether 聚乙烯甲醚,縮寫 PVM;甲氧基乙烯 Methoxyethene 之同質聚合物.用途: 1. 成膜劑 2. 抗靜電劑 3. 結合劑.

Polyvinyl pyrrolidone 見 PVP.

Polyvinyl pyrrolidone/Hexadecene copolymer 聚乙烯吡咯酮/十六烯共聚物;見 PVP/ Hexadecene copolymer.

Polyvinyl pyrrolidone/Vinyl acetate copolymer 聚乙烯吡咯酮/乙酸乙烯酯共聚物;見 PVP/VA copolymers.

Porphyridium/Zinc ferment 紫球藻/鋅發酵;紫球藻是一種藻類,在含鋅發酵環境下培養之物質,用作化粧品成分功效未明確建立.用途:生物添加物.

Potassium abietoyl hydrolyzed collagen 松脂水解膠原蛋白鉀;水解膠原蛋白和氯化松脂酸合成的鉀鹽衍生物.用途:界面活性劑.

Potassium acetate 醋酸鉀,亦稱乙酸鉀;用途:成膜劑.

Potassium acid phthalate 見 Potassium biphthalate.

Potassium alginate 藻酸鉀, 亦稱聚甘露糖醛酸鉀;藻酸之鉀鹽 (見 Alginate).用途: 1. 結合劑 2. 乳劑穩定劑 3. 增稠劑.

Potassium alum 鉀礬, 亦稱 Alum, potassium;硫酸鋁鉀之水合物.注意事項:見 Alum.用途: 1. 止汗劑 2. 除臭劑.

Potassium aluminum polyacrylate 聚丙烯酸鋁鉀;用途: 1. 吸收劑 2. 增稠劑.

Potassium aluminum sulfate 見 Aluminum potassium sulfate.

Potassium aspartate 天冬胺酸鉀, 亦稱 Potassium hydrogen aspartate；為天冬胺酸之合成鉀鹽. 天冬胺酸為人類發育的非必需胺基酸, 用作化粧品成分功效未明確建立. 見 Aspartic acid. 用途：生物添加物.

Potassium benzoate 苯甲酸鉀；合成之苯甲酸鉀鹽（見 Benzoic acid 與 Benzoates）. 用途：防腐劑.

Potassium bicarbonate 重碳酸鉀, 亦稱碳酸氫鉀 Potassium hydrogencarbonate、酸式碳酸鉀 Potassium acid carbonate；一種鹽. 用途：緩衝劑.

Potassium 2-biphenylate 見 Potassium o-phenylphenate.

Potassium biphthalate 酞酸氫鉀, 亦稱鄰苯二甲酸氫鉀、Potassium hydrogen phthalate；合成的酞酸鉀鹽（見 Phthalates）. 用途：緩衝劑.

Potassium borate 硼酸鉀, 亦稱四硼酸二鉀 Dipotassium tetraborate；硼酸之鉀鹽. 見 Boric acid. 用途：緩衝劑.

Potassium bromate 溴酸鉀；用作燙髮第二劑, 即氧化劑, 及用在牙膏與漱口水等口腔衛生產品當消毒及收斂劑, 但已發現會引起牙齦出血與發炎. 注意事項：食入具毒性；動物實驗顯示致癌性, 大量食入可致中樞神經系統抑制, 長時間食入可致精神衰弱、面皰型皮膚炎（見 Phthalates）, 美國 CIR 專家列為不超過濃度 10.17% 為安全化粧品成分. 用途：1. 燙髮第二劑（氧化劑）2. 消毒劑（口腔衛生產品）.

Potassium butylparaben 對羥苯甲酸丁鉀, 亦稱 Potassium butyl 4-oxidobenzoate；一種對羥基苯甲酸酯（見 Parabens）. 注意事項：見 Parabens. 用途：防腐劑.

Potassium C$_{9-15}$ alkyl phosphate 磷酸九～十五碳烷基鉀, 亦稱九～十五碳烷基磷酸鉀；為一陰離子型界面活性劑. 用途：界面活性劑.

Potassium carbonate 碳酸鉀, 亦稱鉀鹼；一種鹼劑, 水溶液為強鹼性, 用在製造各種清潔化粧品, 亦用於燙髮液、整髮液、乳霜等. 注意事項：對皮膚具刺激性與腐蝕性, 可能引起接觸性皮膚炎 (包括頭皮). 用途:緩衝劑.

Potassium caroate 過氧單硫酸氫鉀, 亦稱 Potassium hydrogenperoxomonosulphate; 用途:氧化劑.

Potassium carrageenan 鹿角菜膠鉀; 鹿角菜膠之合成鉀鹽衍生物; 用途: 1. 結合劑 2. 成膜劑 3. 乳劑安定劑 4. 增稠劑.

Potassium caseinate 酪蛋白鉀; 酪蛋白之合成鉀鹽衍生物. 用途:抗靜電劑.

Potassium castorate 蓖麻油酸鉀; 蓖麻油之合成鉀鹽衍生物. 用途:界面活性劑.

Potassium cetyl phosphate 磷酸鯨蠟鉀, 亦稱鯨蠟磷酸鉀; 一種陰離子型界面活性劑. 用途:界面活性劑.

Potassium chlorate 氯酸鉀; 用在漱口水及牙膏作爲消毒及收斂劑, 用在燙髮液等作氧化漂白劑. 注意事項:具毒性; 已有引起牙齦發炎之案例, 美國 CIR 專家認爲尚未確定是安全化粧品成分. 用途:氧化劑 (漂白劑).

Potassium chloride 氯化鉀; 一種鹽類, 用於緩衝液. 注意事項:大量攝入會引起胃腸道與其他傷害. 用途:緩衝劑.

Potassium citrate 檸檬酸鉀, 亦稱枸櫞酸鉀、Tripotassium citrate; 用途: 1. 緩衝劑 2. 螯合劑.

Potassium cocoate 椰酸鉀; 用途: 1. 界面活性劑 2. 乳化劑.

Potassium cocoyl glutamate 椰醯穀胺酸鉀; 穀胺酸和椰子油脂肪酸之合成鉀鹽衍生物. 見 Glutamic acid. 用途:界面活性劑.

Potassium cocoyl hydrolyzed casein 椰醯水解酪蛋白鉀; 水解的酪蛋白質和椰子油脂肪酸合成之鉀鹽衍生物. 用途:抗靜電劑.

Potassium cocoyl hydrolyzed collagen 椰醯水解膠原蛋白鉀; 水解的膠原蛋白質和椰子油脂肪酸合成之鉀鹽衍生物. 用途: 1. 抗靜電劑 2. 界面活性劑.

Potassium cocoyl hydrolyzed keratin 椰醯水解角蛋白鉀; 水解的角蛋白質

和椰子油脂肪酸合成之鉀鹽衍生物.用途:抗靜電劑.

Potassium cocoyl hydrolyzed rice bran protein 椰醯水解米糠蛋白鉀;水解的米糠蛋白質和椰子油脂肪酸合成之鉀鹽衍生物.用途:抗靜電劑.

Potassium cocoyl hydrolyzed rice protein 椰醯水解米蛋白鉀;爲水解的米蛋白質和椰子油脂肪酸合成之鉀鹽衍生物.用途:抗靜電劑.

Potassium cocoyl hydrolyzed silk 椰醯水解絲蛋白鉀;水解的絲蛋白質和椰子油脂肪酸合成之鉀鹽衍生物.用途:抗靜電劑.

Potassium cocoyl hydrolyzed soy protein 椰醯水解大豆蛋白鉀;水解的大豆蛋白質和椰子油脂肪酸合成之鉀鹽衍生物.用途:抗靜電劑.

Potassium cocoyl hydrolyzed wheat protein 椰醯水解小麥蛋白鉀;水解的小麥蛋白質和椰子油脂肪酸合成之鉀鹽衍生物.用途:抗靜電劑.

Potassium cornate 玉米油酸鉀;玉米油脂肪酸之合成鉀鹽衍生物.用途:1.界面活性劑 2.乳化劑.

Potassium cyclocarboxypropyloleate 油酸環羧丙鉀;一種陰離子型界面活性劑.用途:界面活性劑.

Potassium dihydroxyethyl cocamine oxide phosphate 二羥乙椰胺氧化物磷酸鉀;一種陰離子型界面活性劑.用途:界面活性劑.

Potassium dimethicone copolyol panthenyl phosphate 二甲矽油聚醚共聚物泛磷酸鉀;泛酸與二甲矽油之合成衍生物.用途:保濕劑.

Potassium dimethicone copolyol phosphate 二甲矽油聚醚共聚物磷酸鉀;二甲矽油衍生物 (見 Dimethicone 與 Silicones).用途:保濕劑.

Potassium DNA 去氧核醣核酸鉀;DNA 之合成鉀鹽衍生物,食品工業開發的成分,在化粧品雖加在皮膚抗老化回春產品,但功效尚無研究根據.用途:生物添加劑.

Potassium dodecylbenzenesulfonate 見 Potassium dodecylbenzenesulphonate.

Potassium dodecylbenzenesulphonate 十二烷基苯磺酸鉀, 亦稱 Potassium dodecylbenzenesulfonate; 為一種陰離子型界面活性劑, 具清潔、抑制性質. 用途:界面活性劑.

Potassium dodecyl sulphate 見 Potassium lauryl sulfate.

Potassium ethylparaben 尼泊金乙酯鉀, 亦稱 Potassium ethyl 4-oxidobenzoate; 見 Parabens. 用途:防腐劑.

Potassium fluoride 氟化鉀; 用途:口腔護理劑.

Potassium fluorosilicate 氟矽酸鉀, 亦稱矽氟化鉀、Dipotassium hexafluorosilicate; 用途:口腔護理劑.

Potassium glycol sulfate 乙酯硫酸鉀; 用途:增稠劑.

Potassium hyaluronate 透明質酸鉀; 透明質酸的合成鉀鹽. 見 Hyaluronic acid. 用途:成膜劑.

Potassium hydrogen aspartate 見 Potassium aspartate.

Potassium hydrogencarbonate 見 Potassium bicarbonate.

Potassium hydrogen phthalate 見 Potassium biphthalate.

Potassium hydroxide 氫氧化鉀; 一種鹼, 常用來與天然油脂或高級脂肪酸進行皂化反應, 製造香皂、肥皂. 注意事項:皮膚刺激程度視使用濃度; 對組織腐蝕性很強, 食入可致嚴重傷害. 用途: 1. 皂類鹼劑 2. 緩衝劑.

Potassium iodide 碘化鉀; 用途:抗菌劑.

Potassium lactate 乳酸鉀; 用途:抗菌劑.

Potassium laurate 月桂酸鉀; 用途: 1. 界面活性劑 2. 乳化劑.

Potassium lauroyl collagen amino acids 月桂醯膠原胺基酸鉀; 膠原胺基酸之合成衍生物. 用途: 1. 界面活性劑 2. 抗靜電劑.

Potassium lauroyl hydrolyzed collagen 月桂醯水解膠原蛋白鉀; 水解膠原蛋

白之合成衍生物. 用途: 1. 界面活性劑 2. 抗靜電劑.

Potassium lauroyl hydrolyzed soy protein 月桂醯水解大豆蛋白鉀; 水解大豆蛋白之合成衍生物. 用途: 1. 界面活性劑 2. 抗靜電劑.

Potassium lauroyl wheat amino acids 月桂醯小麥胺基酸鉀; 小麥胺基酸之合成衍生物. 用途: 抗靜電劑.

Potassium lauryl hydroxypropyl sulfonate 月桂羥丙基磺酸鉀; 一種陰離子型界面活性劑 (見 Alkyl sulfates). 用途: 1. 抗靜電劑 2. 界面活性劑.

Potassium lauryl sulfate 月桂基硫酸鉀, 亦稱十二烷基硫酸鉀 Potassium dodecyl sulphate; 一種陰離子型界面活性劑 (見 Alkyl sulfates). 用途: 1. 界面活性劑 2. 乳化劑.

Potassium metabisulfite 焦亞硫酸鉀, 亦稱 Dipotassium disulphite、Potassium pyrosulfite; 注意事項: 低毒性. 用途: 1. 防腐劑 2. 抗氧化劑.

Potassium methoxycinnamate 甲氧基肉桂酸鉀; 合成之肉桂酸鹽衍生物. 用途: 防曬劑.

Potassium methyl cocoyl taurate 甲椰醯基牛磺酸鉀; 用途: 界面活性劑.

Potassium methylparaben 尼泊金甲酯鉀, 亦稱 Potassium methyl 4-oxidobenzoate; 一種對羥基苯甲酸酯 (見 Parabens). 注意事項: 見 Parabens. 用途: 防腐劑.

Potassium monofluorophosphate 氟磷酸鉀, 亦稱 Dipotassium fluorophosphate; 用途: 口腔護理劑.

Potassium myristate 肉豆蔻酸鉀; 一種皂類, 用作陰離子型界面活性劑 (見 Soap). 用途: 1. 界面活性劑 2. 乳化劑.

Potassium myristoyl hydrolyzed collagen 肉豆蔻醯水解膠原蛋白鉀; 肉豆蔻酸與水解的膠原蛋白質合成之鉀鹽衍生物. 用途: 1. 界面活性劑 2. 抗靜電劑.

Potassium octoxynol-12 phosphate　辛苯聚醇-12 磷酸鉀;一種陰離子型界面活性劑.用途: 1. 界面活性劑　2. 乳化劑.

Potassium oleate　油酸鉀,亦稱油酸鉀鹽;一種皂類,用作陰離子型界面活性劑 (見 Soap).用途: 1. 界面活性劑　2. 乳化劑.

Potassium oleoyl hydrolyzed collagen　油醯水解膠原蛋白鉀;膠原蛋白之合成衍生物.用途: 1. 界面活性劑　2. 抗靜電劑.

Potassium olivate　橄欖油酸鉀;橄欖油脂肪酸之合成鉀鹽衍生物;一種皂類,用作陰離子型界面活性劑 (見 Soap).用途: 1. 界面活性劑　2. 乳化劑.

Potassium palmitate　棕櫚酸鉀;棕櫚酸之合成鉀鹽 (見 Palmitic acid),一種皂類,用作陰離子型界面活性劑 (見 Soap).用途: 1. 界面活性劑　2. 乳化劑.

Potassium paraben　尼泊金鉀, 亦 稱 4-羥 基 苯 甲 酸 鉀 Potassium 4-hydroxybenzoate;一種對羥基苯甲酸酯 (見 Parabens).注意事項:見 Parabens.用途:防腐劑.

Potassium PCA　吡咯烷酮羧酸鉀,亦稱 Potassium 5- oxo- L- prolinate;吡咯烷酮羧酸之鉀鹽,PCA 爲 Pyrrolidone carboxylic Acid (吡咯烷酮羧酸) 之縮寫.Potassium PCA 是一種細胞代謝產物 (見 NMF),存在細胞間,是皮膚與頭髮保濕因子之重要組成成分.一般工業來源爲合成之 Potassium PCA,具良好之吸水性及自空氣吸濕之性質,在皮膚及頭髮產品用作保濕劑.注意事項:美國 CIR 專家認爲不應和亞硝基化劑合用,否則會形成亞硝基胺,有安全性之顧慮 (見 Nitrosamines).用途:保濕劑.

Potassium peanutate　花生油脂肪酸鉀;花生油脂肪酸之合成鉀鹽.用途:生物添加物.

Potassium persulfate　過 硫 酸 鉀, 亦 稱 過 氧 二 硫 酸 鉀、Dipotassium peroxodisulphate;用途:氧化劑.

Potassium phenoxide　苯氧化鉀,亦稱酚酸鉀 Potassium phenolate;水溶液爲強鹼性.用途:抗微生物劑.

Potassium phenylbenzimidazole sulfonate　苯基苯駢咪唑磺酸鉀, 亦稱 2-Phenylbenzimidazole-5-sulfonic acid, potassium Salt（2-苯基苯駢咪唑-5-磺酸鉀鹽）；見 2-Phenylbenzimidazole-5-sulfonic acid, salts.

Potassium o-phenylphenate　鄰-苯基酚鉀, 亦稱 Potassium 2- biphenylate；用途：防腐劑.

Potassium phosphate　磷酸鉀；包括三種磷酸鉀鹽：單鹽基型 Potassium phosphate, monobasic（亦稱磷酸二氫鉀 Potassium Dihydrogen phosphate、Potassium biphosphate）、雙鹽基型 Potassium phosphate, dibasic（亦稱磷酸氫二鉀 Dipotassium hydrogen phosphate、Dipotassium phosphate）及三鹽基型 Potassium phosphate, tribasic（亦稱 Tripotassium phosphate）常用在洗髮精作爲緩衝劑. 用途：緩衝劑.

Potassium polyacrylate　聚丙烯酸鉀；用途：增稠劑.

Potassium propionate　丙酸鉀；用途：防腐劑.

Potassium propylparaben　尼泊金丙酯鉀, 亦稱 Potassium propyl 4-oxidobenzoate；一種對羥基苯甲酸酯（見 Parabens）. 注意事項：見 Parabens. 用途：防腐劑.

Potassium pyrosulfite　見 Potassium metabisulfite.

Potassium ricinoleate　蓖麻油酸鉀；合成之蓖麻油脂肪酸鉀鹽, 一種皂類, 用作陰離子型界面活性劑（見 Soap）. 用途：1. 表面活性劑 2. 乳化劑.

Potassium salicylate　水楊酸鉀, 亦稱柳酸鉀；合成之水楊酸鉀鹽. 用途：防腐劑.

Potassium silicate　矽酸鉀, 亦稱矽酸鉀鹽；用途：1. 增稠劑 2. 結合劑.

Potassium sodium tartrate　酒石酸鈉鉀；主用在漱口水. 用途：緩衝劑.

Potassium sorbate　山梨酸鉀, 亦稱山梨酸鉀鹽；山梨酸之鉀鹽（見 Sorbic acid）, 可抑制黴菌與酵母菌之繁殖. 用途：防腐劑.

Potassium stearate 硬脂酸鉀, 亦稱硬脂酸鉀鹽;白色粉末, 水溶性呈強鹼性, 但醇溶液爲弱鹼, 用在製造皀類與其他化粧品. 一種皀類, 用作陰離子型界面 活性劑 (見 Soap). 用途: 1. 乳化劑 2. 去泡沫劑 3. 界面活性劑.

Potassium stearoyl hydrolyzed collagen 硬脂醯水解膠原蛋白鉀;水解膠原 蛋白的合成物. 用途: 1. 界面活性劑 2. 抗靜電劑.

Potassium sulfate 硫酸鉀, 亦稱 Potassium sulphate;用於化粧品當指示劑. 注意事項:大量攝入引起嚴重胃腸刺激. 用途:試劑.

Potassium sulfide 硫化鉀, 亦稱 Dipotassium sulphide、Potassium monosulfide;用途:除毛劑.

Potassium sulfite 亞硫酸鉀, 亦稱 Potassium sulphite;用途:防腐劑.

Potassium sulphite 見 Potassium sulfite.

Potassium tallate 妥爾油酸鉀;來自妥爾油的脂肪酸之鉀鹽 (見 Tall oil). 用 途:抗靜電劑.

Potassium tallowate 脂酸鉀;來自動物脂的脂肪酸之鉀鹽, 一種皀類, 用作陰 離子型界面活性劑 (見 Soap). 用途: 1. 界面活性劑 2. 乳化劑.

Potassium thiocyanate 硫氰化鉀, 亦稱硫氰酸鉀、Potassium sulfocyanate;一 種殺滅黴菌的無機物. 用途:抑黴菌劑.

Potassium thioglycolate 氫硫基乙酸鉀, 亦稱巰基乙酸鉀、Potassium mercaptoacetate;氫硫基乙酸之鉀鹽 (見 Thiogly colic acid). 用途: 1. 除毛劑 2. 還原劑.

Potassium toluenesulfonate 甲苯磺酸鉀, 亦稱甲苯-4-磺酸鉀 Potassium toluene- 4- sulphonate;可幫助清潔劑溶解. 用途:界面活性劑.

Potassium troclosene 托可希鉀, 亦稱 Troclosene potassium;具抗微生物感染 功效. 用途:抗微生物劑.

Potassium undecylenate 十一(碳)烯酸鉀;用作抑制產品細菌和黴菌生長.

注意事項:高濃度具毒性.用途:抗微生物劑.

Potassium undecylenoyl hydrolyzed collagen 十一烯水解膠原蛋白鉀;水解膠原蛋白的合成衍生物.用途: 1. 抗頭皮屑劑 2. 界面活性劑 3. 抗靜電劑.

Potassium xylene sulfonate 二甲苯磺酸鉀, 亦稱 Potassium xylenesulphonate;用途:界面活性劑.

Potassium xylenesulphonate 見 Potassium xylene sulfonate.

Potassium yeast derivative 鉀酵母衍生物;酵母之合成鉀鹽衍生物.食品工業開發的製品,有助於消化及提供鉀來源,但在化粧品界尚未建立明確功用.用途:生物添加物.

PPG 聚丙二醇 Polypropylene glycol 及聚氧丙二醇 Polyoxypropylene glycol 之縮寫;類似 PEG 及 POE 之多元醇類,但其油溶性較 PEG 大,後接數字愈大代表分子愈大.本類化合物為非離子型界面活性劑,PPG 在界面活性劑的製造與應用類似聚乙二醇 PEG 與聚氧乙烯醇 POE (見 Polyethylene glycol 與 Polyoxyethylene alcohols).用途: 1. 柔軟劑 2. 保濕劑 3. 乳化劑 4. 界面活性劑 5. 抗靜電劑.

PPG-1-ceteth-1 聚丙二醇-1-鯨蠟-1;為一非離子型界面活性劑.見 PPG.用途:柔軟劑.

PPG-1-ceteth-5 聚丙二醇-1-鯨蠟-5;為一非離子型界面活性劑.見 PPG.用途:柔軟劑.

PPG-1-ceteth-10 聚丙二醇-1-鯨蠟-10;為一非離子型界面活性劑.見 PPG.用途:柔軟劑.

PPG-1-ceteth-20 聚丙二醇-1-鯨蠟-20;為一非離子型界面活性劑.見 PPG.用途:柔軟劑.

PPG-1-PEG-9 lauryl glycol ether 聚丙二醇-1-聚乙二醇-9 月桂乙二醇醚;為一非離子型界面活性劑.見 PPG.用途:乳化劑.

PPG-1 trideceth-6 聚丙二醇-1 十三醇-6;為一非離子型界面活性劑.見

PPG.用途:柔軟劑.

PPG-2-buteth-2 聚丙二醇-2-丁醇-2;為一非離子型界面活性劑.見 PPG.用途:柔軟劑.

PPG-2-buteth-3 聚丙二醇-2-丁醇-3;為一非離子型界面活性劑.見 PPG.用途: 1. 乳化劑 2. 抗靜電劑.

PPG-2 butyl ether 聚丙二醇-2 丁(基)醚;為一非離子型界面活性劑.見 PPG.用途:柔軟劑.

PPG-2-ceteareth-9 聚丙二醇-2-鯨蠟/硬脂-9;為一非離子型界面活性劑.見 PPG.用途:乳化劑.

PPG-2-ceteth-1 聚丙二醇-2-鯨蠟-1;為一非離子型界面活性劑.見 PPG.用途:柔軟劑.

PPG-2-ceteth-5 聚丙二醇-2-鯨蠟-5;為一非離子型界面活性劑.見 PPG.用途:柔軟劑.

PPG-2-ceteth-10 聚丙二醇-2-鯨蠟-10;為一非離子型界面活性劑.見 PPG.用途:乳化劑.

PPG-2-ceteth-20 聚丙二醇-2-鯨蠟-20;為一非離子型界面活性劑.見 PPG.用途:乳化劑.

PPG-2 cocamine 聚丙二醇-2 椰胺;為一非離子型界面活性劑.見 PPG.用途:乳化劑.

PPG-2-deceth-10 聚丙二醇-2-癸醇-10;為一非離子型界面活性劑.見 PPG.用途:乳化劑.

PPG-2 hydrogenated tallowamine 聚丙二醇-2 氫化脂胺;為一非離子型界面活性劑.見 PPG.用途:柔軟劑.

PPG-2 isoceteth-20 acetate 聚丙二醇-2 異鯨蠟-20 乙酸酯;為一非離子型界面活性劑.見 PPG.用途:乳化劑.

PPG-2-isodeceth-4 聚丙二醇-2-異癸醇-4;為一非離子型界面活性劑. 見 PPG. 用途:乳化劑.

PPG-2-isodeceth-6 聚丙二醇-2-異癸醇-6;為一非離子型界面活性劑. 見 PPG. 用途:乳化劑.

PPG-2-isodeceth-9 聚丙二醇-2-異癸醇-9;為一非離子型界面活性劑. 見 PPG. 用途:乳化劑.

PPG-2-isodeceth-12 聚丙二醇-2-異癸醇-12;為一非離子型界面活性劑. 見 PPG. 用途:乳化劑.

PPG-2 isostearate 聚丙二醇-2 異硬脂酯;為一非離子型界面活性劑. 見 PPG. 用途:柔軟劑.

PPG-2 lanolin alcohol ether 聚丙二醇-2 羊毛脂醇醚;為一非離子型界面活性劑. 見 PPG. 用途: 1. 乳化劑 2. 柔軟劑.

PPG-2 methyl ether 聚丙二醇-2 甲(基)醚, 亦稱 1-(2- Methoxypropoxy) propan- 2- ol (化學名);為一非離子型界面活性劑. 見 PPG. 用途:溶劑.

PPG-2 myristyl ether propionate 聚丙二醇-2 肉豆蔻基乙醚丙酸酯;為一非離子型界面活性劑. 見 PPG. 用途:柔軟劑.

PPG-2-PEG-6 coconut oil esters 聚丙二醇-2-聚乙二醇-6 椰子油酯;為一非離子型界面活性劑. 見 PPG. 用途:乳化劑.

PPG-2 tallowamine 聚丙二醇-2 脂胺;為一非離子型界面活性劑. 見 PPG. 用途:乳化劑.

PPG-3-buteth-5 聚丙二醇-3-丁醇-5;環氧乙烷的聚合物. 為一非離子型界面活性劑. 見 PPG. 用途: 1. 乳化劑 2. 抗靜電劑.

PPG-3-deceth-2 carboxylic acid 聚丙二醇-3-癸醇-2-羧酸;為一非離子型界面活性劑. 見 PPG. 用途:柔軟劑.

PPG-3 hydrogenated castor oil 聚丙二醇-3 氫化蓖麻油;為一非離子型界面

活性劑.見 PPG.用途：1. 乳化劑 2. 界面活性劑.

PPG-3-isodeceth-1 聚丙二醇-3-異癸醇-1；為一非離子型界面活性劑.見 PPG.用途：1. 柔軟劑 2. 保濕劑.

PPG-3-isosteareth-9 聚丙二醇-3-異硬脂-9；為一非離子型界面活性劑.見 PPG.用途：乳化劑.

PPG-3-laureth-9 聚丙二醇-3-月桂-9；為一非離子型界面活性劑.見 PPG.用途：乳化劑.

PPG-3 methyl ether 聚丙二醇-3 甲(基)醚；為一非離子型界面活性劑.見 PPG.用途：溶劑.

PPG-3-myreth-3 聚丙二醇-3-肉豆蔻-3；為一非離子型界面活性劑.見 PPG.用途：乳化劑.

PPG-3-myreth-11 聚丙二醇-3-肉豆蔻-11；為一非離子型界面活性劑.見 PPG.用途：乳化劑.

PPG-3 myristyl ether 聚丙二醇-3 肉豆蔻(基)醚；為一非離子型界面活性劑.見 PPG.用途：1. 乳化劑 2. 柔軟劑.

PPG-3 tallow aminopropylamine 聚丙二醇-3 脂胺基丙胺；為一非離子型界面活性劑.見 PPG.用途：抗靜電劑.

PPG-4-buteth-4 聚丙二醇-4-丁醇-4；為一非離子型界面活性劑.見 PPG.用途：柔軟劑.

PPG-4 butyl ether 聚丙二醇-4 丁(基)醚；為一非離子型界面活性劑.用途：抗靜電劑.

PPG-4-ceteareth-12 聚丙二醇-4-鯨蠟/硬脂-12；為一非離子型界面活性劑.見 PPG.用途：乳化劑.

PPG-4-ceteth-1 聚丙二醇-4-鯨蠟-1；為一非離子型界面活性劑.見 PPG.用途：乳化劑.

PPG-4-ceteth-5 聚丙二醇-4-鯨蠟-5；爲一非離子型界面活性劑. 見 PPG. 用途：乳化劑.

PPG-4-ceteth-10 聚丙二醇-4-鯨蠟-10；爲一非離子型界面活性劑. 見 PPG. 用途：乳化劑.

PPG-4-ceteth-20 聚丙二醇-4-鯨蠟-20；爲一非離子型界面活性劑. 見 PPG. 用途：柔軟劑.

PPG-4-deceth-4 聚丙二醇-4-癸醇-4；爲一非離子型界面活性劑. 見 PPG. 用途：柔軟劑.

PPG-4 jojoba acid 聚丙二醇-4 荷荷葩酸；爲一非離子型界面活性劑. 見 PPG. 用途：柔軟劑.

PPG-4 jojoba alcohol 聚丙二醇-4 荷荷葩醇；爲一非離子型界面活性劑. 見 PPG. 用途：柔軟劑.

PPG-4 laureth-2 聚丙二醇-4 月桂-2；爲一非離子型界面活性劑. 見 PPG. 用途：1. 柔軟劑 2. 保濕劑.

PPG-4 laureth-5 聚丙二醇-4 月桂-5；爲一非離子型界面活性劑. 見 PPG. 用途：界面活性劑.

PPG-4 laureth-7 聚丙二醇-4 月桂-7；爲一非離子型界面活性劑. 見 PPG. 用途：柔軟劑.

PPG-4 lauryl ether 聚丙二醇-4 月桂(基)醚；爲一非離子型界面活性劑. 見 PPG. 用途：柔軟劑.

PPG-4 myristyl ether 聚丙二醇-4 肉豆蔻(基)醚；爲一非離子型界面活性劑. 見 PPG. 用途：1. 乳化劑 2. 柔軟劑.

PPG-5-buteth-5 聚丙二醇-5-丁醇-5；爲一非離子型界面活性劑. 見 PPG. 用途：柔軟劑.

PPG-5-buteth-7 聚丙二醇-5-丁醇-7；爲一非離子型界面活性劑. 見 PPG. 用

途：1. 乳化劑 2. 抗靜電劑.

PPG-5 butyl ether　聚丙二醇-5-丁(基)醚；為一非離子型界面活性劑. 見 PPG. 用途：抗靜電劑.

PPG-5-ceteth-10 phosphate　聚丙二醇-5-鯨蠟醚-10 磷酸酯鹽；為一陰離子型界面活性劑. 見 PPG. 用途：界面活性劑.

PPG-5-ceteth-20　聚丙二醇-5-鯨蠟-20；為一非離子型界面活性劑. 見 PPG. 用途：1. 乳化劑 2. 界面活性劑.

PPG-5 lanolate　聚丙二醇-5 羊毛脂酸酯；為一非離子型界面活性劑. 見 PPG. 用途：乳化劑.

PPG-5 lanolin alcohol ether　聚丙二醇-5 羊毛脂醇醚；為一非離子型界面活性劑. 見 PPG. 用途：1. 乳化劑 2. 柔軟劑.

PPG-5 lanolin wax　聚丙二醇-5 羊毛脂蠟；為一非離子型界面活性劑. 見 PPG. 用途：1. 乳化劑 2. 柔軟劑.

PPG-5 lanolin wax glyceride　聚丙二醇-5 羊毛脂蠟甘油酯；為一非離子型界面活性劑. 見 PPG. 用途：1. 乳化劑 2. 柔軟劑 3. 保濕劑.

PPG-5-laureth-5　聚丙二醇-5-月桂-5；為一非離子型界面活性劑. 見 PPG. 用途：1. 乳化劑 2. 柔軟劑 3. 增稠劑.

PPG-5 pentaerythrityl ether　聚丙二醇-5 季戊四醇(基)醚；為一非離子型界面活性劑. 見 PPG. 用途：1. 乳化劑 2. 柔軟劑 3. 增稠劑.

PPG-6 C_{12-18} pareth-11　聚丙二醇-6 C_{12-18}合成脂肪醇-11；為一非離子型界面活性劑. 見 PPG. 用途：乳化劑.

PPG-6-deceth-4　聚丙二醇-6-癸醇-4；為一非離子型界面活性劑. 見 PPG. 用途：柔軟劑.

PPG-6-deceth-9　聚丙二醇-6-癸醇-9；為一非離子型界面活性劑. 見 PPG. 用途：柔軟劑.

PPG-6-decyltetradeceth-12 聚丙二醇-6-癸基四癸醇-12;為一非離子型界面活性劑.見 PPG.用途:乳化劑.

PPG-6-decyltetradeceth-20 聚丙二醇-6-癸基四癸醇-20;為一非離子型界面活性劑.見 PPG.用途:乳化劑.

PPG-6-decyltetradeceth-30 聚丙二醇-6-癸基四癸醇-30;為一非離子型界面活性劑.見 PPG.用途:乳化劑.

PPG-6-laureth-3 聚丙二醇-6-月桂-3;為一非離子型界面活性劑.見 PPG.用途: 1. 柔軟劑 2. 保濕劑.

PPG-6-sorbeth-245 聚丙二醇-6-山梨(糖)醇-245;為一非離子型界面活性劑.見 PPG.用途:柔軟劑.

PPG-6-sorbeth-500 聚丙二醇-6-山梨(糖)醇-500;為一多元醇酯型之非離子型界面活性劑.見 PPG.用途:柔軟劑.

PPG-7-buteth-10 聚丙二醇-7-丁醇-10;為一非離子型界面活性劑.見 PPG.用途: 1. 乳化劑 2. 抗靜電劑.

PPG-7 lauryl ether 聚丙二醇-7 月桂(基)醚;為一非離子型界面活性劑.見 PPG.用途:柔軟劑.

PPG-7 /succinic acid copolymer 聚丙二醇-7 /琥珀酸共聚物;為一非離子型界面活性劑.見 PPG.用途:柔軟劑.

PPG-8-ceteth-1 聚丙二醇-8-鯨蠟-1;為一非離子型界面活性劑.見 PPG.用途:乳化劑.

PPG-8-ceteth-2 聚丙二醇-8-鯨蠟-2;為一非離子型界面活性劑.見 PPG.用途:乳化劑.

PPG-8-ceteth-5 聚丙二醇-8-鯨蠟-5;為一非離子型界面活性劑.見 PPG.用途:乳化劑.

PPG-8-ceteth-10 聚丙二醇-8-鯨蠟-10;為一非離子型界面活性劑.見 PPG.

用途: 1. 乳化劑 2. 界面活性劑.

PPG-8-ceteth-20 聚丙二醇-8-鯨蠟-20;為一非離子型界面活性劑. 見 PPG. 用途: 1. 乳化劑 2. 界面活性劑.

PPG-8 deceth-6 聚丙二醇-8 癸醇-6;為一非離子型界面活性劑. 見 PPG. 用途: 1. 柔軟劑 2. 保濕劑.

PPG-8 polyglyceryl-2 ether 聚丙二醇-8 聚甘油基-2 醚;為一非離子型界面活性劑. 見 PPG. 用途:柔軟劑.

PPG-9 聚丙二醇-9;為一非離子型界面活性劑. 見 PPG. 用途:柔軟劑.

PPG-9-buteth-12 聚丙二醇-9-丁醇-12;為一非離子型界面活性劑. 見 PPG. 用途: 1. 乳化劑 2. 抗靜電劑.

PPG-9 butyl ether 聚丙二醇-9 丁(基)醚;為一非離子型界面活性劑. 見 PPG. 用途:抗靜電劑.

PPG-9 diethylmonium chloride 聚丙二醇-9 二乙基氯化銨;為一銨鹽之陽離子型界面活性劑(見 Quaternary ammonium compounds). 見 PPG. 用途: 1. 乳化劑 2. 界面活性劑 3. 抗靜電劑.

PPG-9 diglyceryl ether 聚丙二醇-9 雙甘油(基)醚;為一非離子型界面活性劑. 見 PPG. 用途:柔軟劑.

PPG-9 laurate 聚丙二醇-9 月桂酸酯;為一非離子型界面活性劑. 見 PPG. 用途:柔軟劑.

PPG-9-steareth-3 聚丙二醇-9-異硬脂-3;為一非離子型界面活性劑. 見 PPG. 用途:柔軟劑.

PPG-10 butanediol 聚丙二醇-10 丁二醇;為一非離子型界面活性劑. 見 PPG. 用途: 1. 柔軟劑 2. 保濕劑.

PPG-10-buteth-9 聚丙二醇-10-丁醇-9;為一非離子型界面活性劑. 見 PPG. 用途:乳化劑.

PPG-10-ceteareth-20　聚丙二醇-10-鯨蠟/硬脂-20；為一非離子型界面活性劑. 見 PPG. 用途：乳化劑.

PPG-10 cetyl ether　聚丙二醇-10 鯨蠟(基)醚；為一非離子型界面活性劑. 見 PPG. 用途：1. 乳化劑　2. 界面活性劑.

PPG-10 cetyl ether phosphate　聚丙二醇-10 鯨蠟醚磷酸酯鹽；為一陰離子型界面活性劑. 見 PPG. 用途：1. 柔軟劑　2. 界面活性劑.

PPG-10 glyceryl ether　聚丙二醇-甘油(基)醚；為一非離子型界面活性劑. 見 PPG. 用途：乳化劑.

PPG-10 jojoba acid　聚丙二醇-10 荷荷葩酸；為一非離子型界面活性劑. 見 PPG. 用途：柔軟劑.

PPG-10 jojoba alcohol　聚丙二醇-10 荷荷葩醇；為一非離子型界面活性劑. 見 PPG. 用途：柔軟劑.

PPG-10 lanolin alcohol ether　聚丙二醇-10 羊毛脂醇醚；為一非離子型界面活性劑. 見 PPG. 用途：乳化劑.

PPG-10 methyl glucose ether　聚丙二醇-10 甲基葡萄糖醚；為一非離子型界面活性劑. 見 PPG. 用途：柔軟劑.

PPG-10 oleyl ether　聚丙二醇-10 油(基)醚；為一非離子型界面活性劑. 見 PPG. 用途：柔軟劑.

PPG-11 stearyl ether　聚丙二醇-11 硬脂(基)醚；為一非離子型界面活性劑. 見 PPG. 用途：柔軟劑.

PPG-12　聚丙二醇-12；為一非離子型界面活性劑. 見 PPG. 用途：柔軟劑.

PPG-12-buteth-12　聚丙二醇-12-丁醇-12；為一非離子型界面活性劑. 見 PPG. 用途：乳化劑.

PPG-12-buteth-16　聚丙二醇-12-丁醇-16；為一非離子型界面活性劑. 見 PPG. 用途：1. 乳化劑　2. 抗靜電劑.

PPG-12 butyl ether 聚丙二醇-12 丁(基)醚;為一非離子型界面活性劑. 見 PPG. 用途:柔軟劑.

PPG-12-laneth-50 聚丙二醇-12 羊毛脂-50;為一非離子型界面活性劑. 見 PPG. 用途:乳化劑.

PPG-12-PEG-50 lanolin 聚丙二醇-12-聚乙二醇-50 羊毛脂;乙氧化的羊毛脂衍生物 (見 PPG 與 PEG),為一非離子型界面活性劑. 用途: 1. 柔軟劑 2. 乳化劑.

PPG-12-PEG-65 lanolin oil 聚丙二醇-12-聚乙二醇-65 羊毛脂油;乙氧化的羊毛脂合成衍生物 (見 PPG 與 PEG),為一非離子型界面活性劑. 見 PPG. 用途: 1. 乳化劑 2. 柔軟劑 3. 保濕劑.

PPG-12/smdi copolymer 聚丙二醇-12/smdi 共聚物;為一非離子型界面活性劑. 見 PPG. 用途:柔軟劑.

PPG-14 butyl ether 聚丙二醇-14 丁(基)醚;為一非離子型界面活性劑. 見 PPG. 用途:抗靜電劑.

PPG-15 聚丙二醇-15;為一非離子型界面活性劑. 見 PPG. 用途:柔軟劑.

PPG-15-buteth-20 聚丙二醇-15-丁醇-20;為一非離子型界面活性劑. 見 PPG. 用途: 1. 乳化劑 2. 抗靜電劑.

PPG-15 butyl ether 聚丙二醇-15 丁(基)醚;為一非離子型界面活性劑. 見 PPG. 用途:抗靜電劑.

PPG-15-PEG-11 hydrogenated lauryl alcohol ether 聚丙二醇-15-聚乙二醇-11 氫化月桂醇醚;為一非離子型界面活性劑. 見 PPG. 用途: 1. 界面活性劑 2. 乳化劑.

PPG-15 stearyl ether 聚丙二醇-15 硬脂(基)醚;為一非離子型界面活性劑. 見 PPG. 用途:柔軟劑.

PPG-15 stearyl ether benzoate 聚丙二醇-15 硬脂醚苯甲酸酯;為一非離子型界面活性劑. 見 PPG. 用途:柔軟劑.

PPG-16 butyl ether 聚丙二醇-16 丁(基)醚;為一非離子型界面活性劑.見 PPG.用途:抗靜電劑.

PPG-17 聚丙二醇-17;為一非離子型界面活性劑.見 PPG.用途:柔軟劑.

PPG-17-buteth-17 聚丙二醇-17-丁醇-17;為一非離子型界面活性劑.見 PPG.用途:乳化劑.

PPG-17 butyl ether 聚丙二醇-17 丁(基)醚;為一非離子型界面活性劑.見 PPG.用途:1.界面活性劑 2.柔軟劑.

PPG-17 dioleate 聚丙二醇-17 二油酸酯;為一非離子型界面活性劑.見 PPG.用途:柔軟劑.

PPG-18 butyl ether 聚丙二醇-18 丁(基)醚;為一非離子型界面活性劑.見 PPG.用途:抗靜電劑.

PPG-20 聚丙二醇-20;為一非離子型界面活性劑.見 PPG.用途:柔軟劑.

PPG-20-buteth-30 聚丙二醇-20-丁醇-30;為一非離子型界面活性劑.見 PPG.用途:1.抗靜電劑 2.乳化劑.

PPG-20 butyl ether 聚丙二醇-20 丁(基)醚;為一非離子型界面活性劑.見 PPG.用途:1.柔軟劑 2.界面活性劑.

PPG-20-decyltetradeceth-10 聚丙二醇-20-癸基四癸醇-10;為一非離子型界面活性劑.見 PPG.用途:乳化劑.

PPG-20-glycereth-30 聚丙二醇-20-甘油-30;為一多元醇酯型非離子型界面活性劑.見 PPG.用途:乳化劑.

PPG-20 lanolin alcohol ether 聚丙二醇-20 羊毛脂醇醚;為一非離子型界面活性劑.見 PPG.用途:1.柔軟劑 2.乳化劑.

PPG-20 methyl glucose ether 聚丙二醇-20 甲基葡萄糖醚;為一非離子型界面活性劑.見 PPG.用途:1.抗靜電劑 2.保濕劑 3.結合劑.

PPG-20 methyl glucose ether acetate 聚丙二醇-20 甲基葡萄糖醚乙酸酯;為

一非離子型界面活性劑. 見 PPG. 用途:柔軟劑.

PPG-20 methyl glucose ether distearate 聚丙二醇-20 甲基葡萄糖醚二硬脂酸酯;為一非離子型界面活性劑. 見 PPG.

PPG-20 oleyl ether 聚丙二醇-20 油(基)醚;為一非離子型界面活性劑. 見 PPG. 用途:柔軟劑.

PPG-20-PEG-20 hydrogenated lanolin 聚丙二醇-20-聚乙二醇-20 氫化羊毛脂;氫化羊毛脂之乙氧基化衍生物 (見 PPG 與 PEG), 為一非離子型界面活性劑. 用途:乳化劑.

PPG-22 butyl ether 聚丙二醇-22 丁(基)醚;為一非離子型界面活性劑. 見 PPG. 用途:抗靜電劑.

PPG-23 oleyl ether 聚丙二醇-23 油(基)醚;為一非離子型界面活性劑. 見 PPG. 用途:柔軟劑.

PPG-23-PEG-4 trimethylolpropane 聚丙二醇-23-聚乙二醇-4 三羥甲基丙烷;為一非離子型界面活性劑. 見 PPG. 用途:乳化劑.

PPG-23-steareth-34 聚丙二醇-23-硬脂-34;為一非離子型界面活性劑. 見 PPG. 用途:柔軟劑.

PPG-24-buteth-27 聚丙二醇-24-丁醇-27;為一非離子型界面活性劑. 見 PPG. 用途:1. 抗靜電劑 2. 乳化劑.

PPG-24 butyl ether 聚丙二醇-24 丁(基)醚;為一非離子型界面活性劑. 見 PPG. 用途:界面活性劑.

PPG-24-glycereth-24 聚丙二醇-24-甘油-24;為一非離子型界面活性劑. 見 PPG. 用途:乳化劑.

PPG-24-PEG-21 tallowaminopropylamine 聚丙二醇-24-聚乙二醇-21 脂胺基丙胺;為一非離子型界面活性劑. 見 PPG. 用途:乳化劑.

PPG-25 butyl ether phosphate 聚丙二醇-25 丁醚磷酸酯;為一非離子型界面

活性劑. 見 PPG. 用途：柔軟劑.

PPG-25 diethylmonium chloride 聚丙二醇-25 二乙基氯化銨；爲一銨鹽之陽離子型界面活性劑（見 PPG 與 Quaternary ammonium compounds）. 用途： 1. 抗靜電劑 2. 表面活性劑 3. 乳化劑.

PPG-25-laureth-25 聚丙二醇-25-月桂-25；爲一非離子型界面活性劑. 見 PPG. 用途：1. 乳化劑 2. 增稠劑.

PPG-26 聚丙二醇-26；聚合物. 爲一非離子型界面活性劑. 見 PPG. 用途：柔軟劑.

PPG-26-buteth-26 聚丙二醇-26-丁醇-26；爲一非離子型界面活性劑. 見 PPG. 用途： 1. 抗靜電劑 2. 乳化劑.

PPG-26 butyl ether 聚丙二醇-26 丁(基)醚；爲一非離子型界面活性劑. 見 PPG. 用途：柔軟劑.

PPG-26 oleate 聚丙二醇-26 油酸酯；爲一非離子型界面活性劑. 見 PPG. 用途：柔軟劑.

PPG-26 /TDI copolymer 聚丙二醇-26/TDI 共聚物；爲一非離子型界面活性劑. 見 PPG. 用途：成膜劑.

PPG-27 glyceryl ether 聚丙二醇-27 甘油(基)醚；爲一多元醇酯型之非離子型界面活性劑. 見 PPG. 用途：乳化劑.

PPG-28-buteth-35 聚丙二醇-28-丁醇-35；爲一非離子型界面活性劑. 見 PPG. 用途： 1. 抗靜電劑 2. 乳化劑.

PPG-28 cetyl ether 聚丙二醇-28 鯨蠟(基)醚；爲一非離子型界面活性劑. 見 PPG. 用途：乳化劑.

PPG-30 聚丙二醇-30；爲一非離子型界面活性劑. 見 PPG. 用途：柔軟劑.

PPG-30-buteth-30 聚丙二醇-30 丁醇-30；爲一非離子型界面活性劑. 見 PPG. 用途：表面活性劑.

PPG-30 butyl ether 聚丙二醇-30 丁(基)醚;為一非離子型界面活性劑.見 PPG.用途:抗靜電劑.

PPG-30 cetyl ether 聚丙二醇-30 鯨蠟(基)醚;為一非離子型界面活性劑.見 PPG.用途:柔軟劑.

PPG-30 isocetyl ether 聚丙二醇-30 異鯨蠟(基)醚;為一非離子型界面活性劑.見 PPG.用途:柔軟劑.

PPG-30 lanolin alcohol ether 聚丙二醇-30 羊毛脂醇醚;為一非離子型界面活性劑.見 PPG.用途:1. 柔軟劑 2. 乳化劑.

PPG-30 oleyl ether 聚丙二醇-30 油(基)醚;為一非離子型界面活性劑.見 PPG.用途:柔軟劑.

PPG-33-buteth-45 聚丙二醇-33-丁醇-45;為一非離子型界面活性劑.見 PPG.用途:1. 抗靜電劑 2. 乳化劑.

PPG-33 butyl ether 聚丙二醇-33 丁(基)醚;為一非離子型界面活性劑.見 PPG.用途:抗靜電劑.

PPG-34 聚丙二醇-34;為一非離子型界面活性劑.見 PPG.用途:柔軟劑.

PPG-36-buteth-36 聚丙二醇-36-丁醇-36;為一非離子型界面活性劑.見 PPG.用途:柔軟劑.

PPG-36 oleate 聚丙二醇-36 油酸酯, 亦稱 Polyoxypropylene glycol (36) monooleate;為一非離子型界面活性劑.見 PPG.用途:柔軟劑.

PPG-37 oleyl ether 聚丙二醇-37 油(基)醚;為一非離子型界面活性劑.見 PPG.用途:柔軟劑.

PPG-38-buteth-37 聚丙二醇-38-丁醇-37;為一非離子型界面活性劑.見 PPG.用途:保濕劑.

PPG-40 butyl ether 聚丙二醇-40 丁(基)醚;為一非離子型界面活性劑.見 PPG.用途:抗靜電劑.

PPG-40 diethylmonium chloride 聚丙二醇-40 二乙氯化銨；為一銨鹽之陽離子型界面活性劑（見 PPG 與 Quaternary ammonium compounds）. 用途：1. 抗靜電劑 2. 乳化劑 3. 界面活性劑.

PPG-40-PEG-60 lanolin oil 聚丙二醇-40-聚乙二醇-60 羊毛脂油；為一非離子型界面活性劑. 見 PPG. 用途：1. 柔軟劑 2. 乳化劑 3. 保濕劑.

PPG-50 cetyl ether 聚丙二醇-50 鯨蠟(基)醚；為一非離子型界面活性劑. 見 PPG. 用途：界面活性劑.

PPG-50 oleyl ether 聚丙二醇-50 油(基)醚；為一非離子型界面活性劑. 見 PPG. 用途：柔軟劑.

PPG-51/smdi copolymer 聚丙二醇-51 /smdi 共聚物；為一非離子型界面活性劑. 見 PPG. 用途：成膜劑.

PPG-52 butyl ether 聚丙二醇-52 丁(基)醚；為一非離子型界面活性劑. 見 PPG. 用途：柔軟劑.

PPG-53 butyl ether 聚丙二醇-53 丁(基)醚；為一非離子型界面活性劑. 見 PPG. 用途：抗靜電劑.

PPG-55 glyceryl ether 聚丙二醇-55 甘油(基)醚；為一非離子型界面活性劑. 見 PPG. 用途：乳化劑.

PPG-66-glycereth-12 聚丙二醇-66-甘油-12；為一非離子型界面活性劑. 見 PPG. 用途：乳化劑.

PPG-68-PEG-10 trimethylolpropane 聚丙二醇-68-聚乙二醇-10 三甲醇丙烷；為一非離子型界面活性劑. 見 PPG. 用途：柔軟劑.

PPG-75-PEG-300 hexylene glycol 聚丙二醇-75-聚乙二醇-300 甲戊二醇；為一非離子型界面活性劑. 見 PPG. 用途：增稠劑.

PPG-77 trimethylolpropane ether 聚丙二醇-77 三甲醇丙烷醚；為一非離子型界面活性劑. 見 PPG. 用途：柔軟劑.

Precipitated sulphur　沈澱硫, 亦稱 Sulfur praecipitatum、硫（Sulphur 或 Sulfur）；天然存在自然界之元素, 長久以來即被用作面皰治療藥. 注意事項：皮膚與黏膜刺激性. 用途：1. 抗頭皮屑劑　2. 角質溶解劑　3. 面皰預防劑.

Proline　脯胺酸, 亦稱 *L*-Proline（左旋-脯胺酸）、2-Pyrrolidinecarboxylic acid（2-吡咯烷羧酸）；為一非必需胺基酸, 組成膠原蛋白質之主要成分, *L*-Proline 為天然存在脯胺酸, 一般工業來源為合成, 如 *D*-Prolinec 與 *DL*-Proline. 用途：抗靜電劑.

***D*-Proline**　*D*-脯胺酸, 亦稱右旋-脯胺酸；微生物合成, 見 Proline. 用途：抗靜電劑.

***DL*-Proline**　*DL*-脯胺酸, 亦稱消旋-脯胺酸；化學合成, 見 Proline. 用途：抗靜電劑.

Propane　丙烷；低級碳氫化合物, 存在石油天然氣中, 易燃性強, 亦可由化學合成, 常用作噴霧產品之推進劑. 注意事項：大量吸入可能昏睡；使用含此成分之噴霧產品時, 應遠離火源、高溫場所及抽煙. 用途：推進劑.

1,2,3-Propanetriol　見 Glycerin .

2-Propenamide　見 Polyacrylamide.

Propionic acid and its salt　丙酸及其鹽類；丙酸亦稱 Propanoic acid, 是一種油質液體具腐敗味, 天然存在於乳製品中, 亦可發酵或化學製得, 作為化粧品之抑制黴菌劑和防腐劑. 丙酸鹽類, 如丙酸鈣用作抑制黴菌劑. 注意事項：美國食品藥物管理局於 1992 公告, 丙酸未被證實如宣稱般之安全及有效 OTC 產品. 用途：1. 防腐劑　2. 抗黴菌劑.

Propylene carbonate　碳酸丙烯；用途：1. 溶劑　2. 增塑劑.

Propylene glycol　丙二醇, 亦稱 1,2-Propanediol（1,2-丙二醇）、Propane-1,2-diol、Methyl glycol；化學製成之二元醇類, 無色澄清黏稠液體, 具吸濕性, 可使皮膚濕潤與柔軟感（見注意事項）, 可保持產品濕潤, 觸感比甘油佳為甘油之經濟取代物, 因而丙二醇廣泛使用在各類產品作為溶劑, 近來因安全性疑慮,

已漸被其他二元醇類（例如丁二醇或聚乙二醇 Polyethylene glycol）所取代
（見 Glycols）. 注意事項：具皮膚滲透性, 會在體內引起毒性；可能引起接觸性
皮膚炎；或傷害細胞膜引起皮膚紅疹、乾燥；美國 CIR 專家根據丙二醇在皮膚
毒性、眼睛、皮膚刺激和敏感之可能影響的研究, 在對 FDA 的報告中認為濃
度不超過 50％之丙二醇, 仍為安全之化粧品成分, 而大部分化粧品含丙二醇
低於 20％. 用途：溶劑.

1,2-Propylene glycol　1,2-丙二醇；見 Propylene glycol.

Propylene glycol laurate　見 Propylene glycol monolaurate.

Propylene glycol monolaurate　丙二醇單月桂酸酯, 亦稱丙二醇月桂酸酯
Propylene glycol laurate；二元醇和高級脂肪酸之合成物（見 Glycols 和 Lauric
acid）. 注意事項：對月桂酸過敏的人, 可引起過敏反應. 用途：1. 乳化劑　2. 柔
軟劑.

Propylene glycol monostearate　丙二醇單硬脂酸酯, 亦稱丙二醇硬脂酸酯
Propylene glycol stearate；二元醇和高級脂肪酸之合成物（見 Glycol 與 Stearic
acid）. 用途：1. 柔軟劑　2. 乳化劑.

Propylene glycol stearate　見 Propylene glycol monostearate.

Propyl gallate　棓酸丙酯, 亦稱 N-棓酸丙酯 N-Propyl gallatae；一種質地細緻
之白色粉末, 用於乳狀產品當抗氧化劑. 用途：抗氧化劑.

Propylparaben　羥苯丙酯, 亦稱 4-Hydroxybenzoic acid propyl ester（4-羥基
苯甲酸丙酯）、Propyl p-hydroxy benzoate、Propyl 4-hydroxy benzoate、Propyl
Parrrahydroxy benzoate；一種對羥基苯甲酸酯（見 Parabens）. 注意事項：見
Parabens. 用途：防腐劑.

Propyl parahydroxybenzoate　見 Propylparaben.

Protein　蛋白質；用在化粧品之蛋白質概分為動物蛋白、植物蛋白以及絲蛋
白（或絲衍生蛋白）, 其組成單位雖皆為胺基酸, 但所組成後的蛋白質分子, 不
但種類多構造複雜, 性質亦差異極大. 蛋白質加在皮膚清潔產品可減少清潔劑

及界面活性劑對皮膚造成的刺激及乾澀;加在保養品則在表皮形成一薄膜,以保持皮膚的濕潤度;而加在頭髮產品,則可在髮絲形成光澤表膜及髮量豐盈感之效果.蛋白質對處方本身則可增加稠度、澄清度以及乳劑穩定劑之作用.用途:1.(天然)保濕劑 2.(天然)抗靜電劑 3.(天然)稠劑增 4.(天然)乳劑穩定劑.

Protein, hydrolyzed 水解蛋白質;蛋白質水解後生成較小之分子如肽、多胜肽、䏡、腖等.水解蛋白質的功用和蛋白質同,但具較佳保濕力.依蛋白質來源可分來自動物之水解蛋白質(見 Hydrolyzed animal protein)及來自植物之水解蛋白質(見 Hydrolyzed vegetable protein).用途:見 Protein.

Provitamin B₅ 見 Panthenol.

Prunus amara 見 Almond (nut).

Prunus (amygdalus) dulcis 見 Almond (nut).

Prunus armeniaca 杏;見 Prunus armeniaca (Apricot kernel oil).

Prunus armeniaca (Apricot kernel oil) 杏;與苦扁桃同屬薔薇科桃李屬,可食之金色果實,內含可榨取杏仁油,可加於自製面膜滋潤皮膚,用於化粧品可當按摩油及護膚柔軟劑.用途:製造杏仁油.

Prunus dulcis 見 Almond (nut).

Prunus dulcis (Almond oil) 見 Almond (nut).

Prunus persica 見 Persica oil.

_p_-Toluene diamine 查閱字母 T 之 _p_-Toluene diamine.

Pumice 浮石;得自火山粗糙多孔的灰色塊狀物或粉末,主要含矽酸鹽,加在化粧品用作去除粗糙角質皮膚,對於乾燥敏感性的皮膚,連續使用可能引起刺激性,但單純由浮石引起的刺激性並無健康傷害性.用途:(天然)研磨劑.

PVA 聚乙烯醇;見 Polyvinyl alcohol.

PVM/MA 聚乙烯甲醚/順-丁烯二酸酐;Polyvinyl methyl ether/Maleic

anhydride 之縮寫. 見 PVM/MA copolymer.

PVM/MA copolymer 聚乙烯甲醚/順-丁烯二酸酐共聚物；聚乙烯甲醚 Polyvinyl methyl ether 和順-丁烯二酸酐 Maleic Anhydride 之共聚物. 用途：1. 抗靜電劑 2. 結合劑 3. 乳劑穩定劑 4. 成膜劑.

PVP 聚維酮, 亦稱 Polyvinylpyrrolidone（聚乙烯吡咯烷酮）、1-Vinyl-2-pyrrolidinone polymers、Polyvidone；PVP 為 Polyvinylpyrrolidone 之縮寫, 可形成薄膜與毛髮附著. 洗髮精添加 PVP, 可增加泡沫的安定性和毛髮的光澤度. 用途：1. 成膜劑 2. 抗靜電劑 3. 結合劑 4. 乳劑穩定劑.

PVP/Decene copolymer 聚維酮/癸烯共聚物；合成之聚維酮衍生物, 見 PVP. 用途：1. 成膜劑 2. 結合劑.

PVP/Dimethiconylacrylkate/Polycarbamyl polyglycol ester 聚維酮/二甲矽丙烯酸酯/多胺基甲醯聚乙二醇酯；合成之聚維酮衍生物, 見 PVP. 用途：結合劑.

PVP/Dimethylaminoethylmethacrylate copolymer 聚維酮/二甲胺基乙甲基丙烯酸酯共聚物；合成之聚維酮衍生物, 見 PVP. 用途：1. 抗靜電劑 2. 結合劑 3. 乳劑穩定劑 4. 成膜劑.

PVP/Dimethylaminoethylmethacrylate/Polycarbamyl polyglycol ester 聚維酮/二甲胺基乙甲基丙烯酸酯/多胺基甲醯聚乙二醇酯；合成之聚維酮衍生物, 見 PVP. 用途：結合劑.

PVP/Eicosene copolymer 聚維酮/二十烯共聚物；聚維酮 Vinyl pyrrolidone 與二十烯 Eicosene 聚合的防水性聚合物, 見 PVP. 用途：1.抗靜電劑 2.結合劑 3.成膜劑 4.增稠劑.

PVP/Hexadecene copolymer 聚維酮/十六烯共聚物, 亦稱聚乙烯吡咯酮/十六烯共聚物、Polyvinyl pyrrolidone/Hexadecene copolymer；合成之聚維酮衍生物, 見 PVP. 用途：1.抗靜電劑 2.結合劑 3.增稠劑 4.成膜劑.

PVP-Iodine 聚維酮碘, 亦稱 PVP-I、Povidone -Iodine、Iodinepolyvinylpyrrolidone complex；Polyvinyl pyrrolidone 和碘 Iodine 之複合物, 見 PVP. 用途：抗微生物劑.

PVP/Polycarbamyl polyglycol ester 聚維酮/多胺基甲醯聚乙二醇酯；合成 之聚維酮衍生物, 見 PVP. 用途：結合劑.

PVP/VA copolymers 聚維酮/乙酸乙烯酯共聚物；Polyvinyl pyrrolidone/ Vinyl acetate copolymers 之縮寫；合成之聚維酮衍生物. 頭髮噴霧產品之成膜 劑, 見 PVP. 用途：1.抗靜電劑 2.結合劑 3.乳劑穩定劑 4.成膜劑.

PVP/VA/Itaconic acid copolymer 聚維酮/乙酸乙烯酯/衣康酸共聚物；合成 之聚維酮衍生物, 見 PVP. 用途：1.抗靜電劑 2.結合劑 3.成膜劑.

PVP/VA/Vinyl propionate copolymer 聚維酮/乙酸乙烯酯/乙烯丙酸鹽共 聚物；合成之聚維酮衍生物, 見 PVP. 用途：1.抗靜電劑 2.增稠劑 3.成膜劑.

Pyridine *N*-oxide 吡啶 *N*-氧化物, 亦稱 Pyridine 1-oxide(吡啶 1-氧化物)；見 Pyridine *N*-oxides.

Pyridine *N*-oxides 吡啶 *N*-氧化物類, 亦稱 Pyridine-1-oxides；吡啶之合成氧 化物, 製品包括 3-Carboxypyridine N-oxide, Niacinamide N-oxide 及 alpha-(4-Pyridyl-1-oxide)-N-t-butylnitrone, 主用在 OTC 藥品治療掉髮, 亦有配方 設計為化粧品級用在掉髮及刺激生髮. 用途：添加物.

Pyridoxine 見 Vitamin B$_6$.

Pyridoxine dicaprylate 二辛酸吡多辛, 亦稱吡多辛二辛酸、Vitamin B$_6$ dicaprylate(維生素 B$_6$ 二辛酸)；一種維生素 B$_6$ 合成之安定、油溶性酯類型式, 見 Vitamin B$_6$. 用途：1.抗靜電劑 2.(護膚品)添加物.

Pyridoxine dioctenoate 二辛烯酸吡多辛, 亦稱吡多辛二辛烯酸酯、Vitamin B$_6$ dioctenoate(維生素 B$_6$ 二辛烯酸酯)；一種維生素 B$_6$ 合成之安定、油溶性酯 類型式, 見 Vitamin B$_6$. 用途：1.抗靜電劑 2.(護膚品)添加物.

Pyridoxine dilaurate 二月桂酸吡多辛, 亦稱吡多辛二月桂酸、Vitamin B$_6$

dilaurate(維生素 B₆ 二月桂酸);一種維生素 B₆ 合成之安定、油溶性酯類型式,常應用在保濕配方的皮膚保養品,見 Vitamin B₆.用途:1.抗靜電劑 2.保濕劑.

Pyridoxine HCl 見 Pyridoxine hydrochloride.

Pyridoxine hydrochloride 鹽酸吡多辛,亦稱吡多辛鹽酸鹽、Pyridoxine HCl、Vitamin B₆ hydrochloride(維生素 B₆ 鹽酸鹽)、Vitamin B₆ HCl;廣泛應用在頭髮產品.見 Vitamin B₆.用途:1.抗靜電劑 2.(護膚品)添加物.

Pyridoxine tripalmitate 三棕櫚酸多辛,亦稱吡多辛三棕櫚酸鹽、Vitamin B₆ tripalmitate(維生素 B₆ 三棕櫚酸鹽);一種維生素 B₆ 之安定、油溶性酯類型式,亦可增加產品本身質地細緻,見 Vitamin B₆.用途:1.抗靜電劑 2.(護膚品)添加物.

Pyrithione zinc 吡硫翁鋅,亦稱 Zinc pyrithione;鋅之合成衍生物,可抑制皮膚上之細菌及黴菌,應用在化粧品可去除頭皮癢、頭皮屑及有益頭皮脂漏性皮炎.用途:抗頭皮屑劑.

Pyrocatechol 焦兒茶酚,亦稱 1,2 Benzenediol、Pyrocatechin、Catechol;一種酚類(煤焦油衍生物),具抗菌作用,可用作化粧品防腐劑,亦用作染髮劑的氧化成分.注意事項:會引起濕疹和類似酚類的全身作用;美國 CIR 專家認為其致癌性與共同致癌之可能性,如用於非沖洗化粧品為不安全成分,而目前數據不足以確認使用在染髮劑的安全性.用途:1.防腐劑 2.(染髮劑)氧化劑.

Pyrogallol 焦棓酚,亦稱 Pyrogallic acid(焦性沒食子酸)、焦五倍子酸、1,2,3 Trihydroxybenzene(1,2,3-三羥基苯)、1,2,3-Benzenetriol;一種有毒酚類,用在化粧品工業製造染料與染髮劑.注意事項:長期使用或延長與皮膚接觸可能引起皮膚紅疹;食入具傷害性,可能引起嚴重腸胃道、腎、肝傷害,嚴重可致死;大範圍塗抹在皮膚上極具危險.用途:製造染髮劑原料.

Pyrrolidone carboxylic acid, 2-Pyrrolidone-5-carboxylic acid 見 PCA.

Pyrus communis 梨,亦稱西洋梨、水梨、山櫖、European pears、Pyrus communis L(學名);薔薇科梨屬多年生植物,其果實可製梨汁,梨汁含成分醣

Saccharides、類黃酮 Flavonoids 及三萜類 Triterpenoids, 應用在化粧品具保濕效果. 見 Pear extract. 用途: 1.梨汁原料 2.植物添加物.

Pyrus cydonia　嘜桲, 亦稱榅桲、Quince; 學名爲 Pyrus cydonia、Cydonia vulgaris 及 Cydonia oblonga, 薔薇科嘜桲屬之植物, 果實可製嘜桲漿. 見 Pyrus cydonia extract. 用途: 1.植物添加物 2.製造嘜桲漿原料.

Pyrus cydonia extract　嘜桲漿, 亦稱 Quince extract; 取自薔薇科植物嘜桲 Pyrus cydonia 嘜桲的果實, 含豐富的果膠, 嘜桲 Quince 先前歸屬爲薔薇科梨屬嘜桲 Pyrus cydonia 及薔薇科嘜桲屬 Cydonia vulgaris, 現歸類爲嘜桲屬斜木瓜 Cydonia oblonga. 用途: (天然)增稠劑.

Pyrus malus　蘋果, 亦稱 Apple; 學名包括 Malus domestica、Malus pumila 及 Pyrus malus; 薔薇科植物, 其果實可製造蘋果漿 Apple extract. 見 Apple extract. 用途: 1.製造蘋果漿原料 2.植物添加物.

Pyrus malus(Apple extract)　見 Pyrus malus.

Pyrus sorbus　花椒, 亦稱 Service Tree(俗名)、Sorbus tree(俗名); 學名包括 Pyrus sorbus 及 Sorbus domestica; 薔薇科植物, 其果實可萃取花椒汁(Sorbus extract). 見 Sorbus extract. 用途: 1.植物添加物 2.製造花椒汁原料.

Q

Quaternarium-1, Quaternarium-6, Quaternarium-7, Quaternarium-8　見 Quaternium-1、Quaternium-6、Quaternium-7、Quaternium-8.

Quaternarium-14、Quaternarium-15、Quaternarium-16、Quaternarium-18　見 Quaternium-14、-15、-16、18.

Quaternarium-18 bentonite　見 Quaternium-18 bentonite.

Quaternarium-18 hectorite　見 Quaternium-18 hectorite.

Quaternarium-19～Quaternarium-85 見 Quaternium- 19～Quaternium-85.

Quaternary ammonium compounds 四級銨化合物,亦稱季銨化合物;是一種合成的含氮化合物家族,其中心氮原子與四個有機基鍵結化合,形成一帶正價之陽離子,一般以鹽類存在(稱銨鹽),其用在化粧品之用途包括界面活性劑、抗靜電劑、殺菌劑防腐劑、消毒劑及除臭劑等,廣泛用在各類型化粧品中,例如洗髮精、止汗產品、除臭產品、面霜、頭髮產品、指甲產品等.注意事項:所有四級銨化合物皆具毒性,引起之傷害視所用化合物之種類與濃度;吞下四級銨溶液會致命;高濃度四級銨化合物會刺激皮膚及引起黏膜壞死,有些四級銨化合物在 0.1%濃度即具會眼睛與黏膜刺激性.

Quaternium-1 季銨-1,亦稱四級銨-1;見 Quaternium-15.注意事項:低刺激性.用途:1.抗靜電劑 2.殺菌劑 3.防腐劑.

Quaternium-6 季銨-6,亦稱四級銨-6;見 Quaternium-15.注意事項:低刺激性.用途:1.抗靜電劑 2.殺菌劑 3.防腐劑.

Quaternium-7 季銨-7,亦稱四級銨-7;見 Quaternium-15.注意事項:低刺激性.用途:1.界面活性劑 2.殺菌劑 3.防腐劑.

Quaternium-8 季銨-8,亦稱四級銨-8;見 Quaternium-15.用途:1.殺菌劑 2.抗靜電劑 3.防腐劑.

Quaternium-13 見 Myrtrimonium bromide.

Quaternium-14 季銨-14,亦稱四級銨-14;化學名 Dodecyl(ethylbenzyl) dimethylammonium chloride,一種衍生自月桂酸之陽離子型界面活性劑,見 Quaternium-15.用途:1.殺菌劑 2.防腐劑 3.抗靜電劑 4.界面活性劑.

Quaternium-15 季銨-15,亦稱四級銨-15;化學名 Methenamine 3-chloroallylochloride,一種廣效性抑制微生物之防腐劑(但抑菌力較佳,抑黴菌力不佳),廣泛應用作化粧品防腐劑.注意事項:會引起皮膚炎;會經由皮膚迅速吸收;動物實驗顯示會使餵食動物致畸胎.用途:防腐劑.Quaternium 為四級銨 Quaternary Ammonium 之簡稱, 四級銨是一種四級銨化合物 (見 Quaternary Ammonium Compounds) 在化粧品所用之 Quaternicum 系列化合物, 係四級銨化物之陽離子聚合物, 在非正式情形下, 成分 Quaternium 可單指 Quaternium-15. 注意事項: 見 Quaternary Ammonium Compounds.

Quaternium-16 季銨-16, 亦稱四級銨-16; 一種衍生自動物脂脂肪酸之陽離子型界面活性劑. 見 Quaternium-15. 用途: 1. 抗靜電劑 2. 界面活性劑.

Quaternium-18 季銨-18, 亦稱四級銨-18; 一種衍生自動物脂脂肪酸之陽離子型界面活性劑. 見 Quaternium-15. 用途: 1. 抗靜電劑 2. 界面活性劑 3. 成膜劑 4. 結合劑.

Quaternium-18/Benzalkonium bentonite 季銨-18/苯札皂土銨; 衍生自氫化的動物脂脂肪酸、皂土和苯札之合成四級銨鹽, 見 Quaternium-15. 用途: 增稠劑.

Quaternium-18 bentonite 季銨-18 皂土; 衍生自氫化的動物脂脂肪酸和皂土之合成四級銨鹽, 見 Quaternium-15. 用途: 增稠劑.

Quaternium-18 hectorite 季銨-18 水輝石; 衍生自氫化的動物脂脂肪酸和水輝石之合成四級銨鹽, 見 Quaternium-15 用途: 1. 增稠劑 2. 懸浮劑.

Quaternium-18 methosulfate 季銨-18 硫酸甲酯; 衍生自氫化的動物脂脂肪酸和硫酸甲酯化之合成四級銨鹽, 見 Quaternium-15. 用途: 抗靜電劑.

Quaternium-19, Quaternium -20, Quaternium -23 季銨-19、季銨-20、季銨-23; 作為化粧品防腐劑、抗靜電劑, 亦用在頭髮產品賦予頭髮光澤感. 用途: 1. 成膜劑 2. 結合劑 3. 防腐劑 4. 抗靜電劑.

Quaternium-22 季銨-22, 亦稱四級銨-22; 見 Quaternium-15. 用途: 界面活性劑.

Quaternium-24 季銨-24, 亦稱四級銨-24; 化學名 Decyldimethyloctylammonium chloride. 見 Quaternium-15. 用途: 1. 抗菌劑 2. 抗靜電劑 3. 界面活性劑.

Quaternium-26, Quaternium-27, Quaternium-29 季銨-26、季銨-27、季銨-29;見 Quaternium-15. 用途：1. 抗靜電劑 2. 界面活性劑.

Quaternium-30, Quaternium-43, Quaternium-45, Quaternium-51, Quaternium-53, Quaternium-56, Quaternium-61, Quaternium-62, Quaternium-63, Quaternium-70, Quaternium-71, Quaternium-72, Quaternium-73, Quaternium-75 季銨-30、季銨-43、季銨-45、季銨-51、季銨-53、季銨-56、季銨-61、季銨-62、季銨-63、季銨-70、季銨-71、季銨-72、季銨-73、季銨-75,亦稱四級銨-30、四級銨-43、四級銨-45、四級銨-51、四級銨-53、四級銨-56、四級銨-61、四級銨-62、四級銨-63、四級銨-70、四級銨-71、四級銨-72、四級銨-73、四級銨-75;見 Quaternium-15. 用途：抗靜電劑.

Quaternium-33, Quaternium-60 季銨-33、季銨-60;衍生自羊毛脂之合成四級銨鹽, 見 Quaternium-15. 用途：抗靜電劑.

Quaternium-52 季銨-52,亦稱四級銨-52;見 Quaternium-15. 用途：1. 抗靜電劑 2. 界面活性劑.

Quaternium-76 hydrolyzed collagen 季銨-76 水解膠原蛋白;衍生自動物蛋白質之四級銨鹽. 見 Quaternium-15. 用途：抗靜電劑.

Quaternium-77, Quaternium-78 季銨-77、季銨-78;見 Quaternium-15. 用途：抗靜電劑.

Quaternium-79 hydrolyzed collagen 季銨-79 水解膠原蛋白;衍生自動物蛋白質之四級銨鹽. 見 Quaternium-15 與 Hydrolyzed collagen. 用途：抗靜電劑.

Quaternium-79 hydrolyzed keratin 季銨-79 水解角蛋白;衍生自動物蛋白質之四級銨鹽. 見 Quaternium-15 與 Hydrolyzed keratin. 用途：抗靜電劑.

Quaternium-79 hydrolyzed milk protein 季銨-79 水解牛奶蛋白;衍生自動物蛋白質之四級銨鹽. 見 Quaternium-15 與 Hydrolyzed milk protein. 用途：抗靜電劑.

Quaternium-79 hydrolyzed silk　季銨-79 水解絲蛋白;見 Quaternium-15 與 Hydrolyzed silk. 用途:抗靜電劑.

Quaternium-79 hydrolyzed soy protein　季銨-79 水解大豆蛋白;衍生自植物蛋白質之四級銨鹽. 見 Quaternium-15 與 Hydrolyzed soy protein. 用途:抗靜電劑.

Quaternium-79 hydrolyzed wheat protein　季銨-79/水解小麥蛋白;衍生自植物蛋白質之四級銨鹽. 見 Quaternium-15 與 Hydrolyzed wheat protein. 用途:抗靜電劑.

Quaternium-80～Quaternium-85　季銨-80、季銨-81、季銨-82、季銨-83、季銨-84、季銨-85;見 Quaternium-15;用途:抗靜電劑.

Quince extract　見 Pyrus cydonia extract.

Quince seed　榲桲子,亦稱榲桲子、Cydonia seed;將薔薇科植物榲桲 Pyrus cydonia 之種子浸泡水中,會產生黏稠狀膠質,可作天然頭髮定型液,可萃取此膠質用在化粧品上當增稠劑、乳化劑或懸浮劑等. 用途:製造製榲桲子膠.

Quince seed gum　榲桲子膠,亦稱榲桲子膠、Gum quince seed;一種多醣類膠質,取自薔薇科植物榲桲 Pyrus cydonia 之種子,具有多醣類獨特的清爽觸感,但易遭微生物污染. 見 Quince seed. 用途:1. 天然頭髮定型成分 2. (天然) 增稠劑 3. (天然) 乳化劑 4. (天然) 乳劑穩定劑 5. (天然) 懸浮劑.

Quinine　奎寧;金雞納樹皮的主要生物鹼,用在健髮產品當局部麻醉劑. 注意事項:口服 OTC 藥奎寧有敏感反應的人,可能會對含奎寧之化粧品起皮膚紅疹. 用途:添加物.

Quinolin-8-ol　喹啉醇-8,亦稱 8-Quinolinol、8-Hydroxyquinoline (8-羥基喹啉)、Hydroxybenzopyridine、Oxine、Oxyquinoline、Phenopyridine;喹啉之衍生物 (見 quinoline). 通常作為沉澱劑或螯合劑以分離開金屬,亦用在製造殺黴菌與驅蟲藥. 衛生署公告化粧品禁用成分. 用途:1. 抗黴菌劑 2. 螯合劑.

Quinolin-8-ol and bis (8-hydroxyquinolinium) sulphate　8-羥基喹啉醇和雙

(8-羥基喹啉)硫酸鹽;用途:同 Quinolin-8-ol.

Quinolin-8-ol and its sulfates　8-喹啉醇及其硫酸鹽類;可做止汗劑、除臭劑,衛生署公告化粧品禁用成分.用途: 1. 抗微菌劑 2. 螯合劑 3. 止汗除臭劑(硫酯鋁嚴).

Quinoline　喹啉,亦稱 1-Benzazine;一種煤焦油衍生物,天然少量存在於煤焦油中,可自煤焦油 coal tar 蒸餾或化學合成,用作製造化粧品色素.用途:製造色素原料.

Quinoline yellow　見 C.I. 47005.

R

Resins　樹脂類;分天然樹脂與合成樹脂,後者爲指甲油的主要成分,可增進產品之密著性及塗抹的光澤,常用丙烯酸樹脂 Acrylic acid resin、磺胺樹脂 Sulfonamide resin、蔗糖樹脂 Sucrose resin 及其他樹脂.注意事項:高濃度樹脂含量之指甲油會使指甲易脆裂;毒性依使用成分而異.用途:增進指甲產品光澤、防水性、密著性.

Resorcin　雷瑣辛,亦稱 1,3-Benzenediol (間苯二酚)、m-Dihydroxybenzene、Resorcinol、Resorcinol (CI 76505);一種白色晶體酚類 (煤焦油衍生物),具抗細菌與黴菌、收斂及止癢的性質,多與硫黃使用,有剝離角質及殺菌功效,常用在預防面皰.另外,常用於抗頭皮屑洗髮精,或作化粧品防腐劑,亦用在染髮劑,但截至本書付印,在國內衛生署管理上 Resorcin 爲防腐劑,非法定染髮劑.注意事項:可能引起過敏反應,避免和其他具刺激性之產品合用,如磨砂膏、藥用香皂、治療青春痘藥品及含乙醇產品等.用途: 1.防腐劑 2.(止癢)抑菌劑 3.染髮劑 4.角質剝離劑 5.抗頭皮屑劑.

Resorcinol　見 Resorcin.

Retin-A　見 Retinoic acid.

13-cis-Retinoic acid　13-順式-視黃酸, 亦稱 13-cis-Vitamin A acid (13-順式-維生素 A 酸)、異視黃酸 Isotretinoin (商品名);視黃酸之化學合成型態 (見 Retinoic acid). 注意事項:衛生署化粧品禁用成分. 用途:治療痤瘡藥.

Retinoic acid　視黃酸, 亦稱維生素 A 酸、Vitamin A acid、Tretinoin、Retin-A (商品名);是維生素 A 之生理代謝產物, 主要爲全反式 (全-trans 式), 商品則包括全反式的 Retin-A 及 13-順式異構體的 Isotretinoin (見 13-cis-Retinoic acid), 應用在嚴重的囊性青春痘. 在許多國家, 維生素 A 酸是治療青春痘之處方藥. 維生素 A 酸可迅速經由皮膚吸收, 增加細胞更新率, 平衡皮脂腺分泌. 注意事項:衛生署列入化粧品禁用成分. 用途:治療痤瘡藥.

Retinol　視網醇;見 Vitamin A.

Retinol acetate　乙酸視網酯, 亦稱醋酸視網醇酯;見 Vitamine A acetate.

Retinol palmitate　棕櫚酸視網醇酯;見 Vitamine A palmitate.

Retinyl acetate　見 Vitamine A acetate.

Retinyl palmitate　棕櫚酸視網醇酯;見 Vitamine A palmitate.

Retinyl propionate　見 Vitamin A propionate.

Rhodamine acetate　若丹明 B 乙酸鹽, 亦稱若丹明 B 醋酸鹽、化粧品紅色 14 號、赤色 214 號、CI basic violet 10、C.I. 45170;用途:色素.

Rhodamine B　若丹明 B, 亦稱化粧品紅色 13 號、赤色 213 號、CI basic violet 10、CI 45170;用途:色素.

Rhodamine B stearate　若丹明 B 硬脂酸鹽, 亦稱化粧品紅色 15 號、赤色 215 號、CI solvent red 49、CI 45170;用途:色素.

Rhodinol　玫瑰醇, 亦稱 α-Citronellol;具玫瑰香, 由天竺葵或玫瑰精油分離出, 或化學合成. 用途:香料.

Riboflavin　核黃素;見 Vitamin B$_2$.

Riboflavin tetracetate 見 Vitamin B₂ tetraacetate.

Rice bran 米糠;碾磨脫殼米而獲得的米糠,由糠、糊粉層和胚芽組成,應用在化粧品的米糠有三種製品,包括米糠油、米糠萃取物和米糠蠟,米糠含有維生素 E、不飽和脂肪酸及一種高活性脂酶,可舒緩皮膚及抑制皮膚脂質被氧化,適用於乾燥及成熟年齡之皮膚. 用途:米糠製品原料.

Rice (Oryza sativa) bran oil 米糠油,亦稱 Rice oil;由禾本科稻 Oryza sativa 種子獲得的米糠提取,工業上一般用溶劑提取法,含抗氧化劑如維生素 E,常用在混合性皮膚. 用途: 1.載體油 2.(天然)柔軟劑.

Rice bran wax 米糠蠟;獲自米糠之蠟樣物質. 見 Rice bran. 用途:(天然)增稠劑.

Rice germ oil 胚芽油;一種植物油,獲自脫殼米之胚芽經由溶劑提取,含抗氧化劑如維生素 E (比米糠油高). 見 Rice bran. 用途:同 Ria bran oil.

Ricinus communis 見 Castor oil.

Rodix liquorice 甘草根;見 Licorice.

Roman chamomile 見 Chamaemelum nobile.

Rosa centifolia 五月薔薇,亦稱摩洛哥玫瑰、Hundred-leaved rose 千葉玫瑰;薔薇科薔薇屬植物,主產地摩洛哥,其花可萃取玫瑰精油,見 Rose Oil.

Rosa damascena 大馬士革玫瑰;薔薇科薔薇屬植物,主要產地保加利亞與土耳其,其花可蒸餾玫瑰精油,見 Rose oil.

Rosa rubiginosa 甜美野薔薇;見 Rose hips oil.

Rose bengale 玫瑰紅,亦稱化粧品紅色 3 號、赤色 232 號、CI Acid red 94、Rose bengale B、CI 45440;用途:色素.

Rose extract 玫瑰萃取物;各種不同品種新鮮玫瑰萃取製成,具收斂、滋養及除臭等性質. 用途: 1.(天然)香料 2.(護膚品)添加物.

Rose hips extract 野玫瑰 (野薔薇) 之果實或漿果萃取物;富含維生素 C 及

天然芳香氣味.用途:(天然)香料.

Rose hips oil 薔薇果油,亦稱玫瑰果油、薔薇果精油;得自野薔薇的果實或漿果,尤其是薔薇科品種:狗牙薔薇 Rosa Canina、法國薔薇 Rosa gallica、Rosa condita、皺葉薔薇 Rosa rugosa Thunb. 及甜美野薔薇 Rosa rubiginosa.薔薇果油因其抗菌性質,在芳香學稱爲治療精油,富含維生素 C,對皮膚有極佳的修復效果,所以被廣泛應用在化粧品中.研究顯示亦可改善皮膚保水能力,及有益調節油脂腺油脂分泌.用途:1.(天然)香料 2.精油.

Rosemary 迷迭香,亦稱 Garden rosemary;學名爲唇形科迷迭香 Rosmarinus officinalis,整株植物有濃郁芳香氣味,新鮮花朵、葉或整株植物可蒸餾萃取迷迭香精油(見 Rosemary oil).芳香療法認爲迷迭香葉、花及整株植物具殺菌性質,有益於面皰、皮膚炎等,另外亦用在去頭皮屑洗髮精.注意事項:有些人會有接觸性過敏;如作爲藥草內用,不可用在懷孕期.用途:1.製造迷迭香油 2.植物添加物.

Rosemary extract 迷迭香萃取物;獲自整株藥草之萃取物,一些研究認爲萃取物具有促進皮膚傷口癒合效應,有助改善血液循環因而有利於皮膚再生,以及具有其他性質包括收斂、滋養、殺菌、柔軟、制臭等,亦認爲萃取物具抗氧化活性,廣泛用在皮膚保養和清潔用品.用途:1.(天然)香料 2.(護膚品)添加物 3.(護髮品)添加物.

Rosemary oil 迷迭香油,亦稱迷迭香精油;由花朵蒸餾而得之揮發油較由莖葉部位優質,迷迭香精油外用上可促進血液循環,故亦常用在沐浴中.注意事項:皮膚刺激可能性.見 Rosemary.用途:1.(天然)香料 2.精油.

Rose oil 玫瑰(精)油,亦稱 Essence of rose、Attar of rose;得自新鮮玫瑰花瓣蒸餾或溶劑萃取製成,性質溫和,在芳香療法中認爲對皮膚具滋養、舒緩、抗菌、抗過敏及保濕性質,適用於各類型皮膚,尤益於老化、乾燥性及敏感性肌膚,因其昂貴(尤其是以蒸餾方式獲取)只用於最高級香水.玫瑰亦稱薔薇、月季,爲薔薇科薔薇屬植物,所用品種包括大馬士革玫瑰 Rosa damascena Mill.、白玫瑰 Rosa alba L.、法國薔薇 Rosa gallica L.、香水薔薇 Rosa odorate Sweet.、皺葉薔薇 Rosa rugosa Thunb.、墨紅薔薇 Rosa thea hydriad Crimson Glory.、五月薔薇 Rosa centifolia L.、中國苦水薔薇 Rosa sertata X.R.rugosa Yu et ku.、月季花 Rosa chinensis Jacg. 等.用途: 1.(天然)香科 2.精油.

Rose oxide 玫瑰氧化物;一種氧化物,具青草、花香混合香味,天然存在玫瑰油及其他精油中,化粧品添加之玫瑰氧化物爲合成香料(見〈化粧品成分用途說明〉,香料).用途:香料.

Rose water 玫瑰水;玫瑰芳香成分之水溶液,以新鮮花朵用水蒸餾而得;因玫瑰精油昂貴,此爲最常用在玫瑰香水產品之代用品.玫瑰水對臉部皮膚及毛細孔,具有極佳的收斂性,故廣泛應用在化粧品和保養品.注意事項:可能引起過敏.用途: 1.(天然)香料 2.(護膚品)添加物.

Rosin 松香,亦稱 Pine Rosin;獲自各種松樹的樹脂經蒸餾處理除去精油後的餘留物,可細分木松香 Wood resin、脂松香 Gum rosin 和浮油松香 Tall oil Rosin.松香主要產自美國,常應用在製造香皂、頭髮產品、除毛蠟及睫毛膏.松香油即是松香乾餾而得.用途: 1.製造香皂 2.硬化劑.

Rosin acrylate 丙烯酸酯松香;松香 Rosin 和丙烯酸 Acrylic acid 反應生成之酯類.用途:成膜劑.

Rosin hydrolyzed collagen 松香水解蛋白質;一種蛋白質常用在潤髮及皮膚調理產品.用途:成膜劑.

Rosmarinus officinalis 見 Rosemary.

Rosmarinus officinalis（Rosemary oil） 見 Rosemary 及 Rosemary oil.

Royal jelly 蜂(王)乳,亦稱蜂王漿、Queen bee jelly;長久以來,蜂王乳一直被認爲具有回春的食入營養價值,它是由工蜂唾液腺分泌,爲蜂后發育必需之營養物,含多種蛋白質、維生素、微量元素及生長因子,雖然幼蜂缺乏蜂乳就無法生長成蜂后,但在科學研究上並未證實可影響幼蜂的激素亦可影響人類,或是該激素可能影響人類但人類所需量極大,以目前食入量對人體並無實效.雖然業者認爲蜂王乳用在化粧品有利於皮膚組織之再生,且有回復皮膚年輕之功效,但並無研究支持塗抹方式的功效.用途:(護膚品)添加物.

Rue oil　云香油;一種精油,獲自云香科植物.注意事項:國際香料研究協會 The International Fragrance Research Associateion (IFRA)基於光毒性考量,建議云香油用在塗抹曝露陽光下皮膚部位的產品,不應超過濃度 0.15%,但沐浴產品、香皂及其他沖洗產品則無含量限制.用途:1.(天然)香料 2.精油.

Rubber latex　橡膠乳汁,亦稱橡漿、橡膠;天然橡膠 Rubber 獲自膠樹之乳樣汁液(橡漿),其分子量在 10 萬至 100 萬的 cis-1,4-聚異戊二烯,合成橡膠則由化學合成製備.用途:1. 製造假睫毛基緣 2.製造睫毛夾基緣 3.成膜劑.

Ruscus aculeatus　見 Butcher's broom.

S

Saccharin　糖精,亦稱 Saccharinose、Saccharinol、Saccharol;無熱量合成甜味劑,用在漱口水、牙膏牙粉、唇膏等作爲矯味劑.注意事項:美國藥物食品管理局 FDA 認爲糖精很可能是一種致癌物質,且建議每日攝取限量:每公斤體重每日最大限制攝取 15mg 之糖精.用途:矯味劑.

Saccharum officinarum　甘蔗,亦稱 Saccharum officinarum（學名）、Sugar cane（英文名）;可分製糖甘蔗俗稱白甘蔗及食用甘蔗俗稱紅甘蔗,前者爲製糖原料,可製備化粧品原料如甘蔗萃取物 Sugar cane extract、蔗糖 Sugar 或 Sucrose.見 Sugar cane extract 及 Sucrose.用途:製造蔗糖及甘蔗萃取物原料.

Saccharum officinarum（Sugar extract）, Saccharum officinarum（Sugar cane extract）　見 Saccharum officinarum.

Safflower　紅花;見 Safflower oil.

Safflower glyceride　紅花子甘油酯;來自紅花子油之單甘油酯.用途:1.柔軟

劑 2.乳化劑.

Safflower oil 紅花子油, 亦稱紅花油;從菊科紅花 Carthamus tinctorius(學名)的種子獲得之植物油, 對皮膚有水合作用, 常用在護膚品與護髮品可柔軟皮膚與頭髮.注意事項:曝露空氣下易酸敗.用途:1.載體油 2.(天然)柔軟劑 3.(天然)保濕劑.

Sage extract 鼠尾草萃取物;見 Salvia officinalis.

Sage oil 鼠尾草油, 亦稱鼠尾草精油;見 Salvia officinalis. 用途: 1.(天然)香料 2.精油.

Salicylates 水楊酸鹽類;合成之水楊酸鹽類 (見 Salicylic acid), 例如水楊酸戊酯 Amyl salicylate (作爲化粧品溶劑)、水楊酸苄酯 Benzyl salicylate (作爲防曬劑)、水楊酸蓋酯 Menthyl salicylate (作爲防曬劑)、水楊酸苯酯 Phenyl salicylate (作爲防曬劑) 等.用途: 1.防腐劑 2.防曬劑.

Salicylic acid 水楊酸, 亦稱柳酸、2-Hydroxybenzoic acid;以酯類(甲基水楊酸)存在於一些植物中, 如冬青樹葉及柳樹皮, 工業用大規模生產多取自化學合成.在化粧品界被視爲一種 β-氫氧酸 (β-hydroxyacid), 亦用在抗老化、抗皺紋產品, 在低濃度, 水楊酸即可溶解表皮角質細胞、清理毛囊阻塞及減少皮脂腺分泌, 毛細孔因而受益縮小, 因此水楊酸產品適合易生面皰之皮膚改善或預防作用.水楊酸具有止癢抑制細菌、黴菌作用, 廣泛應用在面皰產品以及其他各類化粧品, 如化粧水、面膜、精華液、護髮水、抗頭皮屑產品、防曬品等作爲角質軟化劑、防腐劑或抑菌劑.注意事項:可經由皮膚吸收, 高濃度大量吸收可能會引起噁心、腹痛、皮膚紅疹、皮膚炎、酸化症等;可引起光敏感 (見 Beta-hydroxy acid);不得長期使用;不得使用在三歲以下嬰孩.用途: 1.化學性剝離劑 2.(角質剝離劑)角質軟化劑 3.防腐劑 4.抑菌劑 5.面皰預防劑 6. 抗頭皮屑劑.

Salol 見 Phenyl salicylate.

Salt 見 Sodium chloride.

Salts of dehydroacetic acid 去水醋酸鹽, 亦稱脫氫乙酸鹽；去氫醋酸鈉 Sodium dehydroacetate 爲最常應用在化粧品之一種去水醋酸鹽. 用途：1.防腐 劑 2.抑菌劑.

Salts of sorbic acid 己二烯酸鹽, 亦稱山梨酸鹽；山梨酸之鹽類（見 Sorbic acid）. 山梨酸鉀 Potassium sorbate 爲最常應用在化粧品之一種山梨酸鹽. 用 途：防腐劑.

Salvia hispanica 金鼠尾草, 亦稱 Chia、Mexican chia；金鼠尾草 Salvia hispanica（學名）屬唇形科（或稱薄荷科）鼠尾草屬植物, 產自墨西哥, 由於其 食用價值在當地廣爲栽培, 其種子可製成消暑飲料飲用, 或壓榨磨粉加入穀粉 或製成食物, 種子芽茱可拌沙拉, 由種子獲取之食用油 Chia oil 應用在護膚可 使皮膚柔軟. 用途：植物添加物.

Salvia officinalis 鳳梨鼠尾草, 亦稱 Garden sage；鳳梨鼠尾草 Salvia officinalis(學名)產自南歐, 屬唇形科(或稱薄荷科)鼠尾草屬植物, 其花葉可萃 取鼠尾草精油 Sage oil. 芳香療法認爲精油香味可鎮靜神經、紓解壓力及幫助 緩和經前症候群, 在皮膚應用上精油適毛孔粗大皮膚, 將精油混入基礎油按摩 皮膚, 可幫助維持血液循環, 避免水腫. 用途：1.製造鼠尾草油 2.植物添加物.

Salvia sclarea 快樂鼠尾草, 亦稱南歐丹參、Clary、Clary sage；快樂鼠尾草 Salvia sclarea(學名)產自南歐, 屬唇形科(或稱薄荷科)鼠尾草屬植物, 其花葉 可萃取快樂鼠尾草精油. 芳香療法認爲精油香味有很好的放鬆效果, 適用於緩 和女性的經前不適, 皮膚應用上精油能抑制皮脂分泌過渡旺盛, 有益於油性皮 膚之改善. 用途：1.製造快樂鼠尾草油 2.植物添加物.

Salvia sclarea extract 快樂鼠尾草萃取物；見 Salvia sclarea.

Salvia sclarea oil 快樂鼠尾草油, 亦稱快樂鼠尾草精油；見 Salvia sclarea. 用 途：1.(天然)香料 2.香料固定劑 3.精油.

Sambucus 接骨木, 亦稱 Elder、Elder tree、Sweet elder、Black elder；一般應用

在化粧品工業爲品種忍冬科加拿大接骨木 Sambucus canadensis L.(學名)或忍冬科黑接骨木 Sambucus nigra L.(學名)之花朵部位(見 Sambucus extract).漿果富含維生素 C 極具美容價值,西方婦女喜用作護膚水或加入泡澡,具溫和收斂可使皮膚清潔與柔軟,此外漿果和花朵部位同樣具有出汗與利尿作用,因此同樣用來舒緩受寒與感冒.用途:1.製造接骨木萃取物 2.植物添加物.

Sambucus extract 接骨木萃取物、Elder extract,亦稱接骨木花萃取物 Elder flower extract;獲自忍冬科加拿大接骨木 Sambucus canadensis L.(學名)或忍冬科黑接骨木 Sambucus nigra L.(學名)之萃取物,在藥草療法接骨木萃取物可來自樹皮、樹葉、花朵與果實(漿果)而有不同功效,但在化粧品工業上一般使用花朵萃取物,接骨木花萃取物含精油及其他成分,因其香味及溫和收斂作用,常應用在皮膚沐浴等化粧品,適合乾性皮膚.用途:1.(天然)香料 2.植物添加物.

Sambucus nigra 接骨木,亦稱 Black elder(俗稱);學名爲忍冬科黑接骨木 Sambucus nigra,藥用部分包括樹皮、樹葉、花朵及果實(漿果),但只有花朵有濃郁香味和果實(漿果)富含維生素 C 常被應用在化粧品.見 Sambucus extract.注意事項:只有 Black elder 可食用無毒,Red elder 食用有毒性.用途:1.製接接骨木萃取物 2.植物添加物.

Sandalwood extract 檀香木萃取物;見 Santal oil.

Sandalwood oil 見 Santal oil.

Sandalwood, white 白檀,亦稱白檀香木 White sanders;獲自東印群島之檀香科白檀香 Santalum Album L. 的乾心材,可製造檀香油 Santal oil.用途:1.製造檀香(木)油 2.植物添加物.

Santalum album 檀香木,亦稱 Sandalwood(英文名)、Sanderwood(英文名);其樹幹、樹皮及乾木可萃取檀香木油 Santal oil.見 Santal oil.用途:1.製造檀香(木)油 2.植物添加物.

Santalum album extract 檀香木萃取物；見 Santal oil.

Santal oil 檀香油,亦稱檀香木油 Sandalwood oil、East indian sandalwood oil (東印度檀香油)；獲自檀香科白檀香 Santalum Album L. 的乾心材,西印度檀香油得自非眞正之檀香樹 (稱作香脂阿米香樹 Amyris balsamifera). 用途：(天然)香料.

Scutellaria baicalensis extract 黃芩萃取物；獲自唇形科黃芩 Scutellaria baicalensis Gergi 的根, 中藥研究黃芩含有成分黃芩苷 (Baicalin)、黃芩素 (Baicalein)、漢黃芩苷(Wogonioside)及黃芩新素(Neobaicalein)等, 具有抗微生物作用,對多種皮膚致病性黴菌均有良好抑制作用,並能促進白血球吞噬作用,具有消炎功效,在內用上可治療各種肌膚毒熱疾患,在中藥化粧品界常添加在面膜中. 用途：植物添加物.

Scutellaria root extract 黃芩根萃取物,亦稱黃芩萃取物 Skullcap extract；在化粧品工業取自產自北美洲之唇形科黃芩(Scutellaria lateriflora L.)的乾燥地上部分及根部,黃芩在北美洲及英國常被用爲鎮靜及紓解神經方面之藥草茶可治療頭痛、失眠、緊張、焦慮、壓力、肌肉痠痛等困擾,在化粧品界常添加在面膜中. 用途：植物添加物.

Sea fennel extract 海小茴香萃取物；見 Crithmum maritimum extract.

Sea fennel oil 海小茴香油；精油, 見 Crithmum maritimum. 用途：(天然)香料.

Sea rocket extract 見 Algae extract 及 Algae.

Sea silt extract 海泥萃取物,亦稱死海泥 Dead sea mud；獲自海洋生物沈積之萃取物,Sea silt 是海洋生物之沈積,在歐洲稱爲 Maris Limus, 富含礦物質,常被當地婦女敷在臉部、身體,有清潔美膚功效. 化粧品界常製成面膜, 應用在臉部及身體產品,可吸收臉部過多油脂、清潔皮膚及除去角質死細胞面膜,適油性皮膚或易生青春痘之皮膚. 用途：1.(天然)吸收劑(油脂) 2.(天然)增稠劑 3.製造面膜原料.

Seaweed extract 見 Algae extract 及 Algae.

Sea wrack extract 見 Algae extract 及 Algae.

Selenium disulfide 二硫化硒, 亦稱 Selenium disulphide、Selenium sulfide(硫化硒);化學合成物, 具局部抗黴菌作用, 主用在抗頭皮屑洗髮精. 注意事項:頭髮沖洗時, 小心勿沖入眼中, 否則可嚴重刺激眼睛;可能是一種致癌物. 用途:抗頭皮屑劑.

Sensiva SC 50 見 Octoxyglycerin.

Serica 絲;絲 Silk 之拉丁名. 見 Silk.

Sericite 絹雲母;一般指細微的白雲母, 與雲母同樣的結晶結構, 因乾燥後表面會呈現絲綢樣的光澤而得名. 用途:見 MICA.

D-Serine *D*-絲胺酸, 亦稱右旋-絲胺酸;微生物合成之絲胺酸, 用途:見 Serine.

DL-Serine *DL*-絲胺酸, 亦稱消旋-絲胺酸;化學合成之絲胺酸, 用途:見 Serine.

Serine 絲胺酸, 亦稱 *L*-Serine、Ser;人類生長發育的非必需胺基酸, 爲一種親水性胺基酸, 被認爲有益於保持皮膚水分平衡及有助於滲入皮膚, 因而常用在皮膚保濕及柔軟產品. 用途: 1.抗靜電劑 2.護膚品添加物.

Serum albumen 血漿蛋白素;血漿主要的蛋白質, 來源爲牛隻. 用途:保濕劑.

Serum protein 血漿蛋白質;用途:見 Serum albumen.

Sesame 胡麻, 亦稱芝麻、Sesamum indicum (學名);用途: 1.製造芝麻油 2.植物添加物.

Sesame oil (Sesamum indicum) 芝麻油;植物油, 得自胡麻科芝麻 Sesamum indicum 之種子, 被用作使皮膚柔軟, 亦含可抑制頭蝨活性之物質, 故亦用在護髮品. 注意事項:可能引起過敏性接觸皮膚炎. 用途: 1.天然柔軟劑 2.天然頭髮調節劑.

Shea butter 非洲果油,亦稱乳油木果油 (商品名)、乳油木果脂、雪亞脂 (商品名)、Karite butter(俗稱);一種植物油, 得自非洲果油樹堅果 Shea nut (見 Butyrospermum parkii), 經傳統磨粉處理或溶劑萃取處理得到之固體狀油脂. 非洲果油最先引入歐洲,因其柔滑性質是極佳之按摩油, 亦用作精油基底油. 非洲果油具極佳保濕滋潤效果,可舒緩乾裂皮膚、改善乾燥皮膚外觀以及恢復皮膚柔軟, 常用作護髮成分, 可濕潤乾燥頭皮, 及作爲天然髮油可賦與頭髮光澤. 非洲果油廣泛用在皮膚、頭髮保養品及唇膏中. 用途: 1.(天然)皮膚調理劑 2.(天然)頭髮調理劑.

Shea butter unsaponifiables 在加工過程中未經皀化處理之 Shea butter; 用途:見 Shea butter.

Shellac 蟲膠,亦稱紫膠、Lacca、Lac; 紫膠蟲之樹脂狀分泌物, 紫膠蟲 Laccifer lacca Kerr 依季節變化寄生在不同樹脂樹, 吸吮樹汁, 排出樹脂狀之分泌物(紫膠), 紫膠的主要成分爲一種樹脂, 加工成製品時, 可能加入含砷化合物之色素;白蟲膠是未加入色素、無砷之蟲膠. 注意事項:可能引起過敏性接觸皮膚炎. 用途: 1.柔軟劑 2.成膜劑 3.結合劑.

Shellac (bleached, dewaxed) 漂白精製之蟲膠; 用途:見 Shellac.

Silica 二氧化矽, 亦稱 Silicic anhydride (矽酸酐)、Silicon dioxide、Siliceous earth; 天然存在礦石中, 最常見到的沙即爲二氧化矽, 乾燥時是白色粉末可吸收水和蒸汽, 常用在衛生除臭產品; 高純度非晶質之二氧化矽常用作牙膏之研磨劑. 用途: 1.(氣味)吸收劑 2.研磨劑 3.不透明劑 4.黏度調節劑.

Silicic acid 矽酸, 亦稱 Precipitated silica; 天然以蛋白石存在, 乾燥狀態時爲無味之鈍性粉末, 可迅速吸收水及蒸汽, 用在撲粉、滑石爽身粉、牙粉、面霜作爲不透明劑. 沉澱後製成有光澤之顆粒, 即爲製品矽膠 Silica gel, 矽膠是白色, 可迅速吸收水及蒸汽, 主用在冰箱與化粧品作爲去潮與去水分. 用途:不透明劑.

Silica dimethyl silylate 二氧化矽二甲基矽烷;二氧化矽與矽烷之合成衍生物.用途:1.抗泡沫劑 2.柔軟劑 3.黏度調節劑.

Silica silylate 二氧化矽矽烷;二氧化矽與矽烷之合成衍生物.用途:1.抗泡沫劑 2.柔軟劑 3.黏度調節劑.

Siliceous earth 矽土;經過酸化洗滌等純化整理之二氧化矽(見 Silica),常用在面膜.用途:面膜原料.

Silicone dioxide 見 Silica.

Silicone 見 Silicones.

Silicone fluid 200, Silicone fluid 350, Silicone fluid 500 商品名;矽油 Silicone fluids 之系列商品,見 Silicones.

Silicone gum 聚矽氧烷膠,亦稱矽酮膠;極黏之高分子量二甲矽油(見 Dimethicone),常用在美髮產品,可在頭髮上形成一層薄膜,可保護髮絲、預防分叉.注意事項:見 Dimethicone.用途:成膜劑.

Silicone oil 聚矽氧烷油,亦稱矽酮油、矽油;見 Silicones.

Silicone quaternium-1～Silicone quaternium-9 矽酮季銨-1、矽酮季銨-2、矽酮季銨-3、……矽酮季銨-9;用途:抗靜電劑.

Silicones 聚矽氧烷,亦稱矽酮;Silicones 對熱和氧化穩定,化學惰性,不存在自然界,完全化學合成之一大類聚合物,含重複之矽-氧主鏈($-R_2SiO-$)與有機官能基由碳-矽鏈與主鏈連接,通稱 Polyorganosiloxane,分爲三種類型:液體 Silicone fluids(或 Silicone oils)、樹脂 Silicone resins 和彈性體 Silicone elastomer(或 Silicone rubbers),廣泛用在整型外科植入材料,例如:隆乳、隆鼻,而廣泛用在化粧品之 Silicones 是液體之聚矽氧烷,即矽油 Silicone oils.矽油有二種形式:環狀矽油(即 Cyclomethicones)與線狀矽油(即 Dimethicones),兩者單獨或混合使用在各種頭髮產品、防曬產品、引曬產品、預防乾裂型護手霜、護膚產品、止汗除臭產品、清潔產品,且依分子量高低而用途不同:低分子量聚矽氧烷 Silicones 黏度低,用在化粧品當油之攜體油,或是作爲無油乳狀配方之成分;中分子量聚矽氧烷 Silicones,加入配方可改善產品在皮膚上之觸感及保護皮膚、頭髮抵抗熱度傷害(如上熱捲子燙髮);極黏之高分子量聚矽氧烷 Silicones,加入配方可增加頭髮光澤(Silicones 不具滋養作用,而是覆蓋在頭髮表面上,使頭髮滑潤、光澤、不易糾結),但常溶於較輕之聚矽氧烷以減少黏度.許多聚矽氧烷產品可在皮膚上形成一層保護膜,防止水分至表皮蒸發,此成膜劑性質亦可增加產品之防水性.Silicones 具斥水性,主用在水溶液態之護膚品,以提高防水性、柔軟、光澤及觸感之效果,例如添加在預防乾裂型之護手霜,可在洗濯工作前塗抹,可賦予防水性,避免手與水直接接觸,可達防止雙手因洗濯工作導致之乾燥、粗裂.Silicones 是含 Silicon 之高分子化合物,勿與天然存在之元素-矽 Silicon 混淆.注意事項:外用尚無毒性案例發生;高分子量聚矽氧烷皮膚吸收微量,但低分子量聚矽氧烷會經由皮膚吸收相當量;低分子量聚矽氧烷 Silicones 雖具斥水性,但溶於油中,可被乳化、洗淨,黏性極強的高分子量聚矽氧烷則不易乳化、洗淨,洗髮時如未被洗淨,重複覆蓋在頭髮上會使頭髮厚重,而重複覆蓋在頭皮上則會發生頭皮癢及其他皮膚問題;Silicones 應用在整形外科植入體已發現許多副作用,但應用在化粧品工業,以塗抹在皮膚或頭髮上尚未有任何毒性報告.用途:1.柔軟劑 2.溶劑 3.抗靜電劑 4.保濕劑 5.增稠劑 6.抗泡沫劑 7.防水性.

Silicone serum 聚矽氧烷液;一種矽油 Silicone oil 商品.用途:見 Silicones.

Silicone wax 聚矽氧烷蠟,亦稱矽酮蠟;可改善產品在皮膚之潤滑感.用途:潤滑劑.

Silk 絲;一種天然纖維,取自蠶吐絲,為製造絲蛋白、絲胺基酸及絲粉之原料.用途:1.製造絲蛋白、絲胺基酸與絲粉 2.色素(絲粉之略稱).

Silk amino acids 絲胺基酸群;蠶吐之絲纖維水解產生之胺基酸混合物,常加在頭髮噴霧產品.見 Silk.用途:(天然)保濕劑.

Silk powder 絲粉;一種不溶於水的白色固體,取自蠶原吐的絲,加入彩粧粉末產品中作為色素,亦有利於改善製品保濕度、油脂吸收、光澤度及抗龜裂之性質.見 Silk.注意事項:可能會引起過敏反應.用途:(天然)色素.

Silk protein　絲蛋白;得自蠶吐的絲,保護皮膚免於失水乾燥及賦予柔滑感,常加在眼部防皺產品.見 Silk.用途:(天然)保濕劑.

Siloxane　矽氧烷:化學通式 R₂SiO 之含矽化合物,各種複雜的高分子矽氧烷即為 Silicones,見 Silicones.

Silver chloride　氯化銀;為一有毒物質.用途:添加物.

Silver nitrate　硝酸銀;為一有毒物質,用作化粧品殺菌劑和染髮劑,但現今大都已不用,在國內為非法定染髮劑.注意事項:腐蝕和刺激皮膚與黏膜.用途:染髮劑.

Simethicone　矽二甲基矽氧烷,亦稱矽二甲矽油、消泡淨(商品名);一種矽油 Silicone oil 商品(見 Silicones),為高分子量黏稠狀液體,製自二甲基矽油與二氧化矽的混合物.注意事項:見 Silicones.用途:柔軟劑.

Simmondsia chinesis　西蒙得木,亦稱油栗、荷荷葩 Jojoba(俗稱);黃楊科西蒙得木 Simmondsia chinesis(學名)之種子(荷荷葩子)富含油脂,可碾磨壓碎提取植物油(荷荷葩油).見 Jojoba oil.用途: 1.製造荷荷葩油 2.植物添加物.

SLES　見 Sodium lauryl ether sulfate.

Soap　皂類,亦稱香皂、肥皂;傳統使用的清潔劑,將動物、植物油脂或高級脂肪酸與鹼經皂化反應製得之金屬鹽,脂肪酸有:月桂酸 Lauric acid、肉荳蔻酸 Myristic acid、棕櫚酸 Palmitic acid、硬脂酸 Stearic acid、油酸 Oleic acid、蓖麻油酸 Ricinoleic acid,所有之皂類均為鹼性,包括所謂之中性皂(三乙醇銨鹽).早期使用之肥皂及現今的固體皂一般是鈉鹽之混合物,液體皂則為鉀鹽之混合物.肥皂鹼性強,主要組成為油酸鈉 Sodium oleate 或棕櫚酸鈉 Sodium palmitate,現今大都用在醫院作為消毒、去垢與應用栓劑時.今日所用之固體皂,即香皂或中性皂基本配方大同小異,各種品牌香皂之差異性主要在於所用之油脂及所添加之添加物.皂類亦添加入洗面皂、洗面乳、牙膏、牙粉、刮鬍膏中,為一種陰離子型界面活性劑.注意事項:很多人對香皂過敏(亦可能是香皂所添加之成分引起); 皂類會使皮膚乾燥、刺激眼睛, 但無傷害性, 停用後刺激症狀即消失. 用途: 1.清潔劑 2.乳化劑 3.界面活性劑.

Sodium alginate 見 Algin.

Sodium alum 鈉明礬; 見 Alum. 用途: 1.止汗劑 2.除臭劑.

Sodium ascorbate 抗壞血酸鈉; 維生素 C 與金屬合成穩定之金屬鹽, 作爲產品之抗氧化劑與保護皮膚之抗氧化劑. 用途:抗氧化劑.

Sodium ascorbyl phosphate 抗壞血酸磷酸鈉, 亦稱維生素 C 磷酸鈉、維生素 C 磷酸鈉; 爲衛生署許可之美白劑(見 Ascorbic acid). 用途:美白劑.

Sodium benzoate 苯甲酸鈉; 合成之苯甲酸鈉鹽(見 Benzoic acid). 用途:防腐劑.

Sodium bicarbonate 碳酸氫鈉, 亦稱重碳酸鈉、Baking soda、Bicarbonate of soda. 注意事項:基本上對皮膚無害, 只有對極乾燥皮膚可能引起刺激. 用途: 1.pH 值調節劑 2. 緩衝劑.

Sodium bisulfite 亞硫酸氫鈉; 用途:防腐劑.

Sodium borate 四硼酸鈉, 亦稱 Sodium tetraborate; 在國內衛生署公告化粧品禁用成分. 用途: 1.防腐劑 2.緩衝劑.

Sodium bromate 溴酸鈉; 注意事項:美國 CIR 專家列爲不超過濃度 10.17% 爲安全成分; 國內衛生署管理限量爲 11.5%. 用途:燙髮第二劑(氧化劑).

Sodium butylparaben 羥苯甲酸鈉丁酯; 一種對羥基苯甲酸酯(見 Parabens). 注意事項:見 Parabens. 用途:防腐劑.

Sodium carbomer 鈉卡波莫; 用途:增稠劑.

Sodium carbomer 鈉卡波莫; 用途:增稠劑.

Sodium carboxymethyl cellulose 羥甲基纖維素鈉, 亦稱 CMC(縮寫); 羥甲基纖維素 Carboxymethyl cellulose 爲植物纖維素之半合成衍生物, 常用在牙膏產品作爲結合劑, 亦常用其鈉鹽, 作爲頭髮整型液定型膠, 可留下一層膜而使頭髮定型.用途：1.結合劑 2.增稠劑.

Sodium cetearyl sulfate　鯨蠟硬脂硫酸鈉；用途：界面活性劑.

Sodium chloride　氯化鈉,亦稱食鹽、Salt；加在漱口水、牙膏牙粉、浴鹽、皀類等作爲收斂、消毒成分,亦用作溶液黏度調整劑.注意事項：未稀釋溶液會刺激皮膚.用途：1.消毒收斂成分 2.黏度調整劑.

Sodium citrate　檸檬酸鈉,亦稱 Trisodium citrate；用途：1.螯合劑 2.緩衝劑.

Sodium cocomonoglyceride sulfate　椰甘油酯硫酸鈉；一種烷基硫酸鹽,爲陰離子型界面活性劑(見 Alkyl sulfates).用途：界面活性劑.

Sodium cocoyl glutamate　椰子麩胺酸鈉；合成之麩胺酸與椰脂衍生物(見 Glutamic acid),一種陰離子型界面活性劑.用途：界面活性劑.

Sodium cocoyl isethionate　椰子羥基乙磺酸鈉；合成之椰脂衍生物,一種陰離子型界面活性劑,一般用於清潔產品.注意事項：美國 CIR 專家列爲用在沖洗產品,濃度限爲 50％以下,或使用在非沖洗產品,濃度限爲 17％以下爲安全成分.用途：界面活性劑.

Sodium C14-16 olefin sulfonate　十四碳-十六碳烯磺酸鈉；一種油脂化學物,廣泛用在各類產品作界面活性劑.見 Olefin sulfonate.用途：界面活性劑.

Sodium dehydroacetate　去水醋酸鈉；用作化粧品之增塑、殺菌、殺黴菌成分,亦可加在牙膏牙粉抑制酵素活性.注意事項：會引起腎功能損害.用途：1.防腐劑 2.殺細菌與黴菌劑.

Sodium diethylaminopropyl cocoaspartamide　二乙胺丙椰子天多醯胺鈉；用途：界面活性劑.

Sodium dodecylbenzene sulphonate　十二烷基苯磺酸鈉,亦稱 Sodium dodecylbenzene sulfonate、Dodecyl benzene sulfonic acid sodium slalt、Dodecyl benzene sodium sulfonate；是一種陰離子界面活性劑,作爲清潔去污劑.注意事項：可能刺激皮膚；動物實驗顯示,食入具胃、腸、肝傷害；美國 CIR 專家認爲以目前規定使用爲安全之化粧品成分.用途：界面活性劑.

Sodium ethylparaben　羥苯甲酸鈉乙酯;一種對羥基苯甲酸酯(見 Parabens). 注意事項:見 Parabens. 用途:防腐劑.

Sodium fluorosilicate　氟代矽酸鈉;用途:口腔護理劑.

Sodium glutamate　穀胺酸鈉, 亦稱麩胺酸鈉、味精、Sodium hydrogen glutamate;麩胺酸之合成鈉鹽(見 Glutamic acid). 用途:生物添加物.

Sodium hexametaphosphate　六偏磷酸鈉、六聚磷酸鈉、己偏磷酸鈉;用途:螯合劑.

Sodium hyaluronate　透明質酸鈉,亦稱玻璃醛酸鈉、玻尿酸鈉;透明質酸之鈉鹽(見 Hyaluronic acid), 由微生物生產而得, 具有使產品成凝膠之性質, 其黏度與保濕性會隨分子量不同而有所差異. 用途:1.保濕劑 2.成凝膠成分.

Sodium hydrogenated tallow glutamate　氫化脂麩胺酸鈉;動物脂和麩胺酸之合成衍生物(見 Tallow oil 與 Glutamic acid), 一種陰離子型界面活性劑. 用途:界面活性劑.

Sodium hydroxide　氫氧化鈉, 亦稱 Sodium hydrate、Caustic soda;一種鹼, 常用於洗面皀、洗髮精、燙髮產品、刮髮膏等產品當鹼劑. 注意事項:如果太高濃度加在燙髮產品, 會引起頭皮皮膚炎發生. 用途: 1.製造皀類原料 2.中和劑(鹼化劑) 3.緩衝劑.

Sodium hydroxymethylamino acid　見 Sodium hydroxymethyl glycinate.

Sodium hydroxymethyl glycinate　羥甲基甘胺酸鈉, 亦稱 Sodium N-(hydroxymethyl)glycinate;用途:防腐劑.

Sodium iodate　碘酸鈉;用途:防腐劑.

Sodium iodide　碘化鈉;用途:抗菌劑.

Sodium lactate　乳酸鈉;乳酸之鈉鹽(見 Lactic acid), 和 PCA 鹽同爲 NMF 中主要的保濕成分(見 NMF), 工業上爲化學合成, 其吸濕力較多元醇類強. 用途: 1.保濕劑 2.緩衝液.

Sodium lactate methylsilanol 甲矽醇乳酸鈉;用途:添加物.

Sodium laureth sulfate 月桂(基)醚硫酸鈉,亦稱 Sodium lauryl ether sulfate、SLES(簡稱);一種烷基硫酸鹽,由 SLS 經乙氧基化作用形成,作爲陰離子界面活性劑(見 Alkyl sulfates),常用於嬰兒洗髮精作爲清潔成分(見注意事項)與水質軟化劑.注意事項:高濃度或大量接觸可能刺激眼睛和皮膚;SLS 和 SLES 常受到安全性之爭議,SLES 爭議包括 SLES 可與含氮化合物形成致癌物硝酸鹽與二烷之可能性、經由毛囊滲透皮膚在體內積聚引起毒性、可能引起掉髮等,但這些爭議美國 CIR 專家認爲依照目前使用仍是安全化粧品成分,即使用後徹底沖洗之產品或是用在非沖洗產品之濃度不超過濃度 1%.用途:界面活性劑.

Sodium lauroyl glutamate 月桂醯麩胺酸鈉;一種陰離子界面活性劑可使水軟化.用途:1.界面活性劑 2.抗靜電劑.

Sodium lauroyl methylaminopropionate 月桂醯甲胺丙酸鈉;一種陰離子界面活性劑.用途:界面活性劑.

Sodium lauroyl sarcosinate 見 Sodium N-lauroyl sarcosinate.

Sodium *N*-lauroyl sarcosinate N-月桂醯肌胺酸鈉,亦稱 Sodium lauroyl sarcosinate 月桂醯肌胺酸鈉;一種陰離子界面活性劑.用途:1.界面活性劑 2.抗靜電劑 3.增稠劑.

Sodium lauroyl lactate 見 Sodium lauroyl lactylate.

Sodium lauroyl lactylate 月桂醯乳酸鈉,亦稱 Sodium lauroyl lactate(同義詞);一種陰離子界面活性劑.用途:乳化劑.

Sodium *β*-laurylaminopropionate β-月桂基胺基丙酸鈉;一種陰離子界面活性劑.用途:界面活性劑.

Sodium lauryl ether sulfate 見 Sodium laureth sulfate.

Sodium lauryl sarcosinate 月桂(基)肌胺酸鈉;一種陰離子界面活性劑.用

途:發泡劑.

Sodium lauryl sulfate　月桂(基)硫酸鈉, 亦稱 Sodium dodecyl sulfate 十二烷(基)硫酸鈉、SLS(簡稱);一種陰離子界面活性劑(見 Alkyl sulfates、Alkylsodium sulfates), 常用於洗澡、洗髮等清潔產品、護膚產品、除毛膏、冷燙髮產品及牙膏, 當作清潔去污與乳化成分, 其去污及去脂力極佳, 但對皮膚刺激性亦極大, 由於其可能滲入皮膚, 對人體健康具潛在性傷害, 因此是常受爭議的成分(見注意事項). 注意事項:其去脂力會引起皮膚乾燥與刺激;SLS 和 SLES 常受到安全性之爭議, SLS 爭議包括 SLS 可破壞蛋白質、與含氮化合物可能形成致癌物硝酸鹽、經由毛囊滲入皮膚在體內積聚引起毒性, 但這些爭議美國 CIR 專家列爲依照目前使用是安全化粧品成分, 即使用後徹底沖洗之產品或是用在非沖洗產品之濃度不超過 1%. 用途: 1.界面活性劑 2.乳化劑 3.發泡劑 4.去污劑.

Sodium mannuronate methylsilanol　甲矽醇甘露糖醛酸酯鈉;甲矽醇甘露糖醛酸酯之衍生物. 見 Methylsilanol Mannuronate. 用途:保濕劑.

Sodium metabisulfite　偏亞硫酸氫鈉、焦亞硫酸鈉、Sodium pyrosulfite;具抑菌作用. 用途:防腐劑.

Sodium metaphosphate　偏磷酸鈉;用途: 1. 螯合劑 2. 緩衝劑 3. 口腔護理劑.

Sodium metasilicate　偏矽酸鈉;一種鹼, 具腐蝕性, 主要用於去污清潔產品中. 注意事項:具皮膚腐蝕性. 用途:螯合劑.

Sodium methylparaben　羥苯甲酸鈉甲酯, 亦稱 Sodium-4-(methoxycarbonyl) phenolate;一種腐蝕性鹼劑, 一般用在清潔去垢產品. 一種對羥基苯甲酸酯(見 Parabens). 注意事項:具皮膚腐蝕性、嚴重刺激眼睛;見 Parabens. 用途:防腐劑.

Sodium oleate　油酸鈉;用途: 1. 乳化劑 2. 界面活性劑.

Sodium 5- oxo- *L* - prolinate　吡咯烷酮羧酸鈉;合成型態之 Sodium PCA, 見

Sodium PCA.

Sodium 5- oxo- *DL* - prolinate 吡咯烷酮羧酸鈉；化學合成型態之 Sodium PCA, 見 Sodium PCA.

Sodium PCA 吡咯烷酮羧酸鈉、PCA 鈉鹽、NaPCA、L-Sodium PCA、Sodium 2-pyrrolidone5-carboxylate、 Sodium-2-pyrrolidone carboxylate、 Sodium pyrrolidone carboxylate、Sodium pyrrolidone carboxylic acid；吡咯烷酮羧酸之鈉鹽（見 PCA）, PCA 為 Pyrrolidone carboxylic acid（吡咯烷酮羧酸）之縮寫, Sodium PCA 是一種胺基酸代謝產物（見 NMF）, 是皮膚與頭髮保濕因子之重要組成分, 存在細胞間, 保持皮膚與頭髮濕潤之重要因子. 工業來源為合成之 Sodium PCA, 具良好之吸水性及自空氣吸濕之性質, 常用在皮膚及頭髮產品, 用作保持皮膚及頭髮濕潤之保濕劑. 注意事項：美國 CIR 專家認為不應和亞硝基化劑合用, 否則會形成亞硝基胺而有安全性之顧慮（見 Nitrosamines）. 用途：1. 抗靜電劑 2. 保濕劑.

Sodium perborate 過氧硼酸鈉；衛生署公告化粧品禁用成分. 用途：氧化劑.

Sodium persulfate 過氧硫酸鈉, 亦稱過硫酸鈉、Sodium peroxydisulfate；注意事項：對過敏皮膚會引起過敏反應；美國 CIR 專家未有足夠證據證實為安全化粧品成分. 用途：1. 漂白劑 2. 氧化劑.

Sodium phenylbenzimidazole sulfonate 苯基苯駢咪唑磺酸鈉, 亦稱 2-Phenylbenzimidazole-5-sulfonic acid, sodium salt（2-苯基苯駢咪唑-5-磺酸鈉鹽）；見 2-Phenylbenzimidazole-5-sulfonic acid, salts.

Sodium phosphate 磷酸鈉；用途：緩衝劑.

Sodium picramate 還原苦味酸鈉, 亦稱苦胺酸鈉；還原苦味酸之鈉鹽（見 Picramic acid）. 注意事項：可能是致敏感物；美國 CIR 專家認為用為染髮劑不超過濃度 0.1%, 為安全化粧品成分. 用途：染髮劑.

Sodium polyacrylate 多丙烯酸鈉, 亦稱聚丙烯酸鈉；用途：黏度調整劑.

Sodium polyacrylate starch 多丙烯酸鈉澱粉, 亦稱聚丙烯酸鈉澱粉；澱粉之合成衍生物.用途:成膜劑.

Sodium polyoxyethylene alkylphenylether phosphate 烷基苯基醚聚氧乙烯磷酸鈉;一種陰離子型界面活性劑(見 Polyoxyethylene alkyl phenylether phosphate).用途:界面活性劑.

Sodium polyoxyethylene cetylether phosphate 十六烷醚聚氧化乙烯磷酸鈉;一種陰離子界面活性劑(見 Polyoxyethylene alkyl ether phosphate).用途:乳化劑.

Sodium polyoxyethylene laurylether phosphate 月桂醚聚氧化乙烯磷酸鈉;一種陰離子界面活性劑(見 Polyoxyethylene alkyl ether phosphate).用途:界面活性劑.

Sodium polyoxyethylene laurylether sulfate 月桂醚聚氧化乙烯硫酸鈉;一種陰離子界面活性劑(見 Polyoxyethylene alkyl ether phosphate).用途:界面活性劑.

Sodium polyoxyethylene oleylether phosphate 油醚聚氧化乙烯磷酸鈉;一種陰離子界面活性劑(見 Polyoxyethylene alkyl ether phosphate).用途:界面活性劑.

Sodium polyphosphate 多磷酸鈉;用途:1. 錯合劑 2. 防腐劑.

Sodium propylparaben 羥苯甲酸鈉丙酯;一種對羥基苯甲酸酯(見 Parabens).注意事項:見 Parabens.用途:防腐劑.

Sodium pyrophosphate 見 Tetrasodium pyrophosphate.

Sodium pyrrolidone carboxylate 見 Sodium 2-pyrrolidone 5-carboxylate.

Sodium 2-pyrrolidone 5-carboxylate 見 Sodium PCA.

Sodium saccharin 糖精鈉,亦稱 Saccharin sodium、Soluble Saccharin;晶性粉末,糖精之二水合鈉鹽,化學合成無熱量之甜味劑,稀溶液的甜度為糖的 300-500 倍,用在口腔護理產品及唇膏.見 Saccharin.用途:矯味劑.

Sodium salicylate 水楊酸鈉, 亦稱柳酸鈉；合成之水楊酸鈉鹽, 一種止痛退燒藥, 亦用作化粧品之防曬 (UVB 吸收劑) 或防腐成分. 用途：1. 防曬劑 2. 防腐劑.

Sodium sesquicarbonate 碳酸氫三鈉；主用於浴鹽、洗髮精、洗面皂、洗手皂與牙粉當鹼劑. 注意事項：刺激皮膚和黏膜, 對過敏膚質可引起過敏反應. 用途：1. 鹼化劑 2. 緩衝劑.

Sodium silicate 矽酸鈉, 亦稱水玻璃 Water glass；水溶液爲強鹼性, 具消毒作用, 主用在皂類、除毛產品等. 注意事項：刺激和腐蝕皮膚；食入會引起嘔吐和腹瀉. 用途：添加物.

Sodium stannate 錫酸鈉；用途：黏度調整劑.

Sodium stearate 硬脂酸鈉；一種皂類, 作爲陰離子型界面活性劑. 用途：1. 界面活性劑 2. 乳化劑.

Sodium stearoyl lactylate 硬脂酸醯乳酸鈉, 亦稱 Sodium stearoyl lactate；用途：乳化劑.

Sodium styrene/acrylates copolymer 苯乙烯鈉/丙烯酸鹽共聚物；用途：成膜劑.

Sodium sulfite 亞硫酸鈉；具抑黴菌、抗氧化性質, 主用在染髮產品作防腐劑. 用途：防腐劑.

Sodium thiosulfate 硫代硫酸鈉, 亦稱 Sodium thiosulphate；用途：添加物.

Sodium tripolyphosphate 見 Pentasodium triphosphate.

Soluble collagon 可溶性蛋白質；來自動物結締組織, 主用在護膚與護髮產品. 用途：1. 抗靜電劑 2. 成膜劑 3. 保濕劑.

Sophora japonica (Japanese pagoda tree) extract 槐樹萃取物；豆科槐樹 Sophora japonica (學名) 亦稱 Pagoda tree；其萃取物有抑菌性質. 用途：植物添加物.

Sorbeth Sorbeth-n (n 代表尾隨附加數) 是山梨(糖)醇之聚乙二醇醚系列化合物, 由山梨(糖)醇以環氧乙烷進行乙氧基化, 即山梨(糖)醇與聚乙二醇附加聚合反應製得, 附加數表示聚乙二醇鍵段中環氧乙烷單位的平均數, 即尾隨附加數愈大, 代表合成化合物之分子量愈大, 黏度亦增大. 本類化合物為多元醇之非離子型界面活性劑, 可作為乳液、乳霜等之乳化劑.

Sorbeth-3 isostearate 山梨(糖)醇-3 異硬脂酸酯; 山梨(糖)醇 Sorbitol 與聚乙二醇 Polyethylene glycol 及硬脂酸 Stearic acid 反應生成. 見 Sorbeth 與 Polyethylene glycol. 用途:乳化劑.

Sorbeth-6 山梨(糖)醇-6; 見 Sorbeth. 用途:乳化劑.

Sorbeth-6 hexastearate 山梨(糖)醇-6 六硬脂酸酯; 山梨(糖)醇 Sorbitol 與聚乙二醇 Polyethylene glycol 及硬脂酸 Stearic acid 反應生成. 見 Sorbeth 與 Polyethylene glycol. 用途:乳化劑.

Sorbeth-20 山梨(糖)醇-20; 見 Sorbeth. 用途:溶劑.

Sorbeth-30 山梨(糖)醇-30; 見 Sorbeth. 用途:乳化劑.

Sorbeth-40 山梨(糖)醇-40; 見 Sorbeth. 用途:乳化劑.

Sorbic acid 山梨酸, 亦稱己二烯酸 (E,E)-2,4-Hexadienoic acid、2-Propenylacrylic acid; 天然可獲自薔薇科野花楸樹之漿果, 以內酯形式存在, 工業來源多取自化學合成, 用作為化粧品之防腐劑 (抑制黴菌). 用途:防腐劑.

Sorbitan esters 山梨(糖)醇酐酯, 亦稱脫水山梨(糖)醇酯、Sorbitan fatty acid esters、SFAE (簡稱); 將山梨(糖)醇 Sorbitol 經脫水形成五環或六環之混合物即為脫水山梨(糖)醇 Sorbitan, 將 Sorbitan 與脂肪酸酯化即得山梨(糖)醇酐酯 Sorbitan esters 或稱 Polysorbates, 將 Sorbitan esters 與環氧乙烷 (例如聚乙二醇 Polyethylene glycol) 附加聚合即得 POE sorbitan esters 或 PEG sorbitan esters, 例如將 Sorbitan 與月桂酸 Lauric acid、棕櫚酸 Palmitic acid、硬脂酸 Stearic acid 及油酸 Oleic acid 酯化即各得 Sorbitan laurate、Sorbitan palmitate acid、Sorbitan stearate 及 Sorbitan oleate 等水不溶性的界面活性劑, 其商品名

分別為 Span20、40、60 及 80,再加 20 個環氧乙烷分子即得水溶性的界面活性劑,它們的商品名分別為 Tween 20、40、60 及 80. Sorbitan esters、POE sorbitan esters 與 PEG Sorbitan esters 均為乳化力強、溶解力佳的非離子型界面活性劑,但不同化合物之間的差異可導致滲透力、溶解力、乳化力、浸潤性等性質不同. 用途:乳化劑.

Sorbitan isostearate 異硬脂酸山梨(糖)醇酐,亦稱脫水山梨(糖)醇異硬脂酸酯;一種山梨(糖)醇酐酯 (見 Sorbitan esters). 用途:乳化劑.

Sorbitan laurate 月桂酸山梨(糖)醇酐酯,亦稱脫水山梨(糖)醇月桂酸酯、Sorbitan monolaurate、Span 20 (商品名);一種脫水山梨(糖)醇酯 (見 Sorbitan esters). 用途:1. 乳化劑 2. 乳劑穩定劑.

Sorbitan oleate 油酸山梨(糖)醇酐酯,亦稱脫水山梨(糖)醇油酸酯、Sorbitan monooleate、Span 80 (商品名);一種山梨 (糖)醇酐酯 (見 Sorbitan esters). 用途:乳化劑.

Sorbitan palmitate 棕櫚酸山梨(糖)醇酐酯,亦稱脫水山梨(糖)醇棕櫚酸酯、Sorbitan monopalmitate、Span 40 (商品名);一種山梨 (糖)醇酐酯 (見 Sorbitan esters). 用途:1. 乳化劑 2. 乳劑穩定劑.

Sorbitan stearate 硬脂酸山梨(糖)醇酐酯,亦稱脫水山梨(糖)醇硬脂酸酯、Sorbitan monostearate、Span 60 (商品名);一種山梨(糖)醇酐酯 (見 Sorbitan esters),廣泛用在各類化粧品. 用途:1. 乳化劑 2. 乳劑穩定劑.

Sorbitan tristearate 三硬脂酸山梨(糖)醇酐酯,亦稱脫水山梨(糖)醇三硬脂酸酯;一種山梨(糖)醇酐酯 (見 Sorbitan esters). 用途:乳化劑.

Sorbitol 山梨(糖)醇,亦稱 D-Glucitol、D-Sorbitol;存在於蘋果、桃子及其他植物漿果中之糖醇 (一種多元醇類),工業上由葡萄糖還原製成,廣泛使用在各類化粧品如面膜、彩粧、止汗除臭產品、洗髮精、護膚品等作為保濕劑,可給與皮膚柔滑的觸感. 用途:保濕劑.

Sorbus extract 花椒汁,亦稱 Service tree extract;見 Pyrus sorbus. 用途:植物

添加物.

Soybean (Glycine soja) oil 見 Soybean oil.

Soybean oil 大豆油, 亦稱黃豆油、Soybean oil、Soybean (Glycine soja) oil；係豆科大豆 Glycine soja 之種子壓榨而得之植物油, 或大豆經由石油烴萃取之不飽和脂肪酸油, 主用於製造皂類、洗髮精與浴油. 大豆油如獲自植物來源, 則可能爲基因改造成分. 注意事項：可能引起過敏反應；可能致面皰性. 用途：1. 製造肥皂、洗髮精、浴油之原料 2. 柔軟劑 3. 保濕劑.

Span 20 見 Sorbitan laurate.

Span 40 見 Sorbitan palmitate.

Span 60 見 Sorbitan Stearate.

Span 80 見 Sorbitan oleate.

Span 85 一種脫水山梨(糖)醇酯 Sorbitan esters 之商品名；用途：乳化劑.

Spermacetic 鯨蠟, 亦稱 Cetaceum、Spermwax；一種蠟樣物, 獲自抹香鯨頭部；現已改用合成來源. 用途：1. 光澤增進劑 2. 增稠劑.

Spermwax 見 Spermacetic.

Spiraea extract 螺旋藻萃取物；同 Spiraea ulmaria extract.

Spiraea ulmaria 螺旋藻, 亦稱 Meadowsweet、Queen meadow；歐洲北美低濕地常見之藥草植物, 整株皆有特殊之芳香, 其花蕾含精油及水楊酸鹽, 在順勢療法中, 螺旋藻之萃取物用來幫助紓解關節紅腫及組織之利尿作用, 其葉用來治療風濕症及蜂窩性組織炎；在外用上, 螺旋藻萃取物之抗炎作用可減少腫脹及液體滯留, 因此在瘦身美體產品多加有此植物萃取物成分, 其花蕾可萃取精油製成香料, 花朵可製成收斂美膚水. 用途：製造螺旋藻萃取物.

Spiraea ulmaria extract 螺旋藻萃取物；見 Spiraea ulmaria. 用途：植物添加物.

Squalane 角鯊烷, 亦稱 2,6,10,15,19,23-Hexamethyltetracosane、三十碳烷

Dodecahydrosqulaene;油狀物之飽和碳氫化合物, 得自角鯊烯 Squalene 完全氫化或直接從鯊魚肝油氫化, 對空氣和氧氣穩定. 角鯊烷是一種柔軟劑, 可使皮膚柔軟而無油膩感, 可和動物油脂或植物油乳化形成乳液或乳霜, 而無油脂易氧化與酸敗之缺點; 角鯊烷亦助於脣膏色素分散及增加口紅光澤, 以及作為可維持長久之香料固定劑, 此外亦是溫和之載體油. 用途: 1. 柔軟劑 4. 香料固定劑 5. 載體油.

Squalene　角鯊烯, 亦稱鯊烯、2,6,10,15,19,23-Hexamethyltetracosane-2,6,10,14,18,22-hexaene;油狀物之碳氫化合物 (非油脂), 具香味, 廣泛地存在自然界, 例如大量存在鯊魚肝油及其他某些魚油中, 少量存在橄欖油和其他植物油中, 以及存在人體皮脂約佔 10%, 亦是體內膽固醇及固醇類之代謝前驅物. Squalene 曝露在空氣中不穩定, 易吸收氧氣變黏稠及酸敗. 角鯊烯可使皮膚柔軟而無油膩感, 及使頭髮潤滑抗靜電, 亦是化粧品芳香成分, 用途: 1. 柔軟劑 2. 抗靜電劑.

Stannic oxide　氧化錫, 亦稱拋光粉 (商品名);天然分佈於礦石中. 用途:指甲油原料.

Stannous chloride　氯化亞錫, 亦稱 Tin dichloride;一種強還原劑用在製造染料. 注意事項:可能刺激皮膚與黏膜. 用途:還原劑.

Stannous fluoride　氟化亞錫, 亦稱 Tin difluoride;使用在牙膏牙粉產品預防蛀牙. 用途:口腔護理劑.

Starch paste　澱粉糊;植物之澱粉, 天然主要存在稻米、小麥、馬鈴薯、玉米等, 在化粧品工業, 一般用於粉末產品、嬰兒用粉、牙膏、牙粉等. 用途:粉末產品原料.

Starflower oil　星星花油;見 Borage seed oil.

Stearamidopropyl dimethylamine　硬脂醯胺丙基二甲胺, 亦稱 N-[3-(二甲胺)丙基]硬脂醯胺、N-[3-(dimethylamino) propyl] Stearamide;用途: 1. 抗靜電劑 2. 乳化劑 3. 界面活性劑.

Steareth　Steareth-n (n 代表尾隨附加數) 是硬脂醇之聚乙二醇醚系列化合物, 由硬脂醇以環氧乙烷進行乙氧基化反應, 即硬脂醇與聚乙二醇附加聚合製得, 附加數表示聚乙二醇鍵段中環氧乙烷單位的平均數, 即尾隨附加數愈大, 代表合成化合物之分子量愈大, 黏度亦增大. 本類化合物爲 POE fatty alcohols 型之非離子型界面活性劑 (Polyoxyethylene fatty alcohols), 具有優越的乳化力與溶解力, 可作爲乳液、乳霜等之乳化劑, 或溶液中香料之溶解助劑.

Steareth-2　硬脂-2, 亦稱 Polyoxyethylene-2 stearyl ether、POE-2 stearyl ether; 油性液體, 見 Steareth. 用途: 1. 乳化劑　2. 界面活性劑.

Steareth-2 phosphate　硬脂-2 磷酸酯鹽, 亦稱十八醇-2 磷酸酯鹽; 硬脂醇 Stearyl alcohol 與聚乙二醇 Polyethylene glycol 及磷酸 Phosphoric acid 反應生成. 見 Steareth. 用途:乳化劑.

Steareth-3　硬脂-3, 亦稱 POE-3 stearyl ether、Polyoxyethylene-3 stearyl ether; 見 Steareth. 用途:乳化劑.

Steareth-4　硬脂-4, 亦稱 POE-4 stearyl ether、Polyoxyethylene-4 stearyl ether; 見 Steareth. 用途:乳化劑.

Steareth-5　硬脂-5, 亦稱 POE-5 stearyl ether、Polyoxyethylene-5 stearyl ether; 見 Steareth. 用途:乳化劑.

Steareth-5 stearate　硬脂-5 硬脂酸酯, 亦稱十八醇-5 硬脂酸酯; 硬脂醇 Stearyl alcohol 與聚乙二醇 Polyethylene glycol 及磷酸 Phosphoric acid 反應生成. 見 Steareth. 用途:乳化劑.

Steareth-6　硬脂-6, 亦稱 POE-6 stearyl ether、Polyoxyethylene-6 stearyl ether; 見 Steareth. 用途:乳化劑.

Steareth-7　硬脂-7, 亦稱 POE-7 stearyl ether、Polyoxyethylene-7 stearyl ether; 見 Steareth. 用途:乳化劑.

Steareth-8　硬脂-8, 亦稱 POE-8 stearyl ether、Polyoxyethylene-8 stearyl ether;見 Steareth. 用途:乳化劑.

Steareth-10 硬脂-10,亦稱十八醇-10、POE-10 stearyl ether、Polyoxyethylene-10 stearyl ether;見 Steareth. 用途: 1. 乳化劑 2. 表面活性劑.

Steareth-10 allyl ether/acrylates copolymer 硬脂-10 烯丙醚/丙烯酸酯共聚物,亦稱十八醇-10 烯丙醚/丙烯酸酯共聚物;癸醇 Decyl alcohol 與聚乙二醇 Polyethylene glycol 及磷酸 Phosphoric acid 反應生成. 見 Steareth. 用途:成膜劑.

Steareth-11 硬脂-11,亦稱 POE-11 stearyl ether、Polyoxyethylene-11 stearyl ether;見 Steareth. 用途:乳化劑.

Steareth-13 硬脂-13,亦稱 POE-13 stearyl ether、Polyoxyethylene-13 stearyl ether;見 Steareth. 用途:乳化劑.

Steareth-14 硬脂-14,亦稱 POE-14 stearyl ether、Polyoxyethylene-14 stearyl ether;見 Steareth. 用途:乳化劑.

Steareth-15 硬脂-15,亦稱 POE-15 stearyl ether、Polyoxyethylene-15 stearyl ether;見 Steareth. 用途:乳化劑.

Steareth-16 硬脂-16,亦稱 POE-16 stearyl ether、Polyoxyethylene-16 stearyl ether;見 Steareth. 用途:乳化劑.

Steareth-20 硬脂-20,亦稱 POE-20 stearyl ether、Polyoxyethylene-20 stearyl ether;見 Steareth. 用途: 1. 乳化劑 2. 界面活性劑.

Steareth-21 硬脂-21,亦稱 POE-21 stearyl ether、Polyoxyethylene-20 stearyl ether;見 Steareth. 用途: 1. 乳化劑 2. 界面活性劑.

Steareth-25 硬脂-25,亦稱 POE-25 stearyl ether、Polyoxyethylene-25 stearyl ether;見 Steareth. 用途: 1. 乳化劑 2. 界面活性劑.

Steareth-27 硬脂-27,亦稱 POE-27 stearyl ether、Polyoxyethylene-27 stearyl ether;見 Steareth. 用途:界面活性劑.

Steareth-30 硬脂-30, 亦稱 POE-30 stearyl ether、Polyoxyethylene-30 stearyl ether；見 Steareth. 用途：界面活性劑.

Steareth-40 硬脂-40, 亦稱 POE-40 stearyl ether、Polyoxyethylene-40 stearyl ether；見 Steareth. 用途：界面活性劑.

Steareth-50 硬脂-50, 亦稱 POE-50 stearyl ether、Polyoxyethylene-50 stearyl ether；見 Steareth. 用途：界面活性劑.

Steareth-100 硬脂-100, 亦稱 POE-100 stearyl ether、Polyoxyethylene-100 stearyl ether；見 Steareth. 用途：界面活性劑.

Stearic acid 硬脂酸, 亦稱十八酸 Octadecanoic acid；一種白色蠟質高級脂肪酸（見 Fatty acids）, 天然存在動物油脂中或植物油中. 工業來源由油脂化學加工處理製成, 可自動物脂肪經皂化分解製成, 或自植物油加以氫化與分解等處理製成, 前法可得較多的硬脂酸, 後法製得的硬脂酸較純, 二者皆是一種油脂化學物, 廣泛使用在各類化粧品, 在面霜產品佔大部分比例, 可賦予產品珍珠樣光澤. 注意事項：對某些人可能會引起過敏. 用途：1. 製造皂類 2. 乳化劑 2. 乳劑穩定劑.

Steartrimonium chloride 氯化硬脂三甲銨, 亦稱 Trimethyloctadecy-lammonium chloride 氯化三甲基十八烷銨；四級銨化合物（見 Quaternary ammonium compounds）. 用途：防腐劑.

Stearyl alcohol 硬脂醇, 亦稱十八醇、Octadecan-1-ol、1-Octadecanol、Stenol；是一種白色油性固體醇, 工業來源可以抹香鯨油脂製成, 或是化學合成製成, 用來取代鯨蠟醇, 以得到室溫時較堅硬之產品, 廣泛用於化粧品作為抗泡沫劑、潤滑劑. 用途：1. 柔軟劑 2. 乳劑穩定劑 3. 黏度調整劑 4. 抗泡沫劑 5. 不透明劑.

Stearyl dimethicone 硬脂基二甲矽油；一種二甲矽油衍生物. 見 Dimethicone 與 Silicones. 用途：柔軟劑.

Stearyl heptanoate 十八烷基庚酸鹽, 亦稱庚酸十八酯、Octadecyl

heptanoate. 用途:柔軟劑.

Stearyl trimethylammonium chloride 硬脂三甲基氯化銨;一種四級銨鹽之陽離子界面活性劑（見 Quaternary ammonium compounds）. 用途:界面活性劑.

STPP 見 Pentasodium triphosphate.

Strontium acetate 乙酸鍶;用途:口腔護理劑.

Strontium chloride 氯化鍶;用途:口腔護理劑.

Strontium dioxide 二氯化鍶;見 Strontium peroxide.

Strontium hydroxide 氫氧化鍶, 亦稱 Strontium hydrate;一種白色粉末, 在溶液態時是一種強鹼, 主要用在皀類製造. 注意事項:刺激皮膚. 用途:緩衝劑.

Strontium peroxide 過氧化鍶, 亦稱 Strontium dioxide;用途: 1. 漂白劑 2. 抗微生物劑.

Styrene 苯乙烯, 亦稱 Ethenyl benzene;一種化學合成物, 在化粧品工業主用於製造樹脂與塑膠. 注意事項:過度接觸可致眼、鼻刺激麻醉及脫脂性皮炎. 用途:製造樹脂與塑膠.

Styrene/PVP copolymer 苯乙烯/聚乙烯吡咯烷酮;乙烯吡咯烷酮及苯乙烯製成. 用途: 1. 不透明劑 2. 成膜劑.

Succinic acid 琥珀酸, 亦稱 Amber acid、Butanedioic acid;最早在琥珀的餾出物中發現, 故名, 天然存在化石、眞菌、地衣等, 工業來源從醋酸製備大量生產, 用作爲緩衝和中和劑. 用途: 1. 緩衝劑 2. 中和劑.

Sucrose 蔗糖, 亦稱 Sugar、Cane sugar、Beet sugar、Saccharose;自禾本科甘蔗（Saccharum officinarum）或甜菜製得, 一種天然食品防腐劑與甜味劑, 具吸濕性. 注意事項:粗蔗糖與汗水混合氧化後, 會吸收皮膚中水分, 刺激皮膚引起皮膚粗糙或龜裂. 用途:保濕劑.

Sucrose cocoate 蔗糖椰子酯;脂肪酸與蔗糖生成之酯. 用途: 1. 抗靜電劑

2. 乳化劑.

Sucrose distearate　蔗糖二硬脂酸酯;脂肪酸與蔗糖生成之酯. 用途: 1. 乳化劑 2. 柔軟劑.

Sucrose laurate　蔗糖月桂酸酯;脂肪酸與蔗糖生成之酯. 用途: 1. 乳化劑 2. 界面活性劑.

Sucrose palmitate　蔗糖棕櫚酸酯;脂肪酸與蔗糖生成之酯. 用途: 1. 乳化劑 2. 界面活性劑.

Sucrose stearate　蔗糖硬脂酸酯;脂肪酸與蔗糖生成之酯. 用途:乳化劑.

Sugar cane (Saccharum officinarum) extract　甘蔗萃取物;果酸即為甘蔗之萃取物. 見 Saccharum officinarum. 用途:果酸.

Sugar maple　糖楓, 亦稱 Acer rubrum (學名);楓糖漿的來源樹種, 其樹汁可熬成楓糖漿 Sugar maple extract, 進一步將其精製則成為楓糖 maple sugar. 用途: 1. 製造楓糖漿 2. 添加物.

Sugar maple (Acer saccharinum) extract　見 Sugar maple.

Sugar maple extract　楓糖漿, 亦稱楓漿、楓蜜;主用在護膚品及作為脣膏之矯味劑. 見 Sugar maple. 用途: 1. 護膚品添加物 2. 矯味劑.

Sulfated castor oil　硫酸蓖麻油;硫酸化的蓖麻油. 用途: 1. 乳化劑 2. 保濕劑 3. 界面活性劑.

Sulfated olive oil　硫酸橄欖油;硫酸化的橄欖油. 用途:界面活性劑.

Sulfated peanut oil　硫酸花生油;硫酸化的花生油. 用途:界面活性劑.

Sulfonated castor oil　磺酸蓖麻油;磺酸化的蓖麻油. 用途:界面活性劑.

Sulfur　見 Precipitated sulphur.

Sulisobenzone　舒利苯酮;見 Benzophenone-4.

Sulphonated castor oil　見 Sulfonated castor oil.

Sulphur　同 Sulfur.

Sunflower（Helianthus annus）seed oil 見 Sunflower seed oil.

Sunflower（Helianthus annus）oil 見 Sunflower seed oil.

Sunflower seed oil 向日葵子油；菊科向日葵 Helianthus annuces 種子磨出或萃取出的植物油,富含維生素 E,可柔軟皮膚,用在抗老化產品與製造皂類產品.用途：柔軟劑.

Sunflower seed oil glyceride 向日葵子甘油酯；向日葵子油之單甘油醇.用途：1. 柔軟劑 2. 乳化劑.

Sunflower seed oil glycerides 向日葵子甘油酯類；向日葵子油之單、雙及三甘油醇混合物.用途：同 Sunflower seed oil glyceride.

Superoxide dismutase 超氧化物歧化酶,亦稱 SOD（縮寫）；一種含酮之蛋白質酵素,可抑制自由基生成、清除自由基.用途：(皮膚) 抗氧化劑.

Sweet almond extract 見 Almond, Sweet.

Sweet almond oil 甜杏仁油；見 Almond oil, Sweet.

Sweet almond protein 見 Almond, Sweet.

Sweet orange oil 甜橙油；見 Citrus sinensis.用途：(天然) 香料.

Synthetic beeswax 合成蜂蠟；用途：1. 結合劑 2. 乳劑穩定劑 3. 黏度調整劑.

Synthetic mica 見 Synthetic MICA.

Synthetic MICA 合成雲母,亦稱合成氟金雲母；天然雲母由於含有雜質,白色色度與透明感均較差,將天然雲母結晶構造中的 OH 替換爲 F 製成之合成雲母,可改善天然雲母的品質,不同製造條件製出之合成雲母,會造成物性有若干差異,因此在過程中充分管理與控制,才能製造出白色度、透明感、光澤性、光滑性及觸感皆佳的合成雲母.用途：見 MICA.

Synthetic organic dyestuff CI 47005 見 CI 47005.

Synthetic wax 合成蠟；一種衍生自各種油脂之碳氫化合物蠟.用途：1. 抗靜

電劑 2. 結合劑 3. 柔軟劑 4. 乳劑穩定劑 5. 黏度調整劑.

T

Talc　滑石,亦稱 Talcum、French chalk、Talc CI77718;爲水合矽酸鎂,天然存在滑石礦石,高品質滑石爲白色粉末結晶,不純者則呈灰色或深綠色.滑石粉質地細緻柔滑,其伸展性、柔滑度均佳,能使皮膚柔滑舒爽且吸收汗液與水分,是爽身粉、嬰兒爽身粉、蜜粉、粉條、粉餅、眼影、腮紅、面膜、足部用粉、面霜、保護霜等之主要成分,可賦予粉末或霜狀產品柔滑觸感.注意事項:滑石粉大量或長久吸入會造成肺部傷害(例如纖維塵肺);近來已發現滑石是致癌物,可增加女性卵巢癌罹患率;嬰兒大量或常久吸入爽身粉,會造成吸入性肺炎,甚至曾經發生死亡案例.用途:1. 填充劑 2. 不透明劑 3. 產品質地改良成分 4. 吸收劑.

Talc：hydrated magnesium silicate　滑石;水合矽酸鎂.見 Talc.

Talcum powder　滑石爽身粉,亦稱爽身粉;以滑石爲主要組成成分的粉末,Talcum powder 配方是以單獨滑石或混合其他少量澱粉(如玉米粉)、硼酸或氧化鋅,用於化粧品(如爽身粉、嬰兒爽身粉)、婦女衛生用品、醫藥、手套、鞋粉及其他工業.注意事項:嬰兒大量或長久吸入爽身粉,會造成吸入性肺炎,甚至曾經發生死亡案例;研究顯示滑石粉的製品,例如維護女性會陰清爽的敷粉或藥膏,和罹患卵巢癌有關.用途:同 Talc.

Tall oil　妥爾油,亦稱 Liquid rosin;Tall 乃瑞典語爲松樹之意,暗棕色液體,獲自松材處理過程之副產物,含松香酸、油酸、亞油酸和少量植物固醇.用途:製造肥皂.

Talloweth -6　脂醚-6;用途:乳化劑.

Tallow glyceride　脂甘油酯;動物脂之單甘油酯.用途:1. 柔軟劑 2. 乳化劑.

Tallow glycerides 脂甘油酯類;動物脂之單、雙及三甘油酯混合物. 用途: 1. 柔軟劑 2. 乳化劑.

Tallow oil 動物脂, 在北美洲區意指得自牛羊組織之脂肪, 主用於製造皂類、洗髮精、刮鬍膏及唇膏. 注意事項:可能引起黑頭粉刺或皮膚炎. 用途:皂類、洗髮精、唇膏等之原料.

Tallow trimonium chloride 脂三甲銨鹽酸鹽, 亦稱 Tallow trimethyl ammonium chloride;一種四級銨化物. 用途: 1. 界面活性劑 2. 抗靜電劑 3. 防腐劑.

Tannic acid 單寧酸, 亦稱鞣酸、Tannin;存在於植物之果實、樹皮、茶葉, 具收斂性質, 用於止汗產品、防曬產品和眼霜. 用途:收斂劑.

Tartaric acid 酒石酸;廣佈於自然界, 屬於一種果酸, 左旋酒石酸 *L*-Tantaric acie 爲天然存在, 右旋酒石酸 *D*-Tartaric acid 亦天然存在, 或自發酵製備, 消旋性酒石酸 *DL*-Tartaric acid 爲非天然產物, 在食品工業和化粧品工業通常使用 *L*-Tartaric 酒石酸. 酒石酸是一種發泡酸, 對空氣和光穩定, 溶於水時會有發泡效應, 稀水溶液時有清涼感, 因此化粧品工業用於浴鹽、假牙粉、潤絲精、除毛品、指甲產品及製造色素. 注意事項:可引起輕微皮膚刺激. 用途: 1. 緩衝劑 2. 酸化劑.

***t*-Butyl alcohol** 見字母 B 之 *t*-Butyl alcohol.

***t*-Butyl hydroquinone** 見字母 B 之 *t*-Butyl hydroquinone.

T.C.C. 三氯卡班, 亦稱 Triclocarban、3,4,4'-trichlorocarbanilide、Trichlorocarbanilide;TCC 爲其縮寫, 主用在藥用化粧品、香皂、除臭產品及清潔霜作爲殺菌劑. 用途: 1. 抑菌劑 2. 防腐劑.

TEA 三乙醇胺, 亦稱 Triethanolamine;見 Triethanolamine.

TEA-cocoyl glutamate 三乙醇胺醯基穀胺酸, 亦稱醯基穀胺酸三乙醇銨、Triethanolamine cocoyl glutamate;穀胺酸與三乙醇胺之合成衍生物, 一種陰離子型界面活性劑. 見 Glutamic acid 與 Triethanolamine. 用途：界面活性劑.

TEA dodecyl benzenesulfonate　見 TEA dodecyl benzenesulphonate.

TEA dodecyl benzenesulphonate　十二烷基苯磺酸三乙醇胺；一種陰離子型界面活性劑. 用途：界面活性劑.

Tea-laureth sulfate　月桂醚硫酸三乙醇胺；一種陰離子界面活性劑. 用途：1. 界面活性劑　2. 乳化劑.

Tea lauryl sulfate　見 Triethanolamine lauryl sulfate.

TEA myristate　見 Triethanolamine myristate.

TEA salicylate　見 Triethanolamine salicylate.

Tea tree oil　茶樹油, 亦稱白千層油；桃金孃科白千層屬植物, 產地自澳洲至馬來西亞, 此屬植物許多種類都稱為茶樹, 從這些樹之葉和嫩枝所得到之精油, 皆稱為茶樹油, 但迄今尚未有研究比較這些精油是否和著名植物同樣具有強效的藥用價值. 以下為常用之三種種類：大多數商業上用的茶樹油是取自白千層 Melaleuca leucadendron 之葉和嫩枝, 有些植物學家認為這種植物和 Melaleuca cajuputi（中文亦稱白千層）同種. 從互葉白千層 Melaleuca alternifolia 提取的茶樹油, 是所有茶樹精油中藥用價值最高, 芳香療法認為互葉白千層之茶樹精油是強效之抗微生物劑, 可以抵抗大部分細菌、病毒和黴菌如香港腳、念珠菌等, 綠花白千層所提取之茶樹油亦可抗感染. 有研究發現茶樹油可迅速滲透皮膚, 加速問題皮膚痊癒, 加在非精油類之化粧品作為殺菌成分. 用途：1. 精油　2.（天然）抗黴菌劑.

Terephthalylidene dicamphor sulfonic acid　對一酞酸二樟腦磺酸, 亦稱 Mexoryl SX（商品名）；合成之樟腦衍生物, 用在防曬品作紫外線波段 A 吸收劑. 用途：1. 防曬劑　2. 產品保護劑.

Terephthalylidene dicamphor sulfonic acid and its salts　對一酞酸二樟腦磺酸及其鹽類；合成之樟腦衍生物. 用途：見 Terephthalylidene dicamphor sulfonic acid.

Terminalia sericea extract　公山羊李萃取物;用途:植物添加物.

Tetrachlorosalicylanilide　四氯柳基苯胺,亦稱四氯水楊基苯胺.見 Halogeno salicylanilides.

Tetradecyl myristate　見 Myristyl myristate.

Tetrahydrofurfuryl alcohol　四羥糠醇,亦稱四羥呋喃基甲醇;一種用在化粧品工業可溶解脂肪、蠟及樹脂之溶劑.注意事項:輕微刺激皮膚與黏膜.用途:溶劑.

2,2,4,4 Tetra-hydroxy benzophenone　見 Benzophenone-2.

Tetrahydroxypropyl ethylenediamine　四羥丙基乙二胺;合成胺類,用於化粧品之防腐劑、溶劑和螯合劑.注意事項:可能會引起皮膚過敏;可能會刺激皮膚與黏膜.用途:螯合劑.

Tetramethylthiuram disulfide　見 Thiram.

Tetrapotassium pyrophosphate　焦磷酸四鉀;用途:1. 緩衝劑 2. 螯合劑.

Tetrasodium EDTA　依地酸鈉, 亦稱爲 EDTA tetrasodium、Tetrasodium ethylenediaminetetraacetate、Ethylenediaminetetraacetic acid tetrasodimum salt、Sodium edetate、Tetrasodium edetate、Edetate sodium;一種四乙酸乙二胺之鈉鹽,加在水溶液中可螯合金屬離子使水軟化.用途:螯合劑.

Tetrasodium ethylene diaminetetraacetic acid　見 Tetrasodium EDTA.

Tetrasodium pyrophosphate　焦磷酸四鈉, 亦稱 Sodium pyrophosphate、TSPP(縮寫);用途: 1. 螯合劑 2. 緩衝劑.

Theobroma cacao　見 Theobroma oil.

Theobroma oil　可可油,亦稱可可脂、Cacao butter、Cocoa butter;一種固態植物油脂,獲自梧桐科可可樹 (Theobroma cacao)焙乾的種子, 不易腐敗, 廣泛用在食品及在化粧品作潤膚成分.用途:1. 香皂原料 2. 柔軟劑.

Theophylline　茶鹼;一種生物鹼,爲黃嘌呤衍生物,天然存在於茶中,具有興奮心臟、放鬆平滑肌及利尿(排除身體水分)活性,常用在瘦身化粧品.用途:添加物.

Thermal spring water 　礦泉水;用途:溶劑.

Thiamine HCl 　見 Vitamin B₁ HCl.

Thiamine hydrochloride 　見 Vitamin B₁ HCl.

Thiamine mononitrate 　見 Vitamin B₁ nitrate.

Thiamine nitrate 　見 Vitamin B₁ nitrate.

Thioglycolic acid and its salts 　巰基乙酸及其鹽類,亦稱氫硫基乙酸 (或稱氫硫基醋酸) 及其鹽類;鈣鹽用於除毛劑、燙髮液, 鈉鹽和銨鹽用作燙髮第一劑 (還原劑).注意事項:巰基乙酸及其鹽類、酯類會使頭髮斷裂,引起皮膚刺激和嚴重之過敏反應.用途: 1. 燙髮 (還原) 劑 (鈉鹽及銨鹽) 2. 除毛劑 (鈣鹽).

Thiolactic acid 　硫代乳酸,亦稱硫羥乳酸;使用於除毛和燙髮產品中.用途: 1. 除毛劑 2. 燙髮 (還原) 劑 3. 抗氧化劑.

Thiram 　塞侖,亦稱 Tetramethylthiuram disulfide;一種農業用化學物, 用在皂類作為殺菌劑,具消毒、殺細菌和黴菌等作用.注意事項:可能刺激皮膚與黏膜;會引起皮膚過敏反應;吸入或食入可能具傷害性,應避免吸入其噴霧,亦應避免眼睛、皮膚和噴霧接觸.用途:殺菌劑.

Threonine 　蘇胺酸,亦稱 *L*-Threonine (*L*-蘇胺酸);人類生長必需胺基酸之一,天然存在蛋、牛奶和明膠中.用途:抗靜電劑.

DL-Threonine 　DL-蘇胺酸,亦稱消旋-蘇胺酸;為化學合成之蘇胺酸.見 Threonine.用途:抗靜電劑.

L-Threonine 　見 Threonine.

Thymol 　麝香草酚,亦稱百里酚;具芳香氣味, 得自百里香 Thymus vulgaris 及其他植物之精油,工業來源大多為合成生產,用於漱口水、香水、鬍後水和皂類,可消除霉味,作為局部抗黴菌.注意事項:弱刺激性;會引起過敏反應.用途: 1. 抗黴菌成分 2. 變性劑.

Thymus vulgaris 見 Thymol.

Tilia vulgaris 歐椴, 亦稱 Lime;椴科植物, 花極小具香味, 椴花釀的蜜被視爲高級品, 葉片可製花茶, 歐洲人用來幫助消化與鎮定神經, 而整株植物製成之椴樹水,則被加入洗澡水減輕風濕痛.用途:植物添加物.

Tinosorb S 見 Bis-ethylhexyloxyphenol methoxyphenyl triazine.

Tinosorb M 亞甲基雙苯三唑四甲基丁酚, 亦稱 Methylene bis-benzotriazolyl tetramethylbutylphenol;歐洲許可之防曬劑,加在防曬品作紫外線波段 A 吸收劑.與 Tinosorb S 爲同系列, 但截至本書付印, 兩者尙未許可使用在美國與加拿大.見 Tinosorb S.用途: 1. 防曬劑 2. 產品保護劑.

Titanium dioxide 二氧化鈦, 亦稱 TiO_2、CI 77891;一種白色晶體, 天然存在礦石, 亦可用鈦與氧合成製備, 是國內化粧品常用法定化粧品白色色素, 亦用作食品色素, 此外常用在防曬品, 利用其阻斷紫外線之能力, 作爲物理性防曬劑.見 CI 10006 - CI 77949.用途: 1. 防曬劑 2. 色素.

Titanium dioxide-coated mica 二氧化鈦被覆雲母, 亦稱鈦雲母 (簡稱);將二氧化鈦均勻裹上雲母之表面製成, 爲一種珍珠光澤色素, 具有特殊光學效果的色素, 可賦予被著色物之珍珠光澤.用途: 1. 色素 2. 不透明劑.

Tilia vulgaris (Lime extract) 見 Tilia Vulgaris.

Tocopherol 生育酚, 亦稱生育醇、維生素 E;見 Vitamin E.

***DL-α*-Tocopherol** *DL-α*-生育酚, 亦稱 *DL-α*-生育醇;見 Vitamin E.

***DL-α*-Tocopherol acetate** *DL-α*-醋酸生育酚酯, 亦稱 *DL-α*-乙酸生育酚酯、*DL-α*-生育酚醋酸酯、*DL-α*-生育酚乙酸酯、*DL-α*-醋酸生育醇酯、*DL-α*-乙酸生育醇酯、*DL-α*-生育醇醋酸酯、*DL-α*-生育醇乙酸酯;維生素 E 之合成型, 可作爲皮膚和產品抗氧化劑.見 Vitamin E acetate 及 Vitamin E.用途:抗氧化劑.

Tocopheryl acetate 醋酸生育酚酯, 亦稱 αTocopheryl acetate、乙酸生育酚酯、

生育酚醋酸酯、生育酚乙酸酯、醋酸生育醇酯、乙酸生育醇酯、生育醇醋酸酯、生育醇乙酸酯；維生素 E 之合成型，可作為皮膚和產品抗氧化劑．見 Vitamin E acetate 及 Vitamin E. 用途：抗氧化劑.

D-α-Tocopheryl acetate D-α-醋酸生育酚酯，亦稱 D-α-乙酸生育酚酯、D-α-生育酚醋酸酯、D-α-生育酚乙酸酯、D-α-醋酸生育醇酯、D-α-乙酸生育醇酯、D-α-生育醇醋酸酯、D-α-生育醇乙酸酯；維生素 E 之合成型，可作為皮膚和產品抗氧化劑．見 Vitamin E acetate 及 Vitamin E. 用途：抗氧化劑.

DL-α-Tocopheryl acetate 同 DL-α-Tocopherol acetate.

DL-α-Tocopheryl nicotinate DL-α-菸酸生育酚酯，亦稱 DL-α-生育酚菸酸酯、DL-α-菸酸生育醇酯、DL-α-生育醇菸酸酯；維生素 E 之合成型，可作為皮膚和產品抗氧化劑．見 Vitamin E acetate 及 Vitamin E. 用途：抗氧化劑.

Toluene 甲苯，亦稱 Methylbenzene；可得自煤焦油 Coal tan oil（由煤蒸餾之黑稠液體）或焦油 Tan oil（由木焦蒸餾之精油），主要用在化粧品作為溶劑．注意事項：可經皮膚完全吸收；會使皮膚乾燥和去脂，可引起嚴重皮膚炎；低濃度食入可致刺激呼吸道、眼睛，高濃度則可致昏睡、肝毒性；吸入可致肝毒性、腎毒性、嚴重肌肉無力、心律失常、胃腸和神經疾患，可能具致癌性；美國 CIR 專家認為，以目前規定使用為安全之化粧品成分．用途：溶劑.

o-Toluene diamine 見 Toluene-3,4-diamine.

p-Toluene diamine 見 Toluene-2,5-diamine.

Toluene-2,5-diamine 甲苯-2,5-二胺，亦稱 2,5-二胺甲苯、p-Toluene diamine（p-二胺甲苯或對-二胺甲苯）、2-Methyl-p- Phenylenediamine、CI 76042；煤焦油衍生物．注意事項：見 Toluene. 用途：染髮劑.

Toluene-3,4-diamine 甲苯-3,4-二胺，亦稱 3,4-二胺基甲苯、o-Toluene diamine（o-二胺基甲苯或鄰-二胺基甲苯）、4- Methyl- o- phenylenediamine、CI 76042；煤焦油衍生物．注意事項：見 Toluene. 用途：染髮劑.

Toluene-2,5-diamine hydrochloride 鹽酸2,5二胺甲苯，亦稱甲苯-2,5-二胺

鹽酸;煤焦油衍生物.注意事項:見 Toluene. 用途:染髮劑.

Toluene-2,5-diamine sulfate 硫酸 2,5-二胺甲苯,亦稱甲苯-2,5-二胺硫酸、2-Methyl-*p*- phenylenediamine sulphate、CI 76042;煤焦油衍生物.注意事項:見 Toluene. 用途:染髮劑.

Toluene-2,5-diamine sulphate 同 Toluene-2,5-diamine sulfate.

Tosylamide/Epoxy resin 托斯醯胺/環氧基樹脂;一種廣泛用在指甲產品之合成樹脂;用途:成膜劑.

Tosylamide/Formaldehyde resin 托斯醯胺/甲醛樹脂, 亦稱 Benzenesulfonamide, 4-methyl, polymer with aledhyde;一種聚合物,廣泛用在指甲產品之合成樹脂.用途:成膜劑.

Tosylchloramide sodium 托斯氯胺鈉,亦稱 Chloramine-T;用途:抗微生物劑.

Tragacanth 見 Tragacanth gum.

Tragacanth gum 西黃耆膠,亦稱黃耆膠、Gum tragacanth、Tragacanth;黃耆膠樹之膠狀滲出物,爲一天然之界面活性劑,可做乳化劑等.用途: 1. (天然)乳化劑 2. (天然)增稠劑 3. (天然)乳液穩定劑 4. 天然懸浮劑.

Tranexamic acid 胺甲環己烷羧酸, 亦稱凝血酸、trans-4-(aminomethyl)cyclogexanecarboxylic acid、TA (縮寫);一種抗纖維蛋白溶解的止血藥, 用在嚴重之內出血,可控制大量內出血,此外亦是抗發炎藥,除了廣泛用在醫學上,TA 近來也漸漸被使用在個人口腔清潔用品如牙膏、牙粉及漱口水,治療口腔抗凝血的病人,預防手術後出血.用途:添加物.

Tree moss extract 樹苔萃取物;用在男性香水當香料與定香劑.注意事項:常見化粧品過敏原;國際香料研究協會 The International Fragrance Research Associateion (IFRA) 基於橡樹苔萃取物 Oak moss extract 和樹苔萃取物 Tre moss extract 之致過敏性研究,建議獲自 Usnea 和 Pseudevernia furfuracea 種類之樹苔萃取物 (包括無水物、固結體等),使用在皮膚塗抹產品與非皮膚塗抹產品之含量不應超出 0.1%,如有橡樹苔萃取物存在下,二者產品含量總和不應超出 0.1%.用途:(天然) 香料.

Tretinoin 見 Vitamin A acid.

Trialkanolamines 三烷醇胺;見 Alkanolamines.

Tribasic calcium phosphate 見 Calcium phosphate.

Tribehenin 三蘿酸素,亦稱 Glyceryl tribenenate;由 Bebenic acid 和甘油反應形成.用途:柔軟劑.

Tricaprylin 見 Trioctanoin.

Trichlorocarbanilide 見 T.C.C..

Triclocarban 三氯卡班;見 T.C.C..

Triclosan 三氯生,亦稱 Irgasan DP300 (商品名);一種廣效性抗菌含氯化合物,可有效抑制某類型細菌,其除臭功效即歸因其抑制細菌生長,用於洗手皀、足部除臭噴霧、除臭產品以及其他化粧品.注意事項:可引起過敏性接觸皮膚.用途: 1. 殺菌劑 2 保存劑 3. 防腐劑.

Trideceth Trideceth-n (n 代表尾隨附加數) 是十三醇與十六醇混合物之聚乙二醇醚系列化合物,由十三醇與十六醇混合物以環氧乙烷進行乙氧基化反應,即十三醇與十六醇混合物與聚乙二醇附加聚合製得之非離子性表面活性劑,附加數表示聚乙二醇鍵段中環氧乙烷單位的平均數,即尾隨附加數愈大,代表合成化合物之分子量愈大,黏度亦增大.本類化合物為 POE fatty alcohols 型之非離子型界面活性劑 (見 Polyoxyethylene alcohols),具有優越的乳化力與溶解力,可作為乳液、乳霜等之乳化劑或溶液中香料之溶解助劑.

Trideceth-2 十三醇/十六醇-2;見 Trideceth.用途:乳化劑.

Trideceth-2 Carboxamide MEA 十三醇/十六醇-2 羧醯胺單乙醇胺酸鹽;見 Trideceth.用途:增稠劑.

Trideceth-3 十三醇/十六醇-3;化學名 2-〔2-〔2-（Tridecyloxy）ethoxy〕

ethoxy〕ethanol. 見 Trideceth. 用途：乳化劑.

Trideceth-3 carboxylic acid, Trideceth-4 carboxylic acid, Trideceth-7 carboxylic acid, Trideceth-15 carboxylic acid, Trideceth-19 carboxylic acid 十三醇/十六醇-3 羧酸、十三醇/十六醇-4 羧酸、十三醇/十六醇-7 羧酸、十三醇/十六醇-15 羧酸、十三醇/十六醇-19 羧酸；是十三醇與十六醇混合物, 聚乙二醇 Polyethylene glycol 與羧酸 Carboxylic acid 反應生成, 爲非離子型界面活性劑, 見 Trideceth. 用途：界面活性劑.

Trideceth-3 phosphate, Trideceth-6 phosphate, Trideceth-10 phosphate 十三醇/十六醇-3 磷酸酯鹽、十三醇/十六醇-6 磷酸酯鹽、十三醇/十六醇-10 磷酸酯鹽；是十三醇與十六醇混合物, 聚乙二醇 Polyethylene glycol 與磷酸 Phosphoric acid 反應生成, 爲陰離子型界面活性劑, 見 Trideceth. 用途：1. 乳化劑 2. 界面活性劑.

Trideceth-5, Trideceth -6, ...～Trideceth-12 十三醇/十六醇-5、十三醇/十六醇-6、......～十三醇/十六醇-12；見 Trideceth. 用途：1. 乳化劑 2. 界面活性劑.

Trideceth-7 carboxylic acid, Trideceth-15 carboxylic acid 十三醇/十六醇-7 羧酸、十三醇/十六醇-15 羧酸；見 Trideceth. 用途：界面活性劑.

Trideceth-15 十三醇/十六醇-15；見 Trideceth. 用途：乳化劑.

Trideceth-20, Trideceth-50 十三醇/十六醇-20、十三醇/十六醇-50；見 Trideceth. 用途：乳化劑.

Trideth Trideth-n（n 代表尾隨附加數）是十三醇之聚乙二醇醚系列化合物, 由十三醇以環氧乙烷進行乙氧基化反應, 即十三醇與聚乙二醇附加聚合製得, 附加數表示聚乙二醇鍵段中環氧乙烷單位的平均數, 即尾隨附加數愈大, 代表合成化合物之分子量愈大, 黏度亦增大. 本類化合物爲 POE fatty alcohols 型之非離子型界面活性劑（見 Polyoxyethylene alcohols）, 具有優越的乳化力與溶解力, 可作爲乳液、乳霜等之乳化劑或溶液中香料之溶解助劑.

Trideth-2 十三醇-2. 見 Trideth. 用途:乳化劑.

Trideth-3, Trideth -6, Trideth -7, Trideth -10, Trideth -12 十三醇-3、十三醇-6、十三醇-7、十三醇-10、十三醇-12;Trideth. 用途:乳化劑.

Triethanolamine 三乙醇胺, 亦稱 Trihydroxytriethylamine、Tris (hydroxyethyl)amine、Triethylolamine、TEA（縮寫）;一種鹼劑, 廣泛用在皂類、洗髮精、刮鬍膏、乳液. 注意事項:會引起皮膚刺激與敏感反應;美國 CIR 專家認為用在沖洗產品為安全化粧品成分,如用於需長久與皮膚接觸之產品,則濃度不應超過5%;不應與含亞硝基化劑合用. 用途: 1. 界面活性劑 2. 乳化劑 3. pH 調節劑（緩衝劑） 4. 去污清潔劑.

Triethanolamine cocoyl glutamate 見 TEA-cocoyl glutamate.

Triethanolamine dodecyl sulfate 見 Triethanolamine lauryl sulfate.

Triethanolamine lauryl sulfate 三乙醇胺月桂(基)硫酸鹽, 亦稱 TEA lauryl sulfate、Lauryl sulfate triethanolamine （月桂基硫酸三乙醇胺）、Triethanolamine N-dodecyl sulfate （三乙醇胺 N-十二烷基硫酸鹽）、Triethanolamine dodecyl sulfate （三乙醇胺十二烷基硫酸鹽）、Tris (2-hydroxyethyl)ammonium dodecylsulphate （十二烷基硫酸三乙醇胺）;一種陰離子型界面活性劑（見 Alkyl sulfates）. 用途: 1. 界面活性劑 2. 乳化劑.

Triethanolamine myristate 三乙醇胺肉豆蔻酸鹽, 亦稱肉豆蔻酸三乙醇胺、TEA myristate、Tris(2- hydroxyethyl)ammonium myristate;一種皂類, 可作為陰離子型界面活性劑. 用途: 1. 界面活性劑 2. 乳化劑.

Triethanolamine oleate 三乙醇胺油酸鹽, 亦稱油酸三乙醇銨、TEA oleate;一種皂類, 可作為陰離子型界面活性劑. 用途: 1. 表面活性劑 2. 乳化劑.

Triethanolamine salicylate 三乙醇胺水楊酸鹽, 亦稱 TEA salicylate;合成之水楊酸鹽, UVB 吸收劑, 為美國法定防曬劑, 但非國內法定之防曬劑, 屬於局部用藥. 注意事項:國外非法定防曬劑. 用途:防曬劑.

Triethanolamine stearate 三乙醇胺硬脂酸鹽, 亦稱 TEA stearate; 一種皂類, 可作爲陰離子型界面活性劑, 具極佳之吸濕力, 常用在製造乳液產品. 注意事項:可刺激皮膚與黏膜. 用途: 1. 界面活性劑 2. 乳化劑.

Triethyl citrate 檸檬酸三乙酯, 亦稱 Ethyl citrate; 用途: 1. 抗氧化劑 2. 溶劑.

Tri-lauryl phosphate 三月桂基磷酸酯鹽, 亦稱磷酸鹽三月桂酯、Tridodecyl phosphate; 是一種烷醚磷酸酯鹽之陰離子型界面活性劑, 用於洗面乳、洗髮精的製造. 用途:界面活性劑.

Trimetabromsalan 三間溴沙侖; 見 Halogeno salicylanilides.

Trimethylolpropane triisostearate 三甲醇丙烷三異硬酯; 用途:柔軟劑.

Trimethylsiloxysilicate 三甲基矽氧矽酸酯; 用途: 1. 抗泡沫劑 2. 柔軟劑.

Trioctanoin 三辛酸甘油酯, 亦稱甘油三辛酸酯、Tricaprylin、Glyceryl trioctanoate、Glycerol tricaprylate、Glycerol trioctanoate; 用途: 1. 抗靜電劑 2. 柔軟劑 3. 溶劑.

Tripotassium citrate 見 Potassium citrate.

Trisodium phosphate 磷酸三鈉, 亦稱 Trisodium orthophosphate; 強鹼性化學物, 具軟水力與清潔力, 用於洗髮與洗澡產品等. 注意事項:具鹼性會引起皮膚刺激. 用途: 1. 緩衝劑 2. 螯合劑.

Triticum vulgare 見 Wheat germ.

Troclosene potassium 見 Potassium troclosene.

Tryptophan 色胺酸, 亦稱 L-Tryptophan; 人發育所必需之胺基酸. 用途:抗靜電劑.

Turpentine 松脂; 淡黃色黏性塊狀物, 得自松科長葉松或其他松種之樹脂, 在化粧品工業用作溶劑. 注意事項:可經由皮膚吸收; 會刺激皮膚和黏膜; 長期皮膚接觸可致良性皮膚腫瘤; 會引起過敏反應; 可引起皮膚炎、腎損害及其他傷害;吸入可致心悸、眩暈、支氣管炎及其他傷害.用途: 1. 防腐劑 2. 溶劑.

Tween 20　見 Polysorbate 20.

Tween 40　見 Polysorbate 40.

Tween 60　見 Polysorbate 60.

Tween 61　見 Polysorbate 61.

Tween 65　見 Polysorbate 65.

Tween 80　見 Polysorbate 80.

Tween 81　見 Polysorbate 81.

Tyrosine　酪胺酸,亦稱 *L*-Tyrosine (左旋-酪胺酸);為人發育非必需胺基酸, *L*-Tyrosine 為天然存在酪胺酸,一般工業來源為合成,如 *D*-Tyrosine 與 *DL*-Tyrosine.用途:抗靜電劑.

D-Tyrosine　*D*-酪胺酸,亦稱右旋-酪胺酸;微生物合成,見 Tyrosine.

DL-Tyrosine　*DL*-酪胺酸,亦稱消旋-酪胺酸;化學合成,見 Tyrosine.

Tryptophan　色胺酸,亦稱 *L*-Tryptophan (左旋-色胺酸);人發育所必需胺基酸, *L*-Tryptophan 為天然存在色胺酸,一般工業來源為合成,如 *DL*-Tryptophan.用途:抗靜電劑.

DL-Tryptophan, L- Tryptophan　見 Tryptophan.

U

Ubiquinone　見 Co-Enzyme Q-10.

Ultramarine　群青,亦稱 CI 77007;一種矽酸鋁鹽,是一種鮮豔的藍色色素, 本是從天然的琉璃石研磨精製而成,現已採用人工方法大量廉價生產群青;用 途:色素.

Ulve rigida 海藻萃取物;用途:見 Algae extract.

Gamma-Undecalactone 見 γ-Undecalactone.

γ-Undecalactone γ-十一碳內酯;一種合成香料,具水蜜桃香味之液態合成內酯 Lactone, 由十一碳烯酸和硫酸反應合成, 通常用於食品作調味料, 現亦用在香水作香料. 用途:香料.

Undecanoic acid 十一酸;用途:乳化劑.

10-Undecenoic acid 見 Undecylenic acid.

Undec-10-enoic acid and salts 十一烯酸及其鹽類;見 Undec-10-enoic acid.

Undecylenic acid 十一烯酸, 亦稱 10-Undecenoic acid、Undec-10-enoic acid;存在汗液中,工業來源自蓖麻油酸製成, 長久傳統以來使用在香港腳足粉、足膏作爲抗黴菌成分, 應用在化粧品亦作爲局部抗黴菌成分. 注意事項:避免吸入、接觸眼睛與黏膜;避免使用在長水泡或傷口之皮膚;血液循環差或有糖尿病的人使用前應諮詢醫師. 用途:抗黴菌劑.

Urea 尿素, 亦稱 Carbamide;蛋白質代謝產物, 存在尿液中, 可由化學反應胺解製備. 尿素可吸收和保留水分在表皮, 可使皮膚濕潤柔軟, 亦可增進皮膚滲透力、抗炎、止癢、抑制細菌生長、除臭, 作爲收斂劑、保濕劑及皮膚角化症之預防, 用在止汗除臭產品、護膚品、洗髮精等. 注意事項:尿素最適宜之濃度爲2-8% (尿素在高濃度下會不穩定, 因而引起皮膚刺激). 用途: 1. 收斂劑 2. 皮膚角化症預防 3. 保濕劑 4. 除臭劑 5. 抗靜電劑.

V

Vaccinium myrtillus（Bilberry extract） 見 Bilberry（Vaccinium myrtillus）extract.

VA/Crotonates/Vinyl neodecanoate copolymer 乙酸乙烯酯/巴豆酯/乙烯基

新癸烷酸共聚物;用途: 1. 抗靜電劑 2. 成膜劑.

Vanilla 香草;見 Vanilla extract.

Vanilla extract 香草萃取物, 亦稱香草精;萃取自天然植物蘭科平葉香草 Vanilla planifolia (俗稱香草 Vanilla) 之未成熟之果實, 但現今原料多來自可大量生產之合成反應製備, 用在食品調味料與香水工業. 注意事項:皮膚刺激;可能會引起皮膚色素沈澱. 用途:香料.

Vaseliln 見 Petrolatum.

Vegetable emulsifying wax 植物性乳化蠟;一種合成蠟, 由植物蠟經加工處理製成, 為一種油脂化學物. 用途:同 Wax.

Vegetable glyceride 植物甘油脂;獲自植物油. 用途: 1. 柔軟劑 2. 乳化劑.

Vegetable glyceride (hydrogenated) 氫化植物甘油脂;經氫化處理之植物油甘油脂, 比 Vegetable glyceride 更安定. 見 Hydrogenated oils. 用途同 Vegetable glyceride.

Vegetable oil(s) 植物油;油脂來源自植物之總稱, 例如:橄欖油、棉子油、玉米油、花生油等. 用途:(天然) 柔軟劑.

Vegetable protein 植物性蛋白質;蛋白質來源自植物之總稱. 用途:抗靜電劑.

Vegetable starch 植物澱粉;澱粉來自植物之總稱. 注意事項與用途見 Wheat starch.

Verbena absolute 檸檬馬鞭草無水物;見 Lemon verbena. 注意事項:國際香料研究協會 The International Fragrance Research Associateion (IFRA) 基於香料研究學會 The Research Institute for Fragrance Materials (RIFM) 有關過敏反應研究結果顯示, 獲自 Lippia citriodora Kunth 之檸檬馬鞭草無水物用在皮膚塗抹產品與非皮膚塗抹產品, 作為香料之濃度分別不應超過0.2% (皮膚塗抹) 與2% (非皮膚塗抹). 用途:(天然) 香料.

Verbena oil 見 Lemon verbena oil.

Versene 100　Versene 爲一系列 Tetrasodium EDTA 製品之商品名, 常見爲 Versene 100 Liquid 與 Versene 200 Crystals. 見 Tetrasodium EDTA. 用途:螯合劑.

Vinyl chloride　氯乙烯, 亦稱 Chloroethylene;本品已列爲致癌劑, 爲衛生署公告化粧品禁用成分.

Vinyl dimethicone　乙烯二甲矽油;一種二甲矽油衍生物 (見 Dimethicone 與 Silicones). 用途:增稠劑.

Vinyl dimethicone crosspolymer　乙烯二甲矽油交聚合物;一種高分子量二甲矽油 (見 Dimethicone 與 Silicones). 用途:增稠劑.

Vinyl resin　乙烯樹脂;一種合成樹脂, 可增加平滑光澤、流動附著及防水. 用途:指甲油原料.

Viola odorata　香菫菜, 亦稱 Sweet violet;菫菜科植物. 見 Viola odorata extract. 用途:植物添加物.

Viola odorata extract　香菫菜萃取物;萃取菫菜科香菫菜 Viola odorata (學名), 香菫菜之花和葉可食用, 其花、葉、根及整株植物在民間皆拿來作藥用部分. 用途:植物添加物.

Vitamin A　維生素 A, 亦稱爲維生素 A₁、Retinol (視網醇)、all-trans-Retinol (全反式視網醇);與 Vitamin D 與 Vitamin E 同爲脂溶性維生素, 天然存在於動物中, 主要以酯類 Retinol ester 型態存於肝臟, 如魚肝油中含有豐富之維生素 A, 但以維生素 A 前體 Provitamin A 存在植物中, 攝取含維生素 A 前體之蔬菜後, 在體內轉化生成維生素 A. 在皮膚的生理重要性上, 維生素 A 爲皮膚細胞生長及功能之必要營養素, 缺乏維生素 A 會造成表皮乾燥, 增厚、角質化異常 (角質增生);在體內, 維生素 A 醛 (亦稱視黃醛 Retinal) 與維生素 A 酸 (亦稱視黃酸 Retinoic acid) 皆爲維生素 A 的生理性代謝產物, 三者各有其生理作用. 維生素 A 可經由皮膚吸收, 但醫學界以口服維生素 A 治療維生素 A

缺乏症,而以皮膚塗抹維生素 A 酸治療皮膚問題,例如青春痘、毛囊角化症等,營養界則以食入含維生素 A、維生素 A 前體之食物或維生素 A 營養素補充品,來預防維生素 A 缺乏;化粧品工業以添加維生素 A 或維生素 A 的酯類在護膚保養品中,聲稱具有維持皮膚細胞健康與具有皮膚治療性質.用途:護膚品添加物.

Vitamin A acetate 維生素 A 乙酸酯,亦稱 Retinyl acetate、Retinol acetate;一種維生素 A 之酯化合物.維生素 A 對空氣與氧敏感,但維生素 A 酯類對空氣與氧穩定,可改善維生素 A 不穩定、易氧化的性質,但皮膚滲透力較差.用途:同 Vitamin A.

Vitamin A acid 維生素 A 酸,亦稱為維生素 A 酸、Retinoic acid (視黃酸)、Tretinoin、Retin-A (商品名);衛生署公告化粧品禁用成分.見 Vitamin A.

Vitamin A oil 維生素 A 油溶液;維生素 A 對空氣氧化敏感,但其油溶液卻很穩定.用途:同 Vitamin A.

Vitamin A palmitate 維生素 A 棕櫚酸酯,亦稱棕櫚酸視網醇酯、Retinyl palmitate、Retinol palmitate;一種維生素 A 之棕櫚酸酯化合物.維生素 A 對空氣與氧敏感,但維生素 A 的酯類對空氣與氧穩定,可改善維生素 A 不穩定、易氧化的性質,但皮膚滲透力較差.用途:同 Vitamin A.

Vitamin A propionate 維生素 A 丙酸酯,亦稱 Retinly propionate;一種維生素 A 之酯化合物.維生素 A 對空氣與氧敏感,但維生素 A 的酯類對空氣與氧穩定,可改善維生素 A 不穩定、易氧化的性質,但皮膚滲透力較差.用途:同 Vitamin A.

Vitamin B Complex Factor 見 Panthenol.

Vitamin B₁ 維生素 B_1,亦稱 Thiamine (硫胺或硫胺明);水溶性維生素,維生素 B 群之一,天然存在穀類、肉類、酵母、蔬菜與其他食物來源,但工業來源幾乎為合成製成.維生素 B_1 為體內醣類代謝之必要營養素,缺乏時常會引起腳氣病,醫學界以口服或注射維生素 B_1 治療維生素 B_1 缺乏症;營養界則以食入

含維生素 B_1 之食物、維生素 B 群營養素補充品, 來預防維生素 B_1 缺乏. 科學文獻認爲維生素 B 群無法通過皮膚, 因此外用沒有功效, 但現今有研究發現, 可能有其應用在皮膚上之價值, 例如維生素 B_1 鹽類加入護膚品, 可能有益於皮膚柔軟. 維生素 B_1 對熱不穩定, 其製品一般製成穩定之鹽類, 包括鹽酸硫胺明 Thaiamine HCl 及硝酸硫胺明 Thiamine mononitrate, 而後者硝酸鹽又比前者鹽酸鹽更穩定. 用途: 護膚品添加物.

Vitamin B_1 HCl 鹽酸硫胺明, 亦稱硫胺明鹽酸鹽、Vitamin B_1 hydrochloride、Thiamine HCl、Thiamine hydrochloride; 用途見 Vitamin B_1.

Vitamin B_1 hydrochloride 見 Vitamin B_1 HCl.

Vitamin B_1 mononitrate 見 Vitamin B_1 nitrate.

Vitamin B_1 nitrate 硝酸硫胺明, 亦稱硫胺明硝酸鹽、Vitamin B_1 mononitrate、Thiamine nitrate、Thiamine mononitrate; 用途見 Vitamin B_1.

Vitamin B_2 維生素 B_2, 亦稱核黃素、Vitamin G (維生素 G)、Riboflavin; 橙黃色、水溶性維生素, 維生素 B 群之一, 爲一種天然黃色素, 可用爲飲料、食品之著色劑, 天然存在酵母、肝臟、牛奶、胚芽、肉類、蔬菜與其他食物. 在生理作用上扮演輔助角色, 增加皮膚抵抗陽光, 缺乏時產生口角炎、脂漏性皮膚炎, 醫學界以口服維生素 B_2 治療維生素 B2 缺乏症, 營養界則以食入含維生素 B_2 之食物、維生素 B 群營養素補充品, 來預防維生素 B_2 缺乏. 科學文獻認爲維生素 B 群無法通過皮膚, 因此外用沒有功效, 但現今研究發現, 可能有其應用在皮膚上之價值, 例如維生素 B_2 加入護膚品, 可能有益於皮膚柔軟, 以及可增加引曬產品之功效. 用途: 1. 色素 2. 護膚品添加物.

Vitamin B_2 tetraacetate 維生素 B_2 四乙酸, 亦稱維生素 B_2 四乙酸、Riboflavin tetraacetate. 用途: 見 Vitamin B_2.

Vitamin B_5 見 Pantothenic acid.

Vitamin B_6 維生素 B_6, 亦稱 Pyridoxine (吡多辛)、Pyridoxol (吡多醇); 水溶性維生素, 維生素 B 群之一, 天然存在酵母、肝臟、牛奶、穀物胚芽、肉類與其他食物.在生理作用上主要扮演輔助角色,缺乏時產生脂漏性皮膚炎、色素沉澱與貧血,醫學界以口服或注射維生素 B_6 治療維生素 B_6 缺乏症,營養界則以食入含維生素 B_6 之食物、維生素 B 群營養素補充品,來預防維生素 B_2 缺乏.科學文獻認為維生素 B 群無法通過皮膚,因此外用沒有功效,但現今研究發現,可能有其應用在皮膚上之價值,例如維生素 Vitamin B_6 加入護膚品,可能有益於皮膚濕潤與柔軟,用在頭髮產品具抗靜電作用,製品有數種化學合成鹽類及酯類.用途:1. 抗靜電劑 2. 護膚品添加物 3. 抗脂漏作用.

Vitamin B_6 dicaprylate　見 Pyridoxine dicaprylate.

Vitamin B_6 dilaurate　見 Pyridoxine dilaurate.

Vitamin B_6 dioctenoate　見 Pyridoxine dioctenoate.

Vitamin B_6 dipalmitate　見 Pyridoxine dipalmitate.

Vitamin B_6 HCl　見 Pyridoxine hydrochloride.

Vitamin B_6 hydrochloride　見 Pyridoxine hydrochloride.

Vitamin B_6 tripalmitate　見 Pyridoxine tripalmitate.

Vitamin C　見 Ascorbic acid.

Vitamin D　維生素 D;與 Vitamin A 與 Vitamin E 同為脂溶性維生素.維生素 D 有四型來源:維生素 D_1(Vitamin D_1)、維生素 D_2(Vitamin D_2)、維生素 D_3(Vitamin D_3)及維生素 D_4(Vitamin D_4),在人體,維生素 D_2 和維生素 D_3 效果較好,而維生素 D_3 比維生素 D_2 穩定.缺乏維生素 D(如飲食攝取不足、陽光照射不足、腸道吸收不良)常導致佝僂病(一種不健康骨骼發育)發生,以及產生的皮膚症狀包括:濕疹、皮膚乾燥、指甲與毛髮異常.有發現顯示,維生素 D 聯合維生素 A 可能有益於皮膚表皮細胞生長與膚色健康,但科學界尚未接受塗抹維生素 D 對皮膚之價值,化粧品界仍確信經常使用維生素 D 護膚品,有益於改善皮膚觸感及緊實.用途:添加物.

Vitamin D_1　維生素 D_1;見 Vitamin D.

Vitamin D₂ 維生素 D₂, 亦稱爲 Calciferol (鈣化醇)、Ergocalciferol (麥角鈣化醇); 以 Provitamin D₂ 天然存在於植物, 如酵母, 經紫外線照射即得維生素 D₂. 見 Vitamin D.

Vitamin D₃ 維生素 D₃, 亦稱爲 Cholecalciferol (膽鈣化醇); 天然存在魚肝油中, 可自魚肝油分離, 爲一種激素前體, 與腸鈣吸收、骨鈣代謝等有關. 見 Vitamin D.

Vitamin E 維生素 E, 亦稱 α-Tocopherol (α-生育酚或 α-生育醇); 與 Vitamin A 與 Vitamin D 同爲脂溶性維生素, 主要分佈於植物中, 如小麥胚芽、葵花子、玉米、大豆油、油菜子、苜蓿及萵苣, 尤以小麥胚芽含量最高. 天然維生素 E 有八種異構體: α、β、γ、δ、ε、ζ1、ζ2、η, 具有維生素 E 之活性作用, 其中以 α-生育酚佔量最多及生物活性最強, 而 δ-生育酚抗氧化作用最強, 天然之 α-生育酚常與 β-生育酚及 γ-生育酚一起存在. 天然維生素 E 又可分爲 D 型 (右旋) 與 L 型 (左旋) 二種光學異構物. 維生素 E 之抗氧化作用是多種重要生理作用, 可拮抗自由基, 防止細胞、組織、器官損害病變, 近來亦發現 Vitamin E 可拮抗陽光照射引起之自由基作用, 避免皮膚細胞被氧化損害. 因此維生素 E 除了針對產品抗氧化、防止油脂氧化加在化粧品、精油作爲傳統所謂之抗氧化劑, 亦爲一種皮膚抗氧化劑, 加在抗老化護膚品作爲抗氧化劑, 已知缺乏維生素 E 所產生的皮膚症狀包括: 更年期的皮膚老化、痤瘡、血液循環障礙等. 此外, 亦發現維生素 E 添加在防曬配方可加強皮膚防曬保護. 維生素 E 之天然製品包括: α-Tocopherol (α-生育酚)、D-Tocopherol (右旋-生育酚)、D-α-Tocopherol (右旋-α-生育酚)、D-δ-Tocopherol (右旋-δ-生育酚)、D-β-Tocopherol (右旋-β-生育酚)、D-γ-Tocopherol (右旋-γ-生育酚), 維生素 E 之合成製品包括: Mixed Tocopherols (混合生育酚類)、Tocotrienol、Tocopheryl acetate (生育酚醋酸酯)、Tocopheryl nicotinate (生育酚菸酸酯)、Tocopheryl succinate (生育酚琥珀酸酯)、DL-Tocopherol (消旋-生育酚)、DL-α-Tocopherol (消旋-α-生育酚). 用途: 1. 產品抗氧化劑 2. 皮膚抗氧化劑.

Vitamin E acetate 維生素 E 乙酸酯, 亦稱維生素 E 醋酸酯、Tocopheryl acetate (醋酸生育酚酯、乙酸生育酚酯、醋酸生育醇酯或乙酸生育醇酯)、α-Tocopherol acetate (α-生育酚醋酸酯、α-生育酚乙酸酯、α-生育醇醋酸酯或α-生育醇乙酸酯)、αTocopheryl acetate (α-醋酸生育酚酯、α-乙酸生育酚酯、α-醋酸生育醇酯或 α-乙酸生育醇酯);維生素 E 之合成型,幾乎不受空氣氧化作用、光和紫外線的影響,為皮膚和產品之抗氧化劑. 見 Vitamin E. 用途:同 Vitamin E.

Vitamin H 見 Biotin.

Vitreoscilla ferment 一種菌種 Vitreoscilla 培養之萃取物;用途:生物添加物.

W

Walnut extract 胡桃萃取物, 亦稱核桃萃取物;萃取自不同部位的胡桃萃取物具有不同性質,傳統上常利用胡桃油 (萃取自成熟核仁) 之抑黴菌及收斂作用,而用於輕微表皮發炎,例如曬傷、青春痘及過度之流汗. 此外萃取自胡桃葉 (Walnut leaves) 之胡桃萃取物具清潔特性,常用於修護髮尾分叉之頭髮產品. 用途:植物添加物.

Walnut leaves 胡桃葉;見 Walnut extract.

Walnut oil 胡桃油,亦稱核桃油;見 Walnut extract.

Water 水, 亦稱 Purified water、Pure spring、Distilled water、Demineralized water、Deionized water;化粧品用水通常經過滅菌及軟化處理.用途:1. 稀釋劑 2. 溶劑.

Wax(es) 蠟;光滑光澤之固體,獲自動物或植物,動物蠟包括蜂蠟 Beeswax、鯨蠟 Spermaceti 和羊毛脂 Lanolin 等,植物臘包括巴西棕櫚蠟 Canauba wax、燈心草蠟 Candelilla wax 及荷荷葩油 Jojoba oil. 蠟在化粧品之應用廣泛, 常用作唇膏硬化劑, 可固化口紅、賦予產品光澤、提升觸感及用於除毛蠟之除毛成分等. 相對於油脂, 蠟較不具油膩感, 較硬及較脆, 油脂的主要成分是脂肪酸和甘油形成的三酸甘油酯 (常溫下呈液態者稱油, 呈固態者則稱脂肪), 蠟亦是酯類形成的物質, 但由不同的脂肪酸 (主要為高級脂肪酸 $C_{20} \sim C_{30}$) 和高級醇類構成, 蠟一般有黃色和白色兩種, 黃色蠟和白色蠟均具相同性質, 只是後者經去色處理顏色較淡. 注意事項: 蠟對皮膚無毒性, 但依蠟的來源可能會引起過敏反應. 用途: 1. 固化劑 2. 製造化粧品主要原料.

Wheat germ　麥胚, 亦稱胚芽、小麥胚芽; 約佔小麥品種 Triticum aestivum、Triticum sativum 或 Triticum vulgare 種子麥粒 2% 之組成, 富含維生素 E, 可與橄欖油混合製成天然面膜, 適乾性皮膚與頸部皮膚, 作為皮膚抗氧化劑. 用途: 1. 天然皮膚面膜原料 2. 製造小麥胚芽油 3. 小麥胚芽萃取物.

Wheat germ extract　小麥胚芽萃取物; 小麥胚芽之萃取物, 用於護膚品與抗老化產品, 維生素 E 主要是小麥胚芽萃取物之一. 用途: (皮膚) 抗氧化劑.

Wheat germ oil　小麥胚芽油, 亦稱麥胚油; 得自小麥胚芽以壓榨或溶劑萃取, 因富含維生素 E 而有皮膚抗氧化及清除自由基之性質. 用途: 1. (天然) 頭髮調理劑 2. (天然) 皮膚調理劑 (柔軟劑) 3. (天然) 溶劑.

Wheat gluten　麵筋; 小麥麵粉除去澱粉後剩餘者則為麵筋, 麵筋 Gluten 之基本成分為蛋白質, 其中主要為麥膠蛋白質 (Gliadin) 及麥穀蛋白質 (Glutenin), 此二種蛋白質賦予麵筋的特性, 當與水以適當之比例混合後, 即產生彈性及可塑性. 用途: 製造粉狀產品及面霜原料.

Wheat protein　小麥蛋白質; 具有彈性、黏合性質、乳化作用, 可減少化學性界面活性劑之刺激性, 具有皮膚保濕功效, 可減少表皮水分流失而有皮膚柔軟效果, 亦可用於頭髮產品. 用途: 1. (天然) 皮膚調節劑 (天然保濕柔軟劑) 2. (天然) 抗靜電劑.

Wheat starch　小麥澱粉; 得自小麥, 加水後吸水膨脹, 常用於製造粉類產品如身體撲粉、蜜粉及粉餅.注意事項:粉末可能引起過敏反應,包括進入眼睛造成紅眼睛和吸入鼻子造成鼻塞.用途: 1. 製造粉狀產品原料 2. 增稠劑 3. 填料.

Wheat (Triticum vulgare) germ extract 見 Wheat germ extract.

Wheat (Triticum vulgare) germ oil 見 Wheat germ oil.

Whey protein 乳清蛋白質,亦稱乳漿蛋白質;獲自於牛奶經提出乳酪後留下的乳漿,可用作皮膚面膜成分,用在皮膚柔軟霜;用在頭髮產品具有使頭髮豐厚、好處理的效果;亦添加在除毛產品,以減少化好處理學性除毛劑之刺激性.用途:添加物.

White beeswax 見 Bees wax.

White soft paraffin 軟性石蠟,亦稱軟性白蠟、Soft white paraffin 和 Paraffin 相同性質.見 Paraffin.

White wax 白蠟;顏色比蠟淡,性質同蠟 wax.見 Waxes.

Wild mint extract 野薄荷汁萃取物;見 Mentha arvensis.

Wild mint oil 野薄荷油;見 Mentha arvensis.

Wild yam extract 野山芋萃取物,亦稱野生薯蕷萃取物、墨西哥野山芋萃取物、墨西哥野生薯蕷;墨西哥野生薯蕷中含有豐富的天然荷爾蒙原料,化粧品業者聲稱經表皮吸收後,可促使體內製造性荷爾蒙,有助於補充與平衡人體內的性荷爾蒙,有效促使皮膚光滑、細緻、恢復彈性與提升肌膚保濕能力,但並無科學證據顯示野山芋經皮膚吸收的效果 (大部分分子量大的天然萃取物或化合物,均無法穿透皮膚及黏膜).用途:天然保濕劑.

Wild yam (root) 野山芋,亦稱野生薯蕷、墨西哥野山芋、墨西哥野生薯蕷 (Mexican wild yam)、墨西哥薯蕷 (Yam, Mexican);國外健康食品市場上被俗稱野山芋的,其實主要是生長在墨西哥的品種,其地下塊莖可製造野山芋萃取物.見 Yam.用途: 1. 製造野山芋萃取物 2. 植物添加物.

Willow extract 柳樹萃取物;柳樹莖皮是止痛退燒藥阿斯匹靈水楊酸的原

料,樹皮萃取物亦用於舒緩喉嚨痛之漱口水及 減輕心痛、胃病、關節痛及外用消除雞眼,此外柳樹葉片泡澡可減輕風濕症. 在化粧品工業, 柳樹萃取物作爲水楊酸之天然來源, 其作用見 Salicylic acid 及 β-Hydroxy acid. 用途: 見 Salicylic acid.

Wintergreen extract　冬綠萃取物, 亦稱冬青樹萃取物; 杜鵑花科冬綠樹 (Gaultheria procumbens) 之樹葉萃取物. 見 Wintergreen oil.

Wintergreen leaves　冬青葉; 存在葉中的冬青油含甲基水楊酸, 是水楊酸之天然來源. 水楊酸作用見 Salicylic acid 及路 β-Hydroxy acid. 用途: 水楊酸天然原料.

Wintergreen oil　冬綠精油, 亦稱冬青油、冬青精油、白珠樹油; 存在於杜鵑花科冬綠樹 Gaultheria procumbens 之樹葉、樹皮及果實中, 工業上多由化學合成製備, 冬青油因其清香味常加入牙膏中, 冬青油易經由皮膚吸收, 常被用於肌肉痛、風濕病等. 芳香療法常用在蜂窩組織炎. 冬青油含有阿斯匹靈有關的甲基水楊酸. 注意事項: 會刺激皮膚與黏膜. 用途: 1. 牙膏牙粉香料 2. 香料.

Witch hazel (Hamamelis virginiana) extract　金縷梅萃取液, 亦稱北美金縷梅萃取液; 一般指其精油之萃取物. 見 Hamamelis.

X

Xanthan gum　玉米糖膠, 亦稱爲黃原膠; 由微生物經葡萄糖發酵生成之天然多醣膠質, 具有多醣類獨特的清爽觸感. 用途: 1. (天然) 增稠劑 2. (天然) 乳劑穩定劑 3. (天然) 結合劑.

Xylitol　木糖醇; 多元醇類. 注意事項: 可能之致癌物. 用途: 保濕劑.

Y

Yam　山藥, 亦稱薯蕷、田薯、山藥薯、淮山 (俗名)、墨西哥野山芋 (北美地區名稱)、墨西哥薯蕷 (北美地區名稱); 爲薯蕷科 (Dioscoreaceae) 薯蕷屬 (Dioscorea) 之植物, 全世界約 600 種薯蕷植物, 地下塊莖富含營養, 可供藥用及蔬菜用. 山藥中主要之生理效應成分是一種固醇類皀素生物鹼, 又名薯蕷皀 Diosgenin, 被製藥業拿來作爲合成男女性荷爾蒙、口服避孕藥或副腎皮質素、類固醇的原料, 野山芋亦被化粧品界作爲保養皮膚的原料. 見 Wild yam. 用途:植物添加物.

Yam, Mexican　墨西哥薯蕷; 見 Yam.

Yeast　酵母; 酵母乃一種或多種潮濕的眞菌活細胞, 可產生酵素轉化糖類, 用於皮膚調理產品, 另外亦用在面膜, 業者聲稱可使皮膚紅潤, 但缺乏科學數據支持. 用途:(護膚品) 添加物.

Yeast extract　酵母萃取液; 內含酵素、維生素群、糖類及礦物質, 一般認爲皮膚調理劑可改善皮膚乾燥、減少皺紋. 用途:(護膚品) 添加物.

Yeast protein　酵母蛋白質; 見 Yeast extract.

Yellow beeswax　見 Bees wax.

Yellow petrolatum　黃石蠟; 見 Petrolatum.

Ylang-ylang oil　依蘭油, 亦稱 Cananga oil; 一種精油, 得自番荔枝科香卡南加 Cananga adorata 新摘取花經蒸餾所得, 依蘭在精油學中有放鬆、抗壓及平衡皮膚油脂之作用. 注意事項:可能引起過敏反應. 用途: 1. 天然香料　2. 精油.

Yogurt　酸乳; 一種由乳酸菌在牛奶發酵而得之奶製品, 被認爲有益於皮膚柔軟. 用途:護膚品添加物.

Z

Zea mays　見 Corn.

Zinc acetate　醋酸鋅, 亦稱乙酸鋅;一種鋅鹽. 用途: 1. 收斂劑 2. 聚合劑.

Zinc cysteinate　半胱胺酸鋅;用途:防腐劑.

Zinc gluconate　葡萄糖酸鋅;用途: 1. 收斂劑 2. 除臭劑.

Zinc 4-hydroxybenzene sulphonate　見 Zinc paraphenolsulfonate.

Zinc oxide　氧化鋅, 亦稱 CI 77947;白色晶體, 天然存在礦石, 具收斂性質, 常用作粉底等化粧品之白色色素, 賦予產品不透明感, 亦是一紫外線物理性阻斷劑, 可作為防曬劑. 用途: 1. 色素 2. 收斂劑 3. 防曬劑 4. 不透明劑.

Zinc PCA　吡咯酮羧酸鋅, 亦稱 Proline, 5- oxo- , zinc salt（吡咯烷酮羧酸鋅）;吡咯烷酮羧酸（Pyrrolidone carboxylic acid）之鋅鹽, PCA 為 Pyrrolidone carboxylic acid 之簡稱. 見 PCA. 用途:保濕劑.

Zinc phenolsulfonate　酚磺酸鋅, 亦稱對羥苯磺酸鋅;一種酚類具收斂性質. 注意事項:動物實驗顯示具傷害性;美國 CIR 專家認為依目前規定使用, 仍為安全化粧品成分. 用途: 1. 抗生物劑 2. 除臭劑.

Zinc pyrithione　匹賽翁鋅, 亦稱 Pyrithione Zinc;注意事項:使用時勿沾到眼睛. 用途: 1. 殺菌、殺黴菌劑 2. 抗頭皮屑劑 3. 防腐劑.

Zinc stearate　硬脂酸鋅 , 亦稱鋅皂 Zinc soap;一種陰離子型界面活性劑, 商品一般是硬脂酸鋅鹽和棕櫚酸鋅鹽的混合物, 具黏合及斥水性質, 因而廣泛添加在粉狀化粧品, 可改善光滑度及觸感, 亦作為化粧品色素成分、清潔化粧品、除臭產品、嬰兒爽身粉. 注意事項:吸入粉末可能引起肺炎及危及嬰兒生命危險. 用途: 1. 色素 2. 製造粉末產品原料.

Zinc sulfate　見 Zinc sulphate.

Zinc sulfide 硫化鋅, 亦稱 Pigment white; 為一無機鋅鹽. 用途: 1. 白色色素 2. 去毛劑.

Zinc sulphate 硫酸鋅, 亦稱 Zinc sulfate; 一種鋅鹽, 用於刮鬍霜、鬍後水、收斂水、緊膚水等. 注意事項: 刺激皮膚與黏膜; 可能引起過敏反應. 用途: 1. 抗微生物劑 2. 口腔護理劑.

Zingiber officinale 薑, 亦稱 Ginger (俗名); Zingiber officinale 為其學名, 傳統上薑被用來治療低血糖、頭痛、下痢等, 生薑茶廣泛被用來舒緩喉嚨痛及發汗, 以治療感冒; 在化粧品應用上, 薑可製造薑油與生薑酊 (見 Ginger tincture). 用途: 1. 薑油原料 2. 植物添加物.

Zirconium 鋯; 一種金屬元素, 天然存在礦石中, 在化粧品工業用作製造染料, 可改進色料之性質及作為溶劑, 加在止汗和除臭產品. 注意事項: 鋯及其鹽類一般都有低的全身毒性, 已發現使用含乳酸鋯鈉的止汗除臭噴霧產品, 會引起腋窩肉芽腫, 此外動物實驗顯示, 鋯對肺具傷害性, 因此美國 FDA 禁止含鋯複合物 Zirconium-containing complexes 用在噴霧化粧品, 但表示含鋯之非噴霧式產品是安全的.

Zirconium chloride 氯化鋯, 亦稱 Zirconium tetrachloride; 微酸性, 合成鋯鹽, 用作製造鋯化物和酸性染料. 注意事項: 見 Zirconium. 用途: 止汗除臭劑.

Zirconium dioxide 二氧化鋯, 亦稱氧化鋯 Zirconium oxide; 天然以二氧化鋯礦石存在, 亦可化學製備. 注意事項: 美國已不用二氧化鋯作為色素. 注意事項: 見 Zirconium. 用途: 止汗除臭劑.

Zirconium hydroxide 氫氧化鋯; 白色粉末, 用在製造其他鋯化合物和用於色素製造. 注意事項: 見 Zirconium. 用途: 止汗除臭劑.

Zirconium oxide 見 Zirconium dioxide.

Zirconium oxychloride 二氯氧化鋯, 亦稱 Zirconyl chloride、Dichlorooxozirconium、Basic zirconium chloride; 微酸性, 合成之鋯鹽, 用於製

造其他鋯化合物,亦作爲溶劑.注意事項:由於會引起腋窩皮膚肉芽,在美國已很少用在止汗除臭產品（見 Zirconium）.用途: 1. 製造鋯化物 2. 溶劑.

Zirconyl chloride　見 Zirconrium oxychloride.

Zirconyl hydroxychloride　羥基氯化鋯;具吸濕力粉末.注意事項:見 Zirconium.用途:止汗劑.

化粧品成分用途說明

　　化粧品由主要原料構成之外，常會添加一種或多種物質以使產品達到某種性質、品質、狀態或功用，或使產品應用在身體部位可達到某種效果，這些性質、品質、狀態、功用或效果便是該物質在化粧品中的用途（每一物質成分可能有一個至數個不同用途）。用途名稱依中文筆畫排序，並列出其常用同義詞與對等的英文名詞。

2劃

pH 值調整劑（pH Adjustment，亦稱酸鹼性調整劑、pH Control、中和劑 Neutralizers）：可調節或穩定產品 pH 值之物質。依調整產品酸鹼性而使產品更酸性或更鹼性，而又分酸化劑（Acidifiers）與鹼化劑（Alkaliners）。

3劃

口腔護理劑（Oral care agents）：加入口腔產品以護理口腔之物質。

4劃

止汗劑（Antiperspirants，亦稱制汗劑 Antiperspirant agents）：能抑制身體出汗之物質。止汗劑一般具有強力收斂皮膚的作用。

不透明劑（Opacifiers）：可使原本透明或半透明的產品不透光，

而呈現不透明感之物質。

毛根、頭皮刺激劑（Hair follicle stimulants）：可刺激毛根，促進生髮的物質。

造成落髮的原因隨人而異，可歸納為男性荷爾蒙、遺傳、毛囊新陳代謝機能減低、頭皮局部循環不良、營養不良、壓力、藥物副作用等。化粧品級的生髮劑能克服前述原因的成分，不外乎是利用刺激毛根、促進循環的作用來達到生髮的功能。

化學性剝離劑（Chemical peels）：一種天然物質或化學合成物質，利用本身之酸性使皮膚外層細胞與較內層細胞剝離而脫落。剝離劑之 pH 值或濃度是決定剝離劑作用的主要因素，酸性不夠的剝離劑不足以使外層老廢細胞脫離，但稍過強的酸性便足以灼傷內層正常健康細胞，最佳剝離功效之 pH 值與濃度則隨剝離劑而異。

5劃

皮膚調理劑（Skin conditioning agents）：可調理皮膚狀況，使皮膚濕潤、柔軟的物質。潤膚劑、柔軟劑及保濕劑皆是皮膚調理劑之一種。

生物添加物（Biological additives）：衍生自生物體，加入產品賦予配方某種特色之物質。

6劃

收斂劑（Astringents）：可促進皮膚張力（即引起皮膚收縮），調理膚質以達到維護皮膚健康。

合成清潔劑（Detergents，亦稱洗滌劑、去垢劑、非肥皂）：一群合成之碳氫化合物，大多數由石油衍生物製成，藉由界面活性，如浸濕（濕潤）、軟化、乳化等之作用，發揮洗淨或抗菌之作用。因經由化學合成方法製得，而非如肥皂之皂化反應製得，故稱合成清潔劑以與傳統清潔劑（肥皂、香皂等皂類產品）區分。合成清潔劑之特色為清潔洗淨力、去污力及去油脂力強，不會如皂類般在浴盆表面留下一道灰白污垢，其毒性與刺激性亦隨鹼性而增大。合成清潔劑是界面活性劑之一種（見界面活性劑 1.洗滌劑）。

色素（Colorants，亦稱著色劑、顏料、染料、Colors、Coloring agents、Pigments）：賦予產品色彩、被覆力或使皮膚、毛髮、指甲等身體部位著色的物質。色素可分為天然色素、無機色素及有機合成色素。

無機色素──亦稱礦物色素，為天然出產的礦物加以研磨之後當作色素使用。天然礦物色素耐光性與耐熱性良好，但顏色鮮豔度較有機色素為差，含有雜質、品質亦不安定，目前的無機色素都是以合成的無機化合物為主流。

有機合成色素──亦稱煤焦油色素或煤焦色素，是一群煤焦油之衍生物。煤焦油衍生物是一大群具有煤焦油化學構造之化合物，許多國家對煤焦油色素皆有比其他色素較嚴的管理，允許使用的有機合成色素稱為法定色素，一般區分為幾種使用許可（見〈化粧品成分辭典〉D&C）。法定化粧品煤焦油色素標示法，法定中文名稱為「─色─號」，法定英文名稱常為色素名稱加英文字母，美用法定名稱則為 D&C─、Ext.D&C─、F&C─、FD&C─。

天然色素──有來自動物、植物、微生物者，其著色力、耐光性皆比有機合成色素差，而且天然色素之原料供給不穩定，成本較昂貴，工業上實用價值不大，但是許多天然色素是自古代以來便被食用的物質，以安全性考量，則受到注重化粧品安全性人們的重視。

成膜劑（Film formers）：可使產品在皮膚、頭髮或指甲上形成一層薄膜之物質。

7劃

角質剝離劑（亦稱角質溶解劑、角質軟化劑）：可使皮膚角質軟化、溶解或剝離的物質。化粧品級和藥品級角質剝離劑多為相同物質，因法規管理濃度不同，而使剝離效果差異極大。

吸收劑（Absorbents）：可吸收水或油的物質。

抗自由基物（Anti free radical agents，亦稱自由基清除物 Free radicals scavenger、自由基捕捉物 Free radical capturer）：可捕捉、清除自由基，或拮抗自由基作用的物質。

陽光照射皮膚會產生不安定的自由基，自由基會引發一連串的連鎖反應而產生更多的自由基，這些自由基會攻擊健康的細胞及組織，是造成皮膚損害例如皺紋、光老化或皮膚癌等的主要原因。因此有效捕捉、清除自由基或是拮抗自由基，皆可減低皮膚傷害形成，見抗氧化劑。

抗泡沫劑（亦稱消泡劑，Antifoaming agents）：抑制製造過程中產生泡沫，或是產品使用時減少泡沫產生之物質。抗泡沫劑是界面活性劑之一種。

抗氧化劑（Antioxidants）：可抑制化粧品原料（尤其是油脂原料）因產生氧化反應，導致產品變質和酸敗的物質。使用抗氧化劑時，混用兩種以上的抗氧化劑，其效果會比單一抗氧化劑為佳，因此許多產品混合數種抗氧化劑以發揮較佳的防變質效果，其中抗氧化作用為輔者又稱為抗氧化輔助劑。

近年來發現皮膚癌、皮膚老化、產生斑點及某些問題皮膚，與皮膚細胞發生過氧化反應有關，化粧品添加可對抗皮膚氧化反應，以減少皮膚受損與延緩皮膚老化之物質亦稱抗氧化劑。因此現代化粧品中所含的抗氧化成分可分二類：保護產品的抗氧化劑（產品的抗氧化劑）與保護皮膚的抗氧化劑（皮膚的抗氧化劑）。

大部分的產品抗氧化劑對皮膚保養無益，有些甚至會傷害皮膚；皮膚抗氧化劑則可延緩老化，對皮膚保養有長期效益。維生素 E 兼具二者抗氧化作用，不僅避免化粧品原料氧化反應，導致產品的變質以及增加產品的安定性，還能抑制皮膚因紫外線照射生成的自由基氧化反應，以保護細胞。此外，發現遏止自由基引發的連鎖反應以及阻止自由基攻擊健康細胞，是阻斷皮膚氧化的有效方法，因此，抗自由基物亦為一種皮膚的抗氧化劑（見抗自由基物）。

抗菌劑（Antimicrobials，亦稱抗微生物劑 Antimicrobial agents）：能抑制皮膚或身體的微生物數量，或減少微生物活性的物質。有些抗菌劑能同時當作防腐劑使用，其間並無嚴格的區分，抗菌劑如在文中無指明，則抑制的微生物包括細菌和黴菌。

如用做化粧品本身之保存，則稱為保存劑（抑制產品微生物數量或減少微生物活性）。

抗頭皮屑劑（Antidandruff agents，亦稱抗屑止癢劑 Antidandruff and anti-itching agents）：添加在頭髮產品，以減少頭皮屑形成之物質。

頭皮屑產生的原因有 1.角質化亢進，導致頭皮角質剝離異常 2.皮脂分泌過度旺盛 3.頭皮常在菌增殖。抗頭皮屑洗髮精或潤絲精不外乎使用角質剝離劑、抗脂漏劑或殺菌劑作為抗頭皮屑劑來克服前述成因。

抗靜電劑（Antistatic agents）：加入頭髮產品，可中和頭髮表面的電荷，以減少靜電之物質。抗靜電劑是界面活性劑之一種（見界面活性劑）。

抗組織胺劑（Anti-histamine）：一種藥劑成分，可抑制組織胺形成的物質。

當皮膚過於乾燥或起疹子過敏時，少許的刺激便可能引發身體產生組織胺而產生皮膚搔癢等異常情形，可事前使用抗組織胺劑以避免前述情形發生。許多國家皆有管理抗組織胺劑添加在化粧品的使用情形，在我國衛生署規定只能使用胺基乙醚（Aminoether）型之抗組織胺劑，且只能限量使用於頭部化粧品。

抗脂漏劑（亦稱皮脂抑制劑）：可抑制皮脂分泌的物質。

作用強的抗脂漏劑一般為女性荷爾蒙衍生物，拮抗男性荷爾蒙會使皮脂分泌旺盛，其管理情況各國不同。維生素 B_6 亦有抗脂漏作用，女性荷爾蒙在某些國家以藥品管理，因此添加在化粧品之抗脂漏劑以維生素 B_6 及其衍生物為主，可用在痤瘡用化粧品及抗屑止癢化粧品。

防腐劑（Preservatives，亦稱保存劑）：添加產品中，可抑制產品微生物（細菌、黴菌）增殖以防止產品變質之物質。

防曬劑（Sunscreening agents，亦稱 Sunscreen chemicals）：可保護皮膚，隔絕日曬或紫外線引起皮膚傷害的物質。防曬劑因其防曬機轉可分化學性防曬劑及物理性防曬劑。

化學性防曬劑——亦稱紫外線吸收劑（U.V. Absorbers），以吸收紫外線的防曬機轉防止紫外線傷害。紫外線吸收劑因吸收紫外線波長不同，可分紫外線波段 B 吸收劑（UV B absorbers）及紫外線波段 A 吸收劑（UV A absorbers）。引曬劑即紫外線波段 B 吸收劑，能隔絕 UVB，防止皮膚曬傷，抑制皮膚紅斑形成，使日曬後的肌膚呈現健美的象牙色。

物理性防曬劑——亦稱紫外線阻斷劑（U. V. Blockers），以阻斷紫外線透過的防曬機轉防止紫外線傷害。

如用做化粧品本身之日光保護，則稱爲產品保護劑或產品防護劑（隔絕紫外線對於產品成分的破壞）。

8劃

乳化劑（Emulsifying agents，亦稱 Emulsifier）：可促使原本不相溶之兩種液體，混合成均勻密合混合物之物質。乳化劑是界面活性劑之一種（見界面活性劑）。

乳劑穩定劑（亦稱乳劑安定劑，Emulsion stabilisers）：爲了幫助乳化過程、改良乳劑配方穩定性及延長乳劑產品貯架期，而加入化粧品之物質（見穩定劑）。

定香劑（亦稱固定劑，Fixative）：添加在香料配方中，可使香氣或芳香氣味揮發減少，或使香氣或芳香氣味持續更久的物質。定香劑一般是揮發性低、持續性佳的香料。

9劃

保存劑：見防腐劑。

面皰用劑（Anti-acne agents，亦稱痤瘡用劑、面皰預防劑）：可防止面皰形成或惡化的物質。

面皰或粉刺之正式名稱爲尋常性痤瘡，其產生的原因雖因人而異，但是這些因素彼此間會交互加成影響。面皰很少是由單獨某個原因造成的，其中最主要的三個因素是：1.皮脂腺分泌旺盛，容易造成皮脂滯留於毛孔引發粉刺形成 2.角質化亢進，會造成肥厚的角質層。肥厚的角質層會剝離至毛囊內而產生毛孔阻塞，導致粉刺之形成 3. 細菌增殖：毛囊孔被角質堵住，會導致皮膚常在菌增殖，一旦引起細菌發炎，便容易使面皰惡化成化膿性面皰，若化膿性面皰造成表皮腫塊，此時常伴有觸痛感，若不就醫治療將會在表皮留下斑痕。

化粧品級痤瘡用劑雖然亦可改善輕微面皰，但其使用目的不在治療面皰，其管理因各國政府管理法而異。依克服面皰成因可分皮脂抑制劑（以拮抗皮脂過多）、消炎劑（以抑制角質化亢進發炎現象）、角質剝離劑（使面皰的頭部出現開口而將其內容物排出）、抗菌劑（以減少細菌的數目）等，達到預防面皰或防止面皰惡化的目的。

美白劑（Whitening agents）：使曬黑的皮膚膚色變淡之物質。我國規定只有允許之美白劑才可宣稱美白劑與美白效果。

界面活性劑（亦稱表面活性劑，Surfactants；亦稱 Surface active ingredients）：聚集與吸附在界面，可使溶液界面張力明顯降低之物質。

界面是指兩相相鄰所形成的面（例如：氣-液界面，液－液界面，或固－液界面，而氣相與液相接的界面又稱為表面）。界面活性劑使溶液界面張力明顯降低之作用，稱界面活性作用，界面活性可分為乳化、滲透、溶解化、分散、清潔（洗淨）、濕潤、殺菌、抗靜電、軟化、發泡等。因此，界面活性劑依照其主要用途可分為下列九類用法：

1.洗滌劑：應用在化粧品中，幫助皮膚、頭髮的洗潔（見合成清潔劑）。應用在清洗衣物方面，洗淨纖維製品及固體表面。

2.乳化劑：促進乳劑的形成（註），並維持它的穩定。

3.去乳化劑：可破壞乳劑（註）。

4.溶解化劑：可使難溶於水的物質均勻地溶解成透明水溶液。

5.濕潤劑：促進固體表面濕潤化。

6.懸浮劑、分散劑：使固體粒子懸浮分散於液體中，並維持此分散劑的穩定性。不同名詞但作用相同。

7.起泡劑：促進泡沫的形成，並可穩定泡沫，或使用產品促進泡沫產生之物質。

8.抗泡沫劑：破壞泡沫的形成，並可減低溶液的發泡性。

9.抗靜電劑：見抗靜電劑。

界面活性劑亦可依溶於水時是否會解離，概分為離子型與非離子型兩類，前者亦稱離子性界面活性劑，又分為陰離子型界面活性劑、陽離子型界面活性劑及兩性型界面活性劑。此外，界面活性劑還有一些不在此分類法之高分子界面活性劑與天然界面活性劑。

陰離子型界面活性劑——亦稱陰離子界面活性劑，是指溶於水時，界面活性部分含有陰離子的界面活性劑，其對等離子通常為鹼金屬離子、銨離子或三乙醇胺離子。一般皆是應用陰離子界面活性劑所具有的洗淨、發泡、溶解、濕潤等的界面活性效果，常用來製造洗面皂、洗面乳、洗面霜、刮鬍膏、洗髮精及牙膏等產品。

陽離子型界面活性劑——亦稱陽離子界面活性劑，指溶於水時，界面活性部分含有陽離子的界面活性劑，其對等離子通常為氯離子或硫酸根，其主要的化學結構是四級銨鹽。一般皆是應用陽離子界面活性劑所具有的抑菌、洗淨、乳化及軟化毛髮、防止靜電的界面活性效果，常用來製造洗髮精及潤絲精，有些陽離子界面活性劑的殺菌力強，由於它們與菌體細胞壁或菌體細胞膜的作用致使菌體溶解，可作為洗髮精、潤絲精及其他產品之殺菌劑。

兩性型界面活性劑——亦稱兩性界面活性劑，指分子內同時具有陰離子及陽離子官能基，兩性型界面活性劑對皮膚的刺激性或毒性均較離子型界面活性劑小，有些兩性型界面活性劑又兼具洗淨、發泡、軟化毛髮、殺菌的效果，可用來製造嬰兒洗髮精、洗髮精、潤絲精、面霜及乳液。

非離子型界面活性劑——亦稱非離子界面活性劑、非離子性界面活性劑，其分子內之親水官能基不會解離。一般應用非離子型界面活性劑之乳化力、溶解（化）力可作為乳霜、乳液等產品之乳化劑，及溶液中香料之溶解化助劑。

其他界面活性劑——例如高分子界面活性劑，作為乳化劑、懸浮分散劑等。天然界面活性劑，一些天然物質本身就具有界面活性作用，常用在乳液與乳霜。

註：將油、水兩種互不相溶的液體混合，使其中一種以小滴粒的型態分散在另一種中，所形成的製品稱為乳劑（Emulsiom）。乳劑中油相部分含有油脂、蠟、脂肪酸、酯類、精油、防腐劑、抗氧化劑、油溶性維生素等油溶性物質；而水相部分則含有防腐劑、色素、水溶性維生素、植物萃取液等水溶性物質，乳劑的形成與安定得加入乳化劑促進之，不然無法得到均勻混合之乳劑，或形成的乳劑不穩定會產生油層與水層分開的現象。

香料（Perfumes，亦稱香精 Fragrances）：蘊含香氣的物質，香料在化粧品中的功能在於它能發出香味，遮蓋化粧品原料原有的氣味，以及增添使用者的光采及魅力。香料依來源可區分為天然香料與合成香料（見精油）。

天然香料——分植物性香料與動物性香料兩種，前者從植物的花朵、果實、種子、枝葉、根莖、樹皮、木材等提取者；後者從動物的分泌腺等抽出者，包括麝香、靈貓香、海狸香及龍涎香四種。依採取方法所得的天然香料，可分為精油、絕對花精油、固結物、酊、香脂及壓榨精油等。

合成香料——是指單一化學結構的香料，可分由天然香料分離出之單離香料，以及自合成反應生成的純合成香料。

柔軟劑（亦稱潤膚劑，Emollients）：可使皮膚柔軟之物質。

研磨劑（Abrasives）：是牙膏的主要成分之一，在不傷害牙齒表面的情況下，可清潔、去除牙齒上的污物及磨光牙齒表面，使牙齒恢復原本光澤之物質。加在化粧品以去除身體表面的附著物，亦可稱研磨劑。

染髮劑（Hain dyes）：可改變頭髮髮色之物質。

保濕劑（Humectants，亦稱 Moisturers）：可保留皮膚水分之物質。理想的保濕劑能對皮膚以及產品本身產生保濕效果。

10劃

氧化劑（Oxidising agents）：會以加氧原子的化學反應，改變其他成分化學性質之物質。

除毛劑（亦稱去毛劑，Depilatory agents，亦稱 Depilatories）：利用化學作用將腋下和手、腿的體毛去除之物質。

除臭劑（Deodorants，亦稱制臭劑 Deodorant agents）：可減少或遮蓋不悅體味之物質。

消炎劑（Anti-inflammatory agents）：一種藥劑成分，可防止外界環境的刺激（如日光、灼傷）或刮鬍時所導致的輕微皮膚局部發炎，以維護皮膚健康。

起泡劑（Foaming agents，亦稱發泡劑、泡沫劑、泡沫增進劑、Foam boosters、Foam stabilizers）：起泡劑是界面活性劑之一種，見界面活性劑。

11劃

清潔劑（Cleansers）：廣義上泛指加在皮膚或頭髮清潔化粧品，可清潔洗淨皮膚、頭髮之物質；狹義上清潔劑指皂化清潔劑與合成清潔劑。為避免混淆，本書用清潔成分來說明天然成分之溫和清潔作用。

脫毛劑（Hair remover）：利用物理性的力道將腋下和手、腿部位的體毛拔除。

添加物（Additives）：可賦予產品或改善產品某種性質，或者抑制產品某種性質之物質。添加物之添加量一般為極少量。

殺菌劑（亦稱 Germicide、Disinfectant）：在短時間內可消滅皮膚上之細菌，或減少細菌數量之物質。化粧品級之殺菌劑因添加濃度、pH 值等影響，而使得殺菌效果與對皮膚刺激性、毒性皆降低，多用在消毒皮膚表面與保持皮膚表面清潔（見後記說明）。有些殺菌劑是界面活性劑之一種（見界面活性劑）。

推進劑（亦稱噴射劑，Propellants）：一種氣體，可裝入加壓密閉容器，當施壓時可產生噴射作用，將容器內之內容物均勻噴射之氣體物質。推進劑分為液化氣體與壓縮氣體兩大類。

12劃

硬化劑（Stiffening agents）：使產品更固化之物質。

植物添加物（Botanicals）：得自植物來源，通常以不改變本質的物理性方法獲取，加入產品可賦予配方某種特色之物質。

13劃

填充物（亦稱填料，Filler）：可增加粉狀產品容量之物質。

溶解化劑（Solubilizer，亦稱 Solubilizing agents）：溶解化劑為界面活性劑之一種（見界面活性劑）。

溶劑（Solvents）：可溶解其他成分之物質。有些產品採用多種溶劑的混合物，這些溶劑混合物可以分為三類：

真正溶劑：能獨立溶解成分。

助溶劑：無法獨立將成分溶解，需配合真正溶劑使用，以提高溶劑的溶解力。

稀釋劑：單獨使用時完全無法溶解成分，須配合真正溶劑使用以提高溶劑的溶解力（具此類功用之稀釋劑，在配方用途仍歸為溶劑，與用途為稀釋劑不同）。

載體（Carriers，亦稱攜帶劑）：能攜載主成分運送至皮膚作用點後釋放，例如傳送載體是一種囊狀微小球體，可將裝入囊內之主成分，通過皮膚傳送至皮膚較深層之目標區，以發揮功效。

14劃

潤滑劑（Lubricants）：具有潤滑表面、減少摩擦效果的物質。

潤濕劑（Wetting agents，亦稱濕潤劑、浸濕劑）：減少液體表面張力，使液體更易掩蓋或滲透入固體表面之物質。濕潤劑是界面活性劑之一種（見界面活性劑）。

漂白劑（Bleaching agents，亦稱脫色劑 Bleach）：可使皮膚或頭髮顏色變淡之物質。

精油（Essential oils，亦稱揮發油 Volatile oils、芳香油 Aromatic oil）：存在某些植物之花、葉、枝、種子、果實、根、樹脂、樹皮、木材或整株植物的特殊細胞中，具有揮發性之油狀芳香液體，可使植物呈現獨特之芳香氣味，在高溫下或擠壓時即會釋出。

精油非單一化學結構的物質，而是由多種揮發性化合物所組成，有些精油之成分可多達百種以上化合物。目前已鑑定出400多種精油，其中50種可用在醫藥、食品及化粧品。

工業上精油可經由蒸餾法、壓榨法、溶劑萃取法及二氧化碳萃取法等技術提取出作爲天然香料。精油極易揮發，因此亦稱爲揮發油，由於精油之香氣能對情緒、心理、生理產生各種影響，因此精油作爲醫療之用，即所謂的芳香療法。許多從精油分離出之精油成分稱爲單離香料，爲合成香料之一種，在香水工業用在製作調和香料。

酸化劑（Acidifiers）：見 pH 值調整劑。

15劃

質地劑（Texturizers）：可改善化粧品質地之物質。

增塑劑（亦稱塑化劑，Plasticizers）：可賦予產品塗膜之柔韌性。

增稠劑（Thickeners）：見黏度調節劑。

緩衝劑（Buffering agents）：可減少氫離子濃度變化，穩定產品酸鹼性（pH 值）之物質，減低刺激性之物質亦可稱爲緩衝劑。

頭髮調理劑（Hair conditioning agents）：可調理頭髮狀況，使頭髮柔順、濕潤或有光澤的物質。

頭髮固定劑（Hair fixative）：添加在頭髮產品，可使頭髮成型、造型之物質。

16劃

燙髮劑（Permanent waving lotion）：利用化學性改變毛髮角質結構，使頭髮形成鬈曲或回復直髮之物質。現今燙髮劑多半含有兩劑——第一劑與第二劑，第一劑主成分是還原劑，第二劑則為氧化劑。

17劃

黏合劑（Binders，亦稱黏結劑、結合劑）：可使產品中不同成分黏合，預防分離，以及使產品具有適當的黏度、彈性和形狀之物質。例如結合劑能防止牙膏的粉末狀成分與液體狀成分分離，使牙膏具有適當之黏度、彈性和形狀。

黏度調節劑（Viscosity controlling agents，亦稱黏度調整劑）：調整液狀產品黏度之物質，可使產品黏度增加或減少，其中使產品黏度增加者，又稱為增稠劑 Thickeners 或稠化劑，而使黏度減少者又稱為稀釋劑。

螯和劑（Chelating agents，亦稱錯和劑 Sequestering agents）：可與金屬離子反應形成複合物之物質。金屬離子會促使油性原料氧化引起發臭、變色、會妨礙其他主成分的作用，以及使化粧水產生沉澱現象等影響化粧品之品質、穩定性及外觀。

矯味劑（亦稱香味劑，Flavoring agents）：可去除原料的味道或氣味，賦予產品宜人香味或清涼舒暢感的物質。可分為香料和甘味料。

香料——大部分牙膏所採用的香料是薄荷油或薄荷酯，它們可以使牙膏在使用時有種清涼舒暢感，有時亦會添加一些調味香料。

甘味料——牙膏的製造有時亦會添加一些甘味料，一般以糖精鈉最為常見。

還原劑（Reducing agents）：會以加氫原子或去除氧原子之化學反應，改變另一成分化學性質之物質。

19劃

穩定劑（亦稱安定劑，Stabilisers）：可幫助產品穩定性，在貯架期不起品質變化之物質（見乳劑穩定劑）。

懸浮劑（亦稱助懸劑、沉澱抑制劑，Suspending agents）：使微細不溶性顆粒懸浮於液體，抑制沉澱發生之物質，並能賦予產品搖變性（搖變性是使產品經過一段時日置放下沉堆積的疏鬆沉澱物，在使用時經過搖晃可再行分散）。有些產品含有粒子較大的成分，它們必須藉助懸浮劑來保持分散安定性。

23劃

變性劑（Denaturants）：加入乙醇產品，使乙醇變性成為有毒、不可飲用之物質。

24劃

鹼化劑（Alkaliners）：見 pH 值調整劑。

後記：

　　化粧品中所用之微生物學名稱，有時並無嚴格的區分，因此將微生物學常用之名詞及其定義說明於下：

　　1.殺滅細菌之化學品稱殺菌劑（Bactericide），即使作用化學品除去亦不能恢復細菌之生長。若其殺滅之對象為黴菌，則稱殺黴菌劑（Fungicide）；若為病毒時，則稱殺病毒劑（Virucide）；若為芽胞時，則稱殺滅芽胞劑（Sporicide）。

　　2. 使細菌的生長受到抑制之化學品稱抑菌劑（亦稱制菌劑，Bacteriostatic），如作用化學品除去，則細菌又可繼續生長。若其抑制之對象為黴菌，則稱抑黴菌劑（亦稱制黴菌劑，Fungistatic）；若涵蓋一般微生物，則稱微生物抑制劑（Microbiostatic）。

　　3. 消毒劑（Disinfectant）：對有害之致病菌能殺滅之化學品。消毒劑大都使用在普通物體上，而不用之於有生命體。

　　4. 防腐劑（Antiseptic）：為抑制或殺滅微生物之發育及增殖，以防止物質腐敗之化學品。

　　5. 環境消毒劑（Sanitizer）：可將物品上微生物含量降低至公共安全使用的程度之化學品。

參考書目

《化粧品衛生管理條例暨有關法規》，行政院衛生署，2000年12月

《化學化工大辭典默克索引》，第一版，中央圖書出版社，1998

《藥用植物圖鑑》，萊斯莉·布倫尼斯著/傅燕鳳等譯，貓頭鷹出版社，2002

《微生物學》，王貴譽，第三版，中央圖書出版社

《簡明道氏醫學辭彙》，合記圖書出版社，1982

" Review on Chemical and Biological Aspects of Skin Protection from Solar
    Radiation "，羅怡情，碩士研究報告，1993

「物理防曬與化學防曬的原理、機制與實例」，羅怡情，經濟部工業局工業
    技術人才培訓計劃講義，1997

「防曬活性成分之設計」，羅怡情，經濟部工業局工業技術人才培訓計劃講
    義，1997

「防曬產品之設計方法」，羅怡情，經濟部工業局工業技術人才培訓計劃講
    義，1997

「最新防曬劑之相關法規分析與比較〈英、日、歐、美、澳與台灣〉」，
    羅怡情，經濟部工業局工業技術人才培訓計劃講義，1997

A Guide to the Cosmetic Products （Safety） Regulations, Last Revised：
    September 17, 2001. London： dti Department of Trade and Industry.

" Beta Hydroxy Acids in Cosmetics "，U.S. Food and Drug Administration,
    Center for Food Safety and Applied Nutrition, Office of Cosmetics and

Colors Fact Sheet, March 7, 2000.

Burfield, Tony, "Safety of Essentials Oils: An Overview of Toxicology and Safety Testing", 2000.

"Cancer Statistics 2004". American Cancer Society.

Cosmetic Handbook. U.S. Food and Drug Administration, Center for Food Safety and Applied Nutrition, FDA/IAS * Booklet: 1992.

CIR Compendium. Cosmetic Ingredient Review, Washington, D.C., 1997 and 1998.

"Final Report – Safety Assessment of Glycolic Acid, Ammonium, Calcium, Potassium, and Sodium Glycolate, Methyl, Ethyl, Propyl, and Butyl Glycolate, and Lactic acid, Ammonium, Calcium, Potassium, Sodium, and TEA – Lactate, Methyl, Ethyl, Isopropyl, and Butyl Lactate, and Lauuryl, Myristyl, and Cetyl Lactate". June 6, 1997, The CIR Expert Panel, Washington, D.C.

Government Consumer Safety Research, A Survey of Cosmetic and Certain other Skin-Contact Products for n-Nitrosamines, dti Department of Trade and Industry, 1998.

Kurtzweil, Paula, "Alpha Hydroxy Acids for Skin Care", FDA Consumer, Revised May 1999.

The Merck Index, 10th and 12th editions. Rahway, New Jersey: Merck Sharp & Dohme Research Laboratories, 1983 and 1996.

Report on Carcinogens, 10th ed.; U.S. Department of Health and Human Services, Public Health Service, National Toxicology Program, 2002.

PDR for Herbal Medicines, 1st ed. Montvale, New Jersey: Medical Economics Company.

Perricone, Nicholas, M.D. The Wrinkle Cure. A Time Warner Company,

2001.

" Prohibited Ingredients and Related Safety Issues ", U. S. Food and Drug Administration, CFSAN Cosmetics, 2000.

Sellar, Wanda, The Directory of Essential Oils. Saffron Walden, The C. W. Daniel Company Limited, 2001.

The Cosmetics Directive 76/768/EEC of The Council of European Communities, Updated Version-Incorporating All Amendments Until August 30,

1997. The European Cosmetic Toiletry and Perfumery Association, Colipa.

The Cosmetic Products (Safety) Regulation 1989 and 2003, Statutory Instrument 1989 No. 2233 and 2003 No. 835.

The Rules Governing Cosmetic Products in The European Union, 1999 ed. European Commission, Enterprise Directorate-General, Pharmaceuticals and Cosmetics.

Sellar, Wanda, The Directory of Essential Oils. The C. W. Daniel Company Limited 2001.

保健叢書111
化粧品成分辭典

2005年6月初版　　　　　　　　　　　　　定價：新臺幣780元
2020年5月初版第九刷
有著作權·翻印必究
Printed in Taiwan.

著　　者	羅	怡	情
叢書主編	林	芳	瑜
校　　對	許洪秀	盆
封面設計	翁	國	鈞

出 版 者	聯經出版事業股份有限公司	副總編輯	陳	逸	華
地　　址	新北市汐止區大同路一段369號1樓	總 經 理	陳	芝	宇
叢書主編電話	(02)86925588轉5318	社　　長	羅	國	俊
台北聯經書房	台北市新生南路三段94號	發 行 人	林	載	爵
電　　話	(02)23620308
台中分公司	台中市北區崇德路一段198號
暨門市電話	(04)22312023
郵政劃撥帳戶	第0100559-3號
郵 撥 電 話	(02)23620308
印 刷 者	世和印製企業有限公司
總 經 銷	聯合發行股份有限公司
發 行 所	新北市新店區寶橋路235巷6弄6號2F
電　　話	(02)29178022

行政院新聞局出版事業登記證局版臺業字第0130號

本書如有缺頁，破損，倒裝請寄回台北聯經書房更換。　ISBN　978-957-08-2861-0 (精裝)
聯經網址 http://www.linkingbooks.com.tw
電子信箱 e-mail:linking@udngroup.com

國家圖書館出版品預行編目資料

化粧品成分辭典 / 羅怡情著 .
初版 . 新北市 . 聯經 . 2005 年
488 面；14.8×21 公分 . (保健叢書：111)
ISBN　978-957-08-2861-0(精裝)
[2020年5月初版第九刷]

1.化粧品

466.7　　　　　　　　　　94007093